Gerhard

Umwe

Gerhard de Haan · Udo Kuckartz

Umweltbewußtsein

Denken und Handeln in Umweltkrisen

Westdeutscher Verlag

Umschlaggestaltung: Horst Dieter Bürkle, Darmstadt
Umschlagbild: Gary Kuehn: Break Through (1974, Schiefer und Stahl, 30,5 x 91,5 cm). –
        Mit freundlicher Genehmigung der Galerie Jule Kewenig aus: Pyramiden,
        1988, © Galerie Jule Kewenig, Frechen-Bachem
Druck und buchbinderische Verarbeitung: Druckerei Hubert & Co., Göttingen
Gedruckt auf säurefreiem Papier
Printed in Germany

ISBN 3-531-12808-6

Inhaltsverzeichnis

1. Kapitel

Die Vorgeschichte des Umweltbewußtseins

2. Kapitel

Die Studien zum Umweltbewußtsein – Ein Überblick

3. Kapitel

Allgemeine Befunde zum Umweltbewußtsein in Deutschland

4. Kapitel

Die Struktur des Umweltbewußtseins

5. Kapitel

Umweltbewußtsein differenziert: Die Bedeutung der Lebensformen

6. Kapitel

Umweltbewußtsein im Kontext von Wahrnehmungsmustern und Risikolagen

7. Kapitel

Erklärungen für das Umweltverhalten

8. Kapitel

Neue Perspektiven für das Umweltbewußtsein

Vorwort

Als wir 1993 anfingen, über Umweltbewußtsein zu forschen, hatten wir die Vorstellung, daß es sich hierbei um ein relativ überschaubares Forschungsfeld handelt. Wir begannen damit, die Forschungsarbeiten zusammenzustellen, die in den letzten zehn Jahren im deutschsprachigen Raum veröffentlicht worden waren. Trotz einiger Regalmeter Publikationen war es weniger die bloße Menge des Materials, die uns verblüffte, als vielmehr die Quintessenz der Forschungsresultate, nämlich das Nicht-Wissen über die Entstehung, die Struktur, die Determinanten und Effekte des Umweltbewußtseins.

Seither hat uns das Umweltbewußtsein nicht mehr losgelassen. Die Gründung der Berliner „Forschungsgruppe Umweltbildung" und die Herausgabe einer Paper-Reihe, in der seitdem zahlreiche Forschungsergebnisse publiziert werden, waren die ersten Stationen.

Sodann wurden in Zusammenarbeit mit dem Deutschen Hygiene-Museum in Dresden 1993 und 1995 zwei internationale Kongresse zu den „Perspektiven der ökologischen Kommunikation" organisiert, deren Beiträge Gerhard de Haan in zwei umfangreichen Bänden mit den Titeln „Umweltbewußtsein und Massenmedien" und „Ökologie-Gesundheit-Risiko" zusammengestellt hat.

Die hier vorgelegte Schrift verfolgt zunächst das Ziel, die Resultate der bisherigen Umweltbewußtseinsforschung kritisch darzustellen. Sodann suchen wir nach Erklärungen für das allseits als unzureichend empfundene Umweltverhalten. Dies geschieht auch mit Bezug auf das seit der Rio-Konferenz von 1992 viel diskutierte Leitbild einer *„ nachhaltigen Entwicklung"* („Sustainable Development"). Die vom Wuppertal-Institut erstellte Studie „Zukunftsfähiges Deutschland" wird sicherlich dazu beitragen, die Nachhaltigkeitsidee auch in Deutschland populärer zu machen. Die Frage, ob sich das Leitbild ausbreiten und künftig etablieren kann, hängt nicht zuletzt von den Bestimmungsmomenten des Umweltbewußtseins ab. Vielleicht gelingt es uns mit diesem Buch, allzu einfache Vorstellungen von der Verankerung des Sustainability-Leitbildes zu korrigieren und die kulturelle Einbindung des Umweltbewußtseins deutlich zu machen.

Unser ausdrücklicher Dank gilt Sebastian Schröter für seine Recherchetätigkeit und die Zusammenstellung der empirischen Studien sowie Friedrun Erben für die Erstellung sämtlicher Graphiken. Bei der Erstellung des Manuskriptes haben Inka Bormann, Friedrun Erben und Gerhard Kozdon tatkräftig geholfen. Der Freien Universität Berlin sind wir gleich zweifach zu Dank verpflichtet: Die finanzielle Unterstützung durch die Kommision für Forschung und Wissenschaftlichen Nachwuchs (FNK) erleichterte die umfangreichen Recherchearbeiten[1], und die engagierten Studentinnen und Studenten, die in den letzten Semestern an unseren Seminaren zu „Umweltbewußtsein und Umweltbildung" teilnahmen, gaben uns eine Vielzahl wertvoller Anregungen.

Berlin, im Januar 1996   Gerhard de Haan/Udo Kuckartz

---

1   Das Ergebnis ist nicht nur in diesen Band eingeflossen. Die wichtigsten 100 deutschsprachigen empirischen Studien zum Umweltbewußtsein, die in den letzten 10 Jahren durchgeführt wurden, sind in einem kommentierten Paper der „Forschungsgruppe Umweltbildung" dokumentiert: U. Kuckartz: Umweltbewußtseinsforschung – 100 empirische Studien. Paper 96-126 der Forschungsgruppe Umweltbildung der Freien Universität Berlin, Berlin 1996.

1. Kapitel

Die Vorgeschichte des Umweltbewußtseins

Einführung

Er habe den „Eindruck", schreibt Klaus M. Meyer-Abich 1989, „daß die Fortschritte in der Umweltpolitik, die es seit Anfang der siebziger Jahre gegeben hat, im wesentlichen dem bisher in der Öffentlichkeit entstandenen Umweltbewußtsein zu verdanken sind." „Deswegen", so schlußfolgert er, „ist die weitere Entwicklung des Umweltbewußtseins eine notwendige – vielleicht sogar schon fast hinreichende – Bedingung dafür, daß nicht nur hier und da etwas für den Umweltschutz getan wird, sondern die Gesetze unserer Wirtschaft endlich in Einklang mit denen der Natur gebracht werden." Und Meyer-Abichs hoffnungsvoller Schluß lautet: „Die jetzt noch bestehende Hürde könnte vielleicht schon in der ersten Hälfte der neunziger Jahre genommen werden" (ebd.: 6f.).

Es ist immer riskant, Prognosen über die Zukunft zu machen – und für eine bessere ökologische allemal. Dagegen haben wir es leicht, wenn wir heute, vom sicheren Terrain des Rückblicks aus feststellen: Gleich dreimal, in seiner Retrospektive, seiner Prognose wie seiner Hoffnung müssen wir dem Naturphilosophen und Umweltpolitiker Meyer-Abich widersprechen. Wir wissen es im ersten Fall, bezüglich der Fortschritte in der Umweltpolitik, anders, im Falle des durchschlagenden Effekts von Umweltbewußtsein besser, und bezüglich der Hoffnung in die erste Hälfte der 90er Jahre haben wir eine Enttäuschung zu annoncieren.

Dabei war und ist Klaus M. Meyer-Abich mit seinen hohen Erwartungen in das Umweltbewußtsein der Bevölkerung keine Ausnahme. Seit den späten 1970er Jahren kaprizieren sich Politiker, Sachverständige, Naturschützer, Ökologen, Meinungsmacher, Lehrende und andere in Umweltfragen engagierte Bürger auf die Vorstellung, man müsse und könne primär über das Wissen und Bewußtsein der Individuen etwas gegen die allenthalben diagnostizierten ökologischen Katastrophen und Problemlagen unternehmen. Das heißt aber auch: Nicht immer meinte man, es käme aufs Umweltbewußtsein an, wenn man der Verschmutzung der Umwelt, ihrer Vergiftung, dem rapiden Verschleiß nicht erneuerbarer Ressourcen und dem Artensterben etwas entgegensetzen wollte.

Nun befaßt sich dieses Buch dezidiert und detailliert mit dem, was wir heute über die Entwicklung, die Verbreitung und die Auswirkungen von Umweltbewußtsein in der Bevölkerung der Bundesrepublik Deutschland wissen. Es ist daher in einem ersten Schritt geradezu unumgänglich, sich den Verlauf der Entwicklung zu vergegenwärtigen, die das Umweltbewußtsein zum Hoffnungsträger für die ökologische Wende machte. So kann noch am ehesten sichtbar werden, wie sich die Erwartungen von einem Träger der Entwicklung auf den anderen, nämlich hin zu einer Ökologisierung der Gesellschaft verschoben – bis der Bürger selbst, d.h. sein Denken und Handeln in den Fokus geriet. Diesem Schritt sind *die folgenden Abschnitte des ersten Kapitels* gewidmet. Wir meinen damit – entgegen der Ansicht von Meyer-Abich – belegen zu können, daß die Fortschritte in der Umweltpolitik von den frühen 1970ern bis in die späten 1980er hinein viele Ursachen haben und daß dem Umweltbewußtsein in der Bevölkerung dabei erst ab den 1980er Jahren ein gewisser Effekt zugeschrieben werden kann, nicht aber schon in den frühen 1970er Jahren.

Wie weit das Umweltbewußtsein in der Bevölkerung entwickelt ist und welche Folgen und Chancen dieses für eine Ökologisierung der Gesellschaft bietet – dies darzulegen ist dann das Thema der restlichen Seiten dieses Bandes. So werden wir im *zweiten Kapitel* zunächst einen Überblick hinsichtlich aller derzeit vorliegenden empirischen Studien zu den Umwelteinstellungen und zum Umweltverhalten bieten, die in den letzten zehn Jahren in Deutschland veröffentlicht wurden. Das betrifft rund 400 Erhebungen, von denen 100 eine Qualität aufweisen, die eine weitere Betrachtung sinnvoll macht. Wir werden die Forschungsmethoden, die untersuchten Populationen und die typischen Fragestellungen dieser Erhebungen präsentieren.

Das *dritte Kapitel* offeriert daran anschließend allgemeine Befunde über die Entwicklung des Umweltbewußtseins, seine Entstehungshintergründe und Konjunkturen. Dabei werden wir diese Ergebnisse insbesondere zu den Stationen der ökologischen Kommunikation seit den 1980er Jahren in Beziehung setzen, um deutlich sichtbar zu machen, welch großen Einfluß die Massenmedien auf das Umweltbewußtsein haben.

Im *vierten Kapitel* schauen wir uns den Zusammenhang zwischen Umweltwissen, Umwelteinstellungen und Umweltverhalten näher an. Anhand mehrerer Modelle zeigen wir ferner, wie in der Forschung zum Umweltbewußtsein vorgegangen wird und welche Grundannahmen in diesem Feld kursieren.

Schließlich wenden wir uns in *Kapitel fünf* einzelnen Sozialgruppen zu: Den Industriearbeitern, da es den Anschein hat, daß sie als bewegende Kraft des Wirtschaftswachstums besonders wenig an Umweltfragen interessiert sind; den Managern, da sie mehr noch als die Industriearbeiter im Ruf stehen, umweltfeindlich orientiert zu sein; den Landwirten, denen man oft unterstellt, sie müßten besonders naturverbunden sein; den Lehrern, da ihnen hinsichtlich des ökologischen Wandels eine entscheidende Aufgabe zukommen könnte, heißt es doch: Wer die Jugend auf seiner Seite hat, dem gehört die Zukunft. Wie es aber um das Umweltbewußtsein der Jugendlichen laut empirischer Forschung bestellt ist, werden wir am Ende dieses Kapitels zeigen.

Im *sechsten Kapitel* stellen wir einige Anhaltspunkte zur Erklärung des allenthalben zu verzeichnenden Mißverhältnisses zwischen Umwelteinstellungen und Umweltverhalten vor. Wir greifen dazu zum einen auf die Risikoforschung zurück, da sie Einsichten vermitteln kann, die die Umweltbewußtseinsforschung nicht liefert. Umwelteinstellungen, so lautet schließlich ein Erklärungsmuster, sind abhängig davon, ob die Umweltprobleme als hautnah gelten oder irgendwo in der Ferne liegen und nach Auffassung der Befragten eigentlich die anderen, nicht sie persönlich betreffen.

Das *siebte Kapitel* bietet dann einen Einblick in jene Grundorientierungen und Motivlagen der Bundesbürger, die fundamental für die Umweltverhaltensweisen sind, bisher aber in der Diskussion von Seiten der Forschung, der Politik und auch des Bildungssystems nicht hinreichend beachtet worden sind: Dies ist die Orientierung an den Kosten und Nutzen umweltgerechten Verhaltens, der Zusammenhang zwischen Umweltbewußtsein und den pluralen Lebensstilen in dieser Republik und schließlich das Interesse am Wohlbefinden.

Im abschließenden *achten Kapitel* werden wir einige Schlußfolgerungen ziehen und einen Ausblick bieten. Wir denken, daß – neben einer größeren Differenzierung in den Fragestellungen – mit Hilfe der Anthropologie für die künftige Forschung zum Umweltbewußtsein etwas gewonnen werden kann. Zudem möchten wir, da eine zukunftsfähige Entwicklung (Sustainable Development) immer dringlicher wird, ein angemessenes Konzept für die Erklärung und vor allem Stärkung umweltgerechten Verhaltens offerieren.

Das Ausland als Motor der Umweltpolitik

Fragen wir nach den Anlässen, aus denen heraus die Aufmerksamkeit gegenüber der Umweltsituation in der Bundesrepublik rapide wuchs, so läßt sich die Entwicklung in Deutschland nur verstehen, wenn man sich die Impulse vergegenwärtigt, die die Umweltpolitik in der Bundesrepublik aus dem Ausland erfuhr.

Wir folgen hier der allgemein in den Analysen zur jüngeren Politikgeschichte vertretenen These, daß die Diskussion über Umweltfragen nicht landesintern angestoßen wurde, sondern von außen kam: Aus Japan, vor allem aber aus den USA (vgl. zum Folgenden Hucke 1990; Malunat 1994; Müller 1986; Tsuru/Weidner 1989; Weidner 1988; Weidner 1989; Weidner 1995; von Weizsäcker 1990).

Man muß als Hintergrund

- die engagierte, zahlreiche Gesetze und kontrollierende Behörden schaffende Umweltpolitik in den Vereinigten Staaten in den späten 1960er und frühen 1970er Jahren,
- die durchgreifende Umweltpolitik des Wachstumsriesen Japan,
- die globalen Studien zu den Grenzen des Wachstums und den drohenden Umweltkatastrophen und
- die Aktivitäten internationaler Organisationen wie etwa der UNESCO,

kurz, die aus dem Ausland kommenden Impulse stark gewichten, um die Anfänge moderner Umweltpolitik in der Bundesrepublik erklären zu können.

Wir wollen diesen Hintergrund, der gerade *nicht* auf ein starkes, landesinternes Umweltbewußtsein als Motor der Umweltpolitik verweist, zunächst näher betrachten. Wir beschränken uns dabei im Kern auf die drei wichtigsten der oben genannten vier Aspekte: Die Umweltpolitik der USA und Japans sowie die globalen Studien zu den Grenzen des Wachstums.

Die Entwicklung in den USA

Für die Entwicklung in den USA darf man einen entscheidenden Anstoß in einem Epoche machenden Buch sehen: Es ist Rachel Carsons Band „The Silent Spring" – „Der stumme Frühling" (Carson 1962).[1] Sie legt dar, daß der Einsatz von Pestiziden in der Landwirtschaft nicht – wie bis dahin geglaubt – folgenlos für Mensch und andere höhere Arten bleibt. Die chemische Industrie als Produzent und Vertreiber dieser Gifte verbreitete bis dato unangefochten die Auffassung, daß mit ihren Produkten eine grüne Revolution entfaltet würde, die zu höheren Erträgen in der Landwirtschaft führt – ohne daß darin Nachteile für die Böden, Tiere, Pflanzen und letztlich die Nahrungsmittel verzehrenden Menschen lägen. Das Insektizid DDT etwa galt als Wunderwaffe gegen fressende, saugende und stechende Insekten. Es galt als so harmlos, daß noch nach dem Zweiten Weltkrieg Menschen damit besprüht wurden – als Mittel gegen Läuse.

Rachel Carson klärt mit ihrem Buch nun erstmals in breiter Form darüber auf, daß Giftstoffe wie DDT keinesfalls so harmlos sind, wie oft angenommen. Sie belegt, daß bestimmte Wirkstoffe vieler Insektizide und andere „Schutzmittel" sich in der Nahrungskette anreichern – und sich nicht immer und schon gar nicht

---

1   Selbstverständlich entsteht auch diese Aufmerksamkeit für die Folgen wirtschaftlichen Handelns in der Natur nicht aus heiterem Himmel. Und selbstverständlich hat auch die aktuelle Ökologiebewegung ihre lange Tradition. Außerordentlich instruktiv ist in dieser Hinsicht G. Trommer (1990), der die Wurzeln der Naturschutz- und Ökologiebewegung historisch zurückverfolgt.

vollständig abbauen. Sie weist nach, daß mit den akkumulierten Giftstoffen die Fortpflanzungsfähigkeit der höheren Tiere reduziert wird, weil etwa die Gelege von Greifvögeln unfruchtbar werden. Am Ende, so das Szenario, das sie entwirft, werden mit den Pflanzengiften ganze Vogelpopulationen ausgerottet. Resultat: Ein stummer Frühling – The Silent Spring.

Das Buch sorgte in den USA für erhebliches Aufsehen. Die US-Regierung setzte eine große Kommission aus Fachwissenschaftlern, Personen des CIA und Politikern ein, die die Sachverhalte überprüfen sollte. Gleichzeitig erhob die mächtige chemische Industrie Klage gegen Rachel Carson und versuchte, die gesamte Auflage des Bandes aufzukaufen. Nachprüfungen der Kommission bestätigten schließlich weitgehend die Annahmen Carsons. Im Gefolge dieser Auseinandersetzung wurde acht Jahre nach Erscheinen des Buches, um 1970, in den meisten Industriestaaten der Nordhalbkugel das Insektizid DDT verboten. In der Bundesrepublik geschah dies 1972.

Wir wissen nicht, warum die Aufmerksamkeit für diese Publikation so groß und die Wirkung so nachhaltig gewesen ist. Aber wir können sagen, daß seither ein bis dahin eher für die Biologie interessantes Konzept, nämlich das der Anreicherung von Schadstoffen in der Nahrungskette, für eine breitere Öffentlichkeit von Bedeutung ist. Man beginnt, und dies zunächst in den USA weitaus stärker als in den anderen Industrienationen, sich um die eigene Gesundheit aufgrund der Qualität der Nahrungsmittel, aber auch der Luft und des Trinkwassers zu sorgen. Man fürchtet zudem um die Vielfalt in der Natur und um ihre Schönheit. Denn nicht allein die Fortpflanzung des Wappentiers der USA, des Weißkopfadlers, war durch die Anreicherung von DDT in der Nahrungskette bedroht. Bilder von verschmutzten Flüssen und Berichte über die hoch belastete Luft in den Industrieregionen – etwa um Pittsburgh – beunruhigten breite Bevölkerungsschichten. Die Empörung über die Naturzerstörung war auf einem ersten Höhepunkt, als man in den Medien verfolgen konnte, wie der Cuyahooga River aufgrund seiner hohen Verseuchung mit brennbaren Stoffen streckenweise in Flammen stand (vgl. von Weizsäcker 1990: 18).

Spektakuläre Fälle wie dieser markieren allerdings nur, daß sich in den 1960er Jahren die Aufmerksamkeit generell auf die Umweltsituation richtet. Sie ist nicht eindeutig durch Katastrophen erzeugt, sondern hat als Hintergrund auch eine allgemein steigende Sensibilität gegenüber Umweltveränderungen, die man – ebenso allgemein – aus der Industrialisierung, dem Wirtschaftswachstum und seinen Folgen für die Umwelt, der Expansion von Städten sowie einem die Wildnis zerstörenden Freizeitverhalten erklären könnte. Jedenfalls reagierte man in den USA schon in den 1960er Jahren sehr sensibel gegenüber Verschmutzungs- und Zerstörungsphänomenen. So gab es dort Ende der 1960er Jahre tausende von Bürgerinitiativen, die sich für den Schutz der Umwelt, für den Erhalt von Naturreservaten und gegen die Luftverschmutzung engagierten.

Die Regierung reagierte schnell, unbürokratisch und durchaus im Einklang mit den Aktivisten der Bewegung:

- 1970 wurde die „Environmental Protection Agency" ins Leben gerufen: Mehrere Tausend Juristen wurden eingestellt, um große und kleine Verursacher von Umweltverschmutzungen zu verklagen.
- Der „Council on Environmental Quality" nahm seine Arbeit auf, und
- das umfassendste Umweltgesetz der damaligen Zeit, „The National Environment Protection Act", wurde erlassen. 1970 verabschiedete man die „Clear Air Act", 1972 folgte die „Clear Water Act".

Mittlerweile beläuft sich die Zahl der Umweltgesetze, -verordnungen und Gerichtsentscheide mit Breitenwirkung in den Vereinigten Staaten auf ca. 13 000.

Die Entwicklung in Japan

1970 wird das mit Rachel Carson populär gewordene Modell der Anreicherung von Giftstoffen in der Nahrungskette durch ein dramatisches Ereignis besonders anschaulich – diesmal aus Japan. In der Minamata-Bucht, sie ist auf der südlichsten der japanischen Inseln gelegen, taucht in den späten 1950er Jahren eine Krankheit auf, die auf einer schweren Quecksilbervergiftung beruht. Die Krankheit führt zu starken Nervenschädigungen, zu Seh-, Gehör- und Koordinationsstörungen, zur Wachstumsbehinderung und zu spastischen Muskeldeformationen. Wie bekamen die Bewohner der Minamata-Bucht – und weshalb hatten schon Neugeborene – diese Krankheit? Durch den Genuß von quecksilberverseuchtem Speisefisch. In die Minamata-Bucht entließ ein Quecksilber verarbeitender Industriebetrieb seine Abwässer. Diese gelangten über die Nahrungskette in die Fische, von denen die Bevölkerung in der Bucht lebte und sich ernährte (vgl. Tsuru 1989: 23ff.).

Minamata ist seither das Exemplum für die jeweils um das zehnfache steigende Anreicherung von Quecksilber in dem Fettgewebe der einzelnen Glieder der Nahrungskette. Und Minamata ist gleichzeitig ein früher Indikator für die Relevanz der Massenmedien bei der Verbreitung der Sorge um die Gefährdung der eigenen Gesundheit durch Umweltveränderungen. Im Dezember 1970 verbreitet die amerikanische Illustrierte LIFE das Bild einer Mutter, die ihre siebzehnjährige, durch die Minamata-Krankheit extrem gezeichnete Tochter in den Armen hält und sie behutsam in einem Holzzuber badet.

Dies, und die Luftverschmutzung durch Autoabgase in den Städten, die verkehrsregelnde Polizisten zwingt, mit übergestülpten Gasmasken ihre Arbeit zu tun, sind Phänomene, die die japanische Bevölkerung wie die Regierung wachrüttelten. In der Folgezeit erläßt die japanische Regierung die strengsten

Umweltgesetze, die in den 1970er Jahren formuliert wurden (vgl. zur Entwicklung in Japan ausführlich Tsuru/Weidner 1989).

Die Grenzen des Wachstums

Von erheblichem Einfluß auf die Diskussion um ökologische Krisenphänomene waren und sind die großen prognostischen Studien zur Bevölkerungsexplosion, zum Ressourcenverschleiß, zur Ausrottung von Pflanzen und Tieren und zur Verschmutzung bzw. Verseuchung der Umwelt durch Schadstoffe. Sie machten die Bevölkerung wie die Politiker aufmerksam auf jenen Problemkomplex, der immer noch als das „Dreieck ökologischer Krisenphänomene", bestehend aus Bevölkerungsexplosion, Ressourcenverschleiß und Umweltverschmutzung, bezeichnet wird. Die ersten dieser Studien, entstanden in den 1960er und frühen 70er Jahren (vgl. Ressources and Man 1969; Ehrlich/Ehrlich 1970; Ridgeway 1971; Meadows u.a. 1972), hatten ihren Ausgangspunkt in den frühen Analysen zum globalen Bevölkerungswachstum, deren Ergebnisse auf großen internationalen Kongressen in ihren Konsequenzen diskutiert wurden (vgl. World Population Conference 1966).

Diese Prognosen auf die Zukunft des Planeten erzeugten ein Bewußtsein für die Knappheit und die Grenzen in einer industriellen Welt, die bis dato prinzipiell als unendlich expansionsfähig gedacht wurde. Mit ihnen wird die Forderung zum haushälterischen Umgang mit allen Ressourcen, eine Schonung von Natur und eine Einschränkung des Konsums zum permanenten Begleiter der Aussagen über künftige Entwicklungen und Lebensformen. Mit ihnen bekommt das Umweltbewußtsein ein starkes Fundament. Denn die Prognosen sind es, nicht der aktuelle Zustand der Welt, die zur Besorgnis Anlaß geben müssen. Schließlich ist der Gesundheitszustand der Bevölkerung noch nie so gut gewesen wie heute, ist die Lebenserwartung nicht nur in diesem Land, sondern sogar global gesehen noch nie so hoch wie derzeit (vgl. Brown/Flavin/Kane 1992: 19; 75ff.). Es lohnt sich daher, genauer zu untersuchen, welche Bedrohungen und Katastrophen die Prognostik zur globalen Entwicklung annoncierte, als die Umweltpolitik in der Bundesrepublik ihre ersten Gehversuche machte und das Umweltbewußtsein noch nicht ausgeprägt war.

Was besagen diese globalen Umweltstudien? Nehmen wir die wohl berühmteste, die der Literaturgattung bis heute ihren paradigmatischen Namen gab, heraus: „Die Grenzen des Wachstums", „The Limits to Growth" von Daniel Meadows u.a. Sie erscheint 1972 gleichzeitig in mehr als 10 Sprachen und geht auf eine Initiative des Club of Rome zurück. Die Studie entsteht Anfang der 1970er Jahre am Massachusetts Institute of Technology (MIT) – mit Unterstützung der Volkswagen-Stiftung. Sie bietet – erstellt mit dem Computerprogramm „World 3" – Prognosen im Hinblick auf die nächsten 100 Jahre.[1] Es sollte die Wechselwirkung zwischen

- dem unkontrollierten Anstieg der Zahl der auf der Erde lebenden Menschen
- dem Wirtschaftswachstum auf der Basis der aktuellen Wachstumsraten
- einer beschleunigten Industrialisierung
- der Unterernährung großer Gruppen der Menschheit
- der Ausbeutung der Rohstoffreserven
- und der Zerstörung des Lebensraumes

in ihrer langfristigen Entwicklung näher untersucht werden.

Die Simulation des Zustandes der Welt auf der Basis eines komplexen Computerprogramms erscheint uns heute schon fast banal. Um 1970 war sie es allerdings keineswegs. Voraussetzung war, daß man sich überhaupt vorstellen konnte, für das an den menschlichen Leib gebundene Gehirn gäbe es einen funktionalen Ersatz. Der Computer, so die Ausgangsüberlegung am MIT, kann komplizierte Wechselwirkungen und komplexe Datenmengen systematischer, effektiver und konsequenter verarbeiten als ein menschliches Gehirn.

Im Kern wurden die variablen Größen „Bevölkerung, Nahrungsmittelproduktion, Industrialisierung, Umweltverschmutzung und Ausbeutung von Rohstoffen" (Meadows u.a. 1972: 18) in ihrer Wechselwirkung betrachtet.

Die erste bemerkenswerte Erkenntnis dieser Berechnungen lautete: Bei allen fünf variablen Größen ist ein exponentielles Wachstum zu verzeichnen. Das heißt, in jeweils gleichen Zeiträumen nimmt die Weltbevölkerung, die Industrialisierung, die Umweltverschmutzung etc. um einen bestimmten Prozentsatz zu, so daß man für alle Größen angeben kann, in welchem Zeitraum sie sich verdoppelt haben werden.

Schon vor den Arbeiten am MIT hatte man sich auf zwei Wachstumskurven konzentriert, die auch von der Meadows-Studie in den Vordergrund gerückt

---

1   Der Club of Rome ist ein Zusammenschluß von (Stand 1991) 100 Personen (Wissenschaftlern verschiedener Sparten, Industriellen, Humanisten u.a.) aus über 50 Ländern. Er wurde 1968 gegründet. Sein Interesse gilt der Verbindung von Wirtschaftswachstum und globalen substantiellen Verbesserungen der Lebensbedingungen der Menschen. Seine Intention ist, die Zusammenhänge der vielen Menschheitsprobleme zu identifizieren und Lösungsmöglichkeiten im globalen Maßstab zu entwerfen. Ziel war es in den Anfängen seiner Arbeit, vor allem politische Entscheidungsträger anzuregen, über die globale Problematik der Menschheit zu reflektieren. Inzwischen wendet sich der Club of Rome mit seinen Neuerungsvorschlägen immer mehr an ein breites Publikum.

werden: Auf die Wachstumskurve der Weltbevölkerung und jene der Industrialisierung. Der Grund liegt in der Meinung vieler Regierungen und Wissenschaftler, daß die Industrialisierung und die landwirtschaftliche Produktion (eingeschlossen die technischen Innovationen) nur mit dem Wachstum der Weltbevölkerung schritthalten müsse, damit das Problem der Versorgung von immer mehr Menschen gar nicht entstünde.

Bevölkerungsexplosion

Schauen wir uns die Bevölkerungsentwicklung genauer an, so sehen wir: Bis in die neueren Berichte des Club of Rome hinein wird, von möglichen, dramatischen regionalen Veränderungen im Naturhaushalt gesprochen, die mit der enormen „Zunahme der menschlichen Aktivität in diesem Jahrhundert" (Die Globale Revolution 1991: 32) in Verbindung gebracht werden. Dahinter verbirgt sich nicht allein, ja nicht einmal primär der hohe Rohstoff- und Energieverbrauch pro Kopf auf der nördlichen Hemisphäre. Vielmehr ist die Zunahme der menschlichen Aktivität „zu einem Großteil natürlich dem atemberaubenden Wachstum der Weltbevölkerung in diesem Zeitraum (den letzten 90 Jahren, dH/K) zuzuschreiben, einem Wachstum, das auch in den kommenden Jahren anhalten wird" (ebd.: 31).

Atemberaubend ist das Wachstum der Weltbevölkerung in der Tat. 1650 gab es etwa 1/2 Milliarde Menschen auf der Welt. Die Wachstumsrate betrug damals 0,3% jährlich. Das entspricht einer Verdoppelungszeit von etwa 250 Jahren. Um 1900 lebten ca. 1,8 Milliarden Menschen auf der Erde. 1970 betrug die Weltbevölkerung 3,6 Milliarden bei einer Wachstumsrate von 2,1% jährlich. Das bedeutet eine Verdoppelungszeit für die Weltbevölkerung von nunmehr nur 33 Jahren. Resultat: Die Weltbevölkerung ist seit 1650 nicht nur exponentiell gewachsen, sie ist sogar super-exponentiell angestiegen: „Die Bevölkerungszahl steigt noch viel rascher, als wenn sie nur exponentiell wachsen würde" (ebd.: 26). Die Prognose von 1972 lautete also bei ungebremstem exponentiellen Wachstum: 2003: 7,2 Millarden Menschen; 2033: 14,4 Millarden und in weniger als 100 Jahren, also 2066: 28,8 Millarden.

1991 waren es schon 5,4 Milliarden, aber die Prognosen haben sich gleichzeitig gegenüber 1972 leicht verändert. „Die Weltbevölkerung hat gerade die 5-Milliarden-Grenze überschritten. Sie wird nach mittleren Schätzungen der UNO bis zum Jahr 2000 auf 6,2 Milliarden (1972 schätzte man ca. 7 Milliarden, dH/K) ansteigen, 2025 soll es bereits über 8,5 Milliarden Menschen geben." (Die Globale Revolution 1991: 25) 10 Milliarden werden noch vor dem Jahre 2040 erreicht sein, 30 Milliarden vor dem Ende des 21. Jahrhunderts – bei antizipierter durchgreifender Bevölkerungspolitik. Sinkt die Fruchtbarkeitsrate nicht schneller als bisher, so werden die Werte eher als prognostiziert erreicht (vgl. auch: Global 2000 1980: 93).

Nun ist die Belastung der Biosphäre durch menschliche Aktivitäten, die zu den als problematisch, teilweise als dramatisch interpretierten Veränderungen in der Umwelt und zu hohen Energieaufwendungen und zu Ernährungsproblemen führen, fundamental abhängig von der Quantität der Weltbevölkerung (vgl. Zeitbombe Mensch 1993, Bick u.a. 1991). Und bisher wurde Schätzungen kaum widersprochen, die besagen, daß ca. 10-14 Milliarden Erdenbürger einen Maximalwert markieren, bei dem unter intensiver Nutzung und Bearbeitung aller Ressourcen individuelle Freiheit und ein gewisses Maß an Lebensqualität noch möglich sind. Bei Einschränkung der individuellen Freiheit und begleitet von chronischen Hungersnöten dürfte die Grenze bei 30 Milliarden liegen. Mithin würde in den nächsten 50 bis 70 Jahren die Grenze der Möglichkeit erreicht, global ein humanes Leben sich überhaupt vorstellen zu können – wenn nicht das industrielle und landwirtschaftliche Wachstum mit dem Wachstum der Weltbevölkerung Schritt hält.

Weltindustrieproduktion

Schaut man sich in Relation zum exponentiellen Wachstum der Weltbevölkerung allerdings das Wachstum der Weltindustrieproduktion an, so mußte man sich, wie es 1970 schien, keine Sorgen machen: Die durchschnittliche Wachstumsrate der Gesamtproduktion lag zwischen 1963 und 1968 bei 7% jährlich. Nun hat die Weltbevölkerung im gleichen Zeitraum auch zugenommen. Aber es bleibt immerhin ein erhebliches Pro-Kopf-Wachstum von 5%. Wenn nun die Industrieproduktion absolut um 7% anwächst, die Bevölkerung aber nur um 2%, dann kann man den Eindruck haben, daß die beiden dominanten positiven Regelkreise eine erfreuliche Wirkung zeigen: Der materielle Lebensstandard der Weltbevölkerung wird sich – so die optimistische Prognose vieler Wirtschaftswissenschaftler um 1970 – in den nächsten 14 Jahren verdoppeln. Nun zeigt sich, wie die Studie zu den Grenzen des Wachstums betont, bei genauerem Hinsehen sogleich, daß die wirtschaftliche Prosperität sich jedoch auf die schon besser gestellten Länder mit den eher geringen Bevölkerungswachstumsraten konzentriert. Die Reichen bekommen das Geld und die Armen die Kinder.

Gleichzeitig machten die steilen Anstiege im Wirtschaftswachstum, wie sie die Weltindustrieproduktion oder gar – in den 1960ern führend – Japan bzw. Schweden zeigen, mißtrauisch hinsichtlich ihrer Verlängerbarkeit in die Zukunft hinein. Aber das Mißtrauen, so die Vorgabe für die Simulation im „World 3-Programm", ist nur gerechtfertigt, wenn wir annehmen, daß sich an dem Wachstum etwas ändert, d.h., daß das System nicht konstant bleibt, daß die Hochrechnungen etwas berücksichtigen müssen, das dieses Wachstum stört. Als

Störvariablen führte die Gruppe um Meadows die zur Verfügung stehenden Ressourcen und die Umweltverschmutzung als Folge des Industriebooms ein.

Ressourcenknappheit und landwirtschaftliche Produktion

Welche Ressourcen stehen für den Anstieg der Weltbevölkerung und für das industrielle sowie landwirtschaftliche Wachstum zur Verfügung? Man unterschied zwischen zwei Gruppen:

- den *materiellen Grundlagen*, das sind Nahrungsmittel, Rohstoffe, ferner das gesamte ökologische System Erde, das Abfallstoffe absorbiert und den Kreislauf chemischer Substanzen aufrecht erhält. Das sind meß- und zählbare Größen wie etwa bebautes Land, Frischwasser, Metalle, Wald, Meere und darin enthaltene Nahrungsmittel sowie andere nutzbare Ressourcen.

Die zweite Gruppe betrifft

- die *sozialen Gegebenheiten*, das sind der Völkerfriede, die soziale Stabilität etc. Diese „Größen" sind schwer vorhersagbar, weil äußerst vielfältig und labil. Die einzige Möglichkeit ist es, zu spekulieren, daß die Menge und die Verteilung der Güter soziale Probleme verursachen oder lindern kann und daß dieses Rückwirkungen auf das soziale Gefüge hat.

Entscheidend in Hinblick auf das Wirtschaftswachstum ist nun, welchen Beitrag es zur Ernährung der Weltbevölkerung leisten kann. Wir konzentrieren uns daher an dieser Stelle auf den Sektor Landwirtschaft und lassen die Rohstoff-Frage für die Industrie außer Betracht.

In der Studie zu den Grenzen des Wachstums operierte man mit der Annahme, daß auf der Erde ca. 3,2 Milliarden Hektar prinzipiell bearbeitbares Land für die Nahrungsmittelproduktion zur Verfügung stehen, daß davon aber die leichter bebaubare Hälfte schon bearbeitet wird. Bewässerung, Rodung, Düngung etc. sind teuer, so daß eine Expansion der Anbauflächen mit hohem Aufwand in Relation zum erwartbaren Ertrag verbunden wäre.

Schauen wir uns die Relation zwischen Land und Bevölkerungswachstum an, wie sich das Problem 1972 darstellte, so ergibt sich folgendes Bild (vgl. Meadows u.a. 1972: 40ff.):

Zur Verfügung stehen pro Kopf der Weltbevölkerung 0,4 Hektar. Im US-amerikanischen Standard wird pro Person aber 0,9 Hektar genutzt. Bei 3,6 Milliarden Menschen und 3,2 Milliarden Hektar nutzbarem Land reichte der US-amerikanische Standard schon 1972 nicht mehr hin, um ihn zu einer globalen Norm zu machen; nach den „World 3"-Standards hingegen gibt es 1972 genügend bearbeitbaren Boden für alle. Nun zeigt sich gleichzeitig – entgegen der optimistischen Annahme, daß sich die Anbauflächen ausweiten ließen: Die landwirtschaftliche Nutzfläche nimmt faktisch weltweit ab. Im Jahre 2000 schon schneiden sich die Kurven von verfügbaren landwirtschaftlichen Nutzflächen pro Kopf und Bevölkerungszahl: Aus dem (rechnerischen) Landüberfluß wird unvermittelt eine Knappheit. Die Konsequenz lautet: „Es ist sehr wohl möglich, daß der Menschheit nur noch sehr wenig Zeit bleibt, wenn sie die Krise vermeiden will, in die sie ihr exponentielles Wachstum auf der begrenzten Erdoberfläche treibt" (ebd.: 41). Das gilt selbst für optimistische Modellrechnungen, nämlich auch dann, wenn sich die Hektarerträge gegenüber dem Stand von 1970 noch vervierfachen lassen. Der Zeitgewinn beträgt dann allenfalls 60 Jahre.

Außerdem zeigt sich: Jede Verdoppelung der Produktivität ist kostspieliger als die vorherige: 1951 bis 1966 konnte die Welterzeugung an Nahrungsmitteln um 34% erhöht werden. Die jährlichen Ausgaben z. B. für einen Traktor stiegen in diesem Zeitraum aber um 63%, für Nitratdünger um 146%, für Pestizide um 300%.

Wir haben an dieser Stelle als Beispiel nur die Landwirtschaft betrachtet, für die sich die Berechnungen von 1972 ziemlich genau bestätigt haben. Wir sind auf die nicht regenerierbaren Rohstoffe nicht eingegangen, obschon auch für sie in der Studie von Meadows u.a. ein recht beunruhigendes Bild gezeichnet wurde (vgl. ebd.: 97ff.). Ihr Verbrauch steigt ebenfalls exponentiell und in einigen Fällen rascher als die Weltbevölkerung zunimmt. Beide positiven Regelkreise treiben den Verbrauch an nicht erneuerbaren Rohstoffen hoch: Das Bevölkerungswachstum und das industrielle Wachstum. „Eine Antwort auf die Frage, ob es genug Rohstoffe für sieben Milliarden Menschen im Jahre 2000 bei einem erträglichen Lebensstandard geben wird, kann (...) nur bedingt gegeben werden. Sie hängt davon ab, auf welche Weise die Verbrauchernationen einige wichtige Entscheidungen treffen werden. Sie könnten weiterhin ihren Rohstoffverbrauch wie bisher steigern oder aber dazu übergehen, wichtige Rohstoffe aus Abfallmaterial zurückzugewinnen und neu zu gebrauchen. Sie könnten neue Techniken anwenden, um die Lebensdauer von Produkten aus knappen Rohstoffen zu verlängern. Sie könnten dazu anreizen, den persönlichen Bedarf an den unersetzlichen Rohstoffen zu verringern, statt ihn ständig zu vergrößern" (ebd.: 56).

Es ist diese Knappheit der Rohstoffe, die immer wieder als argumentative Basis genutzt wurde und wird, um wenigstens ein Recycling von Sekundärrohstoffen durch den Verbraucher voranzutreiben. Die damit verbundene Aufforderung an den einzelnen, sein Verhalten zu ändern, indem er die von ihm konsumierten Rohstoffe zurückgibt in den Stoffkreislauf, hatte durchaus Erfolg: Man sieht dies etwa an der Verwertungsquote von Altglas, die in Deutschland zwischen 1975 und 1993 von 9% auf 65% anstieg (vgl. Umweltbundesamt 1995: 41).

Umweltvergiftung und –zerstörung

1970 beschäftigte man sich erst seit wenigen Jahren mit den Auswirkungen der menschlichen Tätigkeit auf die Umwelt. Wir haben auf die Studie von Carson verwiesen, die eine der ersten dieser Art war. Wissenschaftliche Messungen in der Umwelt waren damals in aller Regel unvollständig.

So konnten Meadows u.a. nur zu einigen Grundfeststellungen kommen:

- die wenigen Schadstoffe, über die man etwas mehr weiß, steigen in ihrer Konzentration in der Nahrungskette exponentiell an

- man weiß nichts oder wenig über die maximalen Grenzwerte der stark zunehmenden Schadstoffe, bei deren Überschreitung ökologische Systeme kollabieren

- zeitliche Verzögerungen bei ökologischen Vorgängen führen dazu, daß man in manchen Fällen vielleicht den Grenzwert schon überschritten hat oder versehentlich erreichen wird

- viele Schadstoffe werden weit über die Erde verteilt. Sie sind also weit von ihrem Entstehungsort entfernt – und vielleicht nur dort – bemerkbar.

Einige Schadstoffe, so konnten Meadows u.a. zeigen, stehen in direktem Zusammenhang mit dem Bevölkerungswachstum, dem Wachstum in der Landwirtschaft und dem industriellen Wachstum, gemessen etwa am damit verbundenen CO_2-Ausstoß. Die Energienutzung pro Kopf wuchs in den 1960er Jahren jährlich um 1,3%, absolut um 3,4%. Zu 97% wurde diese Energie aus Öl, Gas, Holz und vor allem Kohle gewonnen. Unbekannt ist die Maximalgrenze für Kohlendioxid oder Abwärme, jenseits der sich das Klima der Erde unwiderruflich verändert.

Die Schlußfolgerung aus den Analysen lautet:

„1. Wenn die gegenwärtige Zunahme der Weltbevölkerung, der Industrialisierung, der Umweltverschmutzung, der Nahrungsmittelproduktion und der Ausbeutung von natürlichen Rohstoffen unverändert anhält, werden die absoluten Wachstumsgrenzen der Erde im Laufe der nächsten hundert Jahre erreicht.

2. Es scheint möglich, die Wachstumstendenzen zu ändern und einen ökologischen und wirtschaftlichen Gleichgewichtszustand herbeizuführen, der auch in weiterer Zukunft aufrechterhalten werden kann" (Meadows u.a. 1972: 17).

Man sieht: Die Idee einer nachhaltigen Entwicklung (siehe dazu unser achtes Kapitel) ist schon in der Studie zu den Grenzen des Wachstums präsent.

Es ist nicht auszumachen, in welchem Maße die Prognosen und Warnungen von Ehrlich/Ehrlich (1972), Meadows u.a. (1972), Schumacher (1973) die Umweltpolitik direkt oder indirekt beeinflußten, stand diese doch in der frühen Phase wesentlich unter dem Primat, die Verschmutzung durch die Industrien in den eigenen Ländern zu begrenzen. Globale Perspektiven waren auf die Ebene der Programmatiken und Präambeln beschränkt. Doch wird man ihren Einfluß auf die Entstehung der Umweltbewegung kaum überschätzen können, denn die Prognosen waren um 1970 allemal düster und bedrohlich.

Umweltpolitik in der Bundesrepublik Deutschland

Die frühe Phase 1969-1974: Umweltpolitik ohne Umweltbewußtsein

Konzentrieren wir uns auf die Bundesrepublik, so wird man sagen müssen: Die Studie von Rachel Carson (1962; deutsch: 1968), die Analysen von Ehrlich/Ehrlich zur Bevölkerungsexplosion, zum Ressourcenverbrauch und den daraus resultierenden Umweltzerstörungen (deutsch 1970), die erste im Auftrag des Club of Rome publizierte Studie von Meadows u.a. zu den „Grenzen des Wachstums" (deutsch 1972) und die Umweltgesetze in Japan hatten auch in der Bundesrepublik ihr Echo. Beeindruckt war man aber vor allem von den politischen Aktivitäten in den USA. Und beeindruckt waren nicht in erster Linie die Gesamtbevölkerung, Bürgerinitiativen o.ä., sondern eher Politiker und Intellektuelle, die in den neuen Regierungsparteien, insbesondere in der SPD wirkten.

Am Ende der 1960er Jahre kann von einem massiven Bürgerprotest gegen die Naturzerstörung in diesem Land noch nicht die Rede sein. Und auch die Außerparlamentarische Opposition nahm hierzulande die USA allein als Aggressor im Vietnamkrieg wahr, nicht als Land von Umweltschutzbewegungen.

Dennoch gab es auch in der alten Bundesrepublik schon eine gewisse Sensibilität für den Naturschutz: Bilder und Berichte vom Fischsterben im Rhein, die Erfahrung der Smogglocken über dem Ruhrgebiet und Giftmüllskandale hatten auch hier ihre Leidtragenden sowie ihr Publikum (vgl. Brüggemeier/Rommelspacher 1992).

Eine gezielte Umweltpolitik wurde allerdings erst durch die sozial-liberale Regierungskoalition 1969 eingeleitet (vgl. zum Folgenden: Müller 1989: 51ff.; Weidner 1995: 3ff.). Das Regierungsprogramm dieser Koalition enthält erstmals in der Geschichte der Bundesrepublik Aussagen über eine künftige Politik des Umweltschutzes. Die darauffolgenden Jahre sind von einer hohen Dynamik innerhalb des politisch-administrativen Systems, aber auch innerhalb der Gesellschaft pro Umwelt gekennzeichnet – und dies, obschon es keinen äußeren Handlungsdruck gab. Auch waren sich – nach Ansicht von E. Müller – die Initiatoren des Regierungsprogramms 1969 gar nicht darüber im klaren, welche politischen Implikationen und welchen gesellschaftlichen Sprengstoff dieser erste Schritt hin zur Umweltpolitik haben würde (vgl. Müller 1986: 55).

Im Jahre 1971 präsentierte die Bundesregierung das erste Umweltprogramm (vgl. Umweltprogramm der Bundesregierung 1971). Mit diesem Programm wurde die Umweltpolitik in ihrer Bedeutung mit der Politik der sozialen Sicherheit, der Bildungs-, Außen- und Verteidigungspolitik gleichgesetzt. Das für die damalige Zeit außerordentlich fortschrittliche Programm nannte fünf Hauptziele, von denen das vierte für unseren Zusammenhang von besonderem Interesse ist:

1. Umweltpolitik umfaßt als staatliche Daseinsvorsorge alle notwendigen Maßnahmen zur Bewahrung der Lebensgrundlagen des Menschen, damit Gesundheit und Lebensqualität gesichert sind; sie dient dem Schutz von Boden, Luft, Wasser, Flora und Fauna vor Verschmutzung und Zerstörung durch menschliche Aktivitäten. Rechtliche, Verwaltungs- und organisatorische Maßnahmen sollen den Umweltschutz voranbringen.

2. Die Kosten für die Beseitigung von Umweltschäden müssen im Prinzip vom Verursacher dieser Schäden getragen werden.

3. Der Einsatz und die Entwicklung umweltfreundlicher Techniken sollen unterstützt werden. Die Wirtschaft soll Umweltrisiken beachten. Umweltschutz wird durch finanzpolitische und andere fiskalische Maßnahmen sowie durch infrastrukturelle Maßnahmen flankiert.

4. Umweltschutz ist Aufgabe aller Bürger. Die Bundesregierung sieht in der Förderung des Umweltbewußtseins durch Bildung, Ausbildung und Bürgerinitiativen eine entscheidende Komponente der Umweltpolitik.

5. Umweltschutz erfordert internationale Zusammenarbeit. Die Bundesregierung strebt internationale Vereinbarungen an (vgl. ebd.: 6 und 9; vgl. kommentierend: Müller 1986: 62ff.).

Man sieht: das erste Umweltprogramm versteht unter aktivem Umweltschutz noch im wesentlichen eine politische Steuerungsaufgabe: Gesetze, die Grenzwerte der Boden-, Luft-, – Wasserbelastung festlegen, Abfallrecht, Landschaftsschutz u.a. legislative Maßnahmen auf der einen, die Förderung von neuen Technologien und monetäre Erleichterungen für die Wirtschaft auf der anderen Seite – dies scheinen in den frühen 1970er Jahren die probaten Mittel für die Abwendung von ökologischen Problemen zu sein. Zwar geht der Umweltschutz auch 1971 schon alle an, aber das Umweltbewußtsein soll erst einmal von politischer Seite forciert werden. Das Umweltbewußtsein der Bevölkerung als Motor der Umweltpolitik zu betrachten ist noch nicht im Horizont des Denkbaren.

Es folgten die großen Jahre der Programmatik, der Gesetze und organisatorischer Maßnahmen: 1971 wurde nach dem Vorbild des „US Council of Environmental Quality" der „Rat von Sachverständigen für Umweltfragen" ins Leben gerufen, der 1972 sein erstes Gutachten zum Thema „Auto und Umwelt" vorlegte. Und 1974 entstand – nach dem Vorbild der „US Environmental Protection Agency" – das Umweltbundesamt, das dem Innenministerium (und später dem Umweltministerium) Unterstützung in technischer, wissenschaftlicher und administrativer Hinsicht bietet.

Die Umweltpolitik orientierte sich in den 1970er Jahren an drei großen Prinzipien:

• dem Vorsorgeprinzip,

• dem Kooperationsprinzip und

• dem Verursacherprinzip.

Das Vorsorgeprinzip wurde schließlich zur dominierenden Orientierungsgröße, und sie ist es bis heute geblieben. Das ist nicht unwichtig für die Bedeutung, die das Umweltbewußtsein im Kontext von ökologischen Reformen haben kann und muß. Denn wo vorausschauend Landschaften, Flora und Fauna geschützt werden sollen, wo Verschmutzungen und Übernutzungen gar nicht erst entstehen sollen, da sind von jedermann die weit vorausschauende und mitdenkende Planung und ein verantwortungsvolles, eventuell sparsames Verhalten viel eher notwendig als dort, wo es um die Identifikation eines Verursachers von Umweltverschmutzungen geht.

Fragt man, warum es in der Bundesrepublik von staatlicher Seite ein so großes Engagement in Umweltfragen gab, ohne daß ein stärkerer Druck von außen vorgelegen hätte und ohne daß abzusehen gewesen wäre, daß sich mit einem Umweltprogramm entscheidende Wählerstimmen hinzugewinnen ließen, so wird man in der Literatur (vgl. Müller 1989: 5f.; Malunat 1994: 4; Hucke 1990: 383f.) darauf verwiesen, daß diejenigen, die das Umweltprogramm der Regierung formulierten, – mit Blick auf die USA – darin vor allem eine intellektuelle Herausforderung sahen. Sie fragten zunächst nicht nach taktischen Erwägungen, sondern nach der eigenen Sachkompetenz. Und sie konnten auf ein Reformklima rechnen, das vom Gestaltungsinteresse geprägt war statt von einer Haltung, die zunächst darauf aus ist abzuwarten, daß etwas passiert, bevor man eingreift. So wurden zwischen 1971 und 1974 in schneller Folge Gesetze zur Begrenzung von Umweltverschmutzung erlassen, auf die die Bevölkerung sehr positiv reagierte (vgl. Müller 1989: 74ff.; Malunat 1994: 4f.; Weidner 1995: 7).

Allerdings blieben die Rechtsvorschriften und auch die anderen politischen Steuerungsmittel ohne durchschlagende Wirkung. Es zeigt sich schon in der ersten Hälfte der 1970er Jahre, daß die umweltpolitischen Steuerungsmöglichkeiten nicht so weitreichend waren wie angenommen. Die Stoffströme in der Industrie und im Handwerk waren, zumal wenn sie international verflochten und/oder arbeitsplatzempfindlich und/oder besonders profitträchtig waren, durch politisch motivierte Vorgaben nur schwer zu steuern. Wo dieses über-

haupt gelang, war man von staatlicher Seite in der Regel zu den im Regierungsprogramm schon angekündigten Ausgleichsmaßnahmen genötigt: Wollte man
bestimmte Ressourcennutzungen und Emissionen begrenzen, so mußte diese
Begrenzung durch Subventionen, Forschungsgelder etc. kompensiert werden.

Auch wenn sich faktisch im Hinblick auf die Schadstoffreduktion und Entsorgung zunächst wenig bewegte, waren die Bemühungen um den Umweltschutz
in ihrer legitimatorischen Funktion durchaus wirksam. Den Bürgern konnte man
glaubhaft machen, daß staatliche Umweltpolitik der Naturzerstörung und Umweltvergiftung Einhalt gebieten will, indem sie mit Verboten operiert und die
Entwicklung neuer Technologien unterstützt. Die Existenzberechtigung des
bestehenden Wirtschafts- und Industriesystems wurde daher – bei aller allgemein gewünschten und geforderten Reform – nicht bezweifelt, wie auch die
Handlungsfähigkeit des bundesrepublikanischen Parlamentarismus in den Fra-
gen des Umweltschutzes zunächst positiv gesehen wurde. Die Skepsis der
Bürger gegenüber dem bestehenden Parlamentarismus und bestimmten Sekto-
ren der Produktion wie des Transportsystems wuchs aber insbesondere in der 2.
Hälfte der 70er Jahre an. Dies drückte sich zunächst und vor allem in den
Bürgerinitiativen gegen Atomkraft aus, aber auch in Initiativen gegen lokalen
Autobahnbau und großflächige Umweltverseuchungen durch Industrie und
Abfallwirtschaft.

Die Phase 1974 – 1978:
Stagnierende Umweltpolitik und wachsendes Umweltbewußtsein

Die Phase zwischen 1974 und 1978 wird allgemein als Phase der Stagnation
beschrieben (vgl. Müller 1989: 97ff.; Umweltgutachten 1978: 77; Delwaide
1993). Die Ursache lag in der Ölkrise von 1974/75 und der allgemeinen wirtschaftlichen Rezession. Die Wirtschaftsrezession führt zu einer Übereinkunft
zwischen dem Kanzlerbüro – inzwischen war Helmut Schmidt Bundeskanzler
– und der Wirtschaft, die dem wirtschaftlichen Wachstum Priorität vor dem
Umweltschutz gab (das ist die sogenannte „Gymnich-Konferenz"; vgl. Müller
1986: 97ff.). Man kann die Konferenz auch als Gründungssitzung einer Anti-
Umwelt-Koalition betrachten.

Diese Jahre waren zudem hochgradig konfliktgeladen: Die Anti-Atomkraft-
Bewegung mobilisierte Zehntausende gegen den Bau neuer AKWs. 1975/76
zählte man zwischen 7 000 und 20 000 Umweltschutzinitiativen. Das waren
insgesamt rund 45% aller außerparlamentarischen Aktionsgruppen. Handgreif-
liche Auseinandersetzungen zwischen der Staatsseite und den radikalen Flügeln
der Initiativen waren an der Tagesordnung.

Die Schere zwischen dem Interesse am Wirtschaftswachstum und den Interessen der Umweltinitiativen war nicht zu schließen. In dieser Zeit wurde immer

deutlicher: Gerade wenn Politik am Gemeinwohl orientiert ist, bleibt in Konfliktfällen offen, was als Gemeinwohl bezeichnet werden kann. Hier ist eine allgemein gültige Definition nicht zu haben. Dies bekommen in den 1970ern auch die Regierungen schnell zu spüren. Wo man um 1970 noch von Seiten der Politik die Grenzen einer Gefährdung der Gesundheit der Bürger festlegen konnte, begannen diese in ihren Initiativen, aufgeschreckt von Gefährdungsmeldungen, selbst definieren zu wollen, bei welchen Werten die Belastung für das eigene Wohl zu groß würde. In dem Maße nun, wie die Bürger selbst zur Definitionsmacht bezüglich der Identifikation von Gefährdungstatbeständen und Belastungsgrenzen griffen, gerieten die vermeintlich sachlichen Bestimmungen und Abwägungen der von den Regierungen bemühten Experten über Schadstoffhöchstmengen, die Sicherheit von AKWs und Endlagern, die benötigten Energieressourcen in den kommenden Jahrzehnten etc. zu latent willkürlichen Festlegungen.

Man kann sich schließlich bei der Beobachtung vieler Programmschriften der Bundesregierung und des Ministeriums des Innern – so etwa im Hinblick auf den „Umweltbericht '76" (1976) – gar nicht mehr sicher sein, ob Umweltpolitik nun noch der Gesundheitsgefährdung durch Umweltverschmutzungen vorbeugen soll oder eher darauf zielte, die Produktion der Industrien vor einer Gefährdung durch die gestiegenen Ansprüche von Bürgern zu schützen. Umweltpolitik als Politik fürs Gemeinwohl unterliegt seither dem Verdacht, oft Produktions-, Technologie- und Wirtschaftspolitik zu sein und weniger Gesundheitsschutzpolitik.

Der Bedeutungsgewinn des Umweltbewußtseins in den späten 1970er Jahren

In der Anfangsphase der Umweltpolitik zwischen 1969 und 1974 wurde die Umweltpolitik programmatisch am Vorsorgeprinzip orientiert und durchsetzungstechnisch recht folgenlos, aber gleichzeitig sehr öffentlichkeitswirksam unter dem Primat des Verursacherprinzips betrieben (vgl. zum Verursacherprinzip Bullinger u.a. 1974). Das Verursacherprinzip ist hochgradig konsensbildend für ganz verschiedene Interessengruppen in der Bevölkerung (Gewerkschaften, erste Bürgerinitiativen etc.), da es dem Alltagsdenken nahekommt: Die Gesellschaft hat sich durch ihre industrielle Produktion und damit einhergehenden Einwirkungen auf die Natur selbst gefährdet. Es kommt darauf an, diese Gefährdungen so bald wie möglich zu unterlassen. Man muß die Schuldigen ausfindig machen, sie an ihrem Tun hindern (vgl. Luhmann 1990: 18ff.). Wer einen Schaden verursacht, ob das nun ein Autounfall, eine zerbrochene Scheibe oder eine fehlerhafte Operation ist, soll dafür aufkommen.

Aber das postulierte Verursacherprinzip erfährt in dieser Phase der Umweltpolitik zwischen 1971 und 1975 praktisch keine Anwendung. Man spricht daher seit Mitte der 1970er Jahre zunehmend von einem „Vollzugsdefizit" auf seiten der Durchsetzung von Geboten, Verboten, Verfahrens- und Produktionsnormen, der Gefährdungs- und Verschuldenshaftung und bringt damit zum Ausdruck, daß die mit den Programmen zur Umweltpolitik geschürten Erwartungen und Ziele nicht erfüllt bzw. erreicht wurden. Zudem steht die Durchsetzung dieses Prinzips auch vor ganz handfesten strukturellen Schwierigkeiten. Insbesondere in den hochbrisanten Konfliktfällen, die auf flächendeckende Verseuchungen und Zerstörungen verweisen (Atomkraft und Verstrahlungsgefahren, Luftverschmutzung), muß sich das Verursacherprinzip als nicht anwendbar erweisen: Entweder könnte niemand den denkbaren Schaden ausgleichen, oder aber die Verursacher sind nicht eindeutig zu identifizieren bzw. die Relation zwischen der Wirtschaftskraft des Verursachers und der Beseitigung von Schäden und Belastungen läßt eine Anwendung des Verursacherprinzips schwerlich zu (etwa im Hinblick auf kontaminierte Böden bei Schrottplätzen). Kurz: Die Schuldigen ausfindig zu machen, an ihrem Tun zu hindern und strafrechtlich zu belangen, ist nicht ohne weiteres möglich oder opportun. Denn das Umweltproblem ist eben nicht so einfach durch Verhaftung der Schuldigen und politisch beschlossene ökologische Politik zu bewältigen. Man nehme etwa das Beispiel Waldsterben und stelle sich vor, Capitaine Renault aus dem Film „Casablanca" gäbe den Befehl „Verhaften Sie die üblichen Verdächtigen!" – aber wer sind diese? Die Autoproduzenten? Die Autofahrer? Die Autobahnbauer? Die Kraftwerksbetreiber? Die Stromverbraucher?

Mitte der 70er Jahre ist dann eine Abnahme der Bedeutung des Verursacherprinzips und eine Betonung des Gemeinlastprinzips feststellbar. Das meint: Die produktions- und transportbedingte Umweltzerstörung wird von den Folgekosten her vergesellschaftet. Durch das Steueraufkommen des Staates und/oder über allgemeine Preissteigerungen soll nun verstärkt das Geld eingetrieben werden, das direkter Schadensbeseitigung, der Entschädigung, der Technikforschung, der Subvention von schadstoffreduzierter Produktion etc. dient (vgl. Gauer 1979).

Das Verursacherprinzip in seiner Bedeutung zu reduzieren und das Gemeinlastprinzip stärker zu betonen, dies wird durch den Rat der Sachverständigen für Umweltfragen im „Umweltgutachten 1978" (Umweltgutachten 1978) ausführlich begründet und enthält im Hinblick auf die Bedeutung des Umweltbewußtseins einige entscheidende Einsichten. Daher gehen wir an dieser Stelle ausführlicher auf das Gutachten dieses politisch beratenden Gremiums ein (vgl. zum folgenden auch Ruppert 1984; de Haan 1993b).

Die Sachverständigen sehen eine bedeutsame Phase der Umweltpolitik als abgeschlossen an: Vor 1969 sei Umweltpolitik in vielfältiger Form betrieben worden, allerdings habe man sich erst zwischen 1969 und 1971 zu programmatischen Bündelungen und Neukonzipierungen durchgerungen, die zu einem eigenständigen Politikbereich führten. Dem sei die Phase der Verwirklichung des Gesetzgebungsprogramms (1971-1974) gefolgt und dieser wiederum ab 1975 eine Phase der „nüchternen Einschätzung der wirtschaftlichen Folgen einer aktiven Umweltpolitik: Es wurde klar, daß die Vorstellungen von den Größen der Kostenbelastungen weit überhöht waren, und daß Umweltpolitik keineswegs nur Arbeitsplätze gefährdet, sondern auch einen Ankurbelungseffekt haben kann, sofern auf Elemente des Gemeinlastprinzips zurückgegriffen wird. Unter diesen Voraussetzungen ist heute die Vereinbarkeit des Umweltschutzes mit einer konjunkturbelebenden Wirtschaftspolitik grundsätzlich anerkannt" (Umweltgutachten 1978: 77). Das Verursacherprinzip wird vom Rat zwar zunächst als dem „Gemeinlastprinzip stets überlegen" beschrieben, „da es allein einen wirksamen Sanktionsmechanismus für umweltschädliches Verhalten im privatwirtschaftlichen Bereich schafft" (ebd.: 536), wird dann aber dergestalt als problematisch im Einsatz, in der Effizienz und im Effekt demontiert, daß es insgesamt zu einer starken „Relativierung des Verursacherprinzips" kommt.

Wird in der Argumentation des Rates den Vorteilen einer verursacherorientierten Umweltpolitik zunächst das Wort geredet, so setzt sich der Rat am Ende für den Primat des Gemeinlastprinzips ein: „Maßnahmen nach dem Gemeinlastprinzip (sind) in vielen Fällen unter dem Gesichtspunkt einer gesamtpolitischen oder Systemrationalität dann sinnvoll, wenn sie zu einer Minderung von Ziel- und Interessenkonflikten beitragen und diese Konflikte nur auf der instrumentellen Ebene auszutragen sind." Übersetzt heißt das: Wo man meint, der Industrie, dem Handwerk, aber auch dem Handel und Verkehrssektor nicht zumuten zu können, die Umweltfolgekosten ihrer Tätigkeiten zu tragen oder umweltschonender zu wirtschaften oder für umweltschonendere Konsumgüter und Transportmodalitäten zu sorgen, werden die anfallenden Kosten auf die Allgemeinheit abgewälzt. Über Steuern und Abgaben werden die Kosten für die Entsorgung von Schadstoffen erhoben, werden umweltschonendere Technologien entwickelt und wird deren Einsatz subventioniert. So erhöht man den „spezifischen Handlungsspielraum der Wirtschaftssubjekte" (ebd.: 539) wieder, der durch die zahlreichen Auflagen als stark eingeschränkt gilt.

Einfach über die Interessen der Bevölkerung und Stimmungen hinwegzugehen, dies kann die Anpassung der Umweltpolitik an die wirtschaftlichen Rahmenbedingungen freilich nicht heißen. Der Rat kennt die Meinungsumfragen von INFAS aus dieser Zeit und weiß: „Die Zustimmung der Bevölkerung zum Verursacherprinzip ist groß, wenngleich nicht sicher ist, was darunter verstanden wird. (...) Die Bevölkerung entscheidet sich bei der Alternative ‚Verursacher soll zahlen' oder ‚die öffentliche Hand soll Steuermittel einsetzen' mit

Mehrheit von zwei Drittel und mehr für das Verursacherprinzip" (ebd.: 452). Wie macht der Rat der Sachverständigen die Umstellung vom Verursacher- aufs Gemeinlastprinzip dennoch plausibel? Und wie gewinnt man dafür die Bevölkerung?

Im Gutachten heißt es, die massive Ablehnung des Gemeinlastprinzips resultiere aus einem Mißverständnis: „Diese Haltung der Bevölkerung verwundert nicht, denn die Haftung der Verursacher ist im Alltagsdenken fest verankert. Es ist zu vermuten, daß die Bevölkerung die Vorstellung hat, daß die Anwendung des Verursacherprinzips keine Überwälzung der Kosten auf die Endabnehmer bedeutet." Außerdem „ist zu vermuten, daß die Bevölkerung die Belastung der Verursacher analog zur Haftung für Schäden oder zur strafrechtlichen Verantwortung sieht" (ebd.). Das ist freilich, so macht der Rat deutlich, von der Bevölkerung völlig falsch gedacht. Wenn man den Verursacher für den Schaden zahlen läßt, so wird dieser die ihm entstehenden Kosten auf die Preise für seine Produkte umlegen. Letztlich zahlen nach diesem Modell immer die Verbraucher.

Dem muß man nicht widersprechen wollen, auch wenn es aus der Perspektive „der Bevölkerung" reizvoll sein mag, den Verursacher zahlen zu lassen, könnten seine umweltschädigend hergestellten Produkte damit doch so teuer werden, daß sie ihre Attraktivität verlieren. Das Gemeinlastprinzip hingegen macht auch umweltgefährdende Produkte und Produktionsformen noch rentabel. Insofern finanziert man über diese gegen die Umweltbelastung gerichtete Steuerungspolitik immer auch mit, was man eigentlich hatte abschaffen wollen: eine umweltschädigende Produktion und ebensolche Produkte. Zumindest liegt es in der Hand staatlicher Politik zu definieren, was umweltschädigend ist und was nicht. Der Konflikt ist dann aber schon vorprogrammiert: Gefährdungstatbestände werden ja, wie erwähnt, gerade von den Bürgerinitiativen der Zeit anders definiert als von Regierung und Industrie.

Wie dem auch sei – der Rat weiß 1978, daß für die Bevölkerung das Verursacherprinzip das sinnvollste Modell der Bewältigung von einmal eingetretenen Umweltschäden ist. Wie nun soll es möglich sein, vom Verursacherprinzip zum Gemeinlastprinzip überzugehen, wenn doch die Kosten der Umweltschadensverhinderung, –begrenzung und –beseitigung „realistischerweise (die) Verrechnung über Preise oder über Steuern" erzwingen? Wie läßt sich dies bewältigen, ohne daß es zu Konflikten führt? Dadurch, so der Rat der Sachverständigen, daß die anstehende Umweltpolitik „von der überwiegenden Mehrheit der Staatsbürger verstanden und aktiv mitgetragen" wird (ebd.: 440). Man wird „ein aufgeklärtes Verständnis der Bürger (...) für die Probleme zu wecken" haben. Das „aufgeklärte Verständnis" wird als „Umweltbewußtsein" bezeichnet (ebd.). Umweltbewußtsein wiederum wird definiert „als Einsicht in die Gefährdung der natürlichen Lebensgrundlagen des Menschen durch diesen selbst, verbunden mit der Bereitschaft zur Abhilfe" (ebd.: 445).

Die Bürger sollen also lernen, daß sie auch Verursacher der von ihnen als riskant eingeschätzten Umweltbelastungen sind. Sie müssen daher auch selbst etwas tun: durch ein verändertes Verbraucherverhalten, durch steuerliche Abgaben, die Akzeptanz höherer Preise und in Form persönlicher Umweltschutzaktivitäten.

Der Gesellschaftsbereich nun, den der Rat der Sachverständigen für Umweltfragen als zuständig für das Wecken von Umweltbewußtsein ausmacht, ist – wie könnte es anders sein – die Schule oder genereller: das Bildungssystem (vgl. ebd.: 455ff.). „Eine Vertiefung und Fundierung des Umweltbewußtseins kann (...) am besten durch die Schule bewirkt werden, die somit mittel- und langfristig die Grenzen und Möglichkeiten der Umweltpolitik entscheidend mitbestimmt" (ebd.: 455). Wohl nicht ganz zufällig liest sich dann der Beschluß der Kultusministerkonferenz zur Umwelterziehung von 1980 ganz ähnlich wie die Überlegungen im Umweltgutachten von 1978: „Der Mensch ist sowohl Verursacher als auch Betroffener von Umweltveränderungen. Da die von ihm verursachten Belastungen auf ihn zurückwirken, ist er auch verantwortlich für die Folgen der Eingriffe in das System der Umweltbedingungen. (...) Erziehung zu Umweltbewußtsein und Umweltschutz kann (...) Verständnis und eine positive Einstellung für die zu lösenden Probleme gleichermaßen fördern" (KMK 1982: 669).

Als Beobachter dieser Entwicklung ziehen wir den Schluß, daß die Initiative zur Stärkung des Umweltbewußtseins eine Reaktion auf Steuerungsprobleme im politischen System ist. Pointiert läßt sich sagen: Die durch die Produktion, Distribution und den Konsum verursachten Veränderungen in der Umwelt, die als gefährlich für die Bürger von diesen oder von übergeordneten Instanzen angesehen werden, werden so umdefiniert, daß sie in einem anderen gesellschaftlichen Teilsystem, im Bildungssystem nämlich, als behandelbar erscheinen. Mit Luhmann gesprochen: Das komplexe Ursprungsproblem wird so verschoben oder transformiert, daß es im Rahmen einer neuen Systembildung, nämlich der Umweltbildung in den Curricula, behandelbar wird. Luhmännisch-unfreundlich gesagt heißt das: Man schafft ein behandelbares Ersatzproblem für die Umweltgefährdung, da man nach dem Verursacherprinzip nicht verfahren kann oder will.

Es ist sicherlich auch die Unmöglichkeit, in einer komplexen und ausdifferenzierten Gesellschaft die Schuldigen zu ermitteln und sie wirksam an ihrem Tun zu hindern, die dazu nötigt, den Umweltschutz nicht bloß als Aufgabe der Regierung, sondern als Aufgabe aller zu betrachten. Es hat den Anschein, daß die Umwelt von den Bürgern um so stärker als gefährdet und gefährdend wahrgenommen wird, je mehr sich im politischen Raum die Erkenntnis durchsetzt, daß den Umweltproblemen nicht durch ein politisch durchgesetztes Verursacherprinzip beizukommen ist. In dem Maße, in dem das Thema Umwelt als politisches Tagesthema an Relevanz eingebüßt hat, hat es in anderen gesellschaftlichen Teilsystemen und in anderen Kontexten an Bedeutung gewonnen. Will man aber den Dissens zwischen Verursacher- und Gemeinlastprinzip ausräumen, indem man via Umweltbewußtsein der Bevölkerung deutlich macht, daß das Gemeinlastprinzip das einzig realistische Verfahren in der Sache ist, dann kommt man mit einfachen, rationalen Darstellungen und Aufforderungen, sich einsichtig zu zeigen, nicht zurecht. Denn das Vertrauen in die Worte und in die Durchsetzungskraft der Politiker – und ihren Willen zu einschneidenden Änderungen – scheint eher verlorengegangen zu sein als durch die Umweltpolitik selbst an Stärke gewonnen zu haben. Generell fühlt sich die Bevölkerung hinsichtlich des Ausmaßes der „wirklichen" Gefährdungen nun schlecht informiert. Dies gilt besonders für die Information durch politische Instanzen, aber auch – in allerdings geringerem Maße – für die Medien: Die Bevölkerung findet, daß die Information durch die Medien unzureichend ist, sie will mehr und besser informiert werden und äußert mehrheitlich, daß es zu selten kritische Fernsehsendungen zum Thema Ökologie und Umwelt gibt. Gleichzeitig sind die Einschaltquoten solcher Sendungen – mit Ausnahme von aktueller Katastrophenberichterstattung – aber eher unterdurchschnittlich (vgl. Tacke 1991: 23).

In dem gesamten geschilderten Komplex ist eine tiefgreifend neue Fokussierung der Strategien zur Thematisierung der Umweltkrise zu sehen. Was als Umweltpolitik begann, die im Interesse des Gemeinwohls Einfluß auf die Wirtschaft, Infrastrukturen und Technikentwicklung nehmen sollte, geriet mehr und mehr in die Verantwortung des einzelnen, der sich nun nicht mehr hinreichend informiert fühlt.

Die Phase nach 1978: Schwankende Umweltpolitik und Dynamisierung des Umweltbewußtseins

Die Zeit zwischen 1974 und 1978 hat also für die Umweltpolitik eher einen Rückschlag bedeutet, für das Umweltbewußtsein aber einen entscheidenden Schritt nach vorn: Die Bewegung gegen Atomkraft weitet sich zur Umweltschutzbewegung aus. Das Fundament für ein allgemeines Umweltbewußtsein in der Bevölkerung ist gelegt. Man kann es als Ironie der Geschichte betrachten, daß das im 1972er Regierungsprogramm gewünschte Umweltbewußtsein zwar durch die Umweltpolitik befördert wurde, oft jedoch eher durch eine dezidierte Anti-Regierungs-Politik der Bürgerinitiativen (vgl. Umweltgutachten 1978: 464ff.). In den späten 1970er Jahren glauben viele Bürger nicht mehr an die Umweltmanagementfähigkeit von Regierungen und Wirtschaft.

Auch als um 1980 erneut eine Wirtschaftsflaute herrschte und die Arbeitslosigkeit stieg, blieb das Interesse an einer stärkeren Berücksichtigung von Umweltfragen im Wirtschaftssektor populär. Erhebungen, die die Frage nach der Zufriedenheit mit der Umweltpolitik stellten, zeigen, daß die Bevölkerung mehrheitlich zwischen 1978 und 1984 „außerordentlich unzufrieden" mit der Umweltpolitik war. Kein anderer Politikbereich schnitt in diesem Zeitraum schlechter ab (vgl. Landua 1989).

Dynamik erhielt die Umweltschutzpolitik erst wieder in den späten 1970er Jahren (vgl. zum Folgenden generell: Müller 1986: 114ff.; Weidner 1995: 13ff.; Weidner 1989), als neben den Konfliktfeldern Atomkraft (und chemische Industrie) einerseits das Waldsterben in den Fokus der Betrachtung geriet und mit ihm erneut – wie schon in den 1960er und frühen 1970er Jahren – die Luftverschmutzung (vgl. Gärtner 1984; Malunat 1994). Andererseits hatte die Bürgerinitiativbewegung sich formiert: Der schon 1972 – mit Wohlwollen hoher Regierungsbeamter des Innenministeriums gegründete „Bundesverband Bürgerinitiativen Umweltschutz" (BBU) schaffte es als Dachverband der Bewegung 1978, über 1000 Gruppierungen mit über 1,5 Millionen Mitgliedern zu vereinen. Gleichzeitig hatten schon 1977 Grüne Listen bei Kommunalwahlen z.T. erfolgreich kandidiert, und die neu gegründeten Grünen Parteien schafften ab 1979 sukzessive den Einzug in die Landesparlamente – bis mit 5,6% der Stimmen 1983 die Etablierung im Bundestag erreicht wurde. Ihre Wählerschaft setzte sich zusammen aus den mit dem Umweltschutz und der – eher symbolischen statt durchgreifenden – Umweltpolitik Unzufriedenen, den Atomkraftgegnern, den Friedensbewegten, denen, die mehr Partizipation des Bürgers forderten, aber auch jenen, die mehr Rechte für Frauen einklagten.

Verwies das Umweltgutachten des Rates der Sachverständigen 1978 noch auf die Notwendigkeit, das Umweltbewußtsein zu fördern, so war das Bewußtsein von den ökologischen Problemen – gleichsam am Plädoyer des Rates vorbei – schon um 1980 zu einem Faktor geworden, mit dem Politiker rechnen konnten – oder sogar rechnen mußten, schaut man sich die Ergebnisse der Grünen bei den Wahlen und die Strategien der Bürgerinitiativen zur Verhinderung des Baus großtechnischer Anlagen an.

Erst jetzt, in den 1980ern, wird das Umweltbewußtsein der Bevölkerung zu einem Faktor, der im politisch-administrativen System als vorhandene – und eben nicht mehr erst zu erzeugende – Einflußgröße Beachtung findet (vgl. Weidner 1995: 11). Erst jetzt kann man daher auch von einem gezielten Fortschritt der Umweltpolitik durch das „in der Öffentlichkeit entstandene Umweltbewußtsein" sprechen – entgegen der eingangs zitierten Ansicht Meyer-Abichs (1989: 6f.), dieses sei schon „seit Anfang der siebziger Jahre" der Fall. Aber für das Ende des siebten Jahrzehnt gilt, daß die Beachtung des Umweltbewußtseins noch keinen direkten Einfluß auf die Politik hatte. Die Koalitionspartner SPD und F.D.P. zerstritten sich bis 1982 über die Fortschreibung der Umweltpolitik ebenso, wie es Konflikte zwischen den Ministerien gab – mit dem Effekt, daß zwar noch Initiativen, z.B. zur Luftreinerhaltung gestartet, aber nicht mehr realisiert wurden. Die Fraktion derer, die im Umweltschutz einen Hemmschuh für die Wirtschaftsentwicklung sahen, war in der sozial-liberalen Regierung und in den zentralen Positionen der entscheidenden Ministerien dominant. Die Umweltpolitik folgte nicht dem Umweltbewußtsein in der Bevölkerung, sondern ökonomischen Interessen (vgl. Weidner 1995: 13).

Entgegen den Befürchtungen derjenigen, die der ökologischen Thematik den Primat für das Ende des Jahrtausends gaben, war dann der Regierungswechsel 1982 mit Friedrich Zimmermann als Innenminister nicht das Ende selbst einer nur symbolischen Umweltpolitik. Vielmehr bestand eine seiner ersten Initiativen darin, Maßnahmen zur Luftreinerhaltung durch eine Großfeuerungsanlagenverordnung und Regelungen für die Emissionen der Automobile auf den Weg zu bringen. Er war es auch, der auf europäischer Ebene eine Vereinheitlichung der Grenzwerte und eine Reduzierung der Luftbelastung vorantrieb. Hier ließe sich sicherlich eine Verbindung zwischen der Debatte um das Waldsterben, dem damit verbundenen Anstieg des Umweltbewußtseins und politischem Handeln identifizieren, ohne daß es dazu freilich exakte empirische Erhebungen gibt.

Das Umweltbewußtsein kann aber nicht allein als ein von außen wirkender Faktor auf eine am Ende in einigen Bereichen tatsächlich positive Umweltpolitik gewertet werden. Hinzu kommt, daß in der Umweltpolitik auch Terrain wiedergewonnen werden mußte, nachdem die Bevölkerung – wie oben erwähnt – das Vertrauen in diesen Politikbereich verloren hatte, da in den 1970ern die ergriffenen Maßnahmen bloß symbolisch geblieben waren. Schließlich dürfte auch die in den 1980ern wesentlich verbesserte Artikulationsfähigkeit der umweltbewegten Bürger von erheblichem Einfluß auf die Umweltpolitik gewesen sein. Das betrifft den publizistischen Markt, der mit zahlreichen Umweltzeitschriften bedient wird, und die wachsende Gruppe der Umweltexperten, die sich den Grünen und dem Umweltschutz verbunden fühlen, ebenso wie die breite Darstellung von Umweltthemen in den Massenmedien (vgl. Voss 1995; vgl. auch de Haan 1995a).

Eine Reaktion auf die Beunruhigung in der Bevölkerung, auf den drastischen Anstieg des Umweltbewußtseins (vgl. Kapitel 3) war es auch, die am 5. Juni 1986 zur Etablierung des Bundesumweltministeriums führte: Im April 1986 war es zur Nuklearkatastrophe in Tschernobyl gekommen. Das Innenministerium, das bis zu diesem Zeitpunkt das Umweltressort mit vertrat, geriet unter massiven Legitimationsdruck hinsichtlich des weiteren Betreibens und angestrebten Ausbaus der Kernenergie in Deutschland. Es wurde sichtbar, daß es keinerlei hinreichende Vorkehrungsmaßnahmen oder Katastrophenpläne für den Fall eines GAUs gab. Die Bevölkerung reagierte in Umfragen mehrheitlich mit dem Votum, die Kernkraft abzuschaffen (vgl. Peters u.a. 1987).

Da wir uns in diesem Band auf die Entwicklung des Umweltbewußtseins in den letzten zehn Jahren konzentrieren, können wir hier, mit der Einrichtung des Umweltministerium im Jahre 1986, unseren Rekurs auf die Anfänge des Umweltbewußtseins und den Zusammenhang zwischen diesem und der Umweltpolitik beenden. Denn die folgenden Jahre werden uns in detaillierten Analysen näher beschäftigen – auch hinsichtlich der Frage, welche Ereignisse es sind, die das Umweltbewußtsein weiter wachsen lassen und wo die Umweltpolitik mit dem Umweltbewußtsein rechnen kann – oder muß.

Was wir unter „Umweltbewußtsein" verstehen

Bisher wurde in diesem Band der Terminus „Umweltbewußtsein" recht unspezifisch gebraucht. Für die weitere Darstellung benötigen wir einige Präzisierungen, die wir zunächst an das Umweltgutachten von 1978 anschließen können. Die Definition von Umweltbewußtsein, wie sie der Rat der Sachverständigen vorgenommen hat, enthält zwei Komponenten, die auch in der empirischen Forschung von Bedeutung sind: „Einsichten in die Gefährdungen der natürlichen Lebensgrundlagen des Menschen durch diesen selbst" und „Bereitschaft zur Abhilfe" werden von ihm genannt (Umweltgutachten 1978: 445). „Einsichten in die Lebensgrundlagen" sind Teil der umweltbezogenen Aspekte des Wissens einer Person; sie sind also der kognitiven Komponente des Umweltbewußtseins zuzurechnen. Mit dem Wort „Bereitschaft" zielt der Rat der Sachverständigen auf den Handlungswillen bzw. das Verhalten der Individuen.

Beide Komponenten waren vom Beginn der Umweltpolitik in Deutschland an die zentralen Dimensionen des Umweltbewußtseins. Das Umweltwissen zu fördern, war schon eine Intention des Umweltprogramms der Bundesregierung von 1971. Dort heißt es, das zur Abwehr von Umweltgefahren notwendige Wissen sei über das Bildungssystem zu vermitteln. Ebenfalls wurde auf das „umweltbewußte Verhalten" als Bildungsziel gesetzt.

Mit den Dimensionen des Umweltwissens und der Handlungsbereitschaft sind zwei zentrale Bereiche dessen, was unter „Umweltbewußtsein" firmiert, erfaßt. Mit dem Umweltwissen und der Handlungsbereitschaft sind aber nicht alle Dimensionen des Umweltbewußtseins benannt. In der Literatur werden die Termini auch nicht sehr systematisch gebraucht. So findet man manchmal mit „Umweltbewußtsein" lediglich die Einstellungen einer Person zu Umweltfragen bezeichnet, ein anderes Mal wiederum wird auch das tatsächliche Verhalten von Menschen der Umwelt gegenüber mit einbezogen. Insofern ist „Umweltbewußtsein" ein recht schillernder Terminus mit einem hochgradig ungenauen Gebrauch im Alltag wie in der Politik.

Dort aber, wo in der empirischen Sozialforschung mit präzisen, operationalisierten Kategorien gearbeitet wird, zerlegt man das Umweltbewußtsein in der Regel in drei Komponenten: Umweltwissen, Umwelteinstellung und Umweltverhalten. Dabei wird selbst in der um Präzision bemühten Sozialforschung oft statt von „Umwelteinstellungen" von „Umweltbewußtsein" gesprochen. Auch wird nicht immer zwischen der Handlungsbereitschaft von Personen und dem tatsächlichen Verhalten dieser Personen unterschieden. Diese Differenz ist aber äußerst wichtig, denn wer läßt sich schon gerne als jemand bezeichnen, der sich umweltfeindlich verhält, weil er nicht immer mit einer Einkaufstasche zum Bioladen geht? Da gibt man in einem Interview doch lieber zu Protokoll, man wäre durchaus bereit, auch eine Einkaufstasche zu benutzen – und weiß sich so mit der Gemeinschaft im Einklang bezüglich dessen, was erwünscht ist.

Die Ungenauigkeiten in der Definition von Umweltbewußtsein und die – wenigstens vermutbaren – Differenzen zwischen der Handlungsbereitschaft von Personen und ihrem tatsächlichen Verhalten haben uns veranlaßt, für diesen Band und die von uns präsentierte Darstellung folgende Ausdifferenzierung des Begriffs „Umweltbewußtsein" einzuführen:

- Unter *Umweltwissen* wird der Kenntnis- und der Informationsstand einer Person über Natur, über Trends und Entwicklungen in ökologischen Aufmerksamkeitsfeldern, über Methoden, Denkmuster und Traditionen im Hinblick auf Umweltfragen verstanden.

- Unter *Umwelteinstellung* werden Ängste, Empörung, Zorn, normative Orientierungen und Werthaltungen sowie Handlungsbereitschaften subsumiert, die allesamt dahin tendieren, die gegenwärtigen Umweltzustände als unhaltbar anzusehen und einerseits eben davon emotional affiziert, andererseits mental engagiert gegen die wahrgenommenen Problemlagen eingenommen zu sein.

- *Umweltverhalten* meint, daß das tatsächliche Verhalten in Alltagssituationen umweltgerecht ausfällt.

- Immer wenn alle drei Komponenten gemeinsam gemeint sind, sprechen wir im folgenden von *Umweltbewußtsein*.

2. Kapitel

Die Studien zum Umweltbewußtsein – Ein Überblick

Das Datenmaterial

Forschungen zum Umweltbewußtsein werden nicht erst seit gestern durchgeführt. Mittlerweile haben sie eine fast zwanzigjährige Tradition. Im ersten Kapitel haben wir beschrieben, warum in den 70er Jahren mit der Umweltpolitik, Anti-Atomkraftwerksbewegung, dem Aufkommen der Bürgerinitiativen im Bereich des Umweltschutzes und auf der Basis der wachsenden Sorge um die natürlichen Lebensgrundlagen das Interesse an Fragen des Umweltbewußtseins entstand. Diese bundesdeutschen Anfänge im Bereich der Politik hatten zur Konsequenz, daß es die – größtenteils kommerziell betriebene – Umrageforschung war, die sich zuerst dieser Problematik angenommen hat. Seither ist es selbstverständlich geworden, die Umweltthematik in große Repräsentativuntersuchungen einzubeziehen, welche die Bedeutsamkeit und Rangfolge politischer Themen eruiert. Überall dort, wo die Demoskopie im mehr oder weniger unmittelbaren Auftrag von Parteien und Regierungen die politische Einstellung der deutschen Bevölkerung erforscht, ist seit mehr als einem Jahrzehnt auch vom Umweltbewußtsein die Rede. Mittlerweile lassen sich in der öffentlichen Meinung Konjunkturen des Umweltthemas ausmachen und kurz- und langfristige Trends erkennen.

Eine im eigentlichen Sinn sozialwissenschaftliche Forschung über Fragen des Umweltbewußtseins hat in Deutschland erst weitaus später als die tagespolitisch orientierte Meinungsforschung begonnen. Ihren Ausgangspunkt nahm die wissenschaftliche Annäherung an das Thema in den USA, wo sich seit Beginn der 70er Jahre vor allem Psychologen für die Umweltthematik interessierten. Sie taten, was empirisch arbeitende Psychologen in solchen Fällen sehr häufig tun: Sie entwickelten in der klassischen Manier der Einstellungsforschung ein Instrument zur Erfassung des „Konstruktes" Umweltbewußtsein (vgl. hierzu Dierkes/Fietkau 1988: 64ff.).

Eines der ersten und viel beachteten Instrumente der Umweltbewußtseinsforschung entstand 1973 und wurde von den amerikanischen Psychologen Maloney und Ward entwickelt (vgl. Maloney/Ward 1973). Wie sieht dieses Instrument aus? Es handelt sich um einen Fragebogen mit einer Vielzahl von einzelnen Fragen, „Items" genannt. Mit diesem Instrument sollten vier Dimensionen des Umweltbewußtseins erfaßt werden:

- das tatsächliche Verhalten, von den Autoren „actual commitment" genannt,
- die Verhaltensbereitschaft („verbal commitment"),
- die Betroffenheit, d.h. die emotionale Anteilnahme, mit der man Prozesse der Umweltzerstörung registriert („affect"), und
- das Umweltwissen („knowledge").

Anders als im Alltagsverständnis begriffen Maloney und Ward Umweltbewußt-sein nicht als ein einheitliches, eindimensionales Konstrukt, dessen mehr oder weniger starkes Vorhandensein dann bei einer Person festgestellt werden kann, sondern sie gingen von einem differenzierten Konzept von Umweltbewußtsein aus. Dieses setzten sie dann in ihr Instrument um, wobei einzelne Komponenten – Wissen, Einstellungen und Handeln – deutlich unterschieden werden. Perso-nen werden nun nicht einfach danach eingestuft, ob sie umweltbewußt sind oder nicht – was immer im einzelnen darunter verstanden wird –, sondern sie können sich beispielsweise von der Umweltproblematik stark betroffen fühlen und bereit zu Verhaltensänderungen sein, gleichzeitig aber nur wenig über Umwelt-fragen wissen, oder sie können über sehr viel Umweltwissen verfügen und Verhaltensbereitschaft zeigen, ohne daß sich dies im tatsächlichen Verhalten auch niederschlagen würde.

Betrachten wir Umweltverhalten als Dimension dieses Instrumentes etwas genauer, denn schließlich ist es ja das Verhalten, auf das es bei der Bewältigung der Umweltkrise ankommen wird. Maloney und Ward haben das „tatsächliche umweltbezogene Verhalten" („actual commitment"; das entspricht nach unserer Definition dem „Umweltverhalten") von den rein einstellungsbezogenen Di-mensionen des Umweltbewußtseins unterschieden (vgl. Maloney/Ward 1975), und diese Skala ist gewissermaßen der Prototyp aller Instrumente zur Erfassung des verbalisierten Umweltverhaltens innerhalb der Umwelteinstellungen. Sie besteht aus 10 Einzelfragen („Items"), die das Konsumentenverhalten und das gesellschaftlich-politische Verhalten erfassen sollen. Die Mehrzahl der Items erfragt gesellschaftlich-politische Handlungsweisen („Sich an einen Abgeord-neten wegen eines Umweltproblems wenden", „Ein Meeting einer Umwelt-schutzorganisation besuchen", „Bei der Wahlentscheidung die Haltung des Politikers zu Umweltfragen berücksichtigen" etc.[1])

---

1   Maloneys „actual commitment"-Skala umfaßt folgende Items: 1. I guess I`ve never actually bought a product because it had a lower polluting effect. 2. I keep track of my congressman and senator`s voting records on environment issues. 3. I have never written to a congress-man concerning the pollution problems. 4. I have contacted a community agency to find out what I can do about pollution. 5. I don`t make a special effort to buy products in recyclable containers. 6. I have attended a meeting of an organization specifically con-cerned with bettering the environment. 7. I have switched products for ecological reasons.

Aus dieser Schwerpunktsetzung läßt sich einerseits deutlich ersehen, daß die Kommunikation über ökologische Fragen ihren Ausgang im Bereich der Politik genommen hat. Andererseits zeigt sich hier die pragmatische (gewissermaßen demokratisch-konsumorientierte) Auffassung von ökologischem Handeln, wie sie für die amerikanische Diskussion typisch ist: Umweltgerechtes Verhalten, das ist die Kaufentscheidung für das ökologischere Produkt und die Wahl des Politikers mit dem größeren Umweltengagement.

Für längere Zeit gaben die Forschungsarbeiten von Maloney und Ward den begrifflichen Rahmen der Umweltbewußtseinsforschung vor. Ihr Instrument bzw. Teile desselben wurden adaptiert und in deutschsprachige Erhebungsinstrumente übersetzt (u.a. von Kley/Fietkau 1979; vgl. auch Urban 1986 und 1991). Hier ist auch die Tradition begründet, Umweltbewußtseinsforschung als Forschung über Werte und Einstellungen zu betrachten. In den 80er und 90er Jahren hat die Umweltbewußtseinsforschung allerdings diesen engen Rahmen der Meinungs- und Einstellungsforschung verlassen. Soziologisch und politikwissenschaftlich orientierte Arbeiten sind hinzugekommen (thematisch etwa „Industriearbeiter und Umweltbewußtsein"), im Bereich der Erziehungswissenschaft sind eine Reihe von Forschungen zu verzeichnen („Umweltbewußtsein und Umwelterziehung"), ebenso im Bereich der Wirtschaftswissenschaften („Umweltbewußtsein von Managern", „Umweltbewußtsein in Unternehmen") und im Bereich der Publizistik („Umweltbewußtsein und Massenmedien").

Wie sieht nun der gegenwärtige Stand der Forschung zu Umweltbewußtsein und Umweltverhalten aus? Was wissen wir heute über das Umweltbewußtsein der deutschen Bevölkerung und ihr Umweltverhalten? In einem Forschungsprojekt der Freien Universität Berlin haben wir alle in den letzten zehn Jahren in der Bundesrepublik Deutschland durchgeführten Forschungsarbeiten gesichtet, katalogisiert und hinsichtlich ihrer Ergebnisse systematisiert. Das heißt, wir haben die einschlägigen Forschungsarbeiten einer erneuten Analyse und Interpretation unterzogen. Wir waren primär an empirischen Studien und solchen interessiert, die methodologische Überlegungen bieten, weil dort – zumindest in einem gewissen Ausmaß – davon ausgegangen werden kann, daß die „Regeln der Kunst" eingehalten werden. Dies bedeutet erstens, daß Transparenz gegeben ist: in bezug auf die Methoden der Forschung, die Auswahl der Stichprobe und den Wortlaut der gestellten Fragen. Zweitens, daß die Resultate in detaillierter, möglichst zahlenmäßiger Form berichtet werden und nicht nur in Form plakativer, pointierter Zusammenfassungen. Drittens, daß sie sich möglichst selbst in den bisherigen Diskussionen der Umweltbewußtseinsproblematik oder ihrem Umfeld verorten.

---

8. I have never joined a cleanup drive. 9. I have never attended a meeting related to ecology. 10. I subscribe to ecological publications (vgl. Maloney 1973).

Teilweise standen auch die Originaldaten der Studien für weitere Auswertungen, sogenannte Sekundäranalysen, zur Verfügung. Diese Art der Zugänglichkeit der Basisdaten ist von nicht zu unterschätzendem Wert. Sie erhöht nicht nur die Transparenz und Glaubwürdigkeit von Forschung, sondern macht es auch möglich, neue Analysen mit den Daten durchzuführen und Zusammenhänge zu testen, die die Autoren selbst gar nicht untersucht haben. So haben wir beispielsweise die 1992 von Zinnecker u.a. durchgeführte Shell-Jugendstudie (vgl. Jugend `92 1992) gezielt auf solche Fragen hin reanalysiert, die für den Komplex Umweltbewußtsein und –verhalten bedeutsam sind, und konnten so ohne größeren finanziellen Aufwand eine für Deutschland repräsentative Stichprobe von mehr als 4000 Jugendlichen auswerten. Neben den Studien aus dem wissenschaftlichen Bereich haben wir – in allerdings geringerem Umfang – auch Arbeiten aus dem Bereich der Meinungsforschung, soweit sie uns zugänglich waren, berücksichtigt.

Wir haben uns von vornherein auf Studien aus dem deutschsprachigen Bereich beschränkt. Dies hat ausschließlich pragmatische Gründe, obwohl gerade im Bereich der Umweltbewußtseinsforschung eine international vergleichende Forschung vielversprechend erscheint. Die Beispiele der Risikoforschung, wie sie Wildavsky resümiert (vgl. Wildavsky 1993), zeigen, in welchem Ausmaß kulturelle Differenzen bei nahezu den gleichen „objektiven" Ausgangsbedingungen feststellbar sind. So belegen solche Studien etwa, daß die Furcht vor gesundheitsschädigenden Stoffen in Nahrungsmitteln bei Japanern weitaus stärker ist als bei Amerikanern und dort wiederum stärker als bei Norwegern. Dies trotz der Tatsache, daß die Nahrung in allen drei Ländern einen weitgehend vergleichbaren und nie zuvor erreichten Qualitätsstandard hat (vgl. ebd.: 199). Ähnliche Divergenzen zwischen verschiedenen Ländern sind auch für die Forschung über Umweltbewußtsein zu vermuten. Allein die Masse des Materials, das zu sichten war, ist der Grund dafür, daß wir uns hier zunächst auf den deutschsprachigen Raum beschränkt haben.

Wie sind wir bei der Zusammenstellung des Materials vorgegangen?

In einem ersten Schritt haben wir in solchen Datenbanken recherchiert, bei denen zu vermuten war, daß dort auch Literatur zu Fragen des Umweltschutzes und des Umweltbewußtseins zu finden wäre. Dies waren die Datenbanken

- UFORDAT, eine vom Umweltbundesamt verwaltete Datenbank mit Informationen über Forschungsprojekte im gesamten Umweltbereich,

- ULIDAT, eine ebenfalls vom Umweltbundesamt betreute Literaturdatenbank,

- SOLIS, eine vom Informationszentrum Sozialwissenschaften in Bonn betreute Datenbank, die das gesamte Spektrum sozialwissenschaftlicher Literatur enthält, und

- FORIS, eine Datenbank über Forschungsprojekte im Bereich der empirischen Sozialforschung, die wie SOLIS vom Informationszentrum Sozialwissenschaften erstellt wird.

Die Recherchen in diesen Datenbanken brachten eine große Fülle von „Dokumentationseinheiten" zutage. Anhand des zumeist mit der Dokumentations-ein-
heit verfügbaren Abstracts wurde in einem zweiten Schritt eine Vorsortierung
vorgenommen. Alle nicht-empirischen Arbeiten, d.h. solche, in denen nicht auf
der Basis eigener Forschungsdaten argumentiert wurde, sondern die lediglich
über andere Forschungen berichteten, wurden aussortiert. Das gleiche geschah
mit in unserem Sinne „fehlklassifizierten" Arbeiten aus den Natur- und Inge-
nieurswissenschaften, etwa wenn unter dem Schlagwort „Umweltverhalten"
über das Umweltverhalten eines bestimmten chemischen Stoffes berichtet wird.

350 Dokumentationseinheiten sind schließlich nach unseren Kriterien als
relevant eingestuft worden. Das mag auf den ersten Blick viel erscheinen und
den Eindruck erwecken, daß im Feld des Umweltbewußtseins in großem Ausmaß geforscht wird. Das Gegenteil ist allerdings der Fall: Der Eindruck wird
nämlich schnell korrigiert, wenn man sich zum Vergleich vor Augen führt, daß
in einer viel diskutierten Metaanalyse, die sich mit dem Erfolg von Psychothe-
rapien befaßt (vgl. Grawe/Donati/Bernauer 1994), nach einem ersten Selekti-
onsdurchgang noch 3.500 Studien übrigblieben – vermutlich wurden urspüng-
lich etwa 10.000 einschlägige Studien durchgesehen (vgl. Rüger 1994).
Dagegen klingt dann die Zahl von 350 Studien schon eher bescheiden, insbesondere wenn man sie am Grad der Bedeutsamkeit mißt, die mittlerweile dem
Umweltthema in allen Bereichen der Gesellschaft zugesprochen wird. Die
nächsten Schritte unserer Arbeit bestanden in

- der Auswertung von Verweisen in den recherchierten Studien,
- der Beobachtung des Literaturmarktes und
- der Beobachtung der aktuellen Forschungsaktivitäten, vor allem im Rahmen
von Projekten, die von der Deutschen Forschungsgemeinschaft gefördert
werden.

Aus dem so zusammengestellten Gesamtmaterial von mehr als 400 Studien
haben wir dann 100 Untersuchungen als besonders wichtige Originalarbeiten
herausgefiltert. Für diese Auswahl des Materials waren fünf Kriterien maßgebend:

- die Stichprobe soll beschrieben sein, d.h. die Publikation soll Informationen
über die Anzahl der Probanden und die Kriterien ihrer Auswahl enthalten;
- die Forschungsmethode soll dargestellt sein, es soll also klar sein, ob etwa
mit einer mündlichen oder schriftlichen Befragung gearbeitet wird;

- die Publikation soll erkennen lassen, daß es sich um eine sorgfältig geplante Studie und nicht um eine ad-hoc-Arbeit handelt;

- wesentliche Ergebnisse sollen statistisch aufbereitet sein und in Form von Tabellen oder Korrelationen vorliegen;

- geförderte Forschungsarbeiten, also solche, die z.B. vom Umweltbundesamt, von der Deutschen Forschungsgemeinschaft oder der Stiftung Volkswagenwerk finanziert wurden, sind in jedem Fall berücksichtigt worden.

Anders als bei der klassischen Meta-Analyse, die auf statistische Kenndaten zielt und beispielsweise durchschnittliche Korrelationen von Einstellungen und Verhaltensintentionen in verschiedenen Verhaltensbereichen zu ermitteln sucht, so Six (1992), ging es uns um eine möglichst weite Erschließung des Forschungsfeldes Umweltbewußtsein. Nicht möglichst viele Untersuchungen sollten unter dem Blickwinkel einer sehr engen Fragestellung und mittels eines Kategorienschemas bearbeitet und statistisch ausgewertet werden, sondern ein möglichst facettenreiches Bild des Forschungsstandes über Umweltbewußtsein stand im Vordergrund. Das bedingt auch qualitative Aspekte bei der Durchforstung des Materials und der Selektion verwertbarer empirischer Studien. So haben wir kleinere Studien nur dann berücksichtigt, wenn sie mehr präsentieren als längst bekannte Ergebnisse.

Die Sammlung von 100 Studien, die auf diese Weise zustande kam, enthält Arbeiten mit durchaus unterschiedlichen Ansätzen, verschiedener Reichweite und Akzentsetzung. Ein Anspruch auf Vollständigkeit kann trotz sorgfältiger Recherche nicht erhoben werden, da auch die genauesten Recherchen und Marktbeobachtungen immer Lücken lassen werden. Wir glauben allerdings, diejenigen Forschungen erfaßt zu haben, die in den relevanten Datenbanken enthalten sind und in den letzten Jahren in der wissenschaftlichen Diskussion eine nennenswerte Rolle gespielt haben. Wenn etwas durch unser Netz geschlüpft sein sollte, so dürfte es sich noch am ehesten um unpublizierte Studien oder ‚graue Literatur' aus dem Bereich der Kommunal- und Landespolitik handeln.

Aufgrund der Tatsache, daß es sich bei dem Thema Umweltbewußtsein um ein Forschungsfeld handelt, das von verschiedenen Wissenschaftsdisziplinen bearbeitet wird – Soziologie, Psychologie, Erziehungswissenschaft, Publizistik, Betriebswirtschaft etc. –, sind die gewählten Methoden wie auch die theoretischen Bezüge sehr verschiedenartig. Eine Systematisierung der Forschungsarbeiten in zwei, drei oder vier Forschungskategorien ist deshalb auch nicht ohne weiteres möglich bzw. würde den wenig sinnvollen Versuch erfordern, Dinge unter einen Hut zu zwängen, die nur wenig miteinander zu tun haben. Statt dessen wollen wir vier typische Beispiele für Forschungsarbeiten vorstellen, die die verschiedenen Herangehensweisen verdeutlichen.

Die Typen empirischer Umweltbewußtseinsforschung

Die große Repräsentativstudie

Umfängliche repräsentative Studien sind vergleichsweise selten, denn sie erfordern wegen der notwendigerweise großen Stichprobe einen erheblichen finanziellen Aufwand. Sofern sie nicht von Meinungsforschungsinstituten – u.U. in Kombination mit anderen Forschungsthemen – durchgeführt werden, bedarf es immer einer externen Förderung, beispielsweise durch das Umweltministerium, die Deutsche Forschungsgemeinschaft, die Bundesstiftung Umwelt, das Umweltbundesamt oder ähnliche Institutionen.

Eine für diese Art der Forschung typische Studie mit dem Titel „Ermittlung des ökologischen Problembewußtseins der Bevölkerung" wurde von A. Billig im Auftrag des Umweltbundesamtes erstellt (vgl. Billig 1993). Billig befragte 1978 Personen in den alten und 1037 Personen in den neuen Bundesländern. Die Studie ist eine erweiterte Neuauflage einer von Billig u.a. 1987 durchgeführten Untersuchung und beansprucht Repräsentativität für den Bereich der Bundesrepublik Deutschland. Die Studie ist gut dokumentiert, der Fragebogen und die Grundauszählungen sind publiziert. Sie gehört im Pool unserer 100 Studien zu den Untersuchungen mit den zahlenmäßig größten Stichproben. Geschulte Interviewer führten mit zufällig ausgewählten Personen[1] mündliche Interviews durch, bei denen verschiedene Aspekte von Umwelteinstellungen, von Billig „ökologisches Problembewußtsein" genannt, im Mittelpunkt standen. Neben Umwelteinstellungen geht es im Fragebogen um die Wahrnehmung allgemeiner und persönlicher Umweltbelastungen, um persönliche Wertorientierungen, gesellschaftliche Orientierungen und umweltbewußtes Verhalten. Abbildung 2-1 zeigt die Fragekomplexe dieser Untersuchung im Detail.

Gefragt wird meist in der Weise, daß den Befragten Aussagen, sogenannte Statements, vorgelegt werden. Die Befragten werden dann aufgefordert, den Grad ihrer Zustimmung oder Ablehnung anzugeben. Meist werden fünfstufige Antwortskalen vorgesehen, die von 1 „stimme voll zu" bis zu 5 „stimme nicht zu" reichen. So auch bei Billig.

Beispiele für solche Statements sind (vgl. Billig 1993: 193):

---

1   Die Auswahl der Befragten erfolgte nach dem sogenannten „Random-route"-Verfahren. Bei diesem Verfahren werden sogenannte sampling points (Datensammel-Stützpunkte) definiert, die eine Repräsentativität nach Regionen und Ortsgrößen garantieren. Die Interviewer bekommen eine Startadresse und die Anweisung, jeden x-ten, in diesem Fall jeden fünften Haushalt zu befragen.

- Wissenschaft und Technik garantieren unseren Wohlstand.

- Umweltschutz erhöht die Produktionskosten und gefährdet die Arbeitsplätze.

- Nur wenn wir uns selbst beschränken, können die Umweltprobleme gelöst werden.

Der zwanzigseitige Fragebogen ist voll standardisiert, d.h. er enthält präzise formulierte Fragen, die von den Interviewern jeweils in genau dieser Form gestellt werden müssen, sowie jeweils verschiedene alternativ vorgegebene Antwortmöglichkeiten, unter denen der Befragte auswählen kann. Fragen und Antwortmöglichkeiten werden dem Befragten meist in Form von Listen vorgelegt. Die Auswertung konzentriert sich auf Fragen nach Zusammenhängen zwischen den einzelnen Variablenbereichen, die meist in Form von Korrelationen untersucht werden. Aus dem Variablenmodell lassen sich unschwer Fragen generieren wie:

- Sind ökologisch bewußte Personen eher sozial orientiert?

- Bewerten ökologisch bewußte Personen Leistung höher als andere?

- Bewerten sie Freizeit höher?

- Schätzen ökologisch bewußte Personen die mit Umweltschäden verbundenen gesellschaftlichen und persönlichen Risiken höher ein? (Vgl. Abb. 2-1)

Abb. 2-1   **Variablenmodell einer Repräsentativstudie**

Persönliche Befindlichkeit
- Streß, wirtschaftliche Besorgnis

Persönliche Wertorientierung
- Arbeitsorientierung
- Freizeitorientierung
- Soziale Orientierung

Gesellschaftliche Orientierung
- Sozialkritisches Bewußtsein
- Obrigkeitsdenken
- Wachstumsdenken

Ökologisches Problembewußtsein
6 Statements; unter anderem:
- Nur wenn wir uns selbst beschränken, können die Umweltprobleme gelöst werden
- Der Schutz der Umwelt ist wichtiger als wirtschaftliches Wachstum
- Die Behandlung der Lebensmittel mit Chemikalien und Konservierungsstoffen ist gesundheitsschädlich
- Nur über empfindliche Strafen lassen sich Verhaltensänderungen bewirken

Ökologisch orientiertes Kaufen
- Kaufkriterien: Nährwert, Naturbelassenheit, umweltgerechte Produktion

Ökologische Handlungsbereitschaft
- Sammeln und entsorgen
- Energie und Wasser sparen
- geringe Autonutzung

Ökobewußtes Verhalten
- Lebensmittel aus biologischem Anbau kaufen
- Bewegung an der frischen Luft
- Beschaffung von Informationen zur Umweltsituation

Wahrnehmung allgemeiner und persönlicher Umweltbelastungen
- Fluglärm, Bleigehalt im Benzin, Industrieabfälle in Gewässern
- Kernkraftwerke
- Industrieabgase, Verkehrslärm, Autoabgase

Einschätzung gesellschaftlicher und persönlicher Risiken
- Wirtschaftskrise, Krieg, Klimaveränderungen
- Trinkwasserverseuchung, Altlasten im Boden, Nahrungsmittelvergiftung

Quelle: Billig 1993

Die theorieorientierte Studie zur Struktur des Umweltbewußtseins

Bei dieser Art von Studie geht es den Forschern weniger darum, eine möglichst repräsentative Bestandsaufnahme von Umweltbewußtsein zu erstellen, sondern ihr Anliegen ist von grundsätzlicherer Natur. Sie wollen strukturelle Aspekte des Umweltbewußtseins, etwa den Zusammenhang von allgemeinen Werten und umweltrelevanten Verhaltensweisen oder die Zusammenhänge von Umweltwissen, Umwelteinstellungen und Umweltverhalten fokussieren.

Eine methodisch besonders sorgfältig angelegte Studie dieser Art stammt von A. Grob. Er entwickelt folgendes Modell der Wirkungszusammenhänge des Verhaltens im Umweltbereich (vgl. Grob 1991: 59).

Außer den Konstrukten „Umweltbewußtsein" (nach unserer Terminologie „Umwelteinstellungen") und „Umweltverhalten" verwendet Grob in seinem Modell folgende theoretischen Konzepte:

- Betroffenheit – bezeichnet die Gefühle, d.h. das affektive Reagieren einer Person auf die Umweltzerstörung,

- Kontrollattribution – bezeichnet den Glauben eines Individuums an die Selbstwirksamkeit, d.h. welchen Einfluß sich jemand auf das Eintreten bzw. Verhindern von Ereignissen selbst zuspricht,

---

Abb. 2-2   **Theoretisches Modell der Bestimmungsmomente von Umweltbewußtsein und Umweltverhalten**

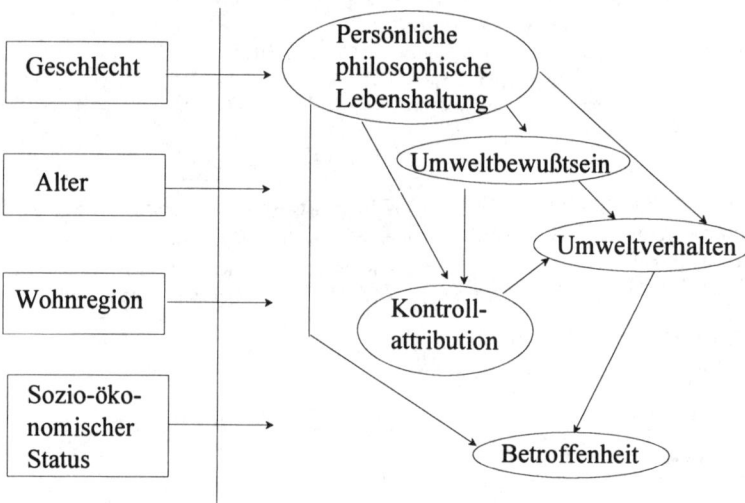

Quelle: Grob 1991: 59

- Persönlich-philosophische Lebenshaltung – bezeichnet die Werthaltungen einer Person, z.B. materialistische und postmaterialistische Wertorientierungen.

Die Hypothesen, die der theorieorientierten Studie zugrunde liegen, sind in der Abbildung 2-2 durch Pfeile symbolisiert, die die Wirkungsrichtung angeben. Die Hypothesen lauten folgendermaßen (vgl. ebd.):

- Je ausgeprägter das Umweltbewußtsein ist, desto umweltgerechter verhält sich eine Person.

- Je betroffener eine Person über den Zustand der Umwelt ist, desto umweltgerechter verhält sie sich.

- Je weniger materialistisch die Werthaltung einer Person ist und je bereiter jemand ist, sich auf noch nicht bekannte Lösungswege zur Überwindung der Umweltkrise einzulassen, desto gerechter verhält sich diese Person gegenüber der Umwelt.

- Personen, welche die Ursachen des Umweltzustandes eher sich und ihren Verhaltensweisen zuschreiben, verhalten sich umweltgerechter als Personen, die die Ursachen des schlechten Umweltzustandes external attribuieren.

Soziodemographische Variablen wie Alter und Geschlecht einer Person, ihre Wohnregion und ihr sozioökonomischer Status beeinflussen das gesamte Strukturmodell des Umweltbewußtseins.

Theorieorientierte Studien wie diese zielen dann primär darauf ab, vorab formulierte Hypothesen auf ihre Richtigkeit hin zu überprüfen. Dazu benötigt man nicht unbedingt sehr große, repräsentative Stichproben, aber die Zahl der Probanden muß immerhin so groß sein, daß es möglich ist, komplexe statistische Analyseverfahren einzusetzen. Außerdem darf die Stichprobe nicht so „unrepräsentativ" sein, daß die Ergebnisse schon allein deshalb angreifbar werden. So hat man es in diesen Fällen meist mit Stichproben zwischen etwa 200 und 600 Probanden zu tun, die lokal oder regional ohne strenges Einhalten des Zufallsprinzips ausgewählt werden.

Die zielgruppenorientierte Studie

Die Forschungsmotivation für diesen Typ von Umweltbewußtseinsforschung speist sich aus dem Interesse, das die Forscher einer bestimmten Zielgruppe entgegenbringen.

Dabei kann es sich beispielsweise um Manager, Landwirte, Facharbeiter, Jugendliche oder Schüler handeln. Besonders zu letzteren existiert eine Vielzahl von Untersuchungen, die meist aus dem Umfeld der Erziehungswissenschaft stammen. In Studien wie denen von Pfligersdorffer (1991), Langeheine/Lehmann (1986) oder Szagun u.a. (1991) interessiert man sich für Umweltwissen, Einstellungen und Engagement der Schüler und will die Wirksamkeit von Umwelterziehung bzw. von bestimmten Formen der Umwelterziehung nachweisen. Auch solche zielgruppenorientierten Studien können durchaus theoriebezogen sein, d.h. es gibt vorab vermutete Zusammenhänge, die man nun als operationalisierte Hypothesen empirisch überprüfen will.

In ihrer Studie „Die Bedeutung der Erziehung für das Umweltbewußsein" gehen R. Langeheine und J. Lehmann der Hypothese nach, daß die Prägung durch kindliche und frühkindliche Erfahrungen und durch den Wohnort (Stadt / Land) das Umweltbewußtsein der Jugendlichen beeinflußt. Wer naturnah aufgewachsen ist, so die These, habe ein anderes Verhältnis zu wichtigen Umweltfragen wie dem Tierschutz, dem Energiesparen oder Fragen der ökologischen Lebensführung (vgl. Langeheine/Lehmann 1987: 66f.). Werden solche Hypothesen überprüft, dann geschieht dies aber immer im Rahmen von Überlegungen, die sich auf die Zielgruppe – hier auf Erziehungs- und Sozialisationsprozesse im Kindes- und Jugendalter – beziehen und nicht etwa in der Absicht, eine Theorie über die allgemeine Struktur von Umweltbewußtsein zu konstruieren.

Für eine Vielzahl weiterer Zielgruppen wurden Studien durchgeführt: z.B. Einfamilienhausbesitzer, Hausfrauen, Automobilarbeiter und Touristen in bestimmten Ferienregionen. Anders als der stark auf den (inner)wissenschaftlichen Diskurs hin orientierte zweite Forschungstyp, die „theorieorientierte Studie zur Struktur von Umweltbewußtsein", ist dieser Typ von Forschung in der einen oder anderen Weise auf das bezogen, was gern als „Praxisorientierung" bezeichnet wird. Da ist eine Gemeinde, wie die Skiregion Söll, die es einmal genauer wissen will, wie umweltbewußt ihre Touristen sind, warum diese eigentlich kommen, was sie lieben, was sie stört und wie ihre Haltung zum Ausbau des Tourismus ist (vgl. Staubmann 1991). Auch solche Studien benötigen keine 1000 Befragten, sondern nur so viele, wie für einen hinreichenden Überblick erforderlich sind – in Söll waren es 386. Und so erfährt man in diesem Fall als Kommunalpolitiker über „seine" Touristen, daß sie einerseits die landschaftliche Schönheit und Unberührtheit der Natur als ersten Reisegrund angeben, während gleichzeitig die Mehrheit für den Einsatz von Schneekanonen plädiert, wenn die Natur es nicht in genügendem Maße hat schneien lassen. Solche „Ungereimtheiten" interessieren bei diesem Studientyp aber nicht im Rahmen eines Strukturmodells von Umweltbewußtsein, ebensowenig in bezug auf Repräsentativität, sondern im Kontext einer zielgruppenspezifischen „Politik", hier also eines Tourismuskonzeptes, das auf die Vorstellungen und Wünsche der Gäste ebenso eingeht wie auf ihre Sorgen bezüglich des Umweltschutzes.

Die qualitative Studie über Umweltverhalten als Teil des Alltagsverhaltens

Die qualitative Studie stellt – die Methodik betrachtend – eine im Vergleich mit dem ersten Typ (der Repräsentativstudie) entgegengesetzte Form von Untersuchung dar. Sie erklärt den Alltagsbezug umweltrelevanter Verhaltensweisen zum Mittelpunkt des Interesses und arbeitet gewissermaßen mikroskopisch.

Solche zahlenmäßig eher seltenen Studien verfügen meist nur über sehr kleine Stichproben, die dann aber sehr zeitintensiv erforscht werden. Beispielhaft hierfür ist die von Ipsen u.a. durchgeführte Studie zum Waschverhalten (vgl. Ipsen u.a. 1987). Ausgangspunkt für Ipsens Forschungsprojekt war folgendes Phänomen: Obwohl die Mehrheit der Bevölkerung – wie Repräsentativstudien zeigen – sehr wohl über die Belastung der Gewässer durch die üblichen Waschmittel weiß, verändert sie ihr Waschverhalten und die benutzten Waschmittel und -mengen nicht entscheidend. Ipsens Studie will nun dieser Disparität, deren Ursache er in tieferen Schichten des Zivilisationsprozesses vermutet, genauer nachspüren. In die qualitative Feldstudie[1] waren 26 Haushalte aus verschiedenen sozialen Schichten einbezogen, die über einen Zeitraum von vier Wochen einen Test mit einem umweltfreundlichen Drei-Komponenten-Waschmittel durchführten. Zu Beginn der Testphase wurde ihnen die Handhabung des Waschmittels erläutert, und sie erhielten sogenannte „Erfahrungsbögen", die sie vor und nach jeder Wäsche ausfüllen sollten. Am Ende des Feldexperimentes wurde mit jedem Haushalt ein offenes Interview geführt, in welchem auch die Hintergründe und Rationalisierungen des Waschverhaltens thematisiert wurden. Es werden Fragen zum allgemeinen Sauberkeitsverständnis gestellt und Begriffe wie „Geruch" und „schmutzig" hinterfragt. Detailliert wird der Waschvorgang eruiert, etwa wer entscheidet, wann etwas als schmutzig deklariert wird und gewaschen werden soll. Ferner werden die Kriterien der Sauberkeit erörtert und die Erwartungshaltungen diskutiert, die man z.B. einer Arzthelferin oder einem „sauberen Hotel" gegenüber hat.

Diesen vier unterschiedlichen Arten von Umweltbewußtseinsstudien läßt sich bereits der überwiegende Teil des Spektrums der hier vorgestellten Untersuchungen zuordnen. Daneben existiert auch noch eine gewisse Anzahl von Studien, die nicht umstandslos unter einen dieser vier Typen subsumierbar sind, wie z.B. Studien die von Hoff u.a. sowie Eckensberger u.a., die Umweltbewußtseinsforschung im Rahmen einer an Kohlberg orientierten Moralforschung betreiben (vgl. Hoff 1995; Eckensberger 1992).

---

1   Ipsens Studie umfaßte außer dieser Feldstudie auch noch eine Telefonbefragung mit großer Fallzahl (972 Befragte in zehn städtischen und ländlichen Gebieten in Hessen).

Die Methoden der Umweltbewußtseinsforschung

Die kurze Beschreibung der Typen von Umweltbewußtseinsforschung zeigt, daß diese also auf verschiedene Weise und mit sehr differenten Methoden betrieben werden kann. Vergleicht man die vier Varianten, wird offensichtlich, daß die Reichweite der Untersuchungen, ihre Stärken und Schwächen sich erheblich unterscheiden. Auf der einen Seite blenden Repräsentativstudien in der Art von Billigs „Ermittlung des ökologischen Problembewußtseins der Bevölkerung" (Billig 1993) mit der großen Anzahl von Befragten und der postulierten Repräsentativität. Hierzu ist allerdings anzumerken, daß der Repräsentativitätsanspruch in der Praxis immer nur in mehr oder weniger großer Annäherung erreicht werden kann und Anspruch und Wirklichkeit nicht gleichgesetzt werden sollten. Die Probleme, die schon allein mit dem Auswahlverfahren verbunden sind, lassen sich an Billigs Studie exemplarisch nachvollziehen. Billig berichtet von einer Ausschöpfungsquote von 70%, und es bleibt stets die ohne weiteres kaum beantwortbare Frage im Raum, ob es denn legitim ist, die 70% für die fehlenden 30% mitsprechen zu lassen. Vielleicht sind es gerade jene 30%, die sich überproportional nicht umweltgerecht verhalten und deshalb von den Interviewern nie zu Hause angetroffen werden können, eben weil sie – so könnte eine Vermutung lauten – gerade wieder mit ihren PS-starken Autos über die Autobahn rasen. Hohe Fallzahl und methodische Kontrolliertheit sind gewiß die Stärken und Vorteile einer solchen Studie. Unvermeidlicher Nachteil ist das hoch standardisierte Frage-Antwort-Spiel, das den Befragten keinerlei Spielräume für individuelle Antworten und für ihre eigenen Denk- und Bezugssysteme läßt. Sie werden ständig genötigt, auf Fragen, die sie sich vielleicht noch nie gestellt haben, unter verschiedenen vorgegebenen Alternativen eine Antwort auszuwählen. Ebenfalls unklar bleibt, ob sie selbst jemals die gleiche Antwort formuliert hätten.

Anders die qualitative Studie in der Art von Ipsen, die sich für das durchgeführte Feldexperiment natürlich nicht auf Repräsentativität berufen kann. Eine solche Studie hat aber dort ihre Stärke, wo tatsächliches Alltagsverhalten beobachtet wird und Personen ihre eigenen Ansichten über die Umwelt und die Gründe ihres Verhaltens darlegen können. Aufschlußreich ist es etwa, wenn sich herausstellt, daß die befragten Haushalte nicht in der Lage sind, die unterschiedliche Waschfrequenz der verschiedenen Kleidungsstücke rational zu begründen, sondern antworten, dies sei eben so, man habe es sich so angewöhnt. Ergebnisse dieser Art hätten sich mit zur Auswahl vorgegebenen Antworten in einer standardisierten Befragung sicherlich nicht ohne weiteres ergeben.

Es wird also, so läßt sich schon aus dieser Gegenüberstellung von vier sehr verschiedenen Untersuchungstypen aus der Umweltbewußtseinsforschung schließen, in erheblichem Maße von der Art und der methodischen Vorgehensweise der Studien abhängen, welche Schlüsse man daraus für die Frage nach dem Denken und Handeln in der Umweltkrise ziehen kann.

Deshalb zunächst noch einmal zurück zu dem Pool der 100 empirischen Untersuchungen, auf die wir uns im folgenden beziehen. Welche Studien sind dies, mit welchen Forschungsmethoden arbeiten sie und wer ist das Objekt der Forschung? Im folgenden wird hierzu ein quantitativer Überblick gegeben.

Zunächst zur methodischen Vorgehensweise der Studien: Als Forschungsmethode dominiert, wie Abbildung 2-3 zeigt, das Interview. Insofern sind die meisten der in diesem Kapitel erwähnten Studien durchaus typisch und liegen im Mainstream. Die qualitative Studie von Ipsen, also das Feldexperiment, in dem in einer bestimmten Anzahl von Haushalten über vier Wochen das Waschverhalten genau festgehalten wurde, fällt hingegen eher aus dem Rahmen des methodisch Üblichen. Das gleiche gilt für die in diesem Kontext von Ipsens Forschergruppe geführten offenen Interviews, die auf Tonband aufgenommen und dann abgeschrieben wurden. Normalerweise wird das standardisierte, mit einem detaillierten Fragebogen arbeitende Interview eingesetzt.

Die Dominanz des Interviews in der Umweltbewußtseinsforschung ist augenscheinlich. Im Vergleich mit anderen Themenfeldern der empirischen Sozialforschung fällt auf, daß man hier das schriftliche Interview weitaus häufiger

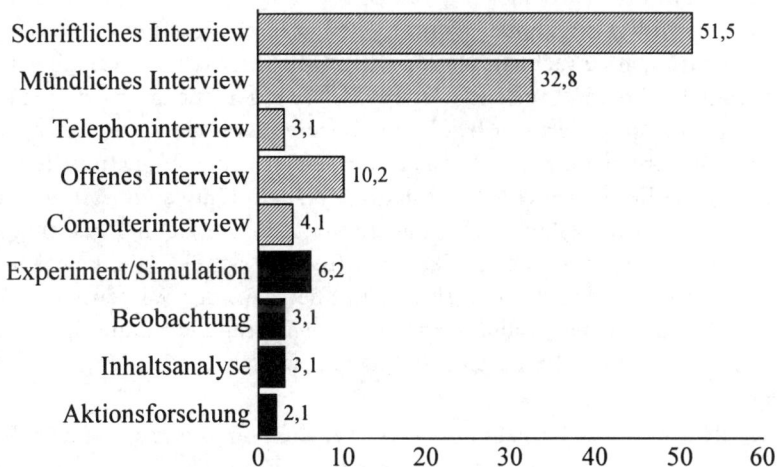

Abb. 2-3   **Die Forschungsmethoden**
Sample empirischer Studien (N=100; Basis=97)
Angaben in %

einsetzt, während ansonsten in der empirischen Sozialforschung das mündliche Interview auf dem ersten Rangplatz liegt (vgl. Empirische Sozialforschung 1994: XXIff.). Akten- und Dokumentenanalysen, im Schnitt in 15% aller empirischen Projekte eingesetzt, fehlen in der Umweltbewußtseinsforschung völlig. Als erstes können wir also festhalten: Umweltbewußtseinsforschung in Deutschland basiert in erster Linie auf Befragung, also auf Angaben, die die Betroffenen selbst über sich machen.

Mehr als drei Viertel aller Studien arbeiten mit standardisierten Fragebögen, es werden überwiegend schriftliche Befragungen durchgeführt. Andere Formen des Interviews, wie das Telefoninterview oder das Computerinterview, bei dem die Befragten ein Frage-Antwort-Spiel direkt am PC durchführen, spielen so gut wie überhaupt keine Rolle. Das gleiche gilt für die anderen sozialwissenschaftlichen Forschungsmethoden wie Beobachtung, Inhaltsanalyse und Experiment. Die Inhaltsanalyse, ein probates Verfahren, um schriftliche Dokumente und Texte, „Resultate von Kommunikation" zu untersuchen, wird nur in weniger als 5% der Untersuchungen eingesetzt, beispielsweise um Schüleraufsätze über „Umweltängste" auszuwerten. Besonders überraschend ist, daß Beobachtungsverfahren in der Umweltbewußtseinsforschung fast gar nicht verwendet werden, obwohl es doch gerade hier vieles zu beobachten gäbe: etwa, wer bei welchen Gelegenheiten Getränke in Dosen konsumiert, wer im Supermarkt Spraydosen oder Fleisch aus Massentierhaltung kauft, wer Flaschen zum Altglascontainer bringt, wer welchen Hausmüll produziert und vieles andere mehr. Feldexperimente – in der amerikanischen Forschung nichts Ungewöhnliches – fallen in Deutschland eher aus dem Rahmen. Diekmann und Preisendörfer haben ein solches Experiment durchgeführt und ihren Befragten drei Monate nach dem Interview einen Prospekt einer fiktiven Drogerie zugesandt, in dem Markenartikel stark verbilligt angeboten wurden, weil, wie es hieß, mit stärkeren Umweltschutzauflagen zu rechnen sei und FCKW-haltige Artikel deshalb geräumt würden (vgl. Diekmann/Preisendörfer 1992). Mit einer Rückantwortkarte konnte ein Katalog angefordert werden. Durch Vergleich mit den Interviews konnte nun ermittelt werden, ob es sich bei den Rücksendern um wenig umweltbewußte Personen handelte oder nicht. Ein solcher Versuch, Umwelteinstellungen mit der Beobachtung aktuellen Verhaltens zu verknüpfen, ist in Deutschland so ungewöhnlich, daß er gleich Kritiker und (methodische) Bedenkenträger auf den Plan ruft (vgl. dazu die Leserbriefe in Spektrum der Wissenschaft, Febr. 1995), während eine im Mainstream liegende Befragungsstudie kaum damit rechnen muß, daß die Indikatoren und Fragen einer näheren Prüfung unterzogen werden.

Begutachtet man das Forschungsdesign der Studien, d.h. die Art und Weise, wie sie angelegt sind, zeigt sich eine große Uniformität. Fast immer, genau gesagt bei 85,7% aller Studien, arbeitet man mit einer einzigen Erhebung, meist einer einmaligen Befragung. Mehrfacherhebungen sind mit 13,0% relativ selten, insbesondere sogenannte Panel-Studien (1,3%), bei denen dieselben Personen über einen längeren Zeitraum hinweg mehrmals befragt oder beobachtet werden.

Als zweites läßt sich also konstatieren: Umweltbewußtseinsforschung arbeitet zumeist nach dem One-shot-Prinzip, mittels einer Einmalerhebung werden die Daten gewonnen und anschließend analysiert. Mittel- und langfristige Entwicklungen sowie Widersprüchlichkeiten lassen sich so kaum adäquat erfassen.

Über wen im einzelnen geforscht wird, zeigt die Abbildung 2-4. Die überwiegende Mehrheit der Studien richtet sich auf bestimmte Gruppen der Bevölkerung, so wird z.B. das Umweltbewußtsein von Industriemanagern, Facharbeitern in der Chemieindustrie oder Leitern landwirtschaftlicher Betriebe untersucht, das Abfallverhalten von Einfamilienhausbewohnern oder das Wasch- und Reinigungsverhalten von Hausfrauen. Relativ viele Studien befassen sich mit Schülern, Studenten und Auszubildenden. Überwiegend handelt es sich dabei um spezielle Selektionen, beispielsweise um Schüler der 4. Klasse, um Realschüler, Gymnasiasten der Klassen 11 bis 13 oder ähnliches. Knapp 10% der Studien arbeiten mit nicht weiter spezifizierten, zufällig bzw. willkürlich zustandegekommen Samples, etwa der Befragung von Messebesuchern (Leipziger Messe) oder von Besuchern eines Nationalparkes.

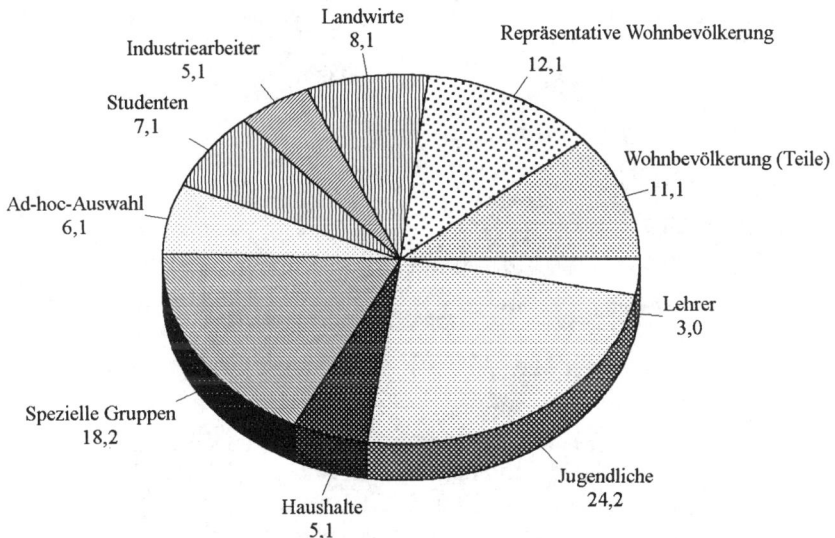

Abb. 2-4 **Über wen wird geforscht?**
Sample empirischer Studien (N=100; Basis=99)
Angaben in %

Landwirte 8,1
Repräsentative Wohnbevölkerung 12,1
Industriearbeiter 5,1
Studenten 7,1
Ad-hoc-Auswahl 6,1
Spezielle Gruppen 18,2
Haushalte 5,1
Jugendliche 24,2
Lehrer 3,0
Wohnbevölkerung (Teile) 11,1

Als drittes bleibt festzuhalten: Umweltbewußtseinsforschung fokussiert unterschiedliche Teilgruppen der Bevölkerung. Selektionskriterium ist zumeist die Zugehörigkeit zu bestimmten Berufs- oder Berufsausbildungsgruppen; der Bildungssektor (Schüler, Studenten, Lehrer) ist stark überrepräsentiert.

Die geographische Reichweite der Studien (Abb. 2-5) ist sehr unterschiedlich. Annähernd zwei Drittel aller Studien beziehen sich auf die Bevölkerung bzw. auf deren Teilgruppen in bestimmten Regionen oder einzelnen Städten. Wenn schon der lokale oder regionale Bezugsrahmen verlassen wird, dann begibt man sich auch gleich auf die Ebene der gesamten Bundesrepublik und nicht bloß eines einzelnen Bundeslandes. Solche flächendeckenden, für die Bundesrepublik repräsentativen Erhebungen sind – vermutlich auch wegen der erheblichen Kosten – deutlich seltener. International vergleichende Erhebungen spielen so gut wie keine Rolle.

Als viertes ist also festzuhalten: Umweltbewußtseinsforschung bewegt sich, was die Auswahl der Beforschten betrifft, überwiegend im lokalen oder regionalen Bezugsrahmen.

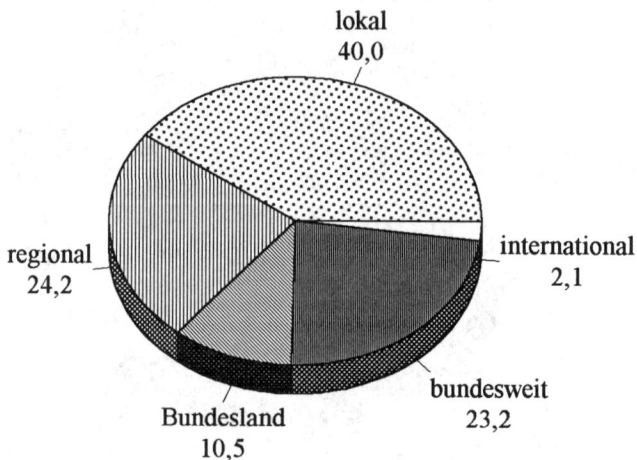

Abb. 2-5   **Geographische Reichweite**

Sample empirischer Studien (N=100; Basis=95)
Angaben in %

lokal
40,0

regional
24,2

international
2,1

Bundesland
10,5

bundesweit
23,2

Will man den Mainstream gegenwärtiger Umweltbewußtseinsforschung beschreiben, so läßt sich die dominierende Richtung zusammenfassend durch vier Merkmale charakterisieren: Sie

- basiert auf Befragungen,
- arbeitet nach dem One-shot-Prinzip als Einmalbefragung,
- fokussiert Teilgruppen der Bevölkerung, zumeist nach Kriterien der Berufszugehörigkeit und
- bewegt sich im Hinblick auf die Auswahl der Probanden in lokalem bzw. regionalem Bezugsrahmen.

Auf diesem Hintergrund verwundert es nicht, daß die Forschungen oft ein sehr spezielles und eher eingeschränktes Wissen hervorbringen, während es an Theorie jedoch mangelt. Man weiß beispielsweise, wie in einem bestimmten Ort ein Versuch zur Mülltrennung und Müllverminderung realisiert wurde und welche Gründe dort für einen erfolgreichen oder nicht erfolgreichen Verlauf des Versuches maßgebend waren. Man weiß, über welches Umweltwissen Schüler der Klassen 11 bis 13 in einer bestimmten Region Deutschlands verfügen. Man weiß, wie zufällig ausgewählte Bürger von München und Bern auf Fragen zu 16 ausgewählten umweltrelevanten Verhaltensweisen geantwortet haben.

Die Fragen der Umweltbewußtseinsforschung

Ein Problem beim Vergleich der verschiedenen Studien ist, daß das Umweltbewußtsein und seine Dimensionen sehr unterschiedlich definiert und operationalisiert werden, so daß die Studien häufig nicht ohne weiteres vergleichbar sind. Zunächst unerklärlich erscheinende Widersprüche auf der Ebene der Theorie und der Konstrukte lassen sich entsprechend oft erhellen, wenn detailliert nachvollzogen wird, wie einzelne Konstrukte operationalisiert und wie die einzelnen Fragen formuliert worden sind. Da Umweltbewußtseinsforschung zum überwiegenden Teil als Interviewforschung betrieben wird, haben wir die hierbei benutzten Fragebögen einer genaueren Inspektion unterzogen und zusammengestellt, welche Fragen zu Umweltwissen, -einstellungen und -verhalten gestellt werden. Die folgenden Übersichten enthalten typische Fragen, die wir besonders häufig zur Erfassung der jeweiligen Dimension angetroffen haben.

Fragen zum Umweltwissen werden häufig als offene Frage gestellt, d.h. der Befragte muß die richtige Antwort selbst formulieren, oder er erhält Multiple-choice-Fragen, bei denen aus mehreren vorgegebenen Antworten die richtigen herauszufinden sind. Acht typische Fragen dieser Art sind:

Acht typische Fragen zum Umweltwissen

- Wohin werden Hausmüll und Geschäftsmüll aus Ihrer Stadt gebracht?
- Wissen Sie, weshalb FCKW umweltschädlich ist?
- Welche Umweltschutzorganisationen kennen Sie?
- Wie viele Kernkraftwerke gibt es in Deutschland?
- Welche prozentualen Anteile haben Industrie, Verkehr und private Haushalte an der Kohlendioxidemission?
- Welche Stoffe in der Luft sind besonders umweltschädlich?
- Kennen Sie die abgebildeten Tiere und Pflanzen?
- Wie wirken sich Phosphat und Nitrat im Wasser aus?

Nur selten ist versucht worden, das Umweltwissen so systematisch und differenziert zu erfassen wie in der Untersuchung von Pfligersdorffer (vgl. Pfligersdorffer 1991: 61 ff.). Er unterscheidet acht Bereiche des Umweltwissens:

- Allgemeine Ökologie: Dazu zählen Gesetzmäßigkeiten und allgemeine Aussagen im Rahmen der Ökologie, z.B. die Frage „Was passiert bei fehlender Lichteinstrahlung im Aquarium?"

- Ökosysteme: Wissen über die Ökosysteme Wald, See, Hochgebirge, Wüste etc., z.B. „Wie kippt ein Teich um?", „Welche Rolle spielen Bakterien bei der Blattzersetzung?"

- Autökologie: Wissen über die Beziehungen von Tieren und Pflanzen zu ihrer Umgebung.

- Humanökologie: Wissen über die Wechselbeziehungen zwischen Mensch und Umwelt, über Einflüsse des Klimas auf den Menschen, bevölkerungsdynamische Aspekte, Welternährung, über die Auswirkungen von Chemikalien und Giften etc.

- Gefährdungen der Umwelt, Umweltprobleme: Wissen über anthropogen verursachte negative Veränderungen der Natur, z.B. Grundwasserverseuchung, Ölkatastrophen.

- Lokales Umweltwissen: Wissen über die konkrete Situation und die Beschaffenheit der Natur in der lokalen Umgebung, dazu zählen auch die Fragen „Wo kommt unser Trinkwasser her?" und „Wo kommt unser Müll hin?"

- Freilandbiologie: Kenntnisse über Verhalten von Wildtieren, über Schadbilder von Bäumen etc.

- Artenkenntnis (Tiere und Pflanzen): Wissen über die häufigsten Arten der einheimischen Flora und Fauna.

Einige der oben im Kasten aufgeführten Fragen, z.B. „Welche Umweltschutzorganisationen kennen Sie?", haben in der Pfligerdorfferschen Systematik von Umweltwissen überhaupt keinen Platz, andere erinnern eher an Fragen zum Bereich „Was man weiß – was man wissen sollte" aus TV-Quizsendungen. Es läßt sich unschwer prognostizieren, daß Fragen zur Allgemeinbildung von Befragten mit höheren Bildungsabschlüssen häufiger richtig beantwortet werden.

Fragen zur Umwelteinstellung werden häufig als vorformulierte Meinungsäußerungen, als „Statements", präsentiert: Der Befragte antwortet, in welchem Grad das Statement seiner persönlichen Meinung entspricht. Dabei wird eine sogenannte Ratingskala vorgegeben, z.B. in der Abstufung: (1) trifft zu, (2) trifft teilweise zu, (3) neutral, (4) trifft eher nicht zu, (5) trifft nicht zu. Fragen dieses Typs werden meist in großer Zahl in Form von „Itembatterien" mit mehreren Dutzend Einzelfragen gestellt. Eine Auswahl häufig verwendeter Items findet sich im folgenden Kasten.

Zwölf typische Statements zur Erfassung von Umwelteinstellungen

- Die Sicherung von Arbeitsplätzen und Wirtschaftswachstum ist wichtiger als der Umweltschutz.

- Alle Atomkraftwerke sollten so schnell wie möglich still gelegt werden.

- Die Politiker tun viel zu wenig für den Umweltschutz.

- Der Autoverkehr sollte aus den Stadtzentren herausgehalten werden.

- Wenn wir so weitermachen wie bisher, steuern wir auf eine Umweltkatastrophe zu.

- Der weitere Ausbau des Straßennetzes sollte aus Umweltschutzgründen stark beschränkt werden.

- Die Zeitungen und das Fernsehen informieren ausreichend über die aktuellen Umweltprobleme.

- Eine Geschwindigkeitsbeschränkung auf Autobahnen sollte eingeführt werden.

- Wenn es so weitergeht wie bisher, werden die Rohstoffe knapp.

- Ich finde, die Massenmedien übertreiben bezüglich der Umweltprobleme.

- Es wird viel zu wenig über das Waldsterben diskutiert.

- Es ist bedauerlich, daß Tiere und Pflanzen vernichtet werden, aber das ist ein notwendiger Preis für den wirtschaftlichen Fortschritt.

Auch bei diesen Fragen sind Differenzen zwischen den Ergebnissen einzelner Studien häufig auf „kleine Unterschiede" der Formulierungen zurückzuführen. Es ist eben nicht das gleiche, ob das Statement „Atomkraftwerke sollten still-gelegt werden" lautet oder „Alle Atomkraftwerke sollten so schnell wie möglich stillgelegt werden". Wer die Energie-Konsens-Gespräche zwischen den politi-schen Parteien verfolgt hat, kann ermessen, wie weit diese Statements ausein-anderliegen.

Fragen, mit denen das verbalisierte Umweltverhalten erfaßt werden soll, werden meist als Alternativfragen gestellt, d.h. es wird erfaßt, ob der Befragte sich so verhält oder nicht. Zehn häufig benutzte Indikatoren sind im folgenden Kasten zusammengestellt.

Zehn typische Fragen zum verbalisierten Umweltverhalten

- Verwenden Sie Spraydosen im Haushalt?
- Kaufen Sie im Bioladen ein?
- Bevorzugen Sie beim Einkauf ökologisch einwandfreie Produkte, auch wenn diese teurer sind?
- Versuchen Sie warmes Wasser beim Baden oder Duschen einzusparen?
- Haben Sie Ihre letzte Urlaubsreise mit dem Flugzeug unternommen?
- Praktizieren Sie Abfalltrennung bei Glas, Papier, Kompost, Alumini-um, Weißblech, Batterien etc.?
- Benutzen Sie öffentliche Verkehrsmittel?
- Fahren Sie mit dem Auto zur Arbeit?
- Fahren Sie mit dem Auto zum Einkaufen?
- Sind Sie Mitglied in einer Umweltgruppe oder Umweltschutzorgani-sation?

In den verschiedenen Studien differiert nicht nur die Anzahl der gestellten Fragen zum verbalisierten Umweltverhalten – mitunter sind es nur zwei und manchmal gleich dreißig Fragen –, auch die Formulierungen können zum gleichen Tatbestand relativ unterschiedlich ausfallen. Selbst zunächst klein erscheinende Differenzen können dann aber zu sehr unterschiedlichen Resulta-ten führen. Es macht eben einen Unterschied, ob das Statement lautet: „Ich kaufe bewußt Lebensmittel aus kontrolliert biologischem Anbau" (Frage 19 in der Studie von Billig 1993), oder ob gefragt wird: „Haben Sie in den letzten zwei

Wochen in Bio- bzw. Ökoläden eingekauft?" (so bei Diekmann/Preisendörfer 1991).

Nur bei der zweiten Fassung ist garantiert, daß die Frage einen zeitlichen Bezug hat. Mangelnde Präzision der Fragen und Verzicht auf jeden zeitlichen Bezug können dazu führen, daß das gleiche verbalisierte Verhalten in der einen Untersuchung als umweltgerecht, in der anderen Untersuchung als nicht umweltgerecht bewertet wird. Angenommen, jemand würde einen Teil seines Altglases etwa alle vierzehn Tage zum Altglas-Container tragen, so könnte er guten Gewissens die Frage „Praktizieren Sie Abfalltrennung bei Glas?" (vgl. Diekmann/Preisendörfer 1991) mit „Ja" beantworten. In einer anderen Untersuchung wird das gleiche verbalisierte Verhalten aber mit einer 4er-Skala abgefragt, die von „immer", „fast immer" bis zu „manchmal" und „nie" reicht. Würde ehrlicherweise „manchmal" angekreuzt, so würde das prompt als nicht umweltgerechtes Verhalten gewertet werden (vgl. Grob 1991).

Fragen zur Handlungsbereitschaft beziehen sich überwiegend auf die gleichen Themenfelder und Verhaltensweisen wie die Fragen nach dem verbalisierten Umweltverhalten. Sie erfassen allerdings zusätzlich auch die Potentiale, sich zukünftig für den Umweltschutz zu engagieren, und loten die Bereitschaft aus, für Verbesserung der Umweltqualität zu zahlen oder umweltschützende Maßnahmen zu akzeptieren.

Zehn typische Statements zur Handlungsbereitschaft

- Ich werde zukünftig weniger heizen.
- Ich wäre bereit, für die Verbesserung der Luftqualität mit einem bestimmten Teil meines Einkommens zu bezahlen.
- Ich werde zukünftig weniger Auto fahren.
- An einer Aktion zur Säuberung verschmutzter Landschaft würde ich teilnehmen.
- Ich werde zukünftig alte Batterien sammeln und gesondert entsorgen.
- Ich wäre bereit, in einer Vereinigung mitzuarbeiten, die ökologische Interessen verfolgt.
- Solange sich der Staat, die Unternehmen und die anderen Bürger nicht stärker umweltgerecht verhalten, bin ich persönlich auch nicht dazu bereit.
- Ich werde zukünftig weniger Strom verbrauchen.
- Ich bin bereit, meinen Warmwasserverbrauch einzuschränken.
- Ich bin für die Verteuerung des Benzin- und Dieselpreises um 1 DM pro Liter.

Die übliche Vorgehensweise der meisten Studien besteht darin, die Antworten auf die Fragen zu den einzelnen Dimensionen des Umweltbewußtseins zusammenzufassen. Jede Person erhält dann einen Wert auf der Skala „Umweltwissen", einen Wert auf der Skala „Umwelteinstellungen" und einen auf der Skala (verbalisiertes) „Umweltverhalten". Aus der Höhe des Wertes läßt sich direkt ersehen, wie positiv eine Person gegenüber dem Umweltschutz eingestellt ist oder wie umfangreich das vorhandene Umweltwissen ist. Im zweiten Schritt lassen sich dann Zusammenhänge – Korrelationen – zwischen den drei Dimensionen des Umweltbewußtseins untersuchen.

Bezieht man dies zurück auf die oben dargestellten vier Typen von Forschungsprojekten, dann lassen sich ganz allgemein auch verschiedene Typen von Wissen unterscheiden, die durch die Umweltbewußtseinsforschung erzeugt werden:

- Die Repräsentativstudie erzeugt politisch nutzbares Wissen über die Einstellungen der Befragten.

- Die theorieorientierte Studie erzeugt Strukturwissen über die inneren Zusammenhänge verschiedener Komponenten des Umweltbewußtseins.

- Die zielgruppenorientierte Untersuchung schafft Zielgruppenwissen – über Umweltbewußtsein und -verhalten eines bestimmten Personenkreises.

- Die qualitative Studie erzeugt Detailwissen, im Sinne eines ethnographischen Wissens über das alltägliche Verhalten in einer Kultur oder Sozietät.

Aus dem quantitativen Überblick läßt sich bereits erkennen, zu welchen Fragen das bisherige Wissen der Umweltbewußtseinsforschung eher gering ist. Es fehlt vor allem an Studien zum tatsächlichen Umweltverhalten, die das Mittel der Beobachtung einsetzen. Ferner fehlt es an Studien, die mit qualitativen, nicht standardisierten Methoden arbeiten und die Integration des Umweltverhaltens in das Alltagsverhalten zum Thema machen. Auch mangelt es an Studien darüber, in welchem Ausmaß umweltgerechtes Verhalten als sozial erwünscht wahrgenommen wird.

3. Kapitel

Allgemeine Befunde zum Umweltbewußtsein in Deutschland

Was ist das Resultat, wenn mehrere hundert Wissenschaftler über zehn Jahre das Umweltbewußtsein der deutschen Bevölkerung erforschen? Eine formale Antwort würde lauten: Mehrere hundert Forschungsprojekte, Hunderte von Publikationen, Tausende Seiten bedruckten Papiers mit einer Fülle nicht immer widerspruchsfreier Ergebnisse.

Sehen wir uns zunächst die eher globalen Ergebnisse der großen, repräsentativen Untersuchungen an: In großer Einhelligkeit bescheinigen alle Studien den Deutschen ein hohes Umweltbewußtsein. Die im Auftrag des Umweltbundesamtes und des Bundesumweltministers regelmäßig durchgeführten Erhebungen des IPOS-Institutes zeigen zudem, daß es sich bei der Wertschätzung, die das Thema Umweltschutz im Vergleich mit anderen Themen erfährt, nicht um eine Eintagsfliege handelt: In den letzten Jahren ist die hohe Bewertung weitgehend stabil (vgl. Abb. 3-17).

Eine Kontroverse über die generelle Notwendigkeit, die Umwelt zu schützen, ist heute nicht mehr auszumachen – insofern sind heute fast alle Deutschen mehr oder weniger umweltbewußt. Die Auseinandersetzung konzentriert sich auf das „Wie", das „Wann" und das „Wie schnell". Das läßt sich sehr gut an den Programmatiken der deutschen Parteien ablesen: Der Umweltschutz hat darin seinen festen Platz, die Differenz liegt in den zeitlichen Rahmendaten und Steuerungsinstrumenten sowie der Eingriffsintensität.

Umweltbewußtsein im internationalen Vergleich

Daß die Bundesdeutschen im Durchschnitt umweltbewußter sind als die Bevölkerungen anderer Länder, ist ein weithin verbreitetes Vorurteil. Zumindest in der Grundtendenz scheinen die Daten internationaler Vergleichserhebungen dieses Vorurteil allerdings zu belegen. Wenn in den letzten Jahren international komparative Umfragen durchgeführt wurden, die nach der Bedeutsamkeit und der Bewertung des Themas Umwelt fragten, rangierte die Bundesrepublik Deutschland meist in der Spitzengruppe der umweltbewußten Länder.

Eine von Gallup International 1992 durchgeführte Untersuchung ergibt folgendes Bild für die Wichtigkeit, die in 22 Ländern dem Umweltthema beigemessen wird:

Abb. 3-1   **Bedeutung der Umweltproblematik im eigenen Land**

Angaben in %

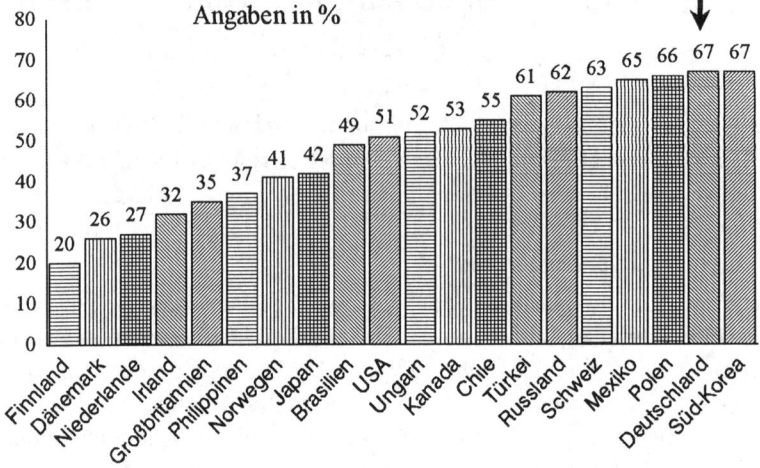

Quelle: Dunlap u.a. 1993

Abb. 3-2   **Persönliche Betroffenheit von Umweltproblemen**

Angaben in %

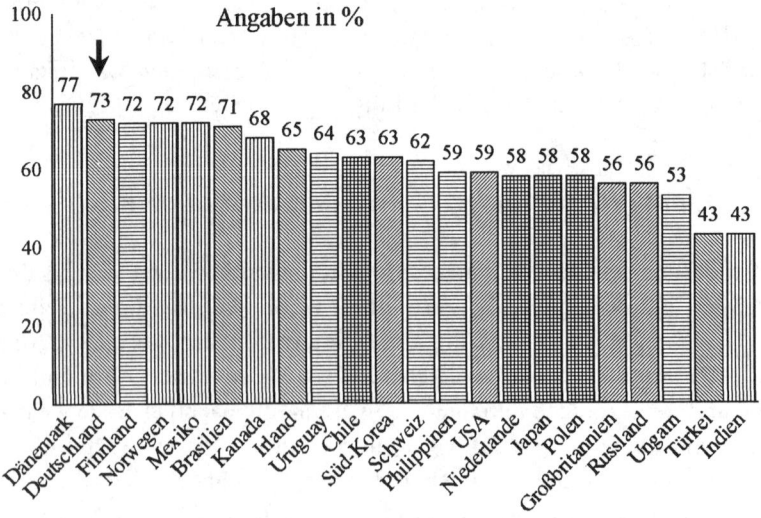

Quelle: Dunlap u.a. 1993

Die Deutschen belegen in dieser Befragung, die der Zustimmung bzw. Ablehnung des Statements „Umweltprobleme sind das wichtigste bzw. ein sehr ernstes Problem in diesem Land" galt, mit Süd-Korea den ersten Platz, weit vor den europäischen Nachbarländern. Nicht nur, wenn nach der allgemeinen Bedeutung von Umweltproblemen gefragt wird, stehen die Deutschen auf dem zweiten Rangplatz, auch wenn es um das Gefühl von persönlicher Betroffenheit geht, sind sie, wie die ebenfalls aus der 92er Gallup-Untersuchung stammende Vergleichstabelle (Abb. 3-2) zeigt, an der Spitze zu finden. Bemerkenswert sind die Differenzen zwischen den beiden Tabellen. Die Skandinavier fühlen sich persönlich in starkem Maße von Umweltproblemen betroffen, während sie diesen für ihr Land eine eher bescheidene Bedeutung zuerkennen. Umgekehrt verhält es sich bei den Polen: Sie erkennen Umweltfragen eine vordringliche Bedeutung für ihr Land zu, fühlen sich aber mehrheitlich persönlich nicht betroffen. Ohne Widerspruch hingegen zeigen sich die umweltbewußten Deutschen und entgegengesetzt zu ihnen die Briten, die Umweltfragen weder gesellschaftlich noch persönlich für sonderlich relevant erachten.

Eine nennenswerte international vergleichende Umweltbewußtseinsforschung existiert noch nicht. In den letzten fünf Jahren sind außer der Gallup-Untersuchung nur wenige Vergleichsstudien zu registrieren.

1994 wurden unter Federführung von MORI (Market and Opinion Research International) in den zwölf Ländern der Europäischen Union Erhebungen mit einem gleichlautenden Fragebogen durchgeführt. Dort findet sich eine ähnliche Frage wie bei Gallup nach den wichtigsten Problemen, mit denen die Europäische Union nach der Meinung der Befragten im nächsten Jahr konfrontiert sein wird. Mit Ausnahme von Luxemburg wird dem Umweltschutz nirgendwo soviel Relevanz beigemessen wie in Deutschland (vgl. Wissenschaftlicher Beirat der Bundesregierung Globale Umweltveränderungen 1995: 30ff.). Wichtiger ist den Deutschen aber, daß die EU ihren eigenen Einigungsprozeß vorantreibt. Auch die Arbeitslosigkeit ist ihnen, wie in fast allen europäischen Ländern mit Ausnahme Griechenlands und Großbritanniens, wichtiger als die Umweltverschmutzung. Den Gegenpol stellen Griechenland, Spanien und Großbritannien dar, wo der Umweltschutz nicht für ein bedeutendes Problem gehalten wird.

Die umfangreichste und inhaltlich interessanteste Studie stellt der „Environment Survey 1993" dar, der im Rahmen des ISSP (International Social Survey Program) in 20 Ländern mit einem gleichlautenden Fragebogen bzw. Fragebogenmodul erhoben wurde: Neben den westeuropäischen und osteuropäischen Ländern nahmen unter anderem die USA, Kanada, Australien, Neuseeland, Israel und Japan teil. Die nationalen Studien in den einzelnen Ländern wurden nicht von Markt- oder Meinungsforschungsinstituten unternommen, sondern von wissenschaftlichen Institutionen, etwa in den USA vom hoch reputierlichen

National Opinion Research Center (NORC) an der University of Chicago. Der deutsche Teil der Studie wurde vom Mannheimer Zentrum für Methoden, Umfragen und Analysen (ZUMA) unter der Leitung von P. Mohler durchgeführt. Auch in der ISSP-Studie zeigt sich bei vielen Fragen, daß die Deutschen (alte und neue Bundesländer sind getrennt ausgewiesen) Umweltproblemen eine besondere Bedeutung beimessen. Es zeigt sich aber auch, daß dies keineswegs für alle Bereiche des Umweltbewußtseins gilt. Ferner wird deutlich, daß sehr große Unterschiede zwischen den alten und den neuen Bundesländern bestehen, und drittens zeigt sich auch, daß es keineswegs eine einheitliche Auffassung über die Bedeutsamkeit von Umweltproblemen in Deutschland gibt. Formulierungen in der Art von „Die Deutschen sind umweltbewußter als ..." gehen deshalb an der Wirklichkeit vorbei, denn es existiert jeweils ein beträchtlicher Prozentsatz von Personen, für die das Gegenteil der Fall ist. Nahezu ein Drittel der (West)-Deutschen ist der Meinung, daß im Grunde zu viel Aufmerksamkeit auf Umweltprobleme und zu wenig auf Wirtschaftsprobleme verwandt wird. Dies ist zwar im Vergleich zu den USA oder Großbritannien ein geringerer Prozentanteil, rechtfertigt aber keine Gegenüberstellung nach dem Muster: „Was die Deutschen gegenüber den Amerikanern auszeichnet, ist, daß sie der Umwelt ein stärkeres Gewicht als der Wirtschaft beimessen." Wahr ist lediglich, daß in Deutschland 7% mehr so denken als in den USA. Mit anderen Worten: Nicht 100% Deutsche unterscheiden sich von 100% Amerikanern, vielmehr betrifft die Differenz lediglich 7%.

Was ergibt nun der internationale Vergleich auf der Grundlage der Daten des ISSP-Surveys?[1]

Weltweit werden Umweltprobleme heute durchweg ernstgenommen. Die Aussage, die negativen Auswirkungen des Fortschritts auf die Umwelt würden überbewertet, findet nur noch in den osteuropäischen Ländern (Ungarn, Slowenien, Bulgarien, Polen, Rußland) und auf den Philippinen eine Mehrheit. In den übrigen Ländern nimmt die Bevölkerungsmehrheit Umweltprobleme ernst, wobei die Deutschen hinter Kanada und vor Neuseeland und Australien den zweiten Platz belegen. Auch in diesen umweltbewußten Ländern gibt es eine beträchtliche Minderheit, die gegenteiliger Meinung ist (vgl. Abb. 3-3).

Ökonomie vor Ökologie – diese Meinung findet in den entwickelten Industriestaaten keine Mehrheit mehr. Man solle sich mehr um die Wirtschaft und die Arbeitsplätze und weniger um die Zukunft der Umwelt sorgen, dieser Aussage kann sich die Bevölkerungsmehrheit in Kanada, Norwegen, Neuseeland, Australien, Israel, Deutschland (West), den Niederlanden und Rußland nicht an-

---

1   Die Daten sind über das Zentralarchiv für Empirische Sozialforschung in Köln öffentlich zugänglich.

Abb. 3-3 **Man sorgt sich zu sehr über Umweltschäden, die durch den menschlichen Fortschritt verursacht werden.**

Es stimmen zu in %

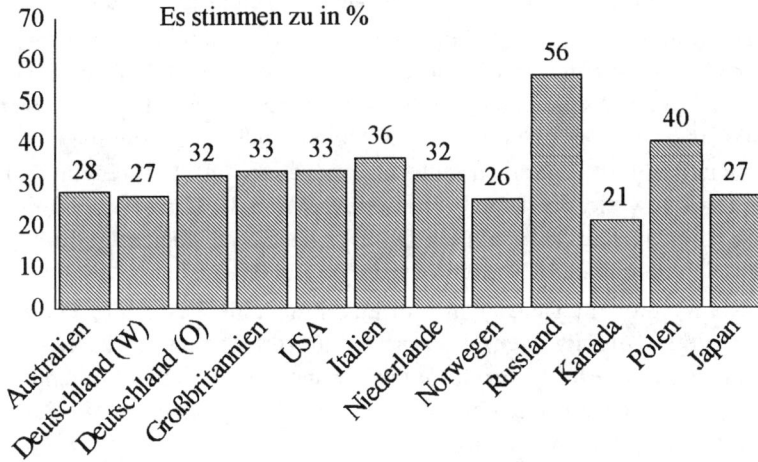

Australien 28, Deutschland (W) 27, Deutschland (O) 32, Großbritannien 33, USA 33, Italien 36, Niederlande 32, Norwegen 26, Russland 56, Kanada 21, Polen 40, Japan 27

Quelle: ISSP Environment 1993

Abb. 3-4 **Alle Eingriffe des Menschen in die Natur verschlimmern die Umweltprobleme.**

Es stimmen zu in %

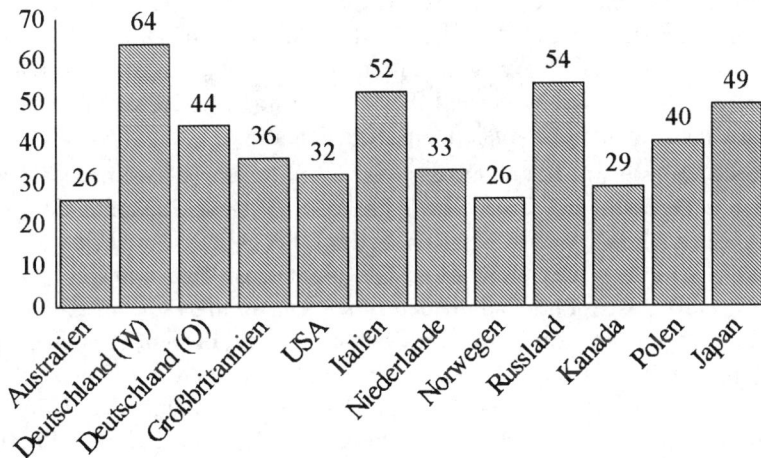

Australien 26, Deutschland (W) 64, Deutschland (O) 44, Großbritannien 36, USA 32, Italien 52, Niederlande 33, Norwegen 26, Russland 54, Kanada 29, Polen 40, Japan 49

Quelle: ISSP Environment 1993

schließen. Im Vergleich liegen die Westdeutschen auf Platz sechs, die Ostdeutschen geben mehrheitlich der Ökonomie den Vorrang und befinden sich hier auf gleicher Stufe mit Bulgarien. In den Antworten spiegelt sich deutlich ein Wohlstandsgefälle. Wirtschaftlich schlecht gestellte Länder wie Slowenien und Polen, aber auch Irland wollen Umweltfragen geringer gewichtet sehen.

Unser modernes Leben schädigt die Umwelt – diese Überzeugung ist in Deutschland, Italien und Spanien besonders stark verbreitet. In Deutschland gibt es einerseits eine vergleichsweise große Anhängerschaft für eine allgemeine Technikkritik – mehr als ein Viertel glaubt, daß insgesamt betrachtet die Wissenschaft mehr Schaden anrichtet als Nutzen stiftet. Andererseits gibt es in keinem Land so viele, die darauf vertrauen, daß sich die Umweltprobleme durch Technik lösen lassen. Mehr als ein Drittel sind davon überzeugt, in den USA nur 19%, in Australien 15% und in Japan gar nur 8%.

Die Natur spielt in Deutschland offenkundig eine besondere Rolle. „Alle Veränderungen, die der Mensch in der Natur verursacht – und seien sie auch noch so wissenschaftlich – verschlimmern wahrscheinlich die Probleme" – dem stimmen 64% der Deutschen zu, aber weitaus weniger Amerikaner, Kanadier oder Australier (vgl. Abb. 3-4).

Am nächsten kommen den Deutschen mit 51% noch die Italiener. „Wenn der Mensch die Natur in Ruhe ließe, würden Frieden und Harmonie herrschen" – davon sind mit Ausnahme von Italien (79%) nirgendwo mehr Menschen überzeugt als in Deutschland (77%). Schlußlicht sind die Niederlande mit 31%, vielleicht weil dort angesichts überfluteter Deiche kein rechtes Harmoniegefühl aufkommen kann.

Daß auch der einzelne durchaus etwas für die Umwelt tun kann, findet in den entwickelten Industrieländern des Westens überall eine Mehrheit. Am ausgeprägtesten in Kanada, Norwegen, Italien und Neuseeland, während Deutschland (West) sich im oberen Mittelfeld (Platz 8) befindet. In Bulgarien, Rußland und Ungarn lehnt man diese Ansicht am stärksten ab.

Umweltängste sind in keinem der westlichen Industrieländer so stark verbreitet wie in Deutschland. Zwei Drittel halten eine starke Zunahme von Umweltkrankheiten für sehr wahrscheinlich. In den USA (45%), Großbritannien (47%), Australien (39%) oder Holland (33%) sieht man dies weniger dramatisch. Ebenso stark ausgeprägt sind die deutschen Ängste in bezug auf globale Klimaveränderungen. Achtzig Prozent befürchten sehr gefährliche Auswirkungen auf die Umwelt, 68% sehen sich auch persönlich stark bedroht. Das sind weitaus mehr als in den anderen westeuropäischen Ländern und den USA. In den Niederlanden, wo ein globaler Temperaturanstieg objektiv bedrohlich wäre, fühlt sich nur jeder vierte dadurch persönlich stark gefährdet (vgl. Abb. 3-5).

Abb. 3-5   **Glauben Sie, daß ein globaler Temperaturanstieg für Sie persönlich extrem/sehr gefährlich ist?**

Es stimmen zu in %

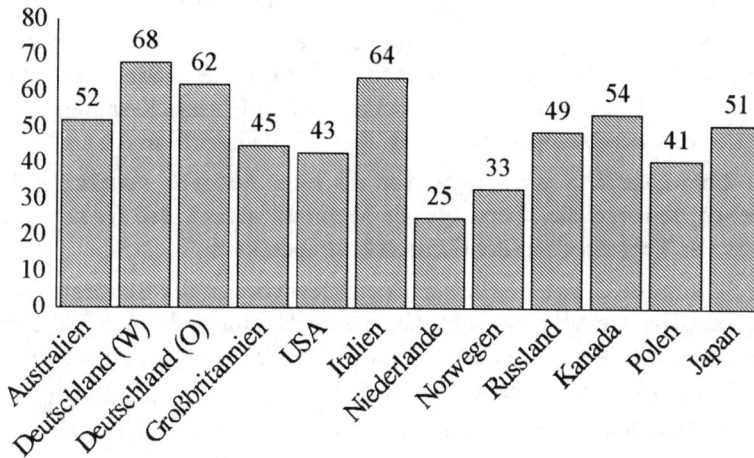

Quelle: ISSP Environment 1993

Im internationalen Vergleich schneiden die Deutschen also – zumindest in Hinblick auf ihre Einstellungen, insbesondere ihre Betroffenheit – überwiegend recht gut ab, wenn auch nicht immer in dem Ausmaß, wie es vielleicht das Bild des den Umweltschutz promotenden Deutschlands suggeriert.

Die positive Tendenz, die sich in international vergleichenden Studien ausmachen läßt, zeigt sich auch in den Untersuchungen, die ausschließlich den geographischen Raum der Bundesrepublik betrachten.

Die Deutschen heute: zunehmend umweltbewußt

Zielt man auf möglichst allgemeingültige und repräsentative Aussagen über das Umweltbewußtsein der Deutschen, so muß man sich in erster Linie auf die großen bundesweiten empirischen Studien beziehen. Deren Ergebnisse sind nicht immer einheitlich, häufig finden sich auch widersprüchliche Aussagen, d.h. in der einen Studie werden Zusammenhänge gefunden, die in den anderen Studien nicht nachweisbar sind. In bezug auf die folgenden allgemeinen Charakterisierungen des Umweltbewußtseins in Deutschland stimmen die von uns gesichteten Repräsentativstudien weitgehend überein:

- Das Umweltbewußtsein hat in Deutschland kontinuierlich zugenommen. Man kann heute von einem sehr hohen Umweltbewußtsein sprechen; die Bevölkerung sieht den Zustand der Umwelt kritisch und ist sehr skeptisch hinsichtlich der zukünftigen Entwicklung.

- Das Thema Umwelt wird zu den wichtigsten Themen der Zukunft gerechnet.

- Die Bevölkerung ist zunehmend aufmerksam gegenüber Risiken und Gefährdungen, die durch die Umwelt verursacht werden. Sie glaubt, daß der Zustand der Umwelt sich verschlechtert und daß viele Krankheiten durch die Umwelt verursacht werden, z.B. durch Schadstoffe in der Luft.

- Der Umweltschutz wird nicht nur als eine Aufgabe staatlicher Politik gesehen, sondern die überwiegende Mehrheit glaubt, daß sie selbst direkt etwas zur Verbesserung der Umwelt beitragen kann.

- Der Schutz der Umwelt ist den meisten Menschen in der Bundesrepublik so viel wert, daß sie auch dafür bezahlen und auf einen Teil des Einkommens verzichten würden, wenn dadurch beispielsweise die Qualität der Luft oder des Wassers verbessert werden könnte.

- Das Wissen über Umwelt und Natur ist nicht sehr umfangreich, es ist weitaus geringer, als der Grad und Umfang der Pro-Umwelteinstellungen erwarten lassen.

- Fast alle Studien kommen zu dem Ergebnis, daß das Umweltwissen von Männern größer ist als das von Frauen.

- Die Pro-Umwelteinstellungen und die persönliche Betroffenheit sind demgegenüber bei Frauen größer.

Gehen wir nun mehr ins Detail, und betrachten wir die Einstellungen der deutschen Bevölkerung zu den verschiedenen Fragen des Umweltschutzes etwas genauer. Die in den letzten zehn Jahren durchgeführten Repräsentativstudien verweisen immer wieder darauf, daß es zu einem stetigen Zuwachs an Umweltbewußtsein gekommen sei. Manchmal trifft man sogar auf den Versuch, diesen Zuwachs in exakten Zahlen auszudrücken. So bildet Billig, der 1993 eine größere Studie im Auftrag des Umweltbundesamtes mit 3015 Probanden durchführte, einen Index „Öko-Bewußtsein", der sich aus den Antworten auf verschiedene Einstellungsfragen zusammensetzt. Auf einer von 1 (=niedrig) bis 10 (=hoch) reichenden Skala beträgt der Mittelwert in der Bevölkerung 7,78. Drei Viertel der Bevölkerung erreichen Werte zwischen 7 und 10, d.h. zeichnen sich durch ausgesprochen umweltfreundliche Einstellungen aus. Billig kommt zu dem Ergebnis, daß das „ökologische Problembewußtsein" der deutschen Bevölkerung im Vergleich zu 1985, als er ebenfalls eine Repräsentativerhebung für das Umweltbundesamt durchführte (vgl. Billig/Briefs/ Pahl1987), um circa 20% zugenommen habe (vgl. Billig 1994: 59). Man kann sich vorstellen, daß der

Abb. 3-6   **Als "sehr wichtig" stuft die Bevölkerung ein**
Angaben in %

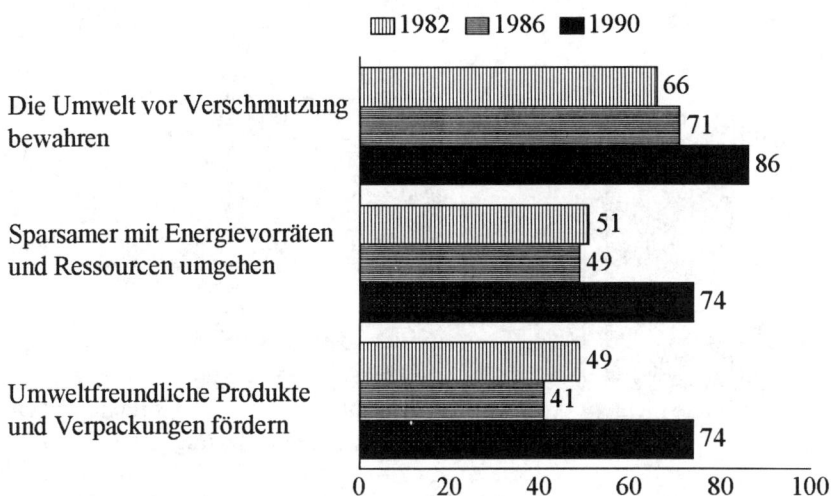

▨ 1982   ▨ 1986   ■ 1990

Die Umwelt vor Verschmutzung bewahren
66
71
86

Sparsamer mit Energievorräten und Ressourcen umgehen
51
49
74

Umweltfreundliche Produkte und Verpackungen fördern
49
41
74

0   20   40   60   80   100

Quelle: Infratest/Venth 1992

Bundesumweltminister, in dessen Kompetenzbereich diese Studie erstellt wurde, solche Ergebnisse mit einem gewissem Stolz zur Kenntnis genommen hat. Dabei mag dahingestellt bleiben, wie solche Vergleiche denn überhaupt möglich sind, wenn das 1985 eingesetzte Instrument nicht mit dem von 1992 identisch ist. Ein solcher Befund, selbst wenn er meßtechnisch gerechtfertigt wäre, hat etwa die gleiche Aussagekraft wie die Schlagzeile „Intelligenz der deutschen Bevölkerung nahm in sieben Jahren um 20% zu". Dennoch: auch ohne die Pseudo-Exaktheit solcher Angaben zeigen die Resultate anderer Studien ebenfalls einen kontinuierlichen Anstieg des Umweltbewußtseins. Die Zahlen in Abbildung 3-6 stammen aus Studien des Infratest-Institutes (vgl. Reusswig 1994: 29). Das Maß an Pro-Umwelteinstellungen, das die Studien zeigen, macht staunen. Aus der Vielzahl der Forschungsergebnisse nun einige Beispiele.

Die Bedeutung des Umweltschutzes und die Einschätzung des Zustandes der Umwelt

Der Schutz der Umwelt steht in der Werteskala der Deutschen ganz oben (siehe Abb. 3-6). Der überwältigenden Mehrzahl, nämlich 69,8%, ist er wichtiger als wirtschaftliches Wachstum. Nur 11,6% widersprechen dieser Prioritätenset-

Abb. 3-7   **Umweltschutz erhöht die Produktionskosten und gefährdet Arbeitsplätze.**

Angaben in %

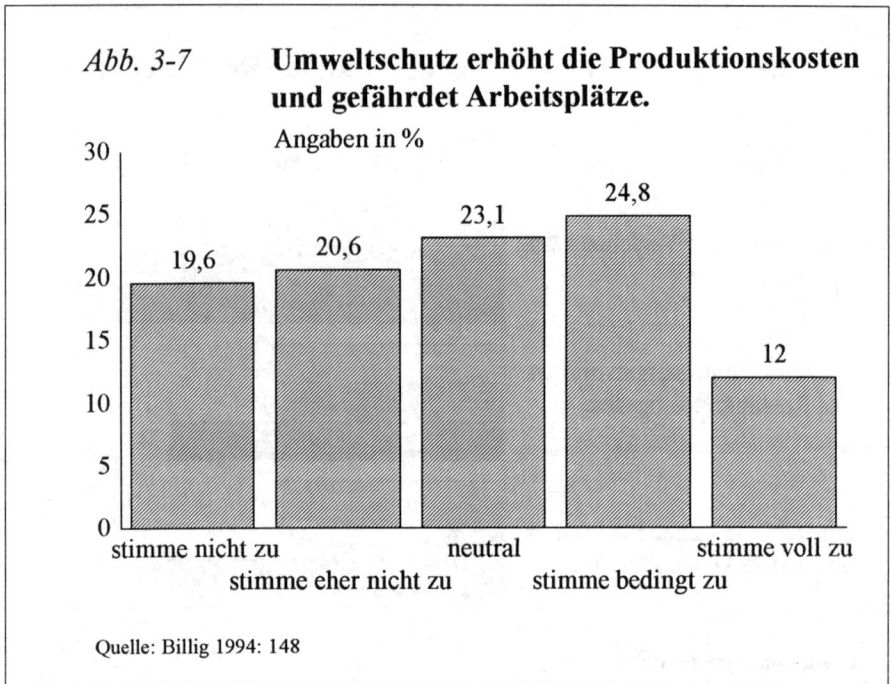

Quelle: Billig 1994: 148

zung (vgl. Billig 1994). Allerdings ist eine große Teilgruppe der Bevölkerung immer noch der Meinung, daß Umweltschutz die Arbeitsplätze gefährdet. Abb. 3-7 zeigt, daß nur jeder fünfte diese Aussage ablehnt. Das verweist darauf, daß die positive Einstellung gegenüber dem Umweltschutz auf relativ dünnem Eis steht, denn die Gefährdung von Arbeitsplätzen kann schlechterdings nicht als etwas Positives bewertet werden, und das „Gefährdungspotential" für Wachstum und Wohlstand, das hier offenbar mit dem Umweltschutz assoziiert wird, läßt sich gewiß auch im Konfliktfall aktivieren.

Ohne Zweifel sind Umwelt und Natur für die Deutschen hochrangige Werte. Auf die geschlossene Frage, welche persönlichen Ziele ihnen wichtig sind, antworten drei von vier Befragten „Naturnahes Leben" (vgl. Billig 1994: 145). Einen höheren Grad an Zustimmung erzielen nur die Werte „Gute Freundschaften" (90,2%), „Wohlstand/Materielle Sicherheit" (88,9%), „Familie/Kinder" (84,8%) sowie berufsbezogene Ziele wie „Zufriedenheit mit der Arbeit" (82,4%) und „Anerkennung im Beruf" (80,3%).

Der Zustand der Umwelt in Deutschland (alte Bundesländer) wird eher kontrovers beurteilt: 51% bewerten die Umweltverhältnisse als gut oder sehr gut, 47% hingegen als schlecht oder sehr schlecht (vgl. IPOS 1994: 5). Die negative Bewertung, die die eine Hälfte der Bevölkerung vornimmt, scheint derzeit aber noch keine gravierenden Auswirkungen auf die Wahrnehmung der Lebensqua-

Abb. 3-8 **Alles in allem kann man in einem Land wie Deutschland sehr gut leben.**

Angaben in %

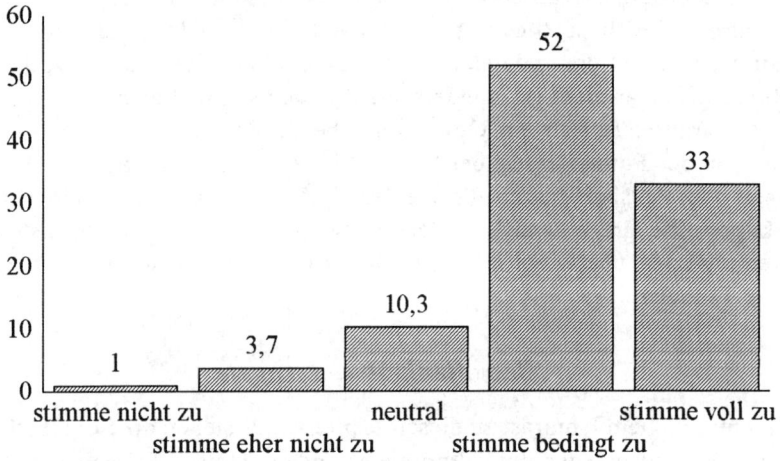

Quelle: Billig 1994: 153

Abb. 3-9 **Entwicklung der Umweltverhältnisse in den nächsten 10 Jahren in Deutschland (West)**

Angaben in %

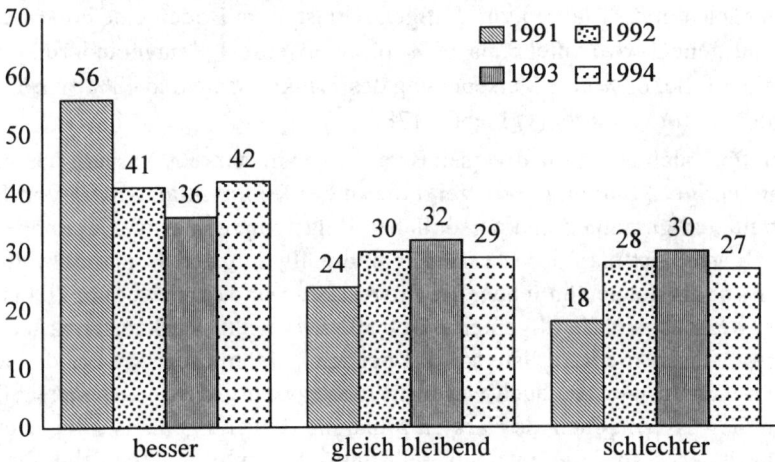

Quelle: IPOS, 1994: 8

lität zu haben, denn man ist sich weitgehend darüber einig, daß man in Deutschland gut bzw. sehr gut leben kann (siehe Ab. 3-8).

Irritierende, teilweise widersprüchlich scheinende Aussagen lassen sich über die Erwartungen finden, die man hinsichtlich der zukünftigen Entwicklung der Umwelt hegt (siehe Abb. 3-9). Einerseits rechnet man mit dem Schlimmsten und hat das Gefühl, daß es mit der Umwelt bergab geht – man ist also eher pessimistisch. Auf der anderen Seite steht die alltägliche Erfahrung, daß es so schlimm offenbar nicht ist, sondern man in Deutschland doch ganz gut leben kann – daraus läßt sich ein Optimismus begründen. Da ist es dann oft eine Nuance in der Formulierung der Frage, die den Ausschlag gibt, sich für Optimismus oder Pessimismus zu entscheiden. Auf die in den IPOS-Untersuchungen direkt gestellte Frage danach, welche Entwicklung man in den nächsten zehn Jahren erwartet, überwiegt immer noch der Optimismus, wenngleich mit sinkender Tendenz.

Betroffenheit und Ängste

In eigentümlichem Kontrast zu diesem Optimismus stehen die Sorgen, die man sich um das Ausmaß der Umweltprobleme und der Umweltkrise macht. Immerhin 36,1% glauben, daß die Lage beängstigend und nur zu retten ist, wenn alle Kräfte aufgewandt werden, und gar 13,2% stimmen der Aussage zu: „Die Entwicklung unserer Umwelt macht mir Angst; ich habe kaum Hoffnung, daß die Probleme gelöst werden. Die Menschen werden sich zusammen mit ihrer Umwelt zerstören" (Billig 1994: 154). Für die Zukunft schwarzzusehen, gehört offensichtlich zu den Grundeinstellungen der Deutschen. Fast 80% glauben, daß in den nächsten fünf Jahren von giftigen Altlasten im Boden eine hohe Gefährdung ausgehen wird, mehr als 60% fürchten eine Klimaveränderung, 56% Chemieunfälle, 65% eine Verseuchung des Trinkwassers und 43% eine Vergiftung der Nahrungsmittel (vgl. ebd.: 178f.).

Man fühlt sich durch die diversen Belastungen in starkem Ausmaß persönlich beeinträchtigt. Abbildung 3-10 zeigt die in der Repräsentativstudie von Billig ermittelten allgemeinen und persönlichen Belastungen in einer Gegenüberstellung. Generell ist man der Meinung, daß die allgemeinen Beeinträchtigungen größer sind als die persönlichen. Die Prozentsätze sind durchweg um 20 bis 30% höher, wenn es um die allgemeine Betroffenheit geht. Verkehrslärm und Autoabgase führen die Rangliste sowohl bei den persönlichen wie bei den allgemeinen Belastungen an, auch von Industrieabgasen und von Industrieabfällen in den Gewässern gehen als stark empfundene Belastungen aus. Fluglärm und Kernkraftwerke sind die einzigen Belastungsquellen, von denen sich ein nennenswerter Prozentsatz überhaupt nicht gefährdet fühlt.

Abb. 3-10 **Allgemeine und persönliche Betroffenheit durch Umweltbelastungen**

ziemlich stark und sehr stark betroffen; Angaben in %

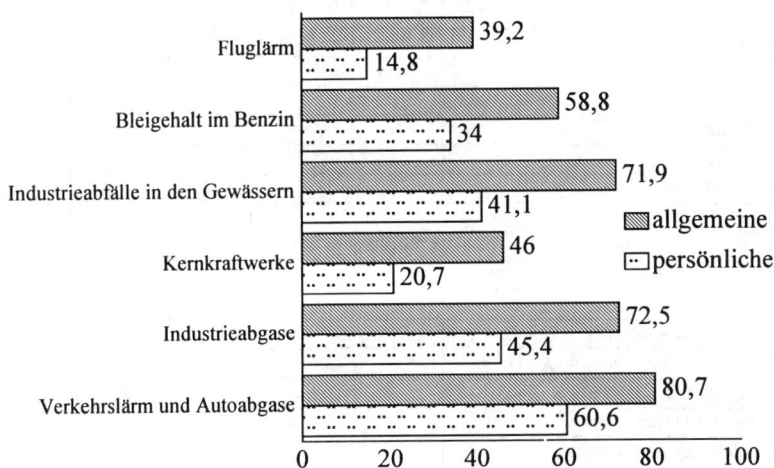

Belastungsquelle	allgemeine	persönliche
Fluglärm	39,2	14,8
Bleigehalt im Benzin	58,8	34
Industrieabfälle in den Gewässern	71,9	41,1
Kernkraftwerke	46	20,7
Industrieabgase	72,5	45,4
Verkehrslärm und Autoabgase	80,7	60,6

Quelle: Billig 1994: 173ff.

Die prozentualen Antworthäufigkeiten differieren erheblich zwischen den verschiedenen Studien, was überwiegend auf die Art der Fragestellung zurückgeführt werden kann. Bei Billig kann zu jeder Belastungsquelle angegeben werden, ob man sich durch sie gar nicht, wenig, ziemlich stark oder sehr stark betroffen fühlt. Auf diese Weise sind die Prozentzahlen natürlich höher, als wenn lediglich nach der stärksten Belastungsquelle gefragt wird. Letzteres ermöglicht allerdings einen direkteren Blick auf die interne Rangliste der Gefährdungen. In der IPOS-Studie (vgl. Tabelle 3-1) lautet die Frage: „Wenn Sie an die Zukunft unserer Umwelt denken, was befürchten Sie da am meisten?"

Daß Umweltkrankheiten hier an letzter Position rangieren, sollte nicht zu dem Fehlschluß verleiten, die Bevölkerung rechne nur selten damit, daß Umweltschäden sich auch auf die Gesundheit auswirken. Das Gegenteil ist nämlich der Fall. Das EMNID-Institut befragt seit Jahrzehnten die Bevölkerung über die vermeintlichen Ursachen von Krankheiten. Bis Anfang der 80er Jahre waren es primär Bewegungsmangel, Streß und berufliche Belastungen, die als Hauptursachen galten. Seit Mitte der 80er Jahre stehen Umwelteinflüsse auf dem ersten Platz – heute sind fast 60% der Meinung, dies sei die Hauptursache für Krankheiten (vgl. Tacke 1991: 10).

Diese allgemeinen Ängste der Bevölkerung beziehen sich aber offenbar nicht so sehr auf das Hier und Jetzt – man lebt ja auch ganz gut in Deutschland (siehe

Tab. 3-1   **Die größten Befürchtungen für die Zukunft der Umwelt**

Mehrfachnennungen möglich; Angaben in %

1. Luftverschmutzung	37
2. Ozonloch	27
3. Waldsterben	21
4. Atomunfall	21
5. Ungesundes Trinkwasser	18
6. Müllprobleme	17
7. Klimaveränderungen	11
8. Meeresverschmutzung	10
9. Verkehrsprobleme	8
10. Bodenverseuchung	7
11. Belastete Lebensmittel	5
12. Aussterben von Pflanzen und Tieren	4
13. Chemieunfall	4
14. Überbevölkerung	3
15. Vernichtung der Regenwälder	3
16. Umweltkrankheiten	1

Quelle: IPOS 1994: 12

Abb. 3-11   **Warum ist Umweltschutz notwendig?**

Angaben in %

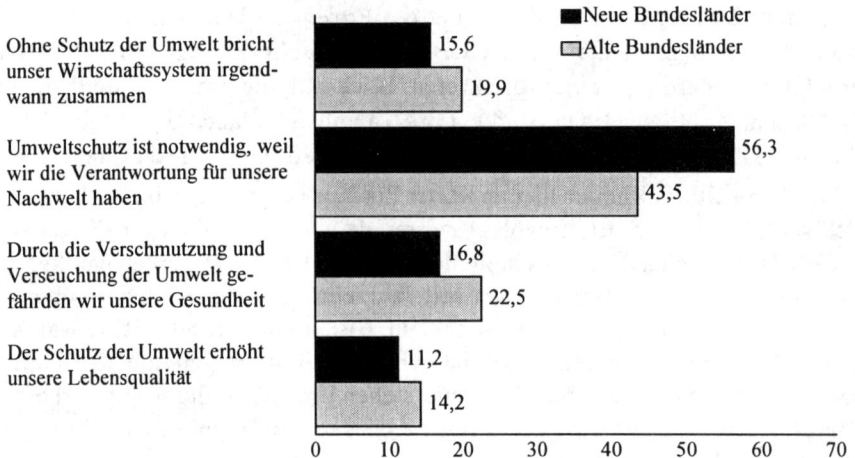

Quelle: Billig 1994: 158

Abb. 3-8) –, sondern auf die Zukunft. Gefragt, wie man die Notwendigkeit des Umweltschutzes begründen könnte, verteilen sich die Antworten sehr ungleichmäßig auf vier vorgegebene Antwortalternativen (vgl. Abb. 3-11).

Man denkt also primär an die Nachkommenschaft und nicht an sich selber, wenn man pro Umweltschutz eingestellt ist. Die Differenz zwischen alten und neuen Bundesländern zeigt allerdings auch einen Trend auf: Im Westen sind es immerhin einige Prozent mehr, die verbesserten Umweltschutz mit der eigenen Gesundheit und der eigenen Lebensqualität in Verbindung bringen.

Verantwortlichkeit für Umweltprobleme und ihre Lösung

Wer wird für die Umweltkrise verantwortlich gemacht? In erster Linie die Wirtschaft und die Regierung. Nur 6,4% glauben, daß im Umweltbereich alles Nötige getan wird, während weit über 90% die Bemühungen von Industrie und Politik unzureichend finden. Jeder achte ist sogar der Meinung, daß praktisch überhaupt nichts Entscheidendes passiert. Die Erwartung, etwas zur Verbesserung der Umweltsituation beizutragen, richtet sich auch an andere Institutionen, vor allem an die Gewerkschaften und die Kirchen. So sind 82,3% der Meinung, daß die Gewerkschaften mehr tun könnten, als sie bislang tun (vgl. Billig: 157).

Die bisherigen Leistungen der Institutionen für den Umweltschutz werden nicht sonderlich hoch bewertet. Das IPOS-Institut fordert seine Befragten auf, die Leistungen auf einer Skala von 0 (tut gar nichts) bis 10 (tut sehr viel) einzustufen. Am besten schneiden die Bürgerinitiativen ab, gefolgt von den Gemeinden. Am schlechtesten werden Industrie und Handel eingestuft. An der Bewertung hat sich von 1991 bis 1994 – jedenfalls in den alten Bundesländern – nicht viel geändert. Es gibt lediglich eine sehr schwache Tendenz, die Leistungen von Handel und Industrie in jüngster Zeit etwas günstiger zu bewerten. Vielleicht ist dies auch bereits die Folge der vielfach zu registrierenden Bemühungen einzelner Unternehmen, ihre Leistungen im Umweltschutz publizistisch darzustellen.

Interessant ist nun, daß es über diese Leistungsbewertungen von Bürgerinitiativen (als sehr positiv) und Wirtschaft (als unzureichend) keine prinzipielle Differenz zwischen den Anhängern der verschiedenen politischen Parteien gibt. Die Anhänger der Grünen neigen nur zu etwas ausgeprägteren Bewertungen als die übrigen Parteigänger, sie sehen die Leistungen der Bürgerinitiativen etwas positiver und die der Industrie leicht negativer. Doch unabhängig von der Parteieigung stehen die Bürgerinitiativen bei allen Befragten an oberster Stelle und der Handel an letzter Stelle. Nur die Anhänger der F.D.P. setzen als einzige den Handel auf den vorletzten und die Industrie auf den letzten Platz.

Man baut auf gesetzliche Regelungen und hält die bestehenden Gesetze für nicht ausreichend, um den Schutz der Umwelt zu garantieren. Laut der IPOS-Untersuchung von 1994 sind es 65%, die so urteilen. Ein noch höherer Prozentsatz beklagt ein Vollzugsdefizit: 82% sind der Meinung, daß die vorhandenen Gesetze nur unzureichend angewendet werden und ihre Überwachung zu lasch gehandhabt wird.Was sich hier zeigt, ist einerseits ein Hang zum Delegationsprinzip: Härtere Gesetze und mehr politisches Engagement sollen die Umweltfrevel der anderen ahnden und verhindern. Andererseits zeigt sich darin auch eine große Skepsis gegenüber Regierungen, Verwaltungen und Parteien – und diese Skepsis ist weitgehend unabhängig von der Parteipräferenz. 97% der Anhänger der Grünen/Bündnis 90, 90% der SPD-Anhänger und 79% der CDU-Anhänger finden, daß die Einhaltung der Gesetze nicht genügend überwacht wird.

Vom Staat und den Parteien fordert man sehr wohl entscheidende Taten im Bereich des Umweltschutzes, gleichzeitig aber traut man ihnen im Alltag nicht sehr viel Durchsetzungsfähigkeit zu. Man ist mißtrauisch – und zwar in geradezu vernichtendem Maße –, wenn es um die Glaubwürdigkeit von Politikern und Industrie geht, wie Abb. 3-12 zeigt.

Nicht nur die Politik genießt generell wenig Vertrauen, wenn es um den Umweltschutz geht, auch das Bundesumweltministerium wird aus der Sicht der

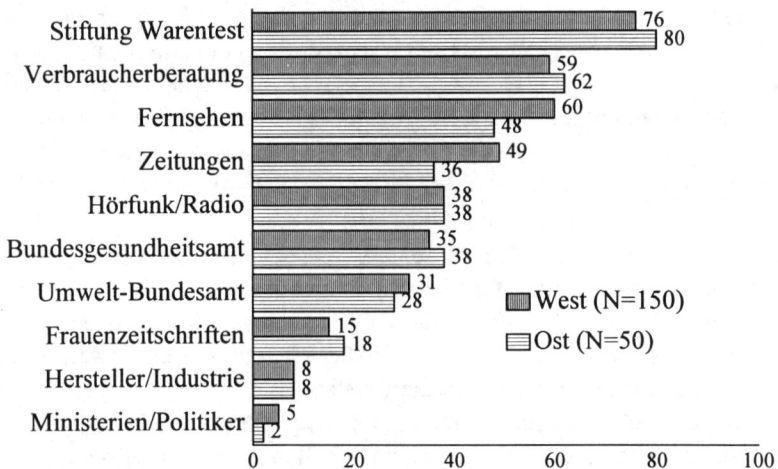

Abb. 3-12   **Glaubwürdigkeit einzelner Informationsquellen**
Listenvorlage; Angaben in %

Stiftung Warentest — 76 / 80
Verbraucherberatung — 59 / 62
Fernsehen — 60 / 48
Zeitungen — 49 / 36
Hörfunk/Radio — 38 / 38
Bundesgesundheitsamt — 35 / 38
Umwelt-Bundesamt — 31 / 28
Frauenzeitschriften — 15 / 18
Hersteller/Industrie — 8 / 8
Ministerien/Politiker — 5 / 2

■ West (N=150)
▤ Ost (N=50)

0   20   40   60   80   100

Quelle: Haase 1995: 140

Durchschnittsbevölkerung nicht gerade schmeichelhaft beurteilt. Auf einer Temperaturskala von +5 bis –5 werden die Leistungen des Bundesumweltministeriums mit durchschnittlich –0,6 eingestuft. Auch die Anhänger der Regierungsparteien geben hier mit 0,4 (CDU/CSU) bzw. 0,3 (F.D.P.) nur eine leicht positive Bewertung ab (vgl. IPOS 1994: 25).

Vertrauen schenkt man noch am ehesten den Verbraucherverbänden und Umweltschutzorganisationen.

Verhaltensabsichten und Zahlungsbereitschaft

Die Bevölkerung ist in ihrer überwiegenden Mehrheit bereit, etwas für die Umwelt zu tun, d.h. durch eigenes Handeln zur Lösung von Umweltproblemen beizutragen. Zwar sind – ihren eigenen Angaben zufolge – nur 6,4% in einer Gruppe oder Vereinigung aktiv, die Umweltschutz betreibt, doch annähernd die Hälfte der Bevölkerung wäre (45,4%) bereit, in einer Umweltinitiative in der Wohngegend mitzumachen, und gar 80% geben an, in den letzten zwei Jahren durch eigenes Verhalten bewußt zum Umweltschutz beigetragen zu haben (vgl. Billig 1994: 159). Worauf bezieht sich dieses Verhalten?

Die Demoskopie berichtet unter anderem folgende Ergebnisse zum persönlichen Umweltverhalten:

- Man achtet beim Kauf auf umweltfreundliche Produkte (1990 erklärten 81% der Befragten, daß sie darauf achten, neun Jahre vorher waren es nur 57%).

- Man achtet auf umweltfreundliche Verpackung, etwa darauf, daß sie eher aus Papier und Pappe als aus Plastik besteht.

- Man achtet besonders bei kritischen Produkten wie Farben, Lacken, Kunststoffartikeln und Pflanzenschutzmitteln auf die Umweltfreundlichkeit, d.h. darauf, daß sie das Gütesiegel des „Blauen Engels" besitzen, also keine hochgiftigen Lösungsmittel u.ä. enthalten.

- Bei Reinigungs- und Spülmitteln werden verstärkt Produkte gekauft, die biologisch leichter abbaubar sind.

- Auch bei Körperpflegemittel achten 40% der Bevölkerung auf die Umweltfreundlichkeit (vgl. Tacke 1991 und 1993; IPOS 1994; Hansen 1995).

Abb. 3-13   **Privater Umweltschutz**
"Ich beteilige mich am Recycling von..."
Angaben in %

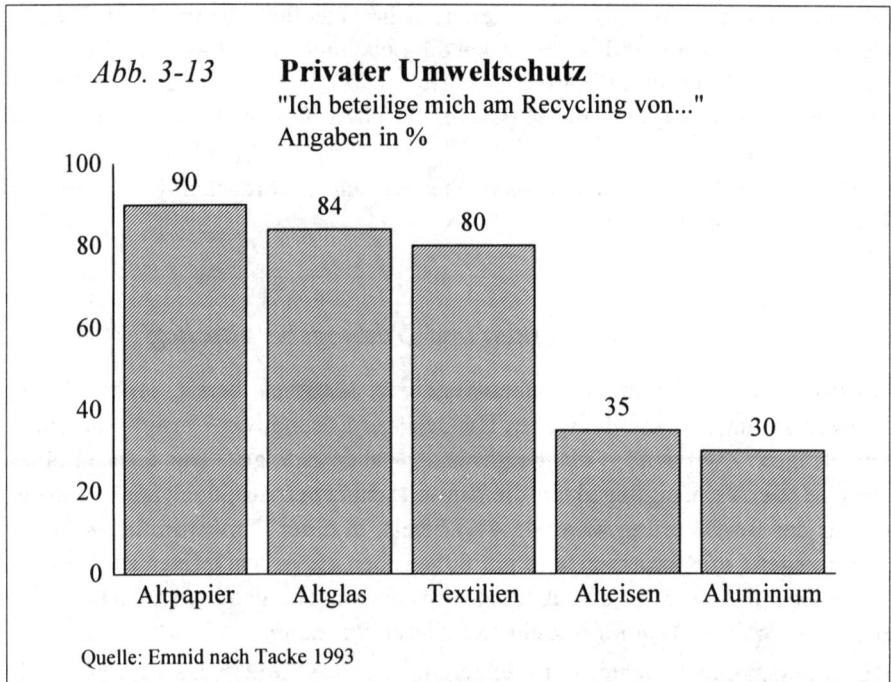

Quelle: Emnid nach Tacke 1993

Die überwältigende Mehrheit gibt mittlerweile an, daß sie Abfalltrennung praktiziert, d.h. normalerweise, daß Glas, Papier sowie recyclebare Stoffe („Gelbe Tonne") getrennt gesammelt werden, damit die Altmaterialien der Wiederverwertung zugeführt werden können (siehe Abb. 3-13).

Billig fragte nicht nur nach dem aktuellen und vergangenen Umwelthandeln, sondern auch nach den Absichten im Hinblick auf zukünftiges umweltgerechtes Verhalten. Hier zeigen sich einige erhebliche Differenzen zwischen den alten und neuen Bundesländern (vgl. Abb. 3-14).

Generell ist die verbal geäußerte Bereitschaft zu Verhaltensänderungen groß, wie die Auswahl einzelner Verhaltensweisen in Abb. 3-14 zeigt. Abgesehen von der in den neuen Bundesländern auf dem ersten Rangplatz stehenden Absicht, zukünftig beim Kauf von Haushaltsgeräten mehr auf deren Energieverbrauch zu achten, werden die Spitzenplätze durchweg von Recycling-Items eingenommen. Verschiedene Stoffe und Materialien getrennt zu sammeln und zu entsorgen, steht offenbar an der Spitze der Beliebtheitsskala umweltgerechten (zukünftigen) Verhaltens. Auffällig ist, daß sich eine Ost-West-Differenz nachweisen läßt: Im Westen geraten nun häufig bislang noch nicht getrennt gesammelte Stoffe wie Batterien, Medikamente, Lacke, Farben etc. ins Blickfeld. Im Osten hingegen sucht man sich zunächst einmal organische Abfälle und Plastikabfälle für die getrennte Sammlung aus. Weitaus seltener als Absichtserklä-

Abb. 3-14 **Bereitschaft zu umweltgerechtem Verhalten**
Angaben in %

■Neue Bundesländer ▨Alte Bundesländer

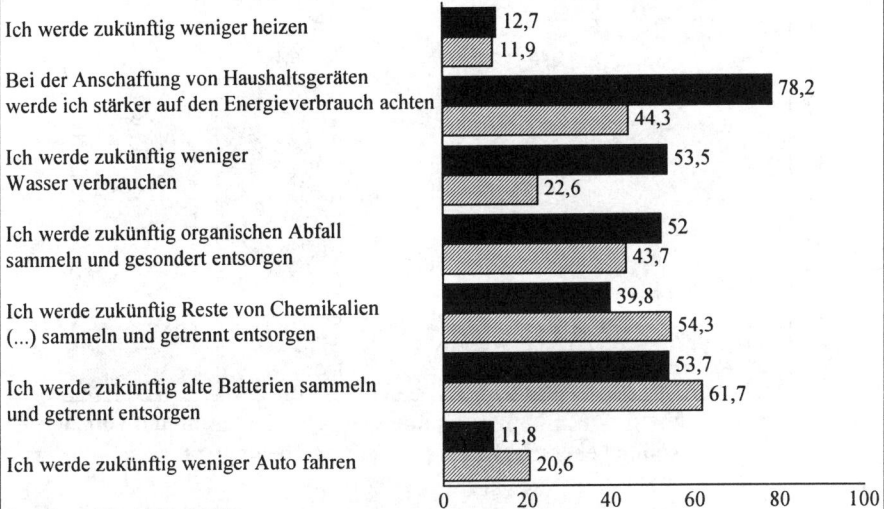

	Neue Bundesländer	Alte Bundesländer
Ich werde zukünftig weniger heizen	12,7	11,9
Bei der Anschaffung von Haushaltsgeräten werde ich stärker auf den Energieverbrauch achten	78,2	44,3
Ich werde zukünftig weniger Wasser verbrauchen	53,5	22,6
Ich werde zukünftig organischen Abfall sammeln und gesondert entsorgen	52	43,7
Ich werde zukünftig Reste von Chemikalien (...) sammeln und getrennt entsorgen	39,8	54,3
Ich werde zukünftig alte Batterien sammeln und getrennt entsorgen	53,7	61,7
Ich werde zukünftig weniger Auto fahren	11,8	20,6

Quelle: Billig 1994: 160 ff.

rungen zur Mülltrennung ist die Absicht, in Zukunft weniger zu heizen, weniger Wasser zu verbrauchen und weniger Auto zu fahren. Mit letzterem können sich besonders die lange Zeit autoarmen Bewohner der neuen Bundesländer nur schwer anfreunden: Nur 11,8% bekunden eine solche Absicht.

In bezug auf die Verkehrspolitik und die Einstellung zum Automobil zeigen die vorliegenden Studien Ergebnisse, die nicht immer miteinander zu vereinbaren sind, denn

- 61% sprechen sich für ein Tempolimit aus,
- 68% für die Sperrung der Innenstädte,
- 90% für den Ausbau des öffentlichen Personennahverkehrs, aber
- nur 30% sind dafür, das Autofahren zu verteuern und wenn, dann nur in sehr geringem Umfang (die Mehrheit will sich mit 25 Pfennig mehr pro Liter Benzin begnügen), und
- nur ca. 18% wollen das Autofahren einschränken.

Daß die Umweltprobleme bei Fortschreiben des ungezügelten Wachstums der westlichen Gesellschaften schwerlich zu lösen sind, scheint mittlerweile weitgehend anerkannt zu werden. Die große Mehrheit hält Selbstbeschränkung für notwendig (siehe Abb. 3-15). Wie aber sieht die Bereitschaft aus, sich die Selbstbeschränkung etwas kosten zu lassen? Etwa indem man das teurere

Abb. 3-15   **Nur wenn wir uns selbst beschränken,**
können die Umweltprobleme gelöst werden.
Angaben in %

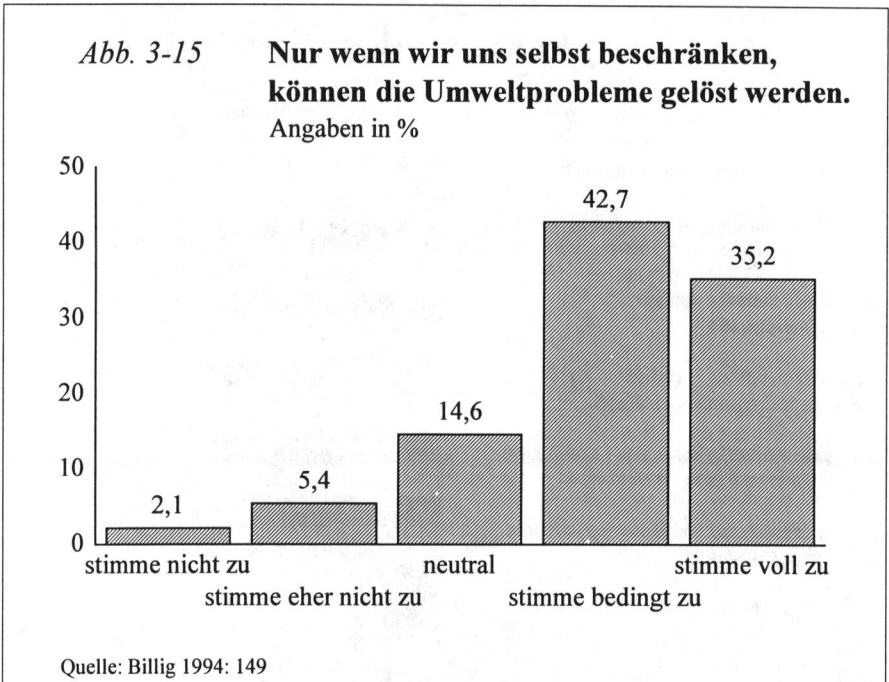

Quelle: Billig 1994: 149

Ökoprodukt kauft und dafür notgedrungen etwas weniger konsumiert, weil die Kasse schneller leer ist?

Generell ist eine Bereitschaft zu finanziellen Opfern, wenn auf diese Weise bedenkliche Umweltzustände beseitigt werden können, durchaus vorhanden (siehe Abb. 3-16). Je nach Fragestellung und Zeitpunkt der empirischen Untersuchungen findet man verschiedene Prozentzahlen über den Anteil der Zahlungswilligen und den Beitrag, den sie leisten wollen. Schluchter ermittelte 1990, daß die Bewohner der neuen Bundesländer bereit wären, auf 6% ihres Netto-Haushaltseinkommens für eine Besserung der Umweltzustände zu verzichten. Bei den Bewohnern der alten Bundesländer war der Betrag mit 5% annähernd gleich hoch. Dies würde sich auf einige Milliarden Mark summieren: Je jünger die Untersuchungen sind, desto geringer fällt aber die Zahlungsbereitschaft aus. Bereits beim ISSP-Umwelt-Survey von 1993 liegen die Deutschen (West) nur noch im Mittelfeld der befragten Nationen (Platz 9), die Deutschen (Ost) belegen gar den letzten Platz. Höhere Steuern zum Zwecke eines verbesserten Umweltschutzes zu zahlen, sind die Deutschen noch weniger gewillt. Da rutschen auch die Deutschen (West) auf Platz 13 ab und müssen sich sogar von den als wenig umweltbewußt geschmähten Briten überholen lassen. Die gestiegene Steuerlast und der Solidarzuschlag, insbesondere die Art seiner Durchsetzung, hat offenbar dazu geführt, daß die Bevölkerung – gleichgültig, worum es

Abb. 3-16   **Zahlungsbereitschaft und Akzeptanz von Abgaben**
Zustimmung in %

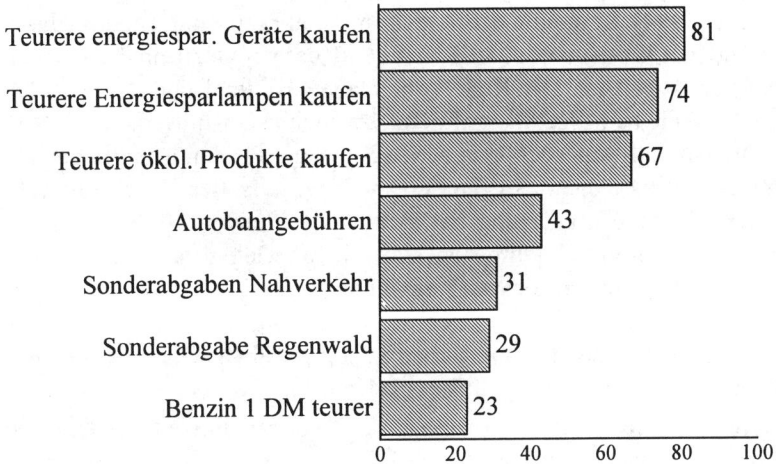

Teurere energiespar. Geräte kaufen	81
Teurere Energiesparlampen kaufen	74
Teurere ökol. Produkte kaufen	67
Autobahngebühren	43
Sonderabgaben Nahverkehr	31
Sonderabgabe Regenwald	29
Benzin 1 DM teurer	23

0   20   40   60   80   100

Quelle: nach Karger/Schütz/Wiedemann 1993: 205

sich handeln mag – prinzipiell gegen weitere Steuererhöhungen und Abgaben eingestellt ist. Alle Arten von Sonderabgaben stoßen auf die Ablehnung der überwältigenden Mehrheit. Es dürfte zunehmend schwieriger werden, der Bevölkerung ökologische Politik in Verbindung mit Abgabenerhöhungen zu „verkaufen".

Karriere des Umweltthemas seit Beginn der 80er Jahre

Woher kommt dieses Umweltbewußtsein der Deutschen? Wie im ersten Kapitel beschrieben, war es zu Beginn der 70er Jahre so gut wie gar nicht vorhanden und galt den sozial-liberalen Reformregierungen als etwas erst noch zu Entwikkelndes. Heute, da das Umweltbewußtsein die Politik bzw. die Politiker unter Druck setzt – wie sich exemplarisch bei der geplanten Versenkung der Brent-Spar-Bohrinsel zeigte –, kann man sich nur schwer vorstellen, daß das Verhältnis von Politik und Umweltbewußtsein vor etwas mehr als zwei Jahrzehnten genau entgegengesetzt strukturiert war.

Heute hält die überwältigende Mehrheit der Deutschen das Thema Umwelt für sehr wichtig und glaubt, daß die Politik viel zu wenig für die Umwelt tut. Die Bundesbürger fühlen sich, wie oben gezeigt, durch Umweltprobleme weit stärker betroffen als ihre europäischen Nachbarn, und sie fühlen sich immer stärker auch persönlich gefährdet, vor allem in gesundheitlicher Hinsicht. Das war nicht immer so. Vor 30 Jahren sprach der damalige Kanzlerkandidat der SPD, Willy Brandt, vom blauen Himmel über der Ruhr (vgl. Brüggemeier/Rommelspacher 1994). Er meinte damit nicht nur den Fluß Ruhr, sondern das größte Industriegebiet Westeuropas, das Ruhrgebiet, das geradezu ein Prototyp für eine Industrielandschaft ist. Die Rede vom blauen Himmel und der Versuch, das Thema Umwelt zum Wahlkampfthema zu machen, wurde damals eher belächelt. Die Umwelt war noch kein seriöses Thema für den öffentlichen Diskurs und für die Politik – damit, so glaubte man jedenfalls, ließen sich kaum Wahlen gewinnen. Diese Einschätzung hat sich in den letzten 30 Jahren sehr stark verändert. Seit etwa 20 Jahren ist Umwelt ein Gegenstand des öffentlichen Diskurses, zeitweise war dies auch ein Thema, mit dem sich Wahlen gewinnen und verlieren ließen und das über die Gründung der Partei „Die Grünen" erheblichen Einfluß auf den politischen Sektor gehabt hat, vor allem im Rahmen der Kommunal- und Landespolitik (vgl. Kap. 1).

Generell läßt sich feststellen, daß sich das Thema Umwelt von einem in den 70er Jahren zunächst nur politischen Thema zunehmend zu einem Thema unserer gesamten Kultur entwickelt hat. Kultur verstehen wir hier in einem weitreichenden, pluralen Sinne. Kultur umfaßt neben den Lebensformen auch die Bedeutung der materiellen und immateriellen Grundlagen unseres Daseins, beispielsweise die Kleidung, die Häuser, den von Menschen gestalteten Kulturraum und vieles andere mehr. Wenn nun davon die Rede ist, daß sich das Thema Umwelt von einem politischen Thema zu einem Thema der Kultur, besser der „Kulturen", entwickelt hat, so heißt dies vor allem, daß es heute eine viel breitere Wirkung und Bedeutung als vor zwanzig Jahren hat.

Ein Diskurs über Umwelt existiert heute in nahezu allen Teilsystemen unserer Kultur, in der Wirtschaft, der Wissenschaft, der Erziehung, dem Recht, der Religion und der Politik, also im Unterschied zu den 70er Jahren nicht nur im Bereich der Politik. Das Ökologiethema wird in all diesen Bereichen verhandelt, und zwar auf eine jeweils spezifische Art und Weise und auch in mehr oder weniger großer Unabhängigkeit dieser Teilbereiche. Ob die politischen Parteien mit ökologischer Programmatik die Wahlen gewinnen oder nicht, hat wenig zu tun mit der Frage, ob Unternehmen umweltfreundliche Produkte entwickeln oder mit der Frage des wirtschaftlichen Erfolges oder Mißerfolges ökologischer Landwirtschaft. Die Fixierung und Zentralisierung auf die Politik hat nachgelassen, es ist zur Diversifikation gekommen.

Stationen der ökologischen Kommunikation seit 1980

Seit Beginn der 80er Jahre führen deutsche Forschungsinstitute wie das EMNID-Institut und das Institut für Demoskopie Allensbach regelmäßig repräsentative Befragungen über die wichtigsten Themen und Ereignisse durch.

Für das Umweltthema zeichnet Tacke, der lange Zeit die entsprechende Forschung für das EMNID-Institut durchgeführt hat, folgende Entwicklung (vgl. Tacke 1991 und 1993):

- 1980-1983: Das Umweltthema spielt noch keine große Rolle in der öffentlichen Meinung, die wichtigsten Themen sind Arbeitslosigkeit und Friedenspolitik (etwa die Raketen-Stationierung in West-Deutschland aufgrund des Nato-Doppelbeschlusses 1983).

- 1984/1985: Die Themen „Waldsterben" und „Saurer Regen" bringen das Umweltthema stärker nach vorne, aber es bleibt hinter Fragen der Sozial- und Wirtschaftspolitik, insbesondere hinter dem Thema Arbeitslosigkeit zurück.

- 1986: In diesem Jahr ereignet sich der Reaktorunfall im sowjetischen Atomkraftwerk in Tschernobyl und zudem ein schwerer Chemieunfall in einer großen schweizerischen Chemiefabrik am Oberrhein (Sandoz). Diese Katastrophen machen das Umweltthema zu einem der Top-Themen der öffentlichen Meinung in der (alten) Bundesrepublik Deutschland. Zeitweise rückte das Thema ganz nach vorn, die Bundesregierung sah sich genötigt, ein Umweltministerium einzurichten.

- 1988: Die Berichterstattung über das plötzliche, massenhafte Sterben von Robben in der Nordsee und über giftige Algen in der Ostsee erzeugen große Aufmerksamkeit. Das Thema Umwelt wird erstmals zur Nummer 1 unter den Themen der Politik.

- 1989: Weiterhin ist Umweltschutz vor Arbeitslosigkeit das Thema Nummer 1, nur kurzfristig erobert das Thema Flüchtlinge, die in Deutschland um Asyl nachsuchen, den Spitzenplatz.

- November 1989: Die deutsche Wiedervereinigung verdrängt alle anderen Themen.

- 1990: Nach der Besetzung Kuwaits durch Saddam Hussein ist der Golfkrieg Nummer 1 – die potentiellen Umweltfolgen eines eskalierenden Krieges und entsprechende Katastrophenszenarios spielen in der öffentlichen Diskussion eine große Rolle.

- 1991-1995: Umweltprobleme wie beispielsweise die Gefahr von Tankerunfällen, die drohende Klimakatastrophe oder das Ozonloch werden zwar diskutiert, aber das Umweltthema kommt nicht mehr an die Spitze der aktuellen politischen Themen.

Abb. 3-17   **Die wichtigsten Themen - Juli 1995**
N=800 West / 200 Ost; Angaben in %

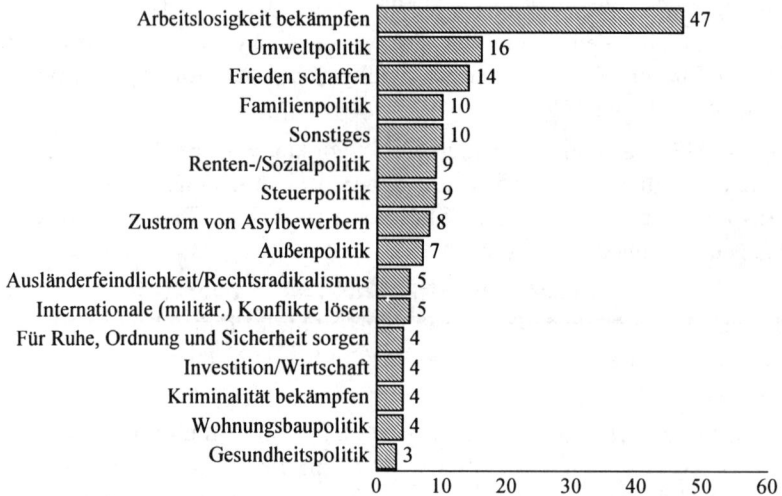

Thema	Wert
Arbeitslosigkeit bekämpfen	47
Umweltpolitik	16
Frieden schaffen	14
Familienpolitik	10
Sonstiges	10
Renten-/Sozialpolitik	9
Steuerpolitik	9
Zustrom von Asylbewerbern	8
Außenpolitik	7
Ausländerfeindlichkeit/Rechtsradikalismus	5
Internationale (militär.) Konflikte lösen	5
Für Ruhe, Ordnung und Sicherheit sorgen	4
Investition/Wirtschaft	4
Kriminalität bekämpfen	4
Wohnungsbaupolitik	4
Gesundheitspolitik	3

Quelle: Emnid-Institut 1995

• Derzeit rangiert das Thema Umwelt im oberen Mittelfeld. Als aktuelles Thema, mit dem man wirksam Politik betreiben oder sogar Wahlen gewinnen und verlieren könnte, spielt es zur Zeit keine Rolle, wie die in Abbildung 3-17 wiedergegebene Zusammenstellung der wichtigsten politischen Themen zeigt.

Das Thema Umweltschutz hat also, wie die kurze Betrachtung der letzten zehn Jahre zeigt, Konjunkturen im öffentlichen Diskurs; periodische Auf- und Abschwünge lassen sich feststellen, und diese stehen in unmittelbarem Zusammenhang mit Ereignissen, zumeist Katastrophen, wie sie die Medien, allen voran das Fernsehen, berichten.

Medien und Umweltbewußtsein

Eine positive Einstellung zur Umwelt sei die Einsicht in die Notwendigkeit der Selbstbeschränkung, so wird häufig in den ökologisch orientierten Bürgerinitiativen, in Vereinen und Parteien, in der Schule und der Erwachsenenbildung, in den Aufklärungskampagnen von Regierungen und Verbraucherverbänden gedacht, eine Frage der guten, sachlichen Information. Die Vermutung, es käme lediglich auf Informationen zur Sache an, wird im Alltagsverständnis von

Umweltbewußtsein in aller Regel noch um die unmittelbar plausibel erscheinende relationale Aussage ergänzt: „Je öfter ein Thema mit einem bestimmten Inhalt oder Meinung in den Medien erscheint, um so eher hat es bewußtseinsbildende Wirkung" (Voss 1990: 133).

Auf dieser Alltagsvermutung über die Herstellbarkeit von Umweltbewußtsein basiert in der allgemeinen Umweltbewußtseinsforschung noch fast jede Empirie. Denn hier kann man messen. Man muß nur die Zahl der vor dem Fernseher verbrachten Stunden oder die Zahl der rezipierten Sendungen mit Umweltthemen pro Kopf auszählen und kann das Ergebnis dann mit dem Umweltbewußtsein des so quantitativ Befragten in Beziehung setzen.

Auch das in der Medienwirkungsforschung häufig genutzte sogenannte „Agenda-Setting-Konzept" schließt hier an. Die Grundidee dieser Forschungsrichtung ist recht einfach und lautet: Bei den Rezipienten erzeugen jene Berichte über Ereignisse und Sachlagen am meisten Aufmerksamkeit, die in den Medien am stärksten herausgehoben werden. „Je größer die Auffälligkeit zu einem Thema, desto wahrscheinlicher die Wahrnehmung und desto stärker der Einfluß" – so die Regel, die die Medienwirkungsforschung der Verhaltenspsychologie entlehnt hat (Krämer 1986: 47). Unterstellt dieses Konzept also, genau *die* Themen seien später im Bewußtsein der Medienrezipienten von erhöhter Bedeutung, die die Massenmedien oft und an zentralen Sendeplätzen verbreiten (vgl. ausführlich: Schenk 1987: 194ff.; Ronneberger 1983), dann scheint das ebenso einleuchtend wie banal zu sein.

Man übersieht dabei zunächst leicht eine in diesem Konzept immer schon mittransportierte Einsicht: Den Medien wird nicht nur unterstellt, sie hätten über die Quantität und die herausgehobene Position von Sendungen zu einer spezifischen Thematik einen meßbaren Einfluß auf das Bewußtsein der Zuschauer, Hörer und Leser, sie hätten vielmehr auch und besonders dadurch Macht, daß sie die verbreiteten Informationen selektieren. Was ausgewählt wird und wie dies dargestellt wird, muß demnach zuallererst als entscheidend für die Wirksamkeit gelten, die Medien überhaupt haben können. Pointiert formuliert: Der einzige Fall, in dem die Massenmedien mit Sicherheit „manipulierend" wirken, ist der, in dem eine bestimmte Information, eine Erkenntnis oder das Wissen um eine Katastrophe nicht verbreitet wird. Man muß sich nur vorstellen, über Tschernobyl wären keine Informationen verbreitet worden um zu sehen, daß erst die Meldungen über die mit den Sinnen nicht erfahrbare radioaktive Verseuchung dazu führten, daß viele (aber eben nicht alle) besorgt sein konnten, ihre Ernährungs- und Verhaltensgewohnheiten umstellten und sich vehement gegen die Atomkraft aussprachen.

Den Medien kommt demnach erstens – und noch vor jeder Frage nach den Wirkungen – eine Thematisierungsfunktion zu: Sie bestimmen, was in der Gesellschaft kommuniziert werden kann und was nicht. Zweitens strukturieren sie auch, folgt man dem zunächst plausibel scheinenden Denkmuster, wie sich Umweltrealität in den Köpfen konstituiert.

Die daraus resultierende Annahme, das Umweltbewußtsein der Bevölkerung hinge von der Selektion und der Quantität der Beiträge über Umweltthemen ab, läßt sich von seiten der Empirie allerdings in eben dieser seiner Schlichtheit nicht bestätigen. Von der Frage nach der Quantität des Medienkonsums her ist, selbst wenn man die Quantität auf die rezipierten umweltbezogenen Beiträge bezieht, kein oder nur ein schwacher Zusammenhang zum Umweltbewußtsein zu stiften. Dies wollen wir im folgenden genauer belegen.

Setzt man einmal die Zunahme der Sendungen über ökologische Thematiken des Fernsehens in Beziehung zum (verbalisierten) ökologischen Handeln, so gibt es doch einige Überraschungen. Zwar ist die Forschung über die Verbreitung, Qualität und Rezeption von Umweltberichten in den Massenmedien äußerst dürftig (vgl. im Überblick: de Haan 1995b), aber Tendenzen werden dennoch sichtbar. So zeichnet Voss nach, daß allein zwischen 1970 und 1984 die Zahl der Sendungen zu Umweltthemen von 16 auf 117 gestiegen ist (vgl. Voss 1990: 136f.). Bis 1990 hatten sich schon mehr als ein Dutzend feste Sendeplätze für Umweltberichte etabliert, und die Zahl der Sendungen ist weiter gestiegen. Nach dem Agenda-Setting-Konstrukt in Verbindung mit der Vermutung, die Quantität der Beiträge habe zentralen Einfluß auf das Umweltbewußtsein, darf man mithin vermuten, daß, wer in den letzten Jahren viel vor dem Fernsehschirm saß, sich auch stark für die Umwelt engagiert. Nun ist, wie die Daten zeigen, das Gegenteil der Fall: Je mehr eine Person fernsieht (vgl. Langeheine/Lehmann 1986; Lehmann 1995), desto unwahrscheinlicher ist, daß sie angibt, selber umweltgerecht zu handeln. Und ob man mehr oder weniger Radio hört, Tageszeitung oder Zeitschriften liest, ist für die Antwort auf Fragen nach dem persönlichen ökologischen Handeln ohne Bedeutung. Nur wer die Medien auf Umweltbeiträge bezogen selektiv nutzt (und überdurchschnittlich viel Bücher liest), behauptet von sich, auch umweltbewußt zu handeln. Das war ja zu erwarten und provoziert nur die schwer zu bearbeitende Frage, ob das Umweltbewußtsein zur hochgradig selektiven Nutzung der Massenmedien führt oder ob die (wie aber dann zustandegekommene?) gezielte Selektion von Umweltbeiträgen und die daraus resultierende hohe Informiertheit vielleicht doch einen Effekt auf die Umwelteinstellungen haben.

Weiter kommt man in der Auflösung des Widerspruchs zwischen den oben erwähnten Daten von EMNID zur zyklischen Konjunktur von Umweltverhalten und von Langeheine/Lehmann – so unsere These –, wenn man die Mediennutzung nicht quantitativ faßt, sondern Intensität an Ereignisse bindet.

Die Demoskopieforschung hat ja, wenn man noch einmal auf die oben nachgezeichneten Stadien der Entwicklung der Umwelteinstellungen zurückgreift, eindrucksvoll belegt, wie sehr das Interesse an Umweltthemen mit dem Waldsterben, dem Unfall in Tschernobyl im April 1986 und der Verseuchung des Rheins durch Löschwasser aus dem brennenden Sandoz-Chemiewerk und mit dem Seehundsterben in der Nordsee zunahm. Wenn das Umweltbewußtsein aber ereignisabhängig gestiegen ist und diese Ereignisse in der Regel fast allen Bürgern nur durch die Massenmedien bekannt geworden sind (wer konnte schon das Robbensterben oder den Brand bei Sandoz direkt vor Ort verfolgen?), dann scheint der Effekt der Umweltberichterstattung nicht mit Kumulationsmodellen – je mehr Umweltsendungen im Fernsehen und je mehr der Rezipient fernsieht, desto höher das Umweltbewußtsein – erklärt werden zu können. Eher kommt man nach unserer Auffassung mit Impulsmodellen zurecht. Im Unterschied zu Kumulationsmodellen wird hier keine lineare Beziehung zwischen der Quantität der Medienberichte und der Problemwahrnehmung durch die Bevölkerung gesehen (vgl. Kepplinger u.a. 1989). Vielmehr nimmt man an, daß wenige Berichte von einem einmaligen Ereignis hinreichen, um die Einstellung zu einer Sache entscheidend zu verändern. Das dürfte schnell einleuchten, wenn man sich an die Meldungen von Würmern in Nordseefischen oder hormonverseuchtem Kalbfleisch erinnert: Diese Produkte erlebten einen drastischen Einbruch beim Verkauf. Und die Kaufunlust der Hausfrauen und -männer hielt auch noch an, als selbst die hartnäckigste Zeitschrift nichts mehr über die Würmer in den Fischen berichtete. Dies vor Augen, wird man das Impulsmodell näher spezifizieren müssen. Allerdings ist bisher nicht untersucht worden, welches Impulsmodell den Zusammenhang zwischen medialen Ereignismitteilungen und der Entwicklung bzw. Stabilisierung von Umweltbewußtsein möglichst präzise beschreiben könnte. Möglicherweise erklärt das Echomodell hier noch am meisten. Die allgemeine Hypothese lautet in dieser Variante des Impulskonzeptes: Erfolgt die Berichterstattung über ein Thema zwar nur über kürzere Zeiträume, dafür aber intensiv, so hat dies einen Einfluß auf das Problembewußtsein der Bevölkerung, der länger anhält als die verstärkte Berichterstattung über das Ereignis selbst. Immerhin würde man damit erklären, daß z.B. der Sandoz-Unfall das Umweltbewußtsein auf einen Level getragen hat, der dann – längst nachdem der Chemiekonzern aus den Schlagzeilen verschwunden war – konstant blieb und ein Tableau bildete, das mit dem Robbensterben weiter – und ebenfalls dauerhaft – angehoben wurde.

Unser Fazit lautet also in Hinblick auf die Wirkung der Medien bei der Erzeugung von Umwelteinstellungen: Sie haben – entgegen der Empirie, die nach dem quantitativen Medienkonsum fragt – einen entscheidenden Einfluß, wenn man Längsschnittstudien hinsichtlich des Zusammenhangs zwischen Umweltbewußtsein und den Themen der Massenmedien betrachtet und diese wiederum mit Impulsmodellen interpretiert. Eine Primärforschung ist in diesem Fall allerdings ein Desiderat, käme wohl auch zu spät, da das Umweltbewußtsein einen so hohen Level erreicht hat, daß auch ökologische Großereignisse, die dann medial intensiv verwertet würden, das allgemeine Umweltbewußtsein kaum noch auf ein höheres Niveau oder andere Quantitäten bringen dürften.

In welchem Ausmaß die Medien bestimmen, für wie problematisch die Umwelt gehalten wird, läßt sich ermessen, wenn man die für die 80er Jahre aus der DDR vorliegenden Daten betrachtet. Scheinbar waren dort die Voraussetzungen gänzlich andere als in der alten Bundesrepublik: Die Umweltprobleme und die Umweltverschmutzung waren erheblich größer, amtliche Stellen versuchten, die Probleme herunterzuspielen oder zu verleugnen, weder Bürgerinitiativen noch eine grüne Partei sorgten für eine Aufklärung der Bevölkerung. Das, was es an Umweltbewegung gab, wurde in der Arbeit behindert und vom Staatsapparat mit allen Mitteln verfolgt. Dennoch zeigen die Daten, die uns mittlerweile zugänglich sind, daß in der DDR in den 80er Jahren eine Entwicklung stattgefunden hat, die annähernd parallel zu der in der Bundesrepublik verlief. Zu Beginn der 80er Jahre rangiert das Thema Umwelt noch auf Platz 6 und nimmt dann in seiner Bedeutung stetig zu, bis es 1988 schließlich den zweiten Platz hinter der Friedenspolitik und vor Erholung, Gesundheit, Wohnung und Kinder erreicht (vgl. Horbach 1993: 46). Berücksichtigt man, daß die Ergebnisse der Meinungsforschung unter den diktatorischen Bedingungen der DDR mit einer gewissen Vorsicht zu betrachten sind, erstaunt um so mehr, daß das Umweltthema eine derartige Bedeutung erlangt hat. Denn es handelt sich hier – anders als bei der Friedenspolitik – um ein von der Staatsmacht ungeliebtes Thema. Generell scheint das Umweltbewußtsein in den 80er Jahren in der DDR durchaus mit dem in der Bundesrepublik vergleichbar gewesen zu sein.

Die Schlußfolgerung, die man aus der Betrachtung der Verlaufskurven von Medienberichterstattung und der Bedeutung des Umweltthemas im öffentlichen Diskurs der Bundesrepublik ziehen kann, lautet: Die Aufmerksamkeit, die das Thema Umwelt in der öffentlichen Meinung auf sich zieht, hängt nicht vom Zustand der Umwelt in der unmittelbaren, erfahrbaren Umgebung der Bürger ab, sondern von der Berichterstattung der Medien.

Umweltbewußtsein total: Alle geben sich umweltbewußt

Daß es nicht der – vielleicht katastrophale – Zustand der Umwelt ist, der mehr oder weniger automatisch auch eine Aufmerksamkeit für dieses Thema produziert, dies läßt sich auch schon aus den eingangs erwähnten Anfängen der Karriere des Umweltthemas als Gegenstand der öffentlichen Meinung erkennen. Der in den 50er und 60er Jahren sprichwörtlich schwarze Himmel über dem Ruhrgebiet wurde zwar wahrgenommen, aber er wurde nicht dermaßen als Problem identifiziert, wie dies heute der Fall wäre. Der schwarze Himmel war immer auch ein gutes Zeichen. Daß der Schornstein raucht, ist in der deutschen

Sprache eine Metapher für wirtschaftliches Wohlergehen und Fortschritt. Man hat damals nicht primär die Assoziation von Pseudokrupp, Asthma und Umweltschutz gehabt. Vielmehr war der schwarze Himmel ein positives Zeichen für wirtschaftlichen Aufschwung und deutsche Wirtschaftskraft.

Es hat sich also viel verändert in den vergangenen 30 Jahren. Nicht nur, daß die Umwelt an der Ruhr tatsächlich sauberer geworden ist, verschoben hat sich vor allem die Wahrnehmung der Umweltproblematik in der öffentlichen Meinung. Wie weitreichend die Änderungen sind, läßt sich auch daran erkennen, mit welchen Bildern heute in der Werbung gearbeitet wird. Das Bundesland Nordrhein-Westfalen wirbt beispielsweise mit Anzeigen für den Wirtschaftsstandort Ruhrgebiet, die Strohballen nebst Bauern auf dem Lande präsentieren. Man fühlt sich eher an Ferien auf dem Bauernhof erinnert als an den Schwerindustriestandort Ruhrgebiet (vgl. Kuckartz 1994b).

Ähnliche Anzeigen finden sich in Hülle und Fülle: Chemieunternehmen werben mit grünen Wiesen und ihrem Beitrag zum Umweltschutz, Autofabriken werben mit der Recyclebarkeit ihrer Produkte, ganze Wirtschaftszweige entwickeln Richtlinien zum umweltgerechten Handeln wie das „Responsible-Care"-Programm der chemischen Industrie. Umwelt ist heute weit mehr als ein tagespolitisches Thema, es hat sich wie die Tinte aus einem umgekippten Tintenfaß in die gesamte Gesellschaft und ihre Institutionen ergossen.

Die Allgegenwart des Umweltthemas in den Medien, in der Werbung und in der Selbstdarstellung von Unternehmenspolitik ist vermutlich ein zuverlässigerer Indikator für die Verbreitung und die Stärke des Umweltbewußtseins als die Ergebnisse der Umfrageforschung. Letztere sind nämlich durch eine sehr große Schwankungsbreite gekennzeichnet. Die Abbildungen 3-18 und 3-19 verdeutlichen die anzutreffende Bandbreite:

In der Abbildung 3-18 ist eine Zeitreihe des EMNID-Insitutes für den Zeitraum von Januar 1993 bis Juli 1995 dargestellt. EMNID befragt jeden Monat im Auftrag des Nachrichtensenders n-tv telefonisch 1000 wahlberechtigte Deutsche (800 aus den alten, 200 aus den neuen Bundesländern) nach den derzeit wichtigsten politischen Themen. Danach rangiert das Umweltthema bei maximal 17%, in der letzten Zeit ist ein gewisser Aufwärtstrend zu konstatieren. Mit weitem Abstand liegt das Thema Bekämpfung der Arbeitslosigkeit in Führung, die lange Zeit hoch rangierenden Themen Ausländerfeindlichkeit/Rechtsradikalismus und Zustrom von Asylbewerbern haben stark an Bedeutung verloren.

Die Abbildung 3-19, in der ebenfalls eine Zeitreihe (von 1990 bis 1993) dargestellt ist, spiegelt ein zahlenmäßig völlig anderes Bild wieder. Die Daten entstammen den schon weiter oben zitierten repräsentativen Bevölkerungsumfragen, die das IPOS-Institut (Institut für praxisorientierte Sozialforschung) im Auftrag des Bundesumweltministers durchgeführt hat. Diese Daten werden vom

Abb. 3-18   **Was sind derzeit für Sie die wichtigsten politischen Themen?**

Angaben in %

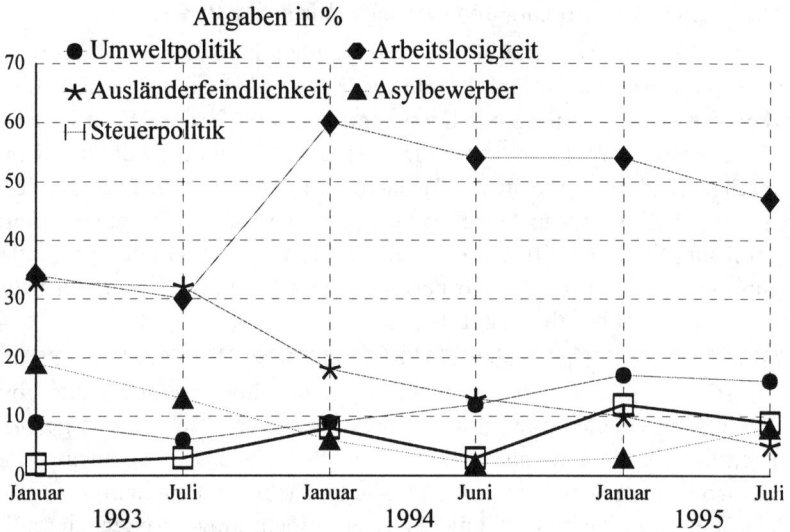

Quelle: EMNID-Institut Bielefeld für den Sender n-tv, Berlin

Abb. 3-19   **Die wichtigsten politischen Aufgaben und Ziele nach repräsentativen Befragungen in Deutschland**

Alte Bundesländer; Angaben in %

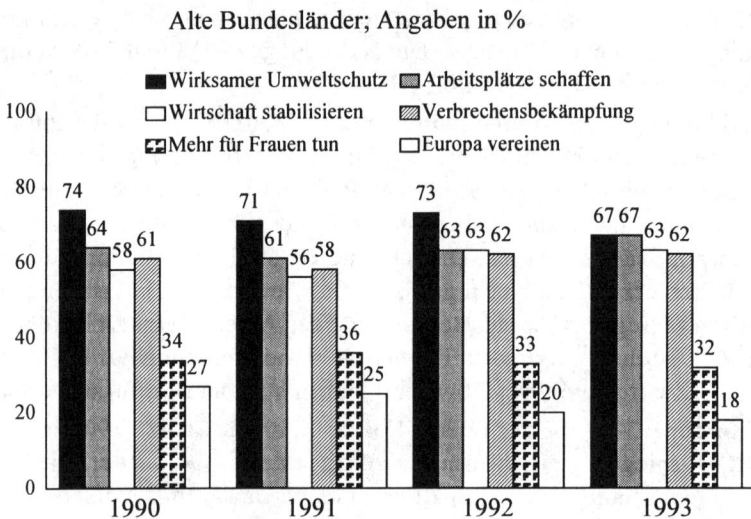

Quelle: Institut für Praxisorientierte Sozialforschung 1995

Umweltbundesamt regelmäßig unter dem Stichwort „Umweltbewußtsein" in der weit verbreiteten Broschüre „Umweltdaten – kurzgefaßt" publiziert (vgl. Umweltbundesamt 1993: 3). Nach diesen Umfragen sieht es also gänzlich anders aus: Nicht 10 oder 15% finden den Umweltschutz wichtig, sondern mehr als 70% stufen ihn als „sehr wichtige politische Aufgabe" ein.

Man sieht: Schon solch simple Fragen wie „Welchen Rangplatz hat das Thema Umweltschutz unter den wichtigsten politischen Themen?", „Wie wichtig ist den Deutschen der Umweltschutz heute?" oder „Welche Veränderungen gibt es in bezug auf die Wertschätzung des Umweltschutzes im letzten Jahrzehnt?" sind nicht mit hinreichender Zuverlässigkeit zu beantworten. Wer die Studien weiterer einschlägiger Institute wie Allensbach, Forschungsgruppe Wahlen, Sample oder INFRATEST zu Rate zieht, hat die freie Auswahl: Im Regal der statistischen Tabellen kann man sich je nach Bedarf mit der gewünschten Prozentzahl bedienen. Daß nur 10% das Thema Umweltschutz nennen, wenn es um die wichtigsten Themen geht, läßt sich mit den Daten der Umfrageforschung genauso belegen wie der Umstand, daß 80% den Umweltschutz für die wichtigste politische Aufgabe halten. Wie das? Erstens spielt der Zeitpunkt der Befragung eine Rolle: Ging am Abend vorher ein Tankerunfall durch die Medien, so schnellen die Zahlen nach oben. Zweitens haben Fragemethode und Frageformulierung erhebliche Auswirkung auf die Resultate.

Geringe Prozentwerte für den Umweltschutz lassen sich so erreichen:

Man stellt eine offene Frage mit möglichst eingeschränkten Nennungsmöglichkeiten, z. B. „Welches ist Ihrer Meinung nach zur Zeit das wichtigste politische Thema in der deutschen Politik?" Hier kann man einigermaßen sicher sein, daß das Thema Arbeitslosigkeit obenan steht und Umweltschutz nicht mehr als 10 bis 20 Prozent der Nennungen erreichen wird.

Hohe Prozentsätze für den Umweltschutz ergeben sich eher durch folgendes Frageverfahren:

Man frage in Form einer geschlossenen Frage, also mit Antwortvorgaben, z.B.: „Bitte sagen Sie mir, welche der folgenden Themen Sie zur Zeit für sehr wichtig / wichtig / eher unwichtig / völlig unwichtig halten?" Es folgt eine Liste mit etwa 20 Themen, darunter auch der Umweltschutz. Bei dieser Art zu fragen kann man davon ausgehen, daß mindestens 60% der Befragten den Umweltschutz als sehr wichtig oder wichtig einstufen. Nicht unerheblichen Einfluß auf die Ergebnisse haben darüber hinaus die Wortwahl in der Frageformulierung, die Plazierung der Frage im Fragebogen und die Plazierung von „Umweltschutz" in der Liste der dem Befragten präsentierten Themen. Werden im Interviewverlauf bereits vor der Frage nach den wichtigsten Themen Fragen aus dem Bereich des Umweltschutzes gestellt, so darf man auf bessere Ergebnisse hoffen. Das Interview ist eben keine physikalische Temperaturmessung, sondern eine soziale Interaktion, in der soziale Erwünschtheit eine große Rolle spielt (vgl.

Schnell/Hill/Esser 1992: 360ff.). Mit „sozialer Erwünschtheit" erklärt man die Tendenz, daß Befragte in ihren Antworten Zustimmung zu einem Statement signalisieren oder behaupten, daß sie sich in bestimmter Weise verhalten (etwa: im Bioladen einkaufen), weil sie – wenigstens nach außen – auch zu denen gehören möchten, die sich für eine allseits als „gute Sache" eingestufte Orientierung stark machen. Ein Zweig der Methodenforschung beschäftigt sich bereits seit mehr als zwei Jahrzehnten mit diesen „Fehlerquellen" des Interviews. Es wäre gewiß lohnend, die Umweltbewußtseinsforschung einmal aus diesem Blickwinkel kritisch zu betrachten (vgl. Diekmann 1995: 382 ff.). Man tut also gut daran, die Resultate der Umfrageforschung mit Vorsicht zu behandeln.

Was kann man überhaupt aus der widersprüchlichen, teilweise konfusen Datenlage schließen? Erstens, daß Umweltschutz in der ersten Hälfte der 90er Jahre gewiß nicht mehr das Top-Thema der Deutschen ist, weder im Osten noch im Westen. Das zeigen sowohl die in Abbildung 3-18 wiedergegebenen Daten des EMNID-Institutes als auch die von der Forschungsgruppe Wahlen für das ZDF-Politbarometer erstellten Themenrangreihen (vgl. Wissenschaftlicher Beirat der Bundesregierung Globale Umweltveränderungen 1995: 29). Zweitens machen diese Daten übereinstimmend deutlich, daß es zwar für das Umweltthema Ausschläge nach oben und unten gibt, aber insgesamt doch der Eindruck von konstanter Bedeutsamkeit überwiegt.

Deshalb wäre es auch falsch, aus der Tatsache, daß Umwelt – anders als in der zweiten Hälfte der 80er Jahre – heute nicht mehr an der Spitze der tagespolitischen Themen steht, auf einen gesellschaftlichen Bedeutungsverlust des Themas zu schließen. Sobald man sich nur ein wenig aus dem Bezugsrahmen der Tagesaktualität hinausbewegt, stellt man fest, daß das Umweltthema nach wie vor in der öffentlichen Meinung weit oben rangiert. Wenn die Bevölkerung gefragt wird, welches perspektivisch die wichtigsten politischen Aufgaben sind, dann liegt mit großer Konstanz das Umweltthema in der Spitzengruppe. An den Ergebnissen des IPOS-Institutes (Abb. 3-19) ist auch bemerkenswert, daß Umweltschutz mit Abstand für wichtiger gehalten wird als andere Langzeitthemen wie „Politik für die Frauen" oder „Einigung Europas".

Der Bedeutungsgewinn des Umweltthemas jenseits der Umwelteinstellungen betrifft insbesondere den privaten Bereich und dort vor allem das Konsumentenverhalten. Die Mehrheit hat sich den Umweltschutz zu eigen gemacht und delegiert die Bewältigung der Umweltkrise nicht mehr ausschließlich an Wirtschaft und Politik. Dies zeigt sich in den empirischen Untersuchungen besonders deutlich daran, daß vier von fünf Deutschen heute der Überzeugung sind, daß sie selbst zur Verbesserung von Luft und Wasserqualität beitragen können (vgl. Billig u.a. 1987: 71). Die Prozentzahlen, wie sie für das Recyclingverhalten vorliegen, belegen sehr deutlich, daß eine große Anzahl von Menschen sich in der gleichen Art und Weise verhalten und daß sie Vorgänge des gesellschaftlichen Lebens gleich bewerten. Seit den Anfängen der Sozialwissenschaften im letzten Jahrhundert, seit Comte und de Tocqueville, spricht man in solchen Fällen vom Vorhandensein sozialer Normen. Normen sind Regeln, die das Verhalten der Mitglieder einer bestimmten Sozietät bestimmen und die mehr oder weniger ausdrücklich in dieser Sozietät auch akzeptiert werden.

Vor allem die Unternehmen müssen sich auf die soziale Norm „Umweltbewußtsein" einstellen. Ihnen wird einerseits eine große Verantwortung für den Umweltschutz zugesprochen, andererseits sieht man ihr Tun, vor allem unter der Prämisse der Gewinnorientierung, eher kritisch. Ob sich ein Unternehmen für den Umweltschutz einsetzt, ist mittlerweile zum wichtigsten Beurteilungskriterium geworden. 1993 fragte das EMNID-Institut: *Aus Ihrer Sicht betrachtet: Was sind die wichtigsten Punkte, von denen Ihr persönliches Urteil über ein Unternehmen abhängt? Ich lese Ihnen nun verschiedene Informationen über Unternehmen vor. Sagen Sie mir bitte, für wie wichtig Sie folgende Informationen halten, wenn Sie sich persönlich ein Urteil über ein Unternehmen bilden* (siehe Abb. 3-20).

Daß man das Umweltschutz-Engagement von Unternehmen so stark zum Maßstab macht, ist um so brisanter, als man sich über die ökologischen Auswirkungen ihrer Tätigkeit nur sehr unzureichend informiert fühlt (vgl. imug-EMNID 1993: 12). Nur jeder vierte fühlt sich in dieser Hinsicht gut informiert. Gleich-

Abb. 3-20   **Wichtigste Aspekte für Urteile über Unternehmen**

Angaben in %

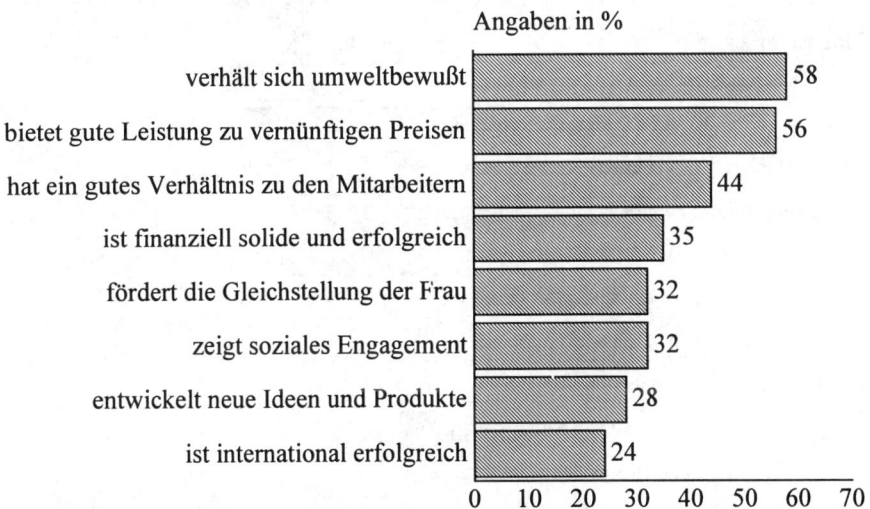

	%
verhält sich umweltbewußt	58
bietet gute Leistung zu vernünftigen Preisen	56
hat ein gutes Verhältnis zu den Mitarbeitern	44
ist finanziell solide und erfolgreich	35
fördert die Gleichstellung der Frau	32
zeigt soziales Engagement	32
entwickelt neue Ideen und Produkte	28
ist international erfolgreich	24

Quelle: imug-EMNID 1993: 10

zeitig will man gerade über diese Fragen vorrangig Informationen erhalten. An keinem anderen Bereich der Unternehmenspolitik ist man derart interessiert wie an den Umweltschutzmaßnahmen. Ein solches Informationsdefizit, eine solche Diskrepanz zwischen Informationsbedürfnissen und ihren wahrgenommenen Befriedigungen macht natürlich die Medienberichterstattung über „Umweltsünden" für die Unternehmen in höchstem Maße gefährlich.

Auch das Umweltbewußtsein von Unternehmen und die Umweltfreundlichkeit von Produkten haben eine immer größere Bedeutsamkeit für die Kaufentscheidung bekommen. Sowohl bei Gütern des täglichen Bedarfs als auch bei langlebigen Konsumgütern spielt der Faktor Umweltfreundlichkeit eine Rolle. Dies ist fast so bedeutsam wie Qualität und Preis – für neun von zehn Käufern ist dies ein wichtiger oder sehr wichtiger Aspekt beim Kauf. Unternehmen können sich durch Umweltengagement bei der breiten Bevölkerung beliebt machen. Keine andere Art von Imagepflege wird derart positiv bewertet und wirkt sich so günstig auf die Kaufentscheidung aus (vgl. Abb. 3-21).

Bei einer solch klaren Datenlage kann ein Verhalten, wie es das Management des Shell-Konzerns bei der „Außerdienststellung" der Brent-Spar-Plattform an den Tag gelegt hat, nur sehr verwundern. Eine kleine Expertise des EMNID-Instituts hätte da vermutlich die ein oder andere Million DM sparen helfen können, vor allem vor dem Hintergrund, daß sich die Verbraucher sehr wohl ihrer Macht

Abb. 3-21   **Aspekte unternehmerischer Verantwortung,
welche die Kaufentscheidung positiv beeinflussen**

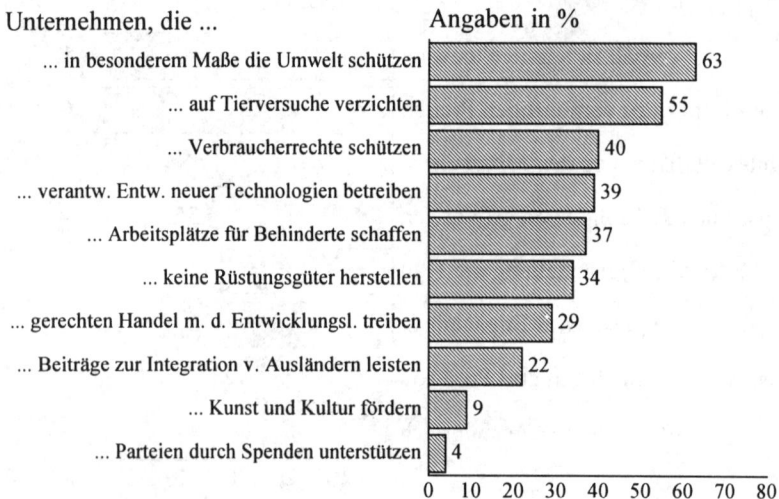

Unternehmen, die ...   Angaben in %

... in besonderem Maße die Umwelt schützen	63
... auf Tierversuche verzichten	55
... Verbraucherrechte schützen	40
... verantw. Entw. neuer Technologien betreiben	39
... Arbeitsplätze für Behinderte schaffen	37
... keine Rüstungsgüter herstellen	34
... gerechten Handel m. d. Entwicklungsl. treiben	29
... Beiträge zur Integration v. Ausländern leisten	22
... Kunst und Kultur fördern	9
... Parteien durch Spenden unterstützen	4

0   10   20   30   40   50   60   70   80

Quelle: imug-EMNID 1993: 20

bewußt sind: 75% glauben, daß sie durch ihre Kaufentscheidung einen erheblichen Druck auf die Hersteller ausüben können. Auch dies hätte die Firma Shell bei EMNID erfahren können (vgl. imug-EMNID 1993: 24).

Nun, die Mehrzahl der Industrieunternehmen verhält sich anders als die Firma Shell und berücksichtigt das Umweltbewußtsein der Bevölkerung bei ihrem Handeln. Gefragt, welche Vorteile ihnen die Berücksichtigung von Umweltaspekten bringt, nennen Industriemanager an erster Stelle „Verbesserung des Unternehmensimages", gefolgt von „Erringung eines Wettbewerbsvorsprunges gegenüber der Konkurrenz", „Erschließung neuer Märkte" und „Gewinnung neuer und umsatzstarker Kundensegmente" (vgl. Tacke 1991).

Primär nutzt man das vorhandene Umweltbewußtsein indirekt, nämlich zur Verbesserung des Firmenimages. Aber auch die direkte Nutzung für die Vermarktung von Produkten spielt eine gewisse Rolle, indem umweltfreundliche Produkte entwickelt werden oder das Design der Produkte den Umweltgesichtspunkt zum Ausdruck bringt. Dem entspricht auf der Verbraucherseite, daß das Argument „Natürlichkeit der Produkte" als Kaufanreiz zunehmend eine Rolle spielt.

Die Wandlung des Umweltthemas zum Zukunftsthema

Der Grad, in dem Sensibilität für Umweltfragen bereits zur sozialen Norm geworden ist, läßt sich an der Bedeutung erkennen, die dem Thema Umwelt in den Zukunftsvorstellungen und Wunschprojektionen zugemessen wird. Die heutigen westlichen Industriegesellschaften sind in einem in der Vergangenheit gänzlich unbekannten Ausmaß auf Zukunft hin orientiert. Diese Zukunftsorientierung gilt prototypisch für die Art und Weise, mit der in der Umweltdiskussion argumentiert wird. Hier wird heutiges Verhalten von vermeintlichen, in der Zukunft eintretenden Folgen abhängig gemacht. Erinnert sei noch einmal an Abbildung 3-11: Mit Abstand am meisten Zustimmung erhielt das Statement, Umweltschutz sei aus der Verantwortung für die Nachwelt heraus besonders notwendig. Prototypisch ist hier die aktuelle Diskussion um die Gentechnik und um die gentechnische Veränderung von Lebensmitteln. Das Wissen darum, daß getroffene technologiepolitische Entscheidungen unumkehrbar sind, bestärkt die Tendenz, mit Zukunft und nicht mehr mit Vergangenheit zu argumentieren. Der Atommüll, soviel ist sicher, wird noch in einigen tausend Jahren strahlen, und die Eingriffe, die durch die Gentechnik in die Evolution erfolgen, sind schwerlich rückgängig zu machen und in ihren Konsequenzen gänzlich ungewiß.

Nicht die Vergangenheit begründet heute die Legitimität für Entscheidungen politischer, wirtschaftlicher oder medizinischer Art, sondern die Zukunft. Vor diesem Hintergrund ist es natürlich von Interesse zu erfahren, welche Themen die Bevölkerung als Themen der Zukunft einstuft. Denn wenn Zukunft die Quelle von Legitimität ist, dann offenbart sich in diesem Spiegel, was heute soziale Norm ist. In einer repräsentativen Untersuchung legte das EMNID-Institut den Befragten (Bezug: Westdeutschland) 35 Themen zur Auswahl als „Themen der Zukunft" vor. Folgendermaßen sieht die Rangfolge der Themen aus:

Tab. 3-2   **Rangfolge der "Themen der Zukunft"**

1. Boden- und Wasserverseuchung
2. Berufsausbildung
3. Altersversorgung
4. Luftverschmutzung
5. Abfallbeseitigung
6. Gesundheitsversorgung
7. Schule
8. Persönliche Sicherheit
9. Kindererziehung
10. Suchtgefahr
11. Energieprobleme
12. Arbeitslosigkeit

Quelle: EMNID-Studie Zukunftserwartungen / Tacke 1991

Unter den fünf Spitzenthemen sind drei Umweltthemen zu finden. In die gleiche Richtung tendieren die Antworten auf die Frage „Wodurch wird die menschliche Zukunft gefährdet?" Heute fürchtet man sich in Deutschland vor allem vor Umweltvergiftung: vor verseuchtem Trinkwasser, verschmutzter Luft und zerstörter Natur. Überbevölkerung, Krieg, Kommunismus, Hunger – all dies produziert vergleichsweise weniger Ängste.

Belegt wird die Einsicht, das Umweltbewußtsein sei vor allem ein Zukunftsthema, auch durch die schon weiter oben angeführten Erhebungen. Je tagesaktueller man fragt, desto weniger Relevanz hat der Umweltschutz. Je mehr man in die Zukunft sieht und das nächste Jahr oder gar die nächsten Jahrhunderte thematisiert, desto eher schiebt sich das Umweltthema nach vorne. Es scheint, als habe sich in den Köpfen die Meinung festgesetzt, die Katastrophe sei schon grundgelegt, aber nur noch nicht hervorgebrochen. Umweltprobleme, das scheinen zentral Latenzprobleme zu sein.

Wenn man der Frage nachgeht, ob Umwelt als Zukunftsthema eingestuft wird, ist es natürlich von besonderem Interesse, einen Blick darauf zu werfen, wie die Jugend gegenüber Umweltfragen eingestellt ist. Denn wenn man jetzt in Deutschland „sehr gut leben kann" (vgl. Abb. 3-8) und Umweltprobleme eher als „Zukunftsprobleme" sieht, stellt sich doch die Frage, wie die Jugend mit ihrer anderen Zeitperspektive darüber urteilt. In der letzten, mit viel öffentlicher Aufmerksamkeit bedachten repräsentativen Shell Jugendstudie, die 1992 von Zinnecker u.a. durchgeführt wurde (vgl. Jugend '92 1992), zeigte sich, daß die Jugendlichen dem Thema Umweltschutz einen sehr großen Stellenwert einräumen (vgl. Abb. 3-22).

Aber die Grafik zeigt auch, daß zwei Bereiche auf den ersten Plätzen rangieren, die völlig gegensätzlich sind, nämlich „Auto, Motorrad" und „Umweltschutz". Wir werden dieses offensichtlich widersprüchliche Phänomen im fünften Kapitel genauer betrachten. An dieser Stelle soll nur die generelle Wertschätzung des

Abb. 3-22   **Technische Interessen Jugendlicher**
N=3425; Angaben in %

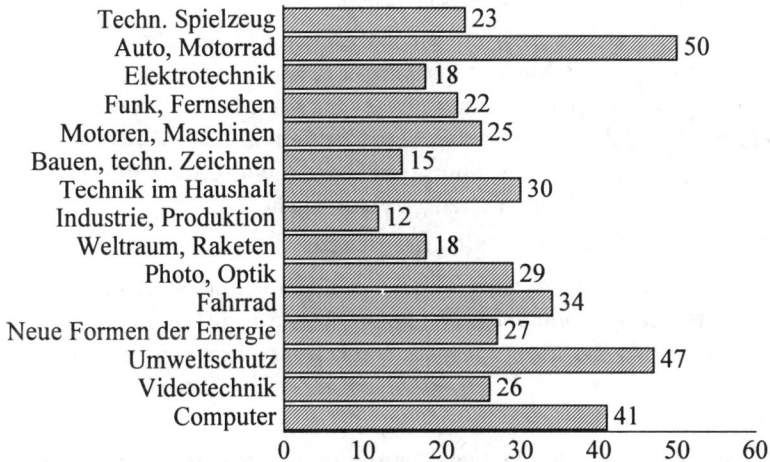

	%
Techn. Spielzeug	23
Auto, Motorrad	50
Elektrotechnik	18
Funk, Fernsehen	22
Motoren, Maschinen	25
Bauen, techn. Zeichnen	15
Technik im Haushalt	30
Industrie, Produktion	12
Weltraum, Raketen	18
Photo, Optik	29
Fahrrad	34
Neue Formen der Energie	27
Umweltschutz	47
Videotechnik	26
Computer	41

Quelle: Jugend '92, Bd. 4, S. 134

Umweltschutzes von Interesse sein. Und aus dieser Perspektive bestätigen die Aussagen der Jugendlichen einmal mehr: Eine positive Einstellung zum Umweltschutz ist zur sozialen Norm der bundesdeutschen Gesellschaft geworden. Niemand ist heute mehr überrascht, wenn er beim Versuch, seine leeren Einwegflaschen in die auf dem Hof stehende normale Mülltonne zu werfen, von spielenden Kindern erwischt und als „Umweltschwein" tituliert wird.

Aber: Daten zum tatsächlichen Umweltverhalten

Die in diesem Kapitel berichteten Daten beziehen sich zumeist auf die Verhaltensabsichten und auf das von den Menschen selbstberichtete Verhalten sowie auf ihre Einstellungen, d.h. die Ebene des subjektiven Meinens, Glaubens, der geäußerten Motive. Sie beziehen sich nicht auf das tatsächliche, von Forschern beobachtete Verhalten. Mehr als 80% der erwachsenen Bevölkerung berichten davon, daß sie Altglas und Altpapier getrennt entsorgt, und ein ähnlich hoher Prozentsatz sagt, daß man auf die Umweltfreundlichkeit von Produkten und Verpackungen achte. Ob diese Personen sich auch tatsächlich immer so verhalten, ist hingegen eine andere Frage. Das tatsächliche Umweltverhalten ist weitaus schwerer zu erforschen als das berichtete Verhalten. Es kostet die Sozialforschung relativ wenig Zeit, 1000 Personen nach ihrem Recycling-Verhalten für die oben erwähnten Rohstoffe zu fragen, aber wer könnte es bezahlen, 1000 Personen auch nur eine Woche lang zu beobachten? Um das tatsächliche Umweltverhalten zutreffend einzuschätzen, ist es deshalb notwendig, die Ebene der Individualerhebung zu verlassen.

Das statistische Bundesamt und die statistischen Landesämter erstellen eine große Anzahl von Überblicksstatistiken, u.a. auch zu Verhaltensweisen und Verbrauchsgewohnheiten, die umweltrelevant sind. Diesen Daten, die sich auf die gesamte Bundesrepublik Deutschland beziehen, läßt sich entnehmen, daß das tatsächliche Verhalten der Menschen lange nicht so umweltbewußt ist, wie die Einstellungen und Mentalitäten glauben machen.

So zeigen die Statistiken u.a. folgende Trends:

- Die Mobilität wächst weiter, wobei vor allem die emissionsintensiven Verkehrsarten Luftverkehr und Individualverkehr zunehmen. Im Zehnjahreszeitraum von 1980 bis 1990 stieg die Verkehrsleistung pro Einwohner in der früheren Bundesrepublik von 9685 km auf 11398 km (Umweltbundesamt 1993: 11).

- Der motorisierte Individualverkehr nimmt in Personenkilometern gemessen zu: für das frühere Bundesgebiet von 602 Mrd. Personenkilometer 1985 auf 866 Mrd. 1991 (vgl. ebd.: 11).

- Der Anteil des öffentlichen Straßenpersonenverkehrs nimmt ab, ebenso wie der Anteil der Eisenbahnen an der Verkehrsleistung.
- Der Flugtourismus nimmt in starkem Maße zu.
- Der durchschnittliche Kraftstoffverbrauch bleibt fast unverändert hoch. Zwischen 1975 und 1991 sinkt er nur um 0,8 Liter von 10,7 Liter pro 100 km auf 9,9 Liter. Die verbrauchssenkenden technischen Innovationen werden durch den Trend zu leistungsstärkeren und schwereren Fahrzeugen kompensiert. Die durchschnittliche Motorleistung steigt von 46 kW im Jahr 1975 auf 61 kW im Jahr 1991 an (vgl. ebd.: 15).
- Der Energieverbrauch von Haushalten und Kleinverbrauchern sinkt nicht, trotz effizienterer Geräte (vgl. ebd.: 8).
- Die Abfallmengen der privaten Haushalte steigen, nachdem sie in der ersten Hälfte der 90er Jahre um knapp 10% gesunken waren, seither wieder an und erreichen 350 kg pro Einwohner.
- Der Wasserverbrauch stagniert auf dem hohem Niveau von etwa 145 Liter pro Einwohner pro Tag (vgl. ebd.: 25).
- Die Produktion nahezu aller Arten von Wasch- und Reinigungsmitteln ist ansteigend, die einzigen Ausnahmen sind die Weichspüler und die Vollwaschmittel, wo durch den Trend zu Kompakt- und Konzentratprodukten die in Tonnen gemessene Menge rückläufig ist. Besonders stark ist die Zunahme an Maschinengeschirrspülmitteln (vgl. ebd.: 27).
- Trotz Recycling gibt es mehr Müll. Die Schere zwischen Neuproduktion und Recycling wird immer größer, beispielsweise beim Papierrecycling: Zwar nehmen Papierverbrauch und Altpapiereinsatz etwa im Gleichschritt zu, und die Einsatzquote von Altpapier bleibt mit etwa 40% konstant, doch fällt in absoluten Zahlen gemessen jährlich mehr Papiermüll an (vgl. ebd.: 39).

Nicht nur beim Automobil ist es so, daß die durch technische Innovationen erreichten Verbesserungen durch gleichzeitiges Wachstum wieder aufgefressen werden. Tatsächlich sind die Motoren zwar sparsamer geworden, aber heute will man einen stärkeren Motor unter der Haube wissen als noch vor 10 Jahren, und dies, obwohl selbst bei „freier Fahrt" die Durchschnittsgeschwindigkeit auf den Autobahnen mal gerade um 5% zugenommen hat (vgl. Umweltbundesamt 1995). Die eigentlich durch technische Effizienz möglichen Einspareffekte sind also ausgeblieben. Betrachtet man den zentralen Bereich des Energieverbrauchs, stellt man entgegen dem landläufigen Vorurteil fest, daß der Energieverbrauch der Industrie gesunken, derjenige der privaten Haushalte unverändert hoch ist.

Es klafft also eine erhebliche Lücke zwischen diesen Statistiken, die das Gesamtverhalten der bundesdeutschen Gesellschaft bilanzieren, und den Befragungsdaten, die sich auf die Privathaushalte bzw. einzelne Personen beziehen. Aus den Gesamtstatistiken läßt sich natürlich nicht unmittelbar auf das Verhalten der Individuen schließen. So mag der stark zunehmende Flugtourismus beispielsweise daher rühren, daß eine verhältnismäßig kleine Gruppe der Gesellschaft nun häufiger fliegt – man denke etwa an die Wochenend-Shopping-Trips gut verdienender Singles. Auch der Tatbestand, daß der Gesamtkraftstoffverbrauch steigt, muß nicht notwendigerweise die vielen, die behaupten, ihr Benzinverbrauch sei zurückgegangen, als Lügner entlarven. Dies rührt auch daher, daß die Zahl der Autos und der autofahrenden Personen zugenommen hat.

Als Fazit bleibt festzuhalten, daß die positiven Umwelteinstellungen und das selbstberichtete Umweltverhalten nicht mit tatsächlichem umweltgerechtem Verhalten gleichzusetzen sind. Das Umweltbewußtsein der Bevölkerung ist allerdings zweifelsohne zu einem sozialen Tatbestand geworden. Als politisch bestimmendes Thema ist Umwelt, wie gezeigt wurde, nach dem Fall der Mauer zunächst in den Hintergrund gedrängt worden, doch hat es als langfristiges Thema und Thema der Zukunft immer einen Top-Platz behalten. Als Umweltschutz in den 80er Jahren quasi aus dem Nichts zur Nummer 1 der politischen Themen aufstieg, wurde diese Karriere durch die Medienberichterstattung über Großereignisse wie die Katastrophe im Atomkraftwerk Tschernobyl gefördert. Und auch heute dürfte vermutlich ein einziger Großunfall ausreichen, um das Thema Umwelt in der Liste der aktuellen Themen wieder weit nach vorne zu befördern.

Zwischen nahezu allgegenwärtigen positiven Umwelteinstellungen und einem, wie die allgemeinen statistischen Daten zeigen, in den substantiellen Bereichen nicht entscheidend veränderten Umweltverhalten besteht ein eigentümlicher Kontrast. Umweltschutz scheint – so provokant das klingen mag –, in der Hauptsache von der Industrie geleistet worden zu sein, wenn man die Entkopplung von Wirtschaftswachstum und Energieverbrauch, die Reduktion der Schadstoff-emissionen in die Luft durch Kraftwerke und andere großindustrielle Anlagen sowie die drastisch gestiegene Sauberkeit von Flüssen an Industriestandorten als Belege werten mag (vgl. zu den Daten: Umweltbundesamt 1995).

4. Kapitel

Die Struktur des Umweltbewußtseins

Was bestimmt eigentlich das persönliche Umweltverhalten, um das es, wie in Kapitel 3 gezeigt, keineswegs so gut bestellt ist, wie es die Umwelteinstellungen vermuten lassen? Wie läßt sich das Umweltverhalten ändern oder doch wenigstens beeinflussen? Welche Rolle kommt den Umwelteinstellungen zu, den persönlichen Werten und Zielen? Bedarf es des Wissens über Umweltfragen und einer entsprechenden Aufklärung, um Verhaltensänderungen zu bewirken? Dies sind die zentralen Fragen solcher Studien, die wir in Kapitel 2 als „theorieorientiert" bezeichnet haben. Es sind auch die zentralen Fragen für Umweltbildung und Umweltpolitik, sofern sie sich vom Verursacherprinzip lösen und verstärkt auf die Einsicht und Mitwirkung der einzelnen setzen.

Die Hypothesen, mit denen die Umweltbewußtseinsforschung arbeitet, stimmen in hohem Maße mit dem Alltagsverständnis und den herkömmlichen Vorstellungen von Umwelterziehung und Umweltpolitik überein. Diese sehen etwa so aus:

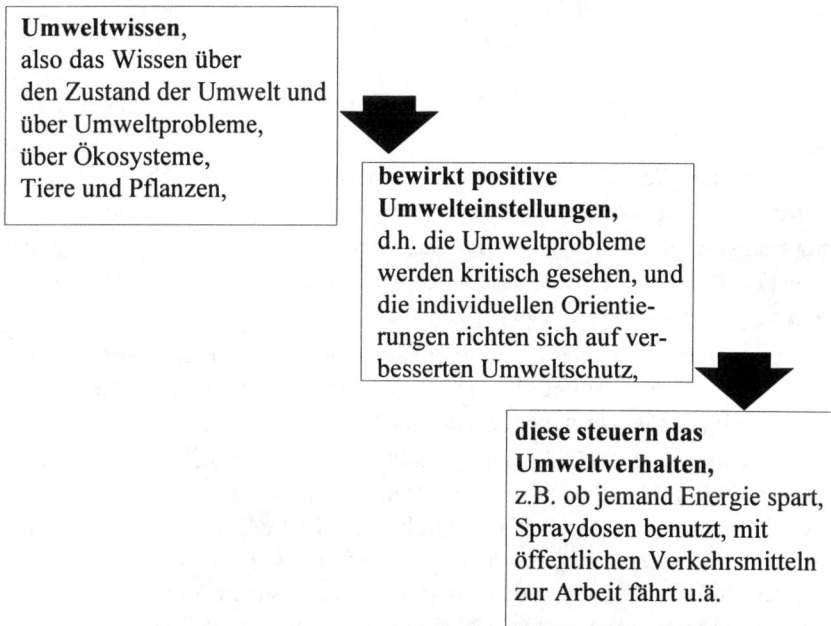

Umweltwissen,
also das Wissen über
den Zustand der Umwelt und
über Umweltprobleme,
über Ökosysteme,
Tiere und Pflanzen,

bewirkt positive Umwelteinstellungen,
d.h. die Umweltprobleme
werden kritisch gesehen, und
die individuellen Orientierungen richten sich auf verbesserten Umweltschutz,

diese steuern das Umweltverhalten,
z.B. ob jemand Energie spart,
Spraydosen benutzt, mit
öffentlichen Verkehrsmitteln
zur Arbeit fährt u.ä.

Diese Wirkungskette spiegelt eine einfache Aufklärungsidee: Aus Wissen wird Einsicht und schließlich das richtige Verhalten resultieren. Kurz: Vernunft siegt. Nun mag man daran gehen, ein Wirkungsmodell zu testen, das folgende Beziehungen beinhaltet:

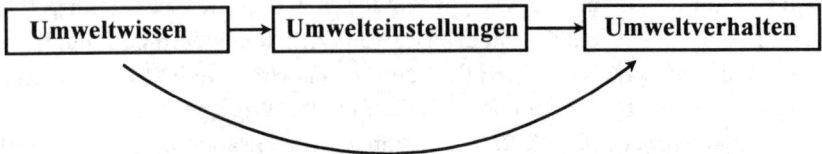

```
┌──────────────┐    ┌────────────────────┐    ┌──────────────────┐
│ Umweltwissen │──▶ │ Umwelteinstellungen │──▶ │ Umweltverhalten  │
└──────────────┘    └────────────────────┘    └──────────────────┘
        └──────────────────────────────────────────▶
```

Dieses Modell bringt drei verschiedene Wirkungsbeziehungen zum Ausdruck, deren Richtungen durch Pfeile symbolisiert sind:

1. Umweltwissen bewirkt positive Umwelteinstellungen.

2. Umwelteinstellungen wirken auf das Umweltverhalten.

3. Umweltwissen wirkt direkt auf das Umweltverhalten – ohne Umweg über die Umwelteinstellungen.

Eine fundamentale Einsicht: Nichts hängt zusammen

Seit Anfang der 80er Jahre haben Forscher wiederholt in Metaanalysen gefragt, wie stark denn eigentlich im Durchschnitt diese skizzierten Zusammenhänge ausgeprägt sind, wobei vor allem der Zusammenhang zwischen Umwelteinstellungen und Umweltverhalten interessierte (vgl. Kley/Fietkau 1979; van Liere/Dunlap 1980; Hines u.a. 1984; Six 1992).

Hines, Hungerford und Tomera berechneten aus 128 amerikanischen Studien die auf Seite 105 abgebildete Übersicht über die Determinanten des persönlichen Umweltverhaltens (siehe Tab. 4-1).

Die Korrelationen sind alle nicht sonderlich hoch, die stärkste Beziehung besteht zwischen Handlungsbereitschaft und Umweltverhalten, d.h., wer die Absicht bekundet, sich durch seine Handlungen für die Umwelt einzusetzen, der verhält sich auch jetzt schon umweltgerechter als jemand, der keine solchen Absichten äußert. Zwischen den soziodemographischen Variablen und dem verbalisierten Umweltverhalten bestehen nur äußerst schwache Zusammenhänge: Tendenziell verhalten sich jüngere Leute, Personen mit höherem Einkom-

Tab. 4-1   **Korrelation des persönlichen Umweltverhaltens mit kognitiven, psycho-sozialen und demographischen Variablen** (Basis: 128 US-Studien)

Variable	Durchschnittlicher Korrelationskoeffizient	Standard-Abweichung	Anzahl der betreffenden Studien
Handlungsbereitschaft	. 49	. 13	6
Kontrollattribution	. 36	. 12	14
Einstellungen	. 34	. 22	51
Persönliche Verantwortlichkeit	. 32	. 12	6
Umweltwissen	. 29	. 19	17
Bildung/Schulabschluß	. 18	. 12	11
Einkommen	. 16	. 08	10
Ökonomische Orientierung	. 16	. 11	6
Alter	-. 15	. 20	10
Geschlecht	. 07	. 08	4

Quelle: Hines u.a. 1984: 3

men und besserer Ausbildung etwas umweltgerechter, aber die großen Standardabweichungen der Koeffizienten bringen zum Ausdruck, daß auf diese Resultate nur wenig Verlaß ist.

Die Kontrollattributionen – d.h., ob jemand glaubt, durch seine Handlungen den Gang der Dinge beeinflussen zu können –, die Umwelteinstellungen, das Gefühl der persönlichen Verantwortlichkeit für die Umwelt und das Umweltwissen korrelieren jeweils mit etwa 0,30 mit dem Umweltverhalten. Hines u.a. haben bei ihrer Metaanalyse auch festgehalten, auf welche Weise das Umweltverhalten jeweils gemessen wurde: ob als selbstberichtetes oder als tatsächliches Verhalten. Die in Tabelle 4-1 wiedergegebenen Koeffizienten basieren jedoch immer auf dem kompletten Datenset. Warum die Autoren darauf verzichtet haben, getrennte Tabellen für die beiden Erfassungsmodi des Umweltverhaltens vorzulegen, bleibt unklar. Es finden sich nicht einmal Angaben über die Häufigkeiten der beiden Erfassungsweisen. Einige diesbezügliche Ergebnisse werden allerdings mitgeteilt. Sowohl für das Umweltwissen wie für die Umwelteinstellungen sind die Korrelationen zum tatsächlichen Verhalten höher als zum selbstberichteten Verhalten.

Ein interessantes Ergebnis betrifft Personen, die Mitglied in Umweltorganisationen sind. Bei ihnen korrelieren Wissen und Verhalten mit 0,61 und Einstel-

lungen und Verhalten mit 0,59, also substantiell höher als bei der Durchschnitts-
population.

Die Forschungsergebnisse der internationalen Umweltbewußtseinsforschung
gehen weitgehend konform: Zwischen Einstellungs- und Verhaltensvariablen
werden korrelative Zusammenhänge im Bereich zwischen 0,14 bis maximal
0,45 gefunden. Der von Hines u.a. berichtete Wert von 0,35 liegt also etwa in
der Mitte; das entspricht 12% an aufgeklärter Varianz oder verständlicher
ausgedrückt: Von der Unterschiedlichkeit, die man bei verschiedenen Personen
hinsichtlich ihres geäußerten persönlichen Umweltverhaltens feststellen kann,
sind 12% durch ihre unterschiedlichen Umwelteinstellungen erklärbar.

Eine neue Metaanalyse sämtlicher empirischer Studien zum Zusammenhang
von Einstellung und Verhalten haben Six u.a. vorgelegt (vgl. Six/Eckes 1992;
Six 1992). 80% der 501 erfaßten Untersuchungen stammen allerdings aus den
USA, und in der Mehrzahl der Fälle dürfte es sich um College-Populationen
handeln, so daß die Verallgemeinerungsfähigkeit fraglich ist (vgl. Six 1992: 21).
Die Resultate für das Umweltverhalten und damit eng zusammenhängende
Verhaltensbereiche sind in Tabelle 4-2 wiedergegeben.

Für 17 erfaßte Studien der Umweltbewußtseinsforschung ermittelt Six eine
mittlere Korrelation von Umwelteinstellungen und verbalisiertem Umweltverhalten von 0,26, was exakt 6,7% erklärter Varianz entspricht. Für *Altruismus*

Tab. 4-2   **Meta-Analysen zur Relation von Einstellung
und Verhalten in verschiedenen Bereichen**

Verhaltensbereich	Durchschnittlicher Korrelations- koeffizient	Anzahl der betreffenden Studien	Gesamter Stichproben- umfang
Umweltschutz	.26	17	2674
Altruismus	.20	8	2076
Sozial-politische Aktivitäten	.68	11	2194
Freizeitverhalten	.20	3	130
Konsumverhalten	.32	21	3784

Quelle: Six 1992: 22

und *Freizeitverhalten* sind die ermittelten Zusammenhänge zwischen Einstellung und Verhalten sogar noch geringer.

In seinem Rückblick auf die mittlerweile sechzigjährige Geschichte der Einstellungs-Verhaltens-Forschung kritisiert Six die „unausrottbare Unsitte", Verhaltensbereitschaften oder Verhaltensintentionen als Quasiersatz für beobachtetes Verhalten zu verwenden. Six selbst unterscheidet in der Metaanalyse zwischen Verhalten und Verhaltensintentionen, doch handelt es sich bei seinem Analysegegenstand *Verhalten* um selbstberichtetes und nicht um beobachtetes Verhalten. Anders als Hines u.a. nimmt er eine solche Unterscheidung nicht vor. Inwieweit selbstberichtetes Verhalten ein valider Indikator für tatsächliches Verhalten ist, dürfte wohl stark vom jeweiligen Verhaltensbereich bzw. der jeweiligen Verhaltensweise abhängen. In einigen Bereichen hat sich das selbstberichtete Verhalten, sogar die Verhaltensintention, als brauchbarer Indikator erwiesen, prototypisch bei der Wahlprognose. Aber aus der Umweltbewußtseinsforschung ist eher Gegenteiliges bekannt, wie das einfache Experiment von L. Bickman zeigt (siehe Kasten).

Unterschiede zwischen verbalisiertem und tatsächlichem Umweltverhalten

Der amerikanische Psychologe L. Bickman führte folgendes Experiment zum Umgang mit Abfall durch (vgl. Bickman 1972): Vor einer College-Bibliothek wurde mitten auf dem Fußweg eine zerknüllte Zeitung auf den Boden gelegt. Sie war so plaziert, daß Fußgänger darüber steigen oder um sie herumgehen mußten. Es war also garantiert, daß die Vorbeikommenden auf den Abfall aufmerksam wurden. Ein Papierkorb stand in unmittelbarer Nähe. Jede fünfte Person, die vorbei ging, wurde zehn Meter weiter von einem Mitglied der Forschergruppe angehalten. Man erklärte, daß man im Rahmen eines Ökologiekurses Interviews über das Abfallverhalten durchführen würde. Die entscheidende Frage, die den Passanten im Verlauf des Interviews gestellt wurde, lautete:

„Wenn Müll auf dem Boden liegt, sollte es dann in die Verantwortung aller fallen, den Müll aufzuheben, oder sollte dies die Angelegenheit der städtischen Straßenreinigung sein?"

94% der Befragten antworteten, daß es in die Verantwortung aller fallen sollte. Insgesamt wurden 506 Personen (409 Studenten und 97 Nicht-Studenten) auf diese Weise befragt. Von ihnen hatten nur 8 Personen, d.h. ganze 1,4%, tatsächlich den Müll aufgehoben (5 Studenten und 3 Nicht-Studenten).

Um diesen wichtigen Unterschied zwischen selbstberichtetem und beobachtetem Verhalten zu markieren, werden wir im weiteren immer dort, wo Forschungsergebnisse auf selbstberichtetem Verhalten beruhen, das Umweltverhalten als *verbalisiertes Umweltverhalten* bezeichnen.

Die Ergebnisse der überblicksartigen Metaanalysen verweisen einhellig auf geringe Relationen zwischen Umweltwissen, Umwelteinstellungen und Umweltverhalten. Sie eröffnen einer auf Aufklärung und Wissensvermittlung setzenden Umweltbildung eine eher deprimierende Perspektive. Selbst wenn es gelänge, durch eine didaktisch hervorragende Wissensvermittlung die Umwelt*einstellungen* entscheidend zu beeinflussen, könnte man doch einem bislang zuwenig umweltgerechten Verhalten auf diese Weise nicht beikommen.

Verschiedene Autoren haben weitere theoretische Konstrukte in das Zusammenhangsmodell Wissen ⇨ Einstellung ⇨ Verhalten eingeführt. Diese theoretischen Konzepte nehmen Bezug auf eine Reihe von Annahmen, die sowohl im Alltagsverständnis als auch in Umweltbildung und Umweltpolitik kursieren und weithin akzeptiert werden, beispielsweise Aussagen wie:

- Wer die Natur kennenlernt, liebt sie und wird sie eher schützen.
- Wer als Kind an die Natur „herangeführt" wird, wird sie auch als Erwachsener eher lieben und schützen.
- Wer von Umweltproblemen betroffen ist, ist umweltbewußter.
- Wer aus den Medien viel Informationen über Umweltprobleme erhält, weist positivere Umwelteinstellungen auf und verhält sich entsprechend anders.

Im folgenden wollen wir uns detaillierter ansehen, was die bislang durchgeführten Studien eigentlich zu solchen Annahmen sowie zur unterstellten Kausalkette Wissen ⇨ Einstellung ⇨ Verhalten an Resultaten erbracht haben. Bei der Sichtung des Materials stellt man als erstes fest, daß nur eine Minderheit der Studien auch strukturelle Fragen des Zusammenhangs zwischen Betroffenheit, Wissen, Bewußtsein und Verhalten zu klären versucht. Meist beschränkt man sich auf die Beschreibung des Umweltbewußtseins und seiner Abhängigkeit von demographischen und persönlichen Merkmalen. Daraus resultieren solche Fragen wie „Sind Frauen umweltbewußter?", „Gibt es Unterschiede nach Bildungsgraden, nach Alter, nach persönlichen Wertorientierungen?" etc.

Sehen wir uns nun einige Untersuchungen zum Komplex *Wissen, Werte, Einstellungen, Handlungsbereitschaft und geäußertes Verhalten* an.

Wenig Zusammenhang zwischen Umwelteinstellungen und verbalisiertem Umweltverhalten

Die erste Untersuchung, der wir uns zuwenden, stammt aus dem Kontext der Soziologie. D. Urban befragte 1986 insgesamt 216 zufällig ausgewählte Einwohner einer Großstadt im Ruhrgebiet (vgl. Urban 1986). Urban stellt seine Ergebnisse in einem Strukturmodell dar, das dem Grundschema der Abbildung 4-1 folgt. Er unterscheidet im Kern des Modells zwischen *umweltrelevanten Wertorientierungen* (in der Abbildung 4-1 abgekürzt als OEKO-WERT), *umweltbezogenen Einstellungen* (OEKO-EINST), *umweltorientierter Handlungsbereitschaft* (OEKO-BEREIT) und dem *verbalisierten Umweltverhalten* (OEKO-AKTION). Das Pfadmodell zeigt, daß die direkten Einflußstärken in der Wirkungskette Werte ⇨ Einstellungen ⇨ Handlungsbereitschaft ⇨ verbalisiertes umweltgerechtes Verhalten zwischen 0,24 und 0,41 liegen (Pfadkoeffizienten können maximal einen Wert von 1,0 erreichen). Als Kontrollvariablen werden Alter, Bildung, das Ausmaß an Technikkritik, die Wahrnehmung ökologischer Belastung und der Berufssektor (Tätigkeit im Dienstleistungsbereich) einbezogen. Die Effekte dieser Kontrollvariablen sind allesamt nicht sehr groß und stimmen weitgehend mit Ergebnissen anderer Untersuchungen überein:

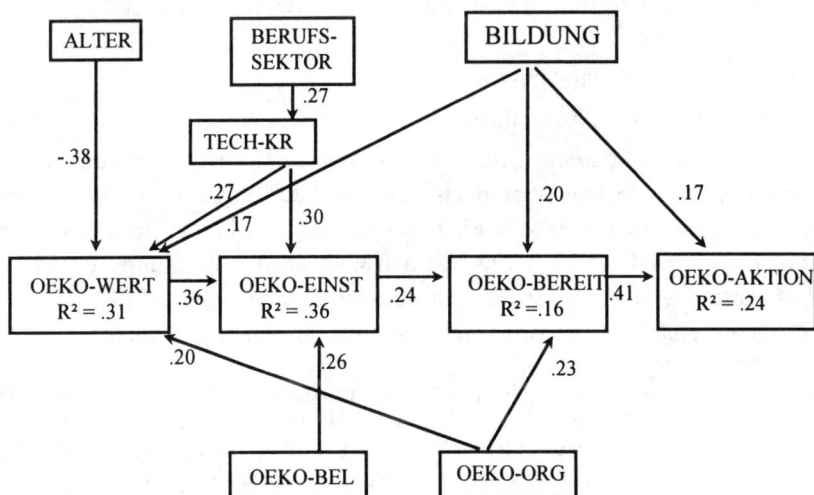

Abb. 4-1   **Strukturmodell des Umweltbewußtseins**

Quelle: Urban 1986: 372

- Es gibt einen leicht positiven, vom Betrag her aber geringen Zusammenhang der Bildung mit den Umwelteinstellungen, der Handlungsbereitschaft und dem verbalisierten Verhalten, d.h., mit steigendem Bildungsgrad wächst das Umweltbewußtsein.

- Bei jüngeren Personen ist die Chance, ökologische Werthaltungen anzutreffen, größer (negativer Pfadkoeffizient von -0,38).

Der Zusammenhang zwischen Werten, Einstellungen und verbalisiertem Verhalten ist nur schwach ausgeprägt, denn das geäußerte Umweltverhalten wird insgesamt nur zu 24% erklärt. Die Höhe der Koeffizienten ist zwar gering, aber Urban befindet sich mit dem Wert der Varianzaufklärung im Vergleich zu anderen Untersuchungen in der Spitzengruppe[1] (vgl. Urban 1986: 372), so daß sich die Frage aufdrängt, warum Urban eigentlich vergleichsweise viel Varianz erklären kann.

Um Urbans hohen Koeffizienten nachzuspüren, empfiehlt es sich, auf die Ebene der Operationalisierung zu wechseln und den im Interview benutzten Fragebogen genauer zu inspizieren. Urban erfaßt das Umweltverhalten mit acht Ja-Nein-Fragen:

1. Kauf von Getränken in Pfandflaschen

2. Kauf umweltbelastender Waren (Spraydosen, Plastikverpackungen)

3. Getrennte Sammlung von Glas und Papier

4. Beschwerde wegen Umweltbelastung

5. Art des benutzten Waschmittels

6. Besuch eines Treffens einer Umweltschutzorganisation in der Vergangenheit

7. Mitglied einer Naturschutzorganisation

8. Mitarbeit in einer Bürgerinitiative.

Man sieht, daß nur vier Items direkt das persönliche Umweltverhalten ansprechen, während die übrigen vier nach dem politischen Engagement für den Umwelt- und Naturschutz bzw. nach dem verbalen Handeln in der Öffentlichkeit fragen. Urbans Fragebogen steht noch ganz in der Tradition von Maloney/Ward und der dort anzutreffenden Schwerpunktsetzung auf gesellschaftlich-politische Handlungsweisen (siehe Kapitel 2). Auch aus anderen Unter-

---

1   Zusätzlich bemerkenswert ist, daß Urban sein Strukturmodell mit einem relativ einfachen statistischen Analyseverfahren errechnet, das anders als die häufig eingesetzte LISREL-Analyse keine Meßfehler berücksichtigt. Die Berücksichtigung von Meßfehlern, d.h. die Trennung von Meßmodell und Strukturmodell, wirkt sich in der Regel so aus, daß die Koeffizienten des Strukturmodells höhere Werte aufweisen, d.h. es ist wahrscheinlich, daß Urbans Koeffizienten beim LISREL-Verfahren noch größer gewesen wären.

suchungen wie den genannten Metaanalysen und der weiter unten skizzierten Studie von Langeheine/Lehmann (vgl. ebd.: 119) ist bekannt, daß das politische Engagement für die Umwelt stark mit entsprechenden Umwelteinstellungen kovariiert. Je mehr Items einer Skala zum verbalisierten Umweltverhalten sich also auf Fragen aus diesem Themenbereich beziehen, desto höher wird der erwartbare Anteil an Varianzaufklärung in einem solchen Regressionsmodell sein. Die vier Items, die sich direkt auf das persönliche Umweltverhalten richten (die Items 1, 2, 3 und 5), sind zudem für den einzelnen Akteur mit relativ geringen persönlichen Opfern verbunden. Es ist nun einmal „einfacher", alle vier Wochen eine Packung phosphatfreies Waschmittel zu besorgen oder Glas und Papier getrennt zu sammeln, als täglich mit öffentlichen Verkehrsmitteln zur Arbeit zu fahren oder gar gänzlich auf den Besitz eines Autos zu verzichten – genau danach wird bei Urban aber nicht gefragt.

Wissen und Betroffenheit bewirken wenig

Eine Studie, in der man etwas über die Effekte von Umweltwissen, persönlicher Betroffenheit und Kontrollattributionen erfahren kann, wurde von A. Grob in der Schweiz durchgeführt. Diese aus der Psychologie stammende Studie ist methodisch sehr sorgfältig angelegt. Die per Zufallsauswahl zustande gekommene Stichprobe umfaßt 388 Erwachsene, die mittels eines standardisierten Fragebogens interviewt wurden. Auch Grob geht von einem Zusammenhangsmodell nach dem klassischen Muster von Abbildung 4-1 aus (vgl. Grob 1991: 59). Neben den Umwelteinstellungen, von Grob als „Umweltbewußtsein" bezeichnet, und dem Umweltverhalten, das Urbans OEKO-AKTION entspricht, verwendet Grob in diesem Modell die theoretischen Konzepte *Betroffenheit*, *Kontrollattribution* und *persönlich-philosophische Lebenshaltung*.

Grobs Hypothesen, die er in einem Kausalmodell testet, lauten (vgl. ebd.: 59):

- Je ausgeprägter die positiven Umwelteinstellungen (in Grobs Terminologie das „Umweltbewußtsein") sind, desto umweltgerechter ist die Person.

- Je betroffener eine Person über den Zustand der Umwelt ist, desto umweltgerechter verhält sie sich.

- Je weniger materialistisch die Werthaltung einer Person ist und je bereiter jemand ist, sich auf noch nicht bekannte Lösungswege zur Überwindung der Umweltkrise einzulassen, desto angemessener verhält sich diese Person gegenüber der Umwelt.

- Personen, welche die Ursachen des Umweltzustandes eher sich und ihren Verhaltensweisen attribuieren, verhalten sich umweltgerechter als Personen, die die Ursachen des schlechten Umweltzustandes external attribuieren.

Abb. 4-2   **Kausalmodell Einstellungen im Umweltbereich und umweltgerechtes Verhalten** (Modell I)

$x^2 = 8.87$; df=7; p=.26
GFI=.996; AGFI=.995; RMSR=.013

.32 WERT-OBS .82 WERT .56 Persönlich-philosophische Lebenshaltung
.43 NEUS-OBS .76 NEUS .45
-.20 TECH .84 TECH-OBS .30
.15
.35 .40 .32 ENER .87 ENER-OBS .25
Kontroll-attributionen
.62 WISS-OBS 61 WISS .28 .27 WALD .85 WALD-OBS .28
.36 WAHR-OBS .80 WAHR Umwelt-bewußtsein .15 .22 KONF .86 KONF-OBS .26
.55 .45 .11
.10 AUSS .83 AUSS-OBS .32
Betroffen-heit -.17
.19 AFFR-OBS .90 AFFR .44
.23 DISK-OBS .88 DISK .37 .20 Verhalten im Umweltbereich .82 UMWE-OBS .33
.61

Quelle: Grob 1991: 185

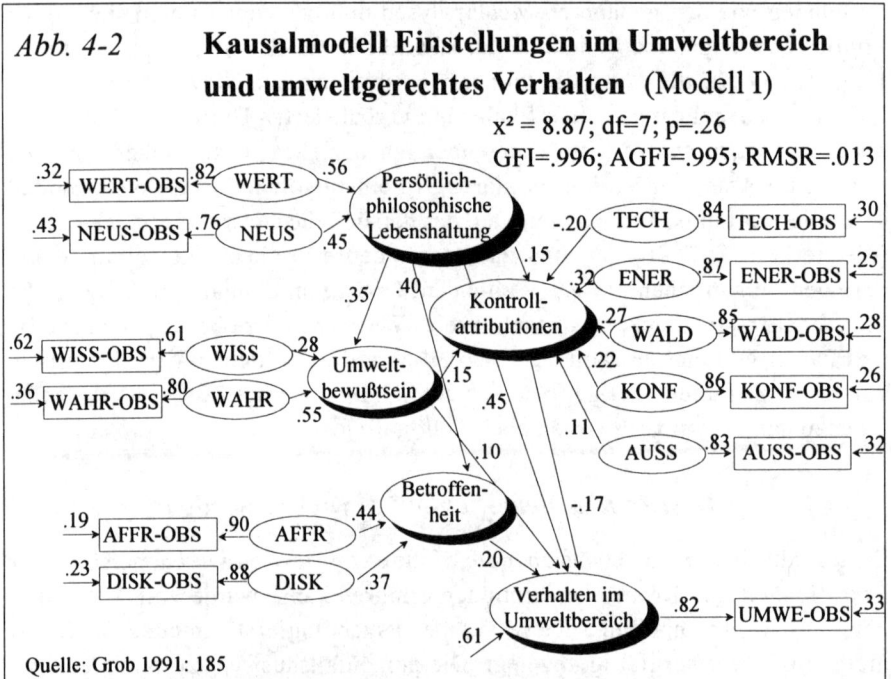

Entgegen seinen Hypothesen findet er, daß das Verhalten einer Person im Umweltbereich nicht mit den Kontrollattributionen zusammenhängt, beispielsweise damit, ob sie glaubt, persönlich Einfluß auf den Verbrauch von Energie oder auf das Waldsterben zu haben.

Die Studie von Grob arbeitet mit sorgfältig konstruierten Mehrfach-Indikatoren-Skalen und einer adäquaten komplexen Auswertungsmethodik. Die Frage nach dem Zusammenhang der verschiedenen Dimensionen des Umweltbewußtseins versucht er mit einem Modellansatz zu beantworten. Mit Hilfe des LISREL-Ansatzes (Linear Structural Relationship) kommt er zu zwei unterschiedlichen Kausalmodellen zur Erklärung des Umweltverhaltens (siehe Abb. 4-2).

LISREL-Modelle unterscheiden zwischen einem Meß- und einem Strukturmodell. In Grobs Modell einbezogen wurden insgesamt zwölf Indikatoren, die in Abbildung 4-2 in rechteckigen Rahmen am Rande angeordnet sind und jeweils durch den Zusatz -OBS kenntlich gemacht wurden.[1] Die *Latenten*

---

1   Es handelt sich um Wissen (Wiss-Obs), Wahrnehmung (Wahr-Obs), affektives Reagieren (Affr-Obs), Diskrepanzwahrnehmung (Disk-Obs), Werthaltungen (Wert-Obs), Bereitschaft, Neues zu denken (Neus-Obs), Glaube an Technik und Wissenschaft (Tech-Obs), Kontrollmeinung in den Teilbereichen Energie (Ener-Obs), Wald (Wald-Obs), Konflikt (Konf-Obs), Aussehen (Auss-Obs) sowie Verhalten im Umweltbereich (Umwe-Obs).

Variablen[1] sind in Ovalen eingezeichnet und die Effekte mit Pfeilen versehen, neben denen die Strukturkoeffizienten die Effektstärke angeben.

Das Kausalmodell zeigt, daß drei der vier oben genannten Hypothesen falsch sind:

Die erste Hypothese „Je umweltbewußter jemand ist, desto umweltgerechter verhält er sich auch" verzeichnet einen Koeffizienten von 0,10, d.h., der Einfluß der Pro-Umwelteinstellungen auf das verbalisierte Verhalten ist nur gering. Die Strukturkoeffizienten eines LISREL-Modells können Werte zwischen 1,0 (totale Determination) und 0,0 (keinerlei Zusammenhang) annehmen.

Etwas besser sieht es für die zweite Hypothese „Betroffenheit bewirkt umweltgerechtes Verhalten" aus; der Strukturkoeffizient erreicht 0,20, d.h., „emotionale Betroffenheit" hat neben „Persönlich-philosophischer Lebenshaltung" den größten Effekt auf das geäußerte Umweltverhalten.

Die vierte Hypothese „Kontrollattributionen wirken sich förderlich aus", d.h., man behauptet von sich dann am ehesten, umweltgerecht zu handeln, wenn man sich für den Zustand der Umwelt mitverantwortlich fühlt und glaubt, man könne durch sein Verhalten etwas bewirken, erweist sich ebenfalls als falsch. Der entsprechende Koeffizient von -0.17 ist nicht nur von der Größe her bedeutungslos, er hat auch ein negatives Vorzeichen, d.h., der Zusammenhang ist von der Richtung her umgekehrt: Am ehesten behauptet noch derjenige, daß er sich umweltgerecht verhält, der glaubt, er sei nicht für den Zustand der Umwelt verantwortlich.

Umweltspezifisches Wissen führt zu geringfügig positiveren Umwelteinstellungen (0,28), der direkte Effekt auf das Umweltverhalten wurde im Modell I nicht getestet.

In einem modifizierten Modell II (Abb. 4-3) untersucht Grob auch den direkten Einfluß des Umweltwissens auf das verbalisierte Verhalten. Dieses zweite Modell ist komplexer, u.a. werden nun auch direkte Effekte der Teilbereiche der Kontrollattributionen (Technik, Energie, Wald etc.) auf das Verhalten getestet. Um die Verwirrung in Grenzen zu halten, hat Grob die beobachteten Variablen, anders als in der Abbildung 4-2, nicht mehr eingezeichnet. Hier soll nicht das gesamte Modell interessieren, sondern nur der Effekt des Umweltwissens auf das Umweltverhalten. Grob findet keine nennenswerte positive Wirkung, im Gegenteil, der Effekt fällt mit -0,15 sogar negativ aus: Je mehr umweltspezifisches Wissen Personen aufweisen, desto seltener sagen sie, sie

---

1   Es handelt sich um Werthaltungen (WERT), Bereitschaft, Neues zu denken (NEUS), Wissen (WISS), Wahrnehmung (WAHR), affektives Reagieren (AFFR), Diskrepanzwahrnehmung (DISK), Glaube an Technik/Wissenschaft (TECH) und die Kontrollattributionen in den Teilbereichen Energie (ENER), Wald (WALD), Konflikt (KONF), Aussehen (AUSS).

Abb. 4-3   **Kausalmodell Einstellungen im Umweltbereich und umweltgerechtes Verhalten** (Modell II)

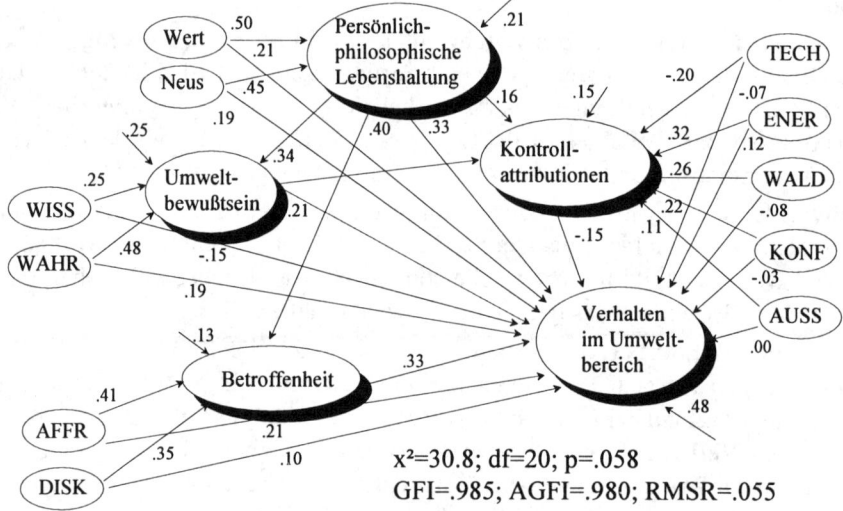

x²=30.8; df=20; p=.058
GFI=.985; AGFI=.980; RMSR=.055

Quelle: Grob 1991: 189

würden sich umweltgerecht verhalten. Im übrigen zeigt der Vergleich von Modell I mit Modell II, in welchem Ausmaß zwei statistisch zufriedenstellende LISREL-Modelle differieren können. Nicht nur die Schwankungsbreite der Koeffizienten ist erheblich, sondern auch die Richtung eines Effektes, hier des Umweltwissens, kann sich in Abhängigkeit von der Modellspezifikation verändern. Man wird gut beraten sein, nicht der Suggestion von Exaktheit zu erliegen, die ein solches Modell – kontrafaktisch – ausstrahlt.

Bei der geringen Wirkungsstärke ist das Vorzeichen – gottlob für die Umwelterziehung – nicht allzu ernst zu nehmen, denn sonst müßte man ja im Interesse der Bewältigung der Umweltkrise für die Unterlassung jeglicher Vermittlung von Umweltwissen eintreten. Auch andernorts ließen sich keine nennenswerten Zusammenhänge zwischen Umweltwissen und verbalisiertem Verhalten finden. Lediglich Schahn/Holzer (1989) identifizierten bei Mitgliedern von Umweltschutzorganisationen eine Korrelation von 0,14 – ein nach Angabe der Autoren signifikanter Zusammenhang, der aber von der Größe her zu vernachlässigen ist.

Die Ergebnisse von Grob sind insgesamt eindeutig: *Der Zusammenhang von Umweltwissen und Umwelteinstellungen ist relativ gering, die Effekte von Wissen und Einstellungen auf das verbalisierte Verhalten sind unbedeutend.*

Sozialisationserfahrungen ohne Effekte?

Die Studie von R. Langeheine und J. Lehmann (1986) spürt den Wirkungen von kindlichen und frühkindlichen Erfahrungen nach und bezieht eine Reihe von Sozialisationsvariablen in das Zusammenhangsmodell ein. Die Untersuchung entstammt der Pädagogik – sie wurde am Kieler Institut für die Pädagogik der Naturwissenschaften (IPN) durchgeführt – und umfaßt 558 Probanden in Schleswig-Holstein und 436 in Berlin. Sie besteht aus einer Zufallsstichprobe von Erwachsenen sowie Schülern, Facharbeitern und Mitgliedern des BUND. Die in dieser Untersuchung zusätzlich einbezogene Variablengruppe „Erfahrungen mit naturnaher Umwelt in Kindheit und Jugend" ist vor allem für die Umweltbildung von Interesse. Die Autoren fragen nach den direkten und symbolischen Erfahrungen mit Natur und Umwelt sowie nach den in der Herkunftsfamilie vorherrschenden Regeln in bezug auf den Umgang mit der Natur.

Auch Langeheine/Lehmann haben multivariate Analysen ihres Datenmaterials vorgenommen und die Ergebnisse in einem Kausalmodell zusammengefaßt, das sie mit dem Pfadanalyseprogramm PLS berechnet haben. Das für die Berliner Teilstudie ermittelte Kausalmodell des persönlichen Umweltverhaltens ist in Abbildung 4-4 wiedergegeben.

In der Berliner Teilstudie werden immerhin 26% der Varianz des verbalisierten Umwelthandelns im eigenen Haushalt erklärt, in der im ländlichen Raum (Schleswig-Holstein) durchgeführten Teilstudie sind es mit 10% weitaus weniger. Die einzelnen Pfadkoeffizienten sind sehr niedrig, mit Ausnahme des Effektes der Variable Alter, die hier mit 0,32 den weitaus stärksten direkten Einfluß auf das geäußerte Umweltverhalten ausübt. Ältere Personen äußern sich dahingehend, daß sie sich umweltgerechter verhalten als jüngere. Aus der Metastudie von Hines u.a. wissen wir aber bereits, daß es keine eindeutigen Resultate hinsichtlich des Zusammenhangs von Alter und Umweltverhalten gibt. Die Besonderheit der Ergebnisse von Langeheine und Lehmann mag daher rühren, daß ihre Stichprobe kein repräsentatives Abbild der Altersstruktur der Bevölkerung ist, sondern die mittleren Altersgruppen bevorzugt.

Die Sozialisationsvariablen erweisen sich insgesamt als von schwachem Einfluß. Von der *Erziehung zum pfleglichen Umgang mit Sachen* als auch von der *Betonung des pfleglichen Umgangs mit Lebewesen in der Kindheit* gehen mit 0,12 bzw. 0,11 schwach positive Effekte auf das verbalisierte Umweltverhalten aus. Die gleiche positive Wirkung haben *frühe direkte Naturerfahrungen*, während sich intensiver *schulischer Umweltunterricht* – hier wurde nach dem Unterricht zu Fragen von Energie und Rohstoffen gefragt – sogar negativ auswirkt, ein Resultat, das die Autoren der Studie seinerzeit als „merkwürdig" bezeichneten (ebd.: 120), das aber nach den mittlerweile vorliegenden Ergebnissen anderer Studien nicht mehr sonderlich überraschen kann.

Abb. 4-4   **Modell des persönlichen Umweltverhaltens**

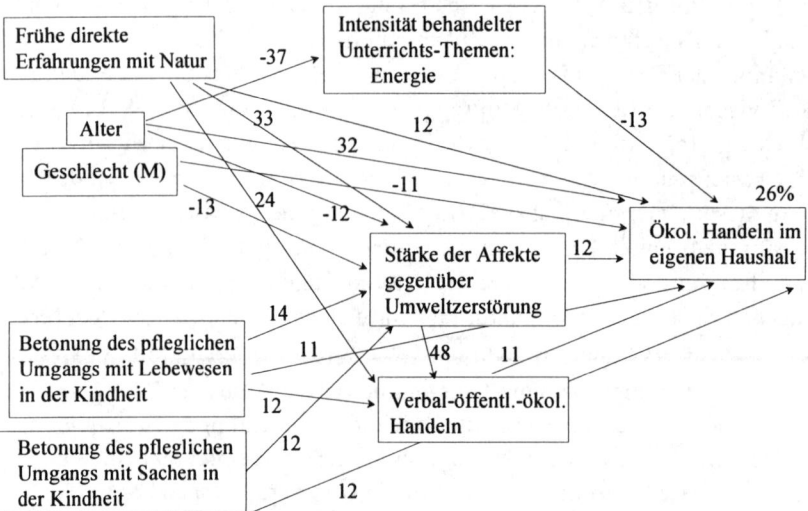

Quelle: Langeheine/Lehmann 1986: 123

Ein Blick auf die Indikatoren für das ökologische Handeln im eigenen Haushalt zeigt, daß Langeheine und Lehmann nach Altglasrecycling, Altpapierrecycling und unspezifisch nach Energiesparen fragen, die allesamt Items sind, die den Betroffenen keine größeren Opfer abverlangen. Insofern ist die mit 26% relativ hohe Varianzaufklärung beinahe vorherzusehen.

Differenzierung des Umweltverhaltens: leichte und schwere Übungen

Die Studie von Langeheine und Lehmann macht noch einmal einen Aspekt sehr deutlich, den man bei genauerem Hinsehen auch in den Studien von Grob und Urban feststellen kann: Die einzelnen Verhaltensweisen, die gemeinhin zur Ermittlung einer Skala „Umweltverhalten" abgefragt werden, weisen einen unterschiedlichen „Schwierigkeitsgrad" auf. Es ist eben offenbar „schwieriger", für den Weg zur Arbeit auf das Auto zu verzichten, als Altpapier getrennt zu sammeln oder beim Einkaufen eine Einkaufstasche mitzunehmen. Welcher Art sind nun die „Schwierigkeiten", die der einzelne damit hat, sein Verhalten so zu verändern, daß es umweltgerecht ist? Um diese Frage zu klären, erscheint es sinnvoll, zunächst einmal zu eruieren, welche Verhaltensweisen denn nun leichter und welche schwerer sind und ob sich hier überhaupt allgemeine Regelmäßigkeiten ausmachen lassen oder ob „Schwierigkeit" eine ausschließlich subjektive Bewertung ist.

Die im Rahmen der Marketing- und Konsumforschung durchgeführte Studie von Fejer und Stroschein (1991) geht genau dieser Frage nach und will darüberhinaus klären, ob sich für umweltbezogene Verhaltensweisen eine „Guttman-Skala" bilden läßt (vgl. ebd.: 5). Eine Guttman-Skala besteht aus einer Anzahl von Items – hier Fragen zum Umweltverhalten –, die die Eigenschaft besitzen, für die Gesamtheit der Probanden insofern eine Ordnung darzustellen, als jede Person an einer bestimmten Stelle vorangehende Fragen bejaht und nachfolgende Fragen verneint. So werden beispielsweise zehn Fragen zum Umweltverhalten gestellt, die sich letztlich streng hierarchisieren lassen. Auf Stufe 5 steht derjenige, der die Fragen 1 bis 5 mit „ja" beantwortet", die Frage 6 verneint und – so es sich um eine Guttman-Skala handelt – auch die Fragen 7 bis 10 mit „nein" beantwortet (vgl. Kriz/Lisch 1988: 110). Man hätte sich dann eine Art Stufenleiter von Umweltverhaltensweisen vorzustellen, deren erste Stufe vielleicht mit der Jute-Tasche beginnt, über den Einkauf im Bioladen schließlich bis zum Verzicht auf den Besitz eines Autos fortschreitet. Wer dann auf der Stufe „Bioladen" steht, geht selbstverständlich auch mit der Jutetasche einkaufen, besitzt allerdings noch ein Auto – wer die höhere Stufe „Verzicht auf Autobesitz" erreicht hat, geht auch mit der Jutetasche in den Bioladen.

Fejer/Stroschein unterscheiden in ihrer Untersuchung sieben Arten von Verhaltensweisen:

1. Allgemeines soziales Verhalten

2. Umweltschonende Abfallbeseitigung

3. Wasser- und Energiesparen

4. Verzicht auf umweltschädigende Produktgattungen

5. Ersatz umweltbelastender durch umweltfreundlichere Produkte

6. Abfallvermeidung

7. Öffentlicher Einsatz zugunsten des Naturschutzes.

Das allgemeine soziale Verhalten wurde mit acht Fragen, die sechs Bereiche des Umweltverhaltens mit fünf Fragen erfaßt. Die entscheidende Frage lautet nun, ob es den Autoren gelingt, die Existenz einer Guttman-Skala, d.h. einer Schwierigkeitshierarchie im Bereich des Umweltverhaltens nachzuweisen. Dies gelingt ihnen nicht perfekt, aber zumindest in Ansätzen. Abbildung 4-5 gibt einen Überblick über das verbalisierte umweltfreundliche Verhalten in den einzelnen Bereichen.

80% der Befragten äußern, sie verhielten sich allgemein sozial. Fast zwei Drittel sagen, sie würden Mülltrennung praktizieren und auf umweltgerechte Abfallbeseitigung achten. Alle anderen Verhaltensbereiche rutschen unter die 50%-Grenze: Nur noch jeder sechste behauptet, prophylaktische Abfallvermeidung zu praktizieren, etwa durch den Kauf von Getränken in Pfandflaschen oder dadurch, daß kein plastikverpacktes Obst und Gemüse im Supermarkt gekauft wird. Nur noch jeder zehnte sagt, sich auch öffentlich für den Umweltschutz zu engagieren und Mitglied in einer Umweltschutzorganisation zu sein oder gelegentlich für sie zu spenden.

Mit dem Nachweis, daß eine Hierarchie zwischen den oben genannten sieben Bereichen existiert, scheitern die Autoren zunächst. Erst durch Ausschluß von drei Items und Zusammenfassung der Bereiche „Verzicht auf umweltschädigende Produktgattungen" und „Ersatz umweltbelastender durch -freundlichere Produkte" zu einem einzigen Bereich „Verzicht auf umweltschonende Produktgattungen" gelingt es ihnen, statistisch zufriedenstellende Werte für die Guttman-Skala zu erreichen (vgl. ebd.: 7; siehe Abb. 4-6). Nun handelt es sich bei den Items, die ausgeschlossen wurden, nicht um „exotische Fragen", sondern um sehr häufig zur Erfassung des Umweltverhaltens eingesetzte Indikatoren, nämlich um den Kauf von Spraydosen, den Kauf von Recycling-Toilettenpapier und die Benutzung von Feinwaschmitteln für die Wäsche bis 60 Grad. So ist es dann

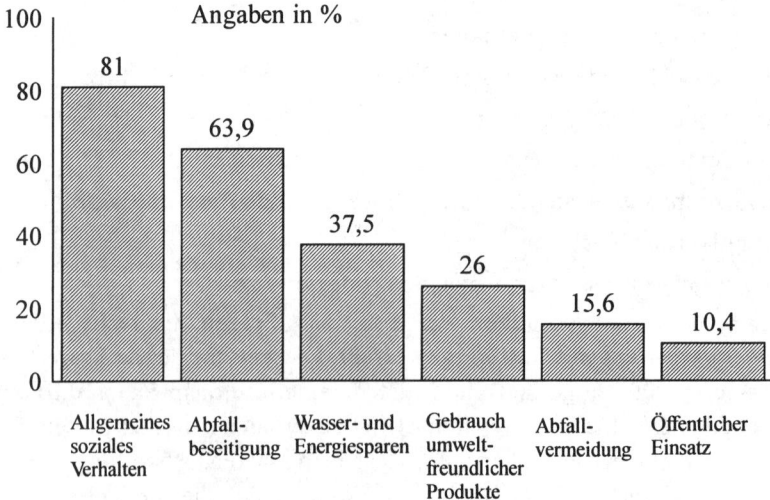

Abb. 4-5   **Verbreitung umweltfreundlichen Verhaltens in sechs Bereichen**

Angaben in %

Quelle: Fejer/Stroschein 1991

eher verwunderlich, daß sich diese klassischen Verhaltensweisen nicht auf einer Umweltverhaltens-Skala einordnen lassen sollen.

Bei den Befragten, die ein Auto besitzen, wurde zusätzlich ein Index „umweltschonender Gebrauch des Autos" gebildet, bestehend aus den Items:

- Ich fahre in der Stadt nur selten Auto.
- Ich benutze nach Möglichkeit auch für Fahrten in die umliegende Gegend (bis 30km) öffentliche Nahverkehrsmittel.
- Ich fahre auf der Autobahn selten schneller als 100 km/h.
- Ich weiß nicht, ob ich mit meinem Wagen bleifrei tanken darf.
- Ich fahre ein schadstoffarmes Auto.

Für die Autofahrer zeigte sich nun, daß der „umweltschonende Gebrauch des Autos" im Vergleich mit den anderen Verhaltensbereichen als der weitaus schwierigste zu gelten hat. Ganze 3,1% halten sich selbst für umweltschonende Autonutzer. Offenbar hört jegliches Bemühen, zu einer besseren Umwelt beizutragen, genau dann auf, wenn es ums Auto geht.

Fejer und Stroscheins Studie zeigt erneut die bereits aus den anderen Untersuchungen bekannten Eigentümlichkeiten hinsichtlich des Zusammenhangs von Umwelteinstellungen und verbalisiertem Umweltverhalten, allerdings nun dif-

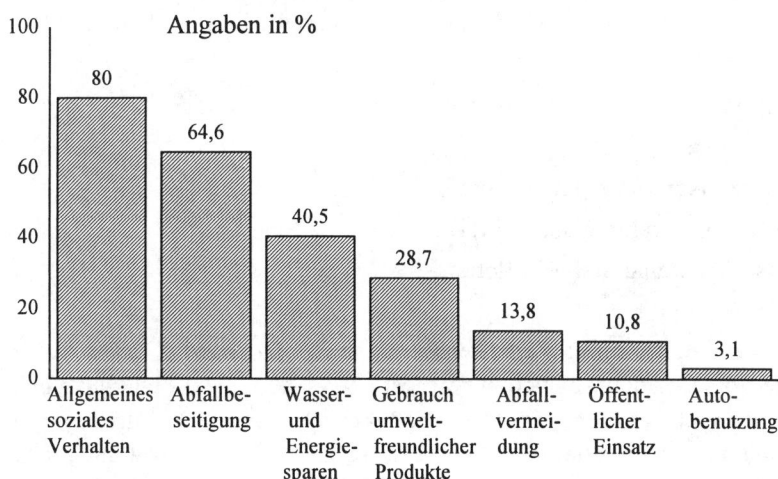

Abb. 4-6   **Verbreitung umweltfreundlichen Verhaltens in sieben Bereichen - nur Autobesitzer**

Quelle: Fejer/Stroschein 1991

ferenziert für die verschiedenen durch die Guttman-Skala erfaßten Stufen des umweltgerechten Verhaltens. Es zeigt sich, daß selbst von den Befragten der Stufe 0 (sie zeigen weder allgemein soziales noch umweltgerechtes Verhalten) 58% über hohe oder sehr hohe Pro-Umwelteinstellungen verfügen. Bei den Personen der Stufe 1 (allgemeines soziales Verhalten, aber keinerlei umweltgerechtes Verhalten) sind es bereits 68% mit positiven Umwelteinstellungen, und bei der Stufe 2 (Abfallbeseitiger) sind es schon 78%. Umwelteinstellungen sind – das wissen wir bereits – ein schlechter Prädiktor für verbalisiertes Verhalten. Hingegen gilt der umgekehrte Schluß: Personen, die von sich behaupten, sich umweltgerecht zu verhalten, haben in der Regel auch positive Umwelteinstellungen, sie geben dem Umweltschutz den Vorrang vor der Sicherung von Arbeitsplätzen, nehmen Umweltbelastungen stärker wahr und sind über Umweltzustände betroffen.

Die Studie hat außer dem oben erwähnten, auswertungstechnisch und nicht inhaltlich begründeten Ausschluß von „klassischen Items" weitere methodische Probleme. Die Schwelle der statistischen Gütekriterien wird nur dadurch übersprungen, daß der nicht direkt zum Umweltverhalten gehörende Verhaltensbereich „Allgemeines sozialen Verhalten" in die Skalenbildung einbezogen wird. Dieser wird gemeinhin in der Umweltbewußtseinsforschung nicht zum Umweltverhalten gezählt (vgl. Kapitel 2).

Ein dritter problematischer Punkt betrifft die Aggregierung der einzelnen Verhaltenweisen zu einer Ja/Nein-Variable in den sechs Verhaltensbereichen. So wird im Bereich 4 „Verzicht auf umweltschonende Produktgattungen" eine Person dann als umweltorientiert eingestuft, wenn sie äußert, daß sie mindestens sechs der folgenden sieben Produkte nicht in ihrem Haushalt benutzt:

1. Weichspüler

2. Reinigungsmittel für das Bad

3. Backofenreiniger

4. Chemische Insektenbekämpfungsmittel

5. Phosphatfreies Waschmittel

6. Beckensteine in der Toilette

7. WC-Reiniger.

Die Hierarchie der sechs Verhaltensbereiche ist offenkundig davon abhängig, wie die Forscher den Schwellenwert festlegen. Setzen sie die Grenze bei fünf oder vier angeblich nicht benutzten Produktgruppen, werden folgerichtig mehr Personen als umweltorientiert eingestuft als bei einem Schwellenwert von 6. Auch könnten die monoton fallenden Schwierigkeitsstufen in Abbildung 4-6 zu dem Fehlschluß verleiten, daß nur 26% der Befragten umweltfreundliche Produkte kaufen, was offensichtlich nicht mit bekannten, weit höheren Prozentzahlen – etwa für den Kauf von phosphatfreien Waschmitteln – konform geht. Die durch die Guttman-Skala belegte Hierarchie besteht eben nicht für einzelne geäußerte Verhaltensweisen, sondern nur für die aggregierten Verhaltensbereiche. Jemand, der auf der Stufe 3 der Skala steht („Wasser- und Energiesparen"), kann also durchaus gesagt haben, er würde fünf der genannten Produkte nicht benutzen.

Trotz dieser methodischen Probleme liefert die Studie von Fejer und Stroschein zwei wichtige Ideen zur Erklärung des Umweltverhaltens:

Erstens, daß vermutlich eine Rangfolge von umweltgerechten Verhaltensweisen existiert und es infolgedessen für den einzelnen mit unterschiedlichen Schwierigkeiten verbunden ist, die verschiedenen Verhaltensweisen zu „erlernen"; diese Rangfolge können sich Marketing, Umweltpolitik wie auch Umweltbildung zunutze machen, indem sie schrittweise („Foot-in-the-door"-Technik) ein umweltgerechteres Verhalten ermöglichen.

Zweitens – eigentlich eher ein Nebenprodukt der Studie –, daß allgemeines soziales Verhalten die Voraussetzung für umweltgerechtes Verhalten sein könnte; im Kapitel 8 werden wir diesen Gesichtspunkt im Abschnitt über das Leitbild einer zukunftsfähigen Entwicklung („Sustainable Development") erneut aufgreifen.

Low-cost- und High-cost-Verhalten

Eine von den Soziologen A. Diekmann und P. Preisendörfer durchgeführte Untersuchung fokussiert ebenfalls die Differenzen in bezug auf die persönlichen Kosten, die mit unterschiedlichen Verhaltensweisen im Umweltbereich verknüpft sind. Diekmann/Preisendörfer befragten 1990/91 insgesamt 1357 Personen in Bern und München (vgl. Diekmann/Preisendörfer 1991 und 1992). Die Studie wurde vielfach rezipiert, in auflagenstarken Zeitschriften wie „Psychologie heute" und „Die Zeit" ausführlich besprochen und dadurch auch in der Öffentlichkeit weithin bekannt. Die 1357 Probanden wurden zufällig ausgewählt und telefonisch interviewt. Es wurden Fragen zum Umweltwissen, zu Umwelteinstellungen und zu konkreten umweltrelevanten Handlungen im Alltag gestellt. Das Umweltverhalten wurde in den vier Sektoren *Verkehr, Energie, Einkauf, Abfall* mit jeweils vier Items erfragt. Die gebildeten Skalen sind also weniger aufwendig als beispielsweise in der Untersuchung von Grob.

Auch Diekmann/Preisendörfer präsentieren als hoch aggregiertes Ergebnis ihrer Untersuchung ein Pfadmodell zum Umweltverhalten, dessen Kern in Abbildung 4-7 wiedergegeben ist (Diekmann/Preisendörfer 1992: 232).

Abb. 4-7   **Pfadmodell des Umweltverhaltens**

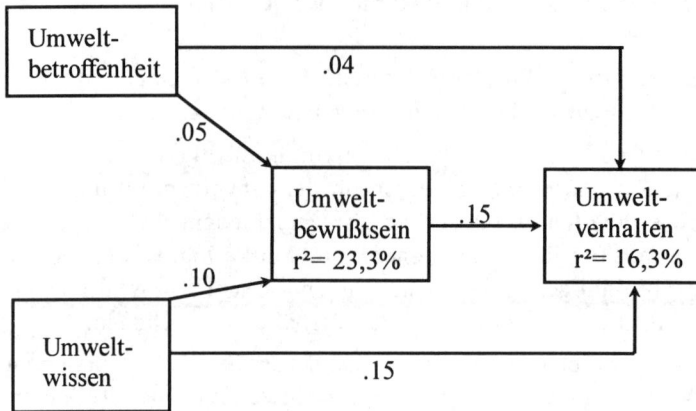

Umwelt-
betroffenheit   .04

     .05

                    Umwelt-
                    bewußtsein   .15   Umwelt-
                    r²= 23,3%   verhalten
     .10   r²= 16,3%

Umwelt-
wissen   .15

Quelle: Diekmann/Preisendörfer 1992

Die Erklärungskraft des Modells ist nicht sonderlich hoch, die Umwelteinstellungen, von Diekmann/Preisendörfer als „Umweltbewußtsein" bezeichnet, können noch in vergleichweise stärkerem Maße aufgeklärt werden (23%). Das Modell erklärt ganze 16% des verbalisierten Umweltverhaltens und zeigt erneut, daß Betroffenheit, Umweltwissen und Umwelteinstellungen keine sonderlich bedeutsamen Auswirkungen auf das geäußerte Verhalten haben. Diekmann/Preisendörfer setzen an diesem Bruch zwischen Umwelteinstellungen und verbalisiertem Verhalten an, um einige sehr ernüchternde Daten zu liefern: Sieht man sich an, wie sich das oberste Drittel der umweltbewußt eingestellten Personen nach eigenen Angaben verhält, so kommt erstaunliches zutage:

• 74% fuhren mit Flugzeug oder Auto in die letzten Ferien.

• 54% besitzen ein Auto.

• 37% waren am letzten Wochenende damit unterwegs.

• 39% bemühten sich nicht um die Einsparung von warmem Wasser

    (vgl. Diekmann/Preisendörfer 1992: 234).

Alles deutet darauf hin, daß es sich beim Umweltverhalten um eine äußerst heterogene Angelegenheit handelt. Wer an einer Stelle sagt, daß er oder sie umweltgerecht handelt – etwa im Bioladen einkauft –, muß dies noch lange nicht an anderer Stelle tun – z.B. beim Einsparen von Wasser. Zum Ausdruck kommt dies auch darin, daß die einzelnen Umweltverhaltensweisen, die Diekmann/Preisendörfer abfragen, stark unterschiedlich miteinander korrelieren. Manches hängt sehr eng zusammen, beispielsweise ob jemand sagt, er oder sie sammle Altglas getrennt und tue das gleiche auch mit Altpapier (Korrelation = 0,91), manches hat gar nichts miteinander zu tun, und manches korreliert sogar negativ – wie Mülltrennung bei Batterien und Verzicht auf das Auto am Wochenende (-0,38).

Aus der Heterogenität des Umweltverhaltens ziehen Diekmann/Preisendörfer den Schluß, dieses zu „disaggregieren", d.h., das verbalisierte Umweltverhalten in den vier Bereichen *Verkehr, Energie, Einkauf, Abfall* getrennt zu betrachten. Die Idee von Diekmann und Preisendörfer besteht nun darin, die Unstimmigkeit und Diskrepanzen auf die persönlichen Kosten zurückzuführen, die mit den einzelnen Verhaltensweisen verbunden sind. Auf der Basis von individuellen Kosten-Nutzen-Erwägungen, so die Grundthese von Diekmann und Preisendörfer, können positive Umwelteinstellungen nur dort wirksam werden, wo die „Kosten" von Verhaltensänderungen für den einzelnen vergleichsweise gering ausfallen. Genau diese Differenzierung rücken Diekmann und Preisendörfer dann in den Mittelpunkt ihrer Analyse. Hypothese ist, daß der Bruch zwischen positiven Umwelteinstellungen und verbalisiertem Umweltverhalten zwar besteht, wenn die Problematik global betrachtet wird. Geht man aber daran, das Umweltverhalten in Verhaltensblöcke („Verkehrsverhalten", „Energieverhalten" etc.) oder gar einzelne Verhaltensweisen zu zerlegen, dann zeigen sich Bereiche, in denen der Bruch besonders stark ist, aber auch solche, in denen man eher enge Zusammenhänge zwischen positiven Umwelteinstellungen und geäußertem Verhalten erkennen kann.

Die Autoren differenzieren schließlich nach Low-cost- und High-cost-Situationen. In Low-cost-Situationen, das sind für die Autoren die Verhaltensbereiche „Einkaufen" und „Abfallsortierung", sind die Verhaltenskosten des einzelnen gering. Anders sieht es, so Diekmann und Preisendörfer, in den Bereichen „Verkehrsverhalten" und „Energiesparen" aus, in denen Verhaltensänderungen die einzelnen mehr kosten. Bei der Einstufung als High-cost- bzw. Low-cost-Verhalten handelt es sich um eine von den Autoren selbst vorgenommene Bewertung, die nicht empirisch fundiert ist und sich vermutlich auch schwerlich empirisch bestätigen lassen dürfte. Die Daten der zuvor skizzierten Studie von Fejer/Stroschein (1991) stützen zwar die Einstufung des Verkehrsverhaltens als High-cost und des Abfallverhaltens als Low-cost. Dagegen lassen sie es jedoch zweifelhaft erscheinen, ob die Zuordnung von „Energieverhalten" und „Einkaufsverhalten" korrekt ist. Es ist beispielsweise schwer vorstellbar, daß eine große Mehrheit von Probanden das Herunterregeln der Heizung bei mehr als vierstündiger Abwesenheit als mit hohen persönlichen Kosten verbunden einstufen würde – so die Probanden denn gefragt würden.

In der Tat zeigen sich nun Differenzen (siehe Tab. 4-3). Vor allem das verbalisierte Verkehrsverhalten scheint ein Bereich zu sein, in dem Umweltwissen und -einstellungen nur wenig auszurichten vermögen. Aber – auch dies ist offenkundig – ein nennenswerter Zuwachs an Erklärungskraft wird so kaum erreicht. Auch im Bereich des am höchsten korrelierenden verbalisierten Einkaufsverhaltens vermögen die Umwelteinstellungen nur 5% der Varianz zu erklären. Diesen mit 0,23 niedrigen Korrelationskoeffizienten als Bestätigung der High-cost-/Low-cost-Hypothese zu werten, ist nicht zuletzt deshalb problematisch, weil das Einkaufsverhalten nach den empirischen Daten von Fejer/Stroschein ja eher zu den „leichten" Verhaltensweisen zu zählen ist.

Tab. 4-3   **Korrelation von Umweltwissen und -bewußtsein in High-cost- und Low-cost-Sektoren des Umweltverhaltens**

	High-cost		**Low-cost**	
	Energie	**Verkehr**	**Abfall**	**Einkauf**
Umweltbewußtsein	0,11	0,04	0,11	0,23
Umweltwissen	0,05	- 0,12	0,28	0,12

Quelle: Diekmann/Preisendörfer 1992

Die Diekmann/Preisendörfer-Studie stellt dennoch einen bemerkenswerten Fortschritt dar. Die *erste Erkenntnis* lautet hier:

Will man das selbstberichtete Umweltverhalten besser erklären, als es bislang der Fall ist, so ist Disaggregation, d.h. die differenzierte Betrachtung von einzelnen Verhaltensweisen oder Gruppen von Verhaltensweisen, die adäquate Strategie.

Die *zweite wichtige Erkenntnis* der Studie knüpft an die bereits bei Fejer und Stroschein nachgewiesene unterschiedliche „Schwierigkeit" von verbalisiertem Umweltverhalten an. Mit der Idee, die persönlichen Kosten als Differenzierungskriterium für verschiedene umweltrelevante Verhaltensweisen heranzuziehen, haben Diekmann und Preisendörfer einen Weg beschritten, bei dem notwendigerweise Gesichtspunkte der persönlichen *Wahrnehmung* und der *Einbettung des persönlichen Umweltverhaltens in das der Sozietät* ins Blickfeld geraten. Zwar verstehen die Autoren die Begriffe Low-cost und High-cost nicht im monetären Sinne, doch unterstellen sie bei den Akteuren ein Rationalitätskalkül nach dem Vorbild der Ökonomie. In Kapitel 7 werden wir näher untersuchen, wie weit ein solches theoretisches Modell von Kosten-Nutzen-Kalkülen brauchbar ist.

Ist wenig viel?

Es läßt sich nicht leugnen, die zentrale Aussage der komplexen Zusammenhangsmodelle von Umweltbewußtseinsstudien lautet: Wir wissen wenig über Zusammenhänge. Eine fundamentale Einsicht scheint zu sein: Nichts ist selbstverständlich, oder: Nichts hängt zusammen. Vergegenwärtigen wir uns die aus der Sicht von Umweltpolitik und Umweltbildung entscheidenden Fragen:

*   „Wo kommt das Umweltbewußtsein her?"
*   „Wie kann man es erzeugen, gegebenenfalls steuern?"
*   „Was bestimmt das persönliche Umweltverhalten?"
*   „Sind positive Umwelteinstellungen und ein gesteigertes Umweltwissen die Basis für ein geändertes Umweltverhalten?",

so ist es leider eine Tatsache, daß diese Fragen durch die Kausalmodelle nur zu einem verhältnismäßig geringen Teil beantwortet werden. Der Anteil erklärter Varianz mag dafür ein Maß abgeben. Nun kann man, nach dem Vorbild der Bewertung eines zu fünfzig Prozent gefüllten Glases als „halb voll" oder „halb leer", daran gehen, optimistische oder pessimistische Schlüsse für die Umweltbewußtseinsforschung zu ziehen. Pessimistisch ist etwa Lüdemann in seiner Kritik der Diekmann/Preisendörfer-Studie. Er erklärt die Einstellungs-Verhaltens-Forschung generell zu einem gescheiterten Forschungsprogramm, da die aufgeklärte Varianz immer sehr gering ist (vgl. Lüdemann 1993). Umgekehrt kann man, wie beispielsweise Diekmann/Preisendörfer oder Schahn, damit argumentieren, daß in anderen Feldern der Sozialforschung die Stärke der gemessenen Zusammenhänge – gemessen in Korrelationskoeffizienten, erklärter Varianz o.ä. – auch nicht größer sei. Diekmann und Preisendörfer verweisen auf die durchschnittlich gemessene Korrelation zwischen Schulbildung und Einkommen, welche auch nur unwesentlich von 0,35 verschieden sei (vgl. Diekmann/ Preisendörfer 1993: 129).

Diese Argumentation ist aber wenig überzeugend. Sie hat eher den Effekt, daß der unbefangene Leser nun beginnt, weitere gemeinhin für gesichert gehaltene Zusammenhänge anzuzweifeln. Da können die Argumente von Schahn und Bohner (1993) vermeintlich eher überzeugen: Unter Rückgriff auf ein von

Rosenthal und Rubin stammendes Darstellungsverfahren zur Veranschaulichung der Bedeutung von Korrelationskoeffizienten („Binomial effect size display") präsentieren sie folgende Vierfeldertafel (siehe Tab. 4-4) einer gedachten Studie über Einstellung und Verhalten im Umweltschutz mit einem Korrelationskoeffizienten von 0,26 (Schahn/Bohner 1993: 776).

Auf den ersten Blick ist man beeindruckt: Nur 7% erklärter Varianz und so ein schöner Zusammenhang – offenbar verhalten sich also Personen mit positiven Umwelteinstellungen umweltgerechter. Doch ist erstens die Form der Darstellung als Vierfeldertafel irreführend, denn in fast allen Studien werden zur Erfassung von Umwelteinstellungen und -verhalten metrische Skalen eingesetzt, und zur Veranschaulichung einer Korrelation von 0,26 wäre die Darstellung eines entsprechenden zweidimensionalen Punkteschwarms wie in den meisten Statistik-Lehrbüchern das adäquate Verfahren (vgl. Bortz 1993: 174). Einem Punkteschwarm mit einem solchen Korrelationskoeffizienten ist der Zusammenhang allerdings kaum mehr anzusehen. Zweitens – wenn schon die Vierfeldertafel als Modell herangezogen wird – läßt sich fragen, wie die Tabelle verändert werden müßte, um den Zusammenhang von Umwelteinstellungen und -verhalten zum Verschwinden zu bringen. Offenkundig wäre dies dann der Fall, wenn alle vier Zellen der Vierfeldertafel gemäß den Randhäufigkeiten (jeweils 100 Personen) eine absolute Häufigkeit von 50 Personen aufweisen würden, oder anders formuliert: Wieviele Personen in diesem fiktiven Beispiel von

Tab. 4-4   **Vierfeldertafel einer fiktiven Studie mit einer Einstellungs-Verhaltenskorrelation von r = 0,26**

Einstellung zum Umweltschutz	Ausprägung umweltgerechten Verhaltens		
	hoch	niedrig	Summe
positiv	63	37	100
negativ	37	63	100
Summe	100	100	200

Quelle: Schahn/Bohner 1993: 776

Schahn und Bohner verhalten sich denn *anders,* als man unter Annahme der Gleichverteilung erwarten würde? Es sind genau 13, also 6,5% der 200 Probanden. Bei gegebenen Randhäufigkeiten reicht es aus, die erste Zelle der Tabelle um 13 Personen zu vermindern, um eine Nullkorrelation herbeizuführen. Das Darstellungsverfahren ist nicht ungeschickt und erinnert ein wenig an die Motivationskünste von Fußballtrainern, die manche Spiele zu „Sechs-Punkte-Spielen" hochstilisieren, obwohl doch alle wissen, daß man nur drei Punkte gewinnen kann.

Wir verzichten hier darauf, eine Korrelation von 0,30 oder den Betrag von 9% zu visualisieren. Aller geschickten Beweisführung und allen Vergleichen mit anderen Themenfeldern zum Trotz: Hier wird wenig erklärt, und die entscheidende Frage ist, wie man denn nun den Zusammenhang von Umwelteinstellungen und verbalisiertem Umweltverhalten besser erklären könnte.

Fazit: Differenzierung als Perspektive

Das Fazit dieses Kapitels besteht zunächst in der Ernüchterung über die im Alltagsverständnis unterstellten Zusammenhänge zwischen Umweltwissen, Betroffenheit, Einstellungen und verbalisiertem Verhalten: Sie existieren nur rudimentär. Und dort, wo sich signifikante Zusammenhänge nachweisen lassen, erreichen sie keine nennenswerte Größenordnung.

Diese erste Erkenntnis des fehlenden Zusammenhangs ist nicht neu. Zum einen zeigt sich hier in concreto ein Phänomen der Diskrepanz von Einstellung und Verhalten, das als allgemeines Phänomen bereits seit langem aus der sozialpsychologisch orientierten Forschung bekannt ist. Es hatte sich nur noch nicht bis zur Umweltpolitik und Umweltbildung herumgesprochen. Zum zweiten, auch dies zeigte das Kapitel, liegen einschlägige Ergebnisse über die Relation von Umwelteinstellungen und -verhalten bereits seit mehr als einem Jahrzehnt vor, ohne daß diese die Umweltpolitik beeinflußt und in der Umweltbildung zu radikalen Kurswechseln geführt hätten. Zu wirksam scheint der „Mythos Aufklärung", als daß man von dem Glauben ablassen mag, durch Wissen und Rationalität ließe sich beim einzelnen wie auch „gesellschaftlich" ein verändertes Verhalten durchsetzen.

Was als Kondensat der besprochenen Zusammenhangsanalysen bleibt, ist die Aufforderung zur differenzierten Betrachtung, zur – wie Diekmann und Preisendörfer es ausdrückten – „Disaggregation des Umweltverhaltens". Dieses ist, das belegen die Studien mit aller Deutlichkeit, kein einheitliches Konstrukt, sondern ein ob seiner Strukur nur schwer durchschaubares Gemenge. Nun, auch hier scheint das Umweltbewußtsein manche Parallelität zur Entwicklung der grundlegenden Orientierungen heutiger Gesellschaften aufzuweisen.

Wir werden in Kapitel 7 zeigen, wie sich in den modernen Industriegesellschaften die Lebensstile pluralisieren: Man kommt mit einfachen Schichtschemata oder gar Klassentheorien nicht mehr zurecht, wenn man soziale Differenzierung erklären will. Auch hier sind plural operierende Konzepte der Beschreibung von Lebensformen gehaltvoller als monokausal und eindimensional konstruierte Modelle.

Die Perspektive der Differenzierung des Umweltbewußtseins werden wir in den nächsten Kapiteln in unterschiedliche Richtungen ausleuchten.

5. Kapitel

Umweltbewußtsein differenziert: Die Bedeutung der Lebensformen

In den Kapiteln 3 und 4 konnten wir feststellen, wie wenig die Umwelteinstellungen und das Umweltverhalten durch die Fragen nach der Schichtzugehörigkeit, dem Bildungsstand oder auch dem Einkommen aufgeklärt werden. Selbst die Frage nach dem Alter der Interviewten erbrachte nur geringe Korrelationen mit dem gesamten Komplex des Umweltbewußtseins. Insofern bestimmen allgemeine sozio-demographische Merkmale das Umweltbewußtsein nur schwach. Wie wirkt sich aber der viel beschworene Gegensatz von Ökonomie und Ökologie aus? Sind bestimmte soziale Gruppen bzw. Berufsgruppen besonders umweltbewußt, andere hingegen überhaupt nicht? In diesem Kapitel beginnen wir mit der Differenzierung des Umweltbewußtseins in Hinblick auf seine Träger und betrachten fünf Lebensformen[1] aus der Nähe:

1. Die Industriearbeiter

2. Die Manager

3. Die Landwirte

4. Die Lehrer

5. Die Jugendlichen.

Warum gerade diese fünf Gruppen? Was sind die Auswahlkriterien?

Die Industriearbeiter können darüber Aufschluß geben, inwieweit das Umweltbewußtsein von sozialen Merkmalen abhängig ist. Wenn die im öffentlichen Diskurs weit verbreitete Denkfigur der Gegensätzlichkeit von Ökonomie und Ökologie das Denken einer gesellschaftlichen Teilgruppe in besonderem Maße prägen müßte, dann dasjenige der Industriearbeiterschaft. Bei ihr müßten Vorbehalte gegenüber dem Umweltschutz groß sein, würde doch jede Maßnahme für die Umwelt den eigenen Arbeitsplatz potentiell gefährden. Und aus Kapitel 3 wissen wir, daß die Arbeitslosigkeit immer für wichtiger gehalten wird als der Umweltschutz.

Die *Manager* verdienen aus ähnlichen Gründen Aufmerksamkeit. Hinzu kommt, daß es im Urteil der Repräsentativbevölkerung in erster Linie die Industrie ist, die die Umweltprobleme und die Umweltkrise zu verantworten hat.

---

1   Unter Lebensform verstehen wir vor allem den Haushaltskontext und die Teilnahme am Erwerbsleben.

Die Manager sind gewissermaßen die Steuerleute auf der Brücke unseres Wirtschaftssystems – wie sieht ihr Umweltbewußtsein aus? Muß es nicht besonders gering ausgeprägt sein, zumal sie einem ökologischen Umbau der Gesellschaft eher skeptisch gegenüberstehen?

Die Landwirte fallen nicht gerade durch umweltgerechtes Verhalten auf, wenn man an die Massenviehhaltung, die Legebatterien und die Vergiftung der Felder mit Gülle denkt. Schließlich ist der ökologische Landbau nicht die Norm. Nur 2% der Nutzfläche wird ökologisch bewirtschaftet. Andererseits: Wenn Nähe zur Natur, der tägliche Anblick ihrer mit den Jahreszeiten wechselnden Schönheit jemals dazu geeignet wäre, so etwas wie Naturliebe und das Bedürfnis, diese zu schützen, hervorzurufen, dann müßten die Landwirte eigentlich besonders engagierte Naturschützer sein.

Die Lehrer, zumal wenn sie selbst Umweltthemen unterrichten, verfügen qua Beruf über ein weit über dem Durchschnitt liegendes Maß an Umweltwissen. Dies läßt erwarten, daß es sich hier um eine besonders umweltbewußt denkende und lebende Gruppe der Bevölkerung handelt. Sie stehen auch gleichsam in der Pflicht, durch besonders umweltgerechtes Verhalten ein Vorbild für die ihnen anvertrauten Schüler zu sein – so könnte man meinen.

Die Jugendlichen sind nicht nur interessant, weil sich bei ihnen die Effekte der Bemühungen der Lehrer studieren lassen, sondern auch, weil sie aufgrund ihres Status als Nichtberufstätige einen nicht durch die berufliche Interessenlage getrübten Blick für die Umweltprobleme haben müßten und deshalb als besonders prädestiniert erscheinen, sich für Umweltbelange einzusetzen. Außerdem kann man an ihnen die Probe auf die Bedeutung des Alters für das Umweltbewußtsein machen. Wenn es richtig ist, daß Pro-Umwelteinstellungen bei jüngeren Menschen eher anzutreffen sind als bei älteren, dann können wir bei den Jugendlichen ein Höchstmaß an Betroffenheit und Handlungsbereitschaft erwarten.

Gewiß wäre es interessant, noch weitere Gruppen gesondert zu betrachten – beispielsweise die Hausfrauen oder die Umweltaktivisten. Doch ist die Datenlage hierfür nicht hinreichend. Es existieren teils gar keine, teils nur wenige und nicht repräsentative Untersuchungen, so daß es hier unmöglich ist, einigermaßen solide Aussagen zu machen. Dies gilt vor allem für die Umweltaktivisten. In einigen Untersuchungen (vgl. u.a. Langeheine/Lehmann 1986) hat man eine Teilstichprobe von Mitgliedern des BUND oder anderer Umweltschutzorganisationen erhoben, manchmal ist auch der Versuch unternommen worden, im nachhinein Umweltaktivisten oder Personen, die als besonders umweltfreundlich gelten, hinsichtlich ihres Verhaltens gesondert zu betrachten. Solche Untersuchungen laufen immer Gefahr, mehr oder weniger genüßlich davon zu berichten, daß die Aktivisten sich auch nicht signifikant anders verhalten als der Rest der Welt. Schadenfrohe Berichte dieser Art kennt man auch aus anderen gesellschaftlichen Bereichen. So macht es wohl den gleichen Spaß, Gewerkschaftsführer bei der Börsenspekulation zu erwischen wie Greenpeace-Vorständler im katalysatorlosen, Benzin schluckenden alten Volvo. Allein für seriöse Aussagen reicht das Material nicht. Was vorliegt, deutet darauf hin, daß Umweltaktivisten weit kritischere Umwelteinstellungen haben und sich zumindest hinsichtlich der Low-cost-Verhaltensweisen positiv abheben.

Industriearbeiter

„Ökologie vor Ökonomie? Sicher – denn in unserem Betrieb ist alles in Ordnung!"

„Aufgrund der Ausführungen der Befragten zum betrieblichen Umweltschutz kann man den Eindruck gewinnen, bei den Betrieben der Möbelindustrie handele es sich um ökologische Musterbetriebe. Die Betriebe seien sehr sauber. Probleme kämen kaum vor und wenn doch, dann würde für schnelle Abhilfe gesorgt. Abwärme sei nicht der Rede wert. Problematische Abwässer gäbe es nicht. Abfallprodukte würden bereits sinnvoll verwertet (Restholzverbrennung, getrenntes Sammeln von Papier). Ja, einzelne Beschwerden von Beschäftigten seien übertrieben.... Ihre Kenntnisse über die Belastungen am Arbeitsplatz erhalten die Betriebsräte durch Augenschein oder indem sie die Gewerbeaufsicht/Berufsgenossenschaft bei Kontrollen im Betrieb begleiten. Umweltbeauftragte gibt es in keinem Betrieb." (Eisbach u.a. 1988: 222f.)

Diese Schilderung von betrieblichem Umweltbewußtsein entstammt der Untersuchung von Eisbach u.a., in der mehr als 70 Betriebsräte aus dem Organisationsbereich der IG Metall und GHK befragt wurden. „Umweltschutz: Kein Thema in der Möbelindustrie" – lautet das Fazit der Autoren. Doch diese verharmlosende und positive Sichtweise in bezug auf die Umweltbelastungen, die durch den eigenen Betrieb verursacht werden, ist kein Spezifikum der Möbelindustrie – sie läßt sich nahezu überall antreffen.

Kommt hierin die häufig angeführte Unvereinbarkeit von Ökonomie und Ökologie zum Ausdruck? Sind die Betriebsräte und die Industriearbeiterschaft insgesamt aus wohlverstandenem Eigeninteresse gegen Umweltschutz eingestellt?

Sehen wir uns also an, was die Forschung hierzu herausgefunden hat, und beginnen wir mit einer Gruppe, auf die dies ganz besonders zutreffen müßte, weil sie gewissermaßen das Kultgut der Industriegesellschaft herstellen: den Automobilarbeitern. Sie wären von einer ökologischen Umstrukturierung der

Gesellschaft in besonders starkem Maße betroffen und müßten um ihre Arbeitsplätze fürchten. Zu dieser Frage liegt eine aktuelle Repräsentativerhebung vor.
1991/92 wurden in der von Lange geleiteten Untersuchung „Umweltbewußtsein
von Beschäftigten der Automobilindustrie" 923 Automobilarbeiter an vier Pro-
duktionsstandorten befragt. Die Ergebnisse sind überraschend: Annähernd 75%
der Arbeiter halten den Zustand der Umwelt für beängstigend. Ein noch höherer
Prozentsatz sieht den Autoverkehr daran ursächlich beteiligt und spricht sich
deshalb für einen Vorrang des öffentlichen Nahverkehrs in der Stadt aus. Zwei
Drittel geben an, bereits die Konsequenz gezogen zu haben, das Auto öfter mal
stehen zu lassen (vgl. Lange 1994).

Kaum eine Beschäftigtengruppe weist einen derart hohen Grad an gewerk-
schaftlicher Organisierung auf wie die Automobilarbeiter, so daß diese Aufge-
schlossenheit gegenüber ökologischen Problemen angesichts der nicht gerade
von Umweltengagement strotzenden Politik der Gewerkschaftsspitze doch staunen läßt. Die große Mehrheit ist besorgt über den Zustand der Umwelt und zeigt
eine hohe Handlungsbereitschaft – und zwar sowohl bei den Arbeitern wie bei
den Angestellten, sowohl bei den Männern wie bei den Frauen –, bei letzteren
eher in noch stärkerem Maße. Nur jeder vierte erweist sich wie erwartet als
„autobegeistert", will unter keinen Umständen auf das Auto verzichten, meidet
den öffentlichen Personennahverkehr und die Bundesbahn und möchte am
liebsten innerstädtische Geschwindigkeitsbeschränkungen auf Tempo 30 wieder aufheben. Umweltfreundliche Einstellungen sind auch bei den Automobilarbeitern weit verbreitet: 95% wünschen sich heute das umweltfreundliche
Auto. Der Traum vom roten Ferrari scheint also ausgeträumt, allenfalls als
grünes Gefährt hätte er noch eine Chance. Für ein Tempolimit kann sich die
Mehrheit allerdings nicht erwärmen – nur 23% sind dafür –, obwohl man
durchaus um die Folgen der unlimitierten Raserei weiß, denn 46% glauben, daß
eine Beschränkung auf Tempo 120 weniger Verkehrstote und weniger Unfälle
zur Folge hätte. Hier scheint die Mehrheit immer noch den „Freie Fahrt"-Paro-
len des ADAC zu folgen und der trügerischen Hoffnung zu erliegen, daß es
einzig die anderen sind, für die die (schnelle) Fahrt im Krankenhaus enden
könnte.

Eine frühere Studie, die am Soziologischen Forschungsinstitut (SOFI) in
Göttingen durchgeführt wurde, war bereits zu ähnlichen Ergebnissen gekommen (vgl. Heine/Mautz 1989). Das SOFI hat eine lange Tradition in der Forschung über das „Arbeiterbewußtsein", wie man es im Jargon der 68er lange
Zeit nannte. Heine und Mautz hatten 120 Industriefacharbeiter mittels qualita-
tiver Interviews befragt und waren – zu ihrer eigenen Verblüffung – zu dem
Ergebnis gekommen: „Viel Normalität, wenig Besonderheit" (ebd.: 199). Von
einem spezifischen „Arbeiterbewußtsein" – zumal in Ökologiefragen – konnte
keine Rede sein. Wie andere Gruppen der Bevölkerung auch fanden die Befrag-

ten in der Mehrzahl, es würde viel zu wenig für den Umweltschutz getan. Sie waren mitnichten der Meinung, das Arbeitsplatzargument sei gegenüber dem Umweltschutzargument vorrangig. Ja, sie machten sogar in erster Linie die Industrie für die Umweltprobleme verantwortlich. Die Autoren kommen zu dem überraschenden Schluß, die Industriearbeiter stellten ein beträchtliches, von der Umweltbewegung bislang eher vernachlässigtes „öko-reformerisches Potential" dar (ebd.: 217). Ein Potential, das sich vor allem durch seinen Technikoptimismus auszeichne, d.h. durch das Bemühen, Fortschritte im Umweltschutz durch verstärkten Einsatz moderner Techniken zu erreichen. Eine „Wagenburgmentalität" im Sinne von „Ökonomie geht vor Ökologie" gebe es nur dort, wo das Gefühl vorherrsche, der eigene Betrieb sei nur schwerlich in der Lage, sich an Ökologieanforderungen anzupassen, und deshalb seien die Arbeitsplätze unsicher.

Heine/Mautz räumen im übrigen mit einer weiteren, häufig zu hörenden Annahme auf, nämlich mit der sogenannten *Regionalisierungsthese*. Derzufolge besitzen dauernde hohe Umweltbelastungen eher eine abstumpfende Wirkung. Beim Vergleich zwischen einer seit Generationen hochindustrialisierten – und belasteten – Region und einem erst vor kurzem industrialisierten Gebiet zeigen sich bei den befragten Industriearbeitern keine Differenzen hinsichtlich der Umwelteinstellungen. Im Gegenteil: Die verschiedenen Umwelteinstellungstypen stimmen bis in die Facetten hinein miteinander überein.

In einer weiteren Forschungsarbeit des SOFI über die Umwelteinstellungen von Industriearbeitern kommen Bogun/Osterland und Warsewa (1990 und 1992) zur Unterscheidung von vier verschiedenen Einstellungsmustern zum Problemfeld Ökologie und Ökonomie. Diese Typologie wird folgendermaßen charakterisiert:

- Die *defensiv Industrieloyalen* (Anteil etwa 25%) setzen nach wie vor auf Wachstum nach dem Motto „Industrie ist immer gut", spielen die in der Öffentlichkeit verhandelten Umweltprobleme ebenso herunter wie die Risiken, die mit Industrieansiedlungen verbunden sind („passieren kann überall was").

- Die *sensibilisierten Arbeitsplatzapologeten* (Anteil ca. 20%) nehmen Umweltprobleme durchaus wahr und treten auch für verstärkten Umweltschutz ein, aber im Zweifelsfall geben sie dem Arbeitsplatzargument den Vorzug. Sie dringen auf eine Verschärfung der gesetzlichen Bestimmungen und vertrauen auf die technische Lösbarkeit der Umweltprobleme.

- Die *perspektivlosen Zukunftsskeptiker* (Anteil 33%) verspüren Unbehagen angesichts der Umweltprobleme und lehnen die Ansiedlung riskanter Betriebe ab. Sie sehen die technischen Risiken, insbesondere der Chemie- und Atomindustrie, als nicht technisch kontrollierbar an. Häufig sind ihre Aussagen widersprüchlich, häufig haben sie angesichts der Komplexität der Probleme resigniert. Nur selten hat diese Gruppe an ihrem Arbeitsplatz Erfahrungen mit gefährlichen Stoffen gemacht.

• Die *engagierten Wachstumskritiker* (knapp 25%) räumen der Umwelt Vorrang ein, sind äußerst kritisch gegenüber Industrieansiedlungen, ökologischen Belastungen und Risiken. Sie betonen, daß sie dazugelernt hätten und wenden sich ab vom traditionellen Wachstumsdenken.

Bogun u.a. haben ihre Untersuchung in der Region Stade durchgeführt, einem ehemals strukturschwachen Gebiet, das sich erst in den 70er Jahren zum Industriegebiet entwickelte, nachdem mit großer finanzieller Unterstützung der niedersächsischen Landesregierung neue Industrieansiedlungen durchgeführt wurden – u.a. ein Atomkraftwerk, ein großchemisches Unternehmen und Werke der Aluminiumindustrie. Alles in allem sind die 100 Befragten dieser Industrieansiedlung gegenüber positiv eingestellt. Die geäußerte Sorge um die Lage der Umwelt macht vor der eigenen Region halt: Diese erscheint nicht als besonders belastet. Historische und internationale Vergleiche werden bemüht, um diese Einstellung zu stützen („früher war alles schlimmer", „in vielen Regionen sind die Umweltprobleme viel gravierender"). Und als noch weniger belastend erscheint der eigene Betrieb (vgl. Bogun u.a. 1992: 240).

Daß es offenbar in Abhängigkeit von der räumlichen Nähe oder Ferne Differenzen in der Wahrnehmung von Umweltbelastungen und Umweltproblemen gibt, darauf deuten auch die unterschiedlichen Erfahrungen mit gefährlichen Arbeitsstoffen hin, die bei den vier Personenkreisen der oben beschriebenen Typologie anzutreffen sind. Die Arbeiter der ersten beiden – weniger umweltbewußten – Typen, die „defensiv Industrieloyalen" und die „sensibilisierten Arbeitsplatzapologeten", verfügen im Gegensatz zu den beiden anderen Typen über Erfahrungen und Kompetenzen im Umgang mit gefährlichen Stoffen. Die Nähe zur Gefahr bzw. zu potentiellen oder faktischen Umweltproblemen führt also nicht zu einem stärkeren Risikobewußtsein, sondern zur Herabminderung der Gefahren. Interessant ist auch, daß Bogun u.a. Chemiearbeiter, also Personen, die in besonderem Maße mit Gefahren konfrontiert sind, hauptsächlich in der zweiten und vierten Gruppe finden, nicht jedoch in der dritten. Das heißt, die Chemiearbeiter vertrauen entweder auf die technische Kontrollierbarkeit der Risiken, oder sie artikulieren eine grundlegende Skepsis und Kritik an der Wachstumsgesellschaft. Die in der Umweltbildung häufig vorhandene Annahme, eine im Sozialisationsprozeß erworbene Vertrautheit mit Natur, der Landschaft und Region, in der man lebt, führe zu einem größeren Umweltbewußtsein und zum Bestreben, diese zu erhalten, erweist sich als unzutreffend (vgl. auch unten den Abschnitt über Landwirte und Schüler). Die Verteilung auf die vier Typen des Arbeiter-Umweltbewußtseins läßt keinerlei derartige Zusammenhänge erkennen. Damit ist nicht ausgeschlossen, daß biographisch geförderte Nähe zur Natur einen Effekt auf die Umwelteinstellungen haben kann. Es kann ja für alle engagierten Naturschützer zutreffen, daß sie schon in der Kindheit positive Naturerfahrungen machten. Bei ihnen wurden diese Erfahrungen womöglich nicht durch biographische Konstellationen und Ereignisse überformt, bei den Industriearbeitern aber wohl – so könnte ein Erklärungsmuster lauten.

Die Annahme, daß Industriearbeiter – aus ökonomischen Gründen – gegen Umweltschutz eingestellt seien, erweist sich in ihrer Globalität mithin als falsch. In großen Repräsentativstudien wie dem Wohlfahrtssurvey 1988 (vgl. Statistisches Bundesamt 1989: 495ff.) zeigt sich allerdings, daß die Arbeiterschaft nicht gerade an der Spitze der Umweltschutzbewegung steht. Sie ist in den Teilgruppen, die den Umweltschutz für eine weniger wichtige Aufgabe halten und die mit den bisherigen Maßnahmen zum Umweltschutz hoch zufrieden sind, deutlich überrepräsentiert. Während der Anteil der Arbeiterschicht an den mehr als 2000 Befragten des Wohlfahrtssurveys 26% beträgt, setzt sich die Gruppe derjenigen, die den Umweltschutz für weniger wichtig oder gar für unwichtig halten, zu 36% aus Arbeitern zusammen und die Gruppe der mit den bisherigen Umweltschutzmaßnahmen hoch Zufriedenen zu 42%. Die Bearbeiter des Wohlfahrtssurveys beim Statistischen Bundesamt ziehen daraus den Schluß: *„Es zeigt sich, daß sowohl Zufriedenheitsunterschiede wie auch Unterschiede in der Bedeutung des Umweltschutzes eng mit der Zugehörigkeit zu bestimmten Gesellschaftsgruppen und deren Wertorientierungen bzw. Interessen verbunden sind."* (ebd.: 498, Hervorhebung dH/K).

Das scheint den alten Glauben daran, die Arbeiterschaft sei gegen Umweltschutz eingestellt, zu stärken. Die obigen Zahlen scheinen dies ja auch gut zu belegen, denn in der Tat ist die Arbeiterschicht in diesen beiden „Anti-Umweltschutz-Gruppen" weit stärker vertreten, als das ihrem Bevölkerungsanteil entspricht. Bei diesem Blick auf die Prozentzahlen bleibt aber unberücksichtigt, daß diese beiden Anti-Gruppen sehr klein sind. Wenn man das Datenmaterial aus einer anderen Perspektive betrachtet und sich anschaut, wie die Arbeiterschaft insgesamt dem Umweltschutz und den bisherigen Maßnahmen gegenübersteht, dann ergibt sich ein anderes Bild (siehe Abb. 5-1).

Es ist nur eine Minderheit der Arbeiter, nämlich 5,9 und 5,2%, die den Umweltschutz für unbedeutend hält bzw. mit den bisherigen Maßnahmen völlig zufrieden ist. Die übergroße Mehrheit von fast 90% verteilt sich auf die drei mittleren Gruppen und räumt dem Umweltschutz eine hohe Priorität ein.

Die Forschungsergebnisse zeigen: Es gibt kein arbeiterspezifisches Problem im Umgang mit dem Umweltthema. Im Gegenteil –, es zeigt sich ein eher gegenteiliges bemerkenswertes Phänomen: Die Unterstellung von „kollektiven Interessen" der Arbeitnehmerschaft im Hinblick auf die Umweltschutzproblematik und eine daran anknüpfende Erwartung, diese kollektiven Interessen

Abb. 5-1   **Bedeutung des Umweltschutzes und
Bewertung von Umweltschutzmaßnahmen
in der Abeiterschicht**
Angaben in %

Umweltschutz wenig wichtig	5,9
sehr wichtig und eher unzufrieden	50,8
völlig unzufrieden	13,5
sehr wichtig und eher zufrieden	24,6
mit Maßnahmen hoch zufrieden	5,2

0   10   20   30   40   50   60

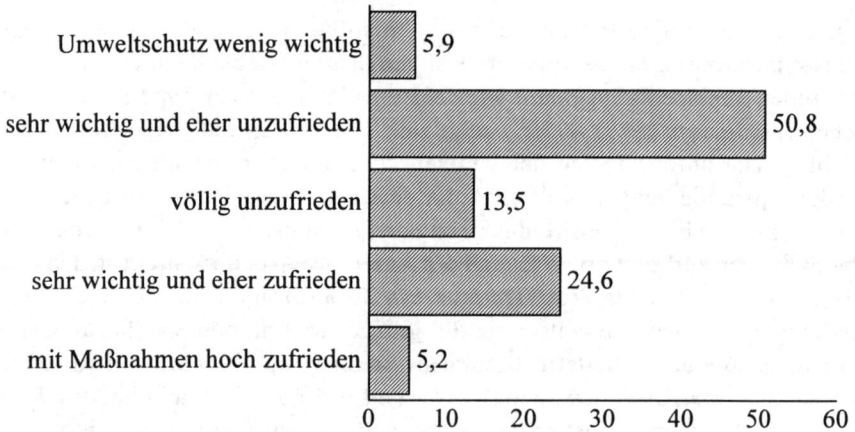

Quelle: Statistisches Bundesamt 1989

würden von der klassischen Arbeitnehmerpartei SPD und den Gewerkschaften artikuliert, geht an der Realität vorbei. Analog zu anderen Gruppen der Bevölkerung schätzen auch Industriearbeiter das bisherige Engagement der politischen Parteien – auch das der Sozialdemokratie – als völlig ungenügend ein. Dies gilt auch für die eigene Interessenvertretung, die Gewerkschaften: Denn 65% wünschen sich allgemein mehr Einsatz der Gewerkschaften für den Umweltschutz (vgl. Lange/Hanfstein/Lörx 1995: 4), und sogar noch 50% der Automobilarbeiter nennen hier explizit das Feld der Verkehrspolitik. Vertrauen in Umweltfragen genießen die nicht-staatlichen Organisationen wie Greenpeace und der BUND, nicht jedoch die angestammten Vertreter von Arbeiterinteressen. Heine/Mautz stellen eine hohe, teilweise enthusiastische Wertschätzung für Greenpeace bei allen Gruppen der gebildeten Typologie der Facharbeiter fest.

Industriearbeiter erweisen sich also insgesamt gesehen als bemerkenswert normal, mit allen zugehörigen Inkonsistenzen zwischen Einstellung und verbalisiertem Verhalten. Sie wollen mehr Umweltschutz, weniger industriell verursachte Verschmutzung und sind bereit, dafür auch einen persönlichen Preis zu zahlen – allerdings nicht unbedingt den eigenen Arbeitsplatz. Und nur eine relativ kleine Gruppe, Bogun u.a. beziffern sie mit knapp einem Viertel, entspricht dem landläufigen Klischee des „Ökonomie geht vor Ökologie". Diese Gruppe besteht allerdings überwiegend aus älteren Arbeitnehmern jenseits der

50-Jahres-Grenze, die Umweltgefahren noch sorglos entgegentreten und mitunter glauben, daß die Belastung von Nahrungsmitteln mit Schwermetallen (z.B. Fische) sichtbar wäre oder durch Kochen und Braten verschwinden würde. Es dürfte wahrscheinlich sein, daß diese Gruppe des traditionellen Arbeitermilieus zukünftig kleiner wird, so daß auch in dieser Teilgruppe der Bevölkerung fast nur noch Umweltsensibilisierte – wenn auch differenten Ausmaßes und Typs – anzutreffen sein werden.

Eine Politik des Leugnens, Ignorierens und Verharmlosens, wie sie lange Zeit von den Gewerkschaften betrieben wurde, hat also bei der eigenen Mitgliedschaft keine Zukunft – mit einer Ausnahme, und das ist der eigene Betrieb. Der gilt als in Ordnung und wenig umweltbelastend. Geradezu prototypisch verkörpern Industriearbeiter die Dilemmasituation des Verschmutzers, der anschließend unter seiner eigenen Produktion leidet, weil er nun nicht umhin kommt, z.B. die verschmutzte Luft einzuatmen. Als Betroffene, als Atmende denken die Industriearbeiter wie andere Betroffene auch; sie möchten nicht unter Verschmutzungen leiden. Das äußert sich nicht nur in der Forderung nach gesetzlichen Reglementierungen, sondern teilweise auch in der Ablehnung weiterer Industrieansiedlungen.

Manager

„Zahlungsfähigkeit vor Ökologie? Sicher – denn so funktioniert die Wirtschaft!"

Zu den Stereotypen im Umweltdiskurs gehört es, der Industrie die Verantwortung für die zunehmende Zerstörung unserer Umwelt zuzuweisen. Einerseits wird sie direkt für Umweltschäden verantwortlich gemacht – Luftverschmutzung, Waldsterben –, andererseits wird sie wegen der Umweltschädlichkeit ihrer Produkte – Reinigungsmittel, Lacke, Farben etc. – angeklagt. Nun wird die Industrie nicht durch einen Autopilot gesteuert, sondern durch Vorstände und Aufsichtsräte. Was sind das für Leute, die dort in den Chefetagen sitzen und die Entscheidungen treffen? Sind sie in besonderem Maße der Umwelt gegenüber gleichgültig eingestellt? Handelt es sich um amoralische Profitmaximierer?

Die Forschungslage über die Manager und ihre Einstellung zur Umweltfrage ist leider schlecht - man weiß nur sehr wenig über sie und ihre Beweggründe. Hinzu kommt eine spezifische Schwierigkeit, die daraus resultiert, daß die Manager in den empirischen Studien in ihrer Rolle als Entscheidungsträger für Industrieunternehmen befragt werden und nicht in ihrer Rolle als Bürger. Wenn

Untersuchungen etwa die Haltung von Unternehmen zum Umweltschutz thematisieren und in diesem Rahmen auch Manager befragt werden, dann geschieht dies von vornherein mit der Rollenzuweisung, Repräsentanten ihrer Firma zu sein. Und zu den Aufgaben einer solchen Rolle gehört selbstverständlich, das eigene Unternehmen auf vorteilhafte Weise darzustellen. Diese berufsmäßige Verpflichtung zur positiven Darstellung der Leistungen des Unternehmens gilt natürlich in besonderem Maße für ein derart sensibles Thema wie den Umweltschutz. Die Frage der sozialen Erwünschtheit bestimmter Äußerungen, die bei Befragungen anderer Bevölkerungsgruppen eher im Hintergrund bleibt – obwohl sie vielleicht auch dort weit mehr Beachtung verdienen würde, als sie üblicherweise genießt –, ist hier unverkennbar in die Grundkonstellation der Kommunikation eingeschrieben und kommt häufig schon im Thema des Forschungsprojektes zum Ausdruck.

In Anbetracht des hohen Umweltbewußtseins der Bevölkerung verwundert es nicht, wenn auch die Manager registrieren, daß Umweltfragen in ihrem beruflichen Handeln zunehmend wichtiger werden (vgl. Dierkes/Fietkau 1988: 140ff.). Nach der Bekämpfung der Arbeitslosigkeit halten Manager den Umweltschutz für die zweitwichtigste politische Aufgabe. Für sie stellt das Umweltbewußtsein der Konsumenten zumindest eine Herausforderung dar, mitunter auch ein ernstes Problem. Gleichzeitig zeigen sich die Manager in einer vom EMNID-Institut durchgeführten Befragung hinsichtlich der zukünftigen Entwicklung optimistisch. Sie glauben, moderne Techniken würden in absehbarer Zeit die Umweltprobleme lösen (vgl. Tacke 1993: 12). Überhaupt haben sie gegenüber dem Technikeinsatz eine spezifische Perspektive, die Risiken nicht nur auf seiten der Folgen des Technikeinsatzes verortet, sondern auch die Risiken, die mit dem Nicht-Einsatz von Technik verbunden sind, zur Geltung bringt. In der Studie von Heine/Mautz, in der 80 Manager des unteren und mittleren Managements befragt wurden, äußert ein Agrarmanager:

> *„Auf den Philippinen habe ich erlebt, was passierte, wenn dort z.B. Reiszikaden auftraten. Wenn die eingefallen waren, gab es hinterher auf den Feldern, auf denen keine Pflanzenschutzmittel eingesetzt worden waren, kein Reiskorn mehr, während auf dem Feld daneben der Reis noch tonnenweise stand. Wenn Sie einmal die heulenden Bauern um sich herum gehabt haben, denken Sie anders darüber."* (Heine/Mautz 1993: 41)

Das Selbstbild der Manager betont die eigene Kompetenz, die naturwissenschaftliche Rationalität und wehrt die von außen kommende Kritik als „kurzsichtig, einseitig, übertrieben, doppelmoralhaltig" etc. ab. Ein häufig für die Argumente des Gegners verwendetes Attribut lautet schlicht „unsachlich" oder „sachlich falsch". Solche Zuschreibungen werden vor allem im Hinblick auf Umweltschutzorganisationen wie Greenpeace vorgenommen. Gleichwohl sehen auch Manager die Wirkung der Nicht-Regierungs-Organisationen unter dem Strich positiv, aber in bezug auf den eigenen Betrieb sind deren Argumente eben „unsachlich" (vgl. ebd.: 42ff.).

Der Gesichtspunkt der Umweltfreundlichkeit wird nach Meinung von 60% der interviewten Manager bereits heute stark in der Produktentwicklung berücksichtigt (vgl. Tacke 1993). Gleichwohl wird bei der in der gleichen Untersuchung gestellten Frage nach den Vorteilen, die sich für die Unternehmen ergeben, wenn sie Umweltschutzaspekte berücksichtigen, recht deutlich, wie wenig Vorteile man im Grunde für das Unternehmen in einem verbesserten Umweltschutz sieht.

Die Manager stellen folgende Rangfolge der potentiellen Vorteile der Berücksichtigung des Umweltschutzes auf:

1. Verbesserung des Unternehmensimages

2. Erringung eines Wettbewerbsvorsprunges gegenüber der Konkurrenz

3. Erschließung neuer Märkte

4. Gewinnung neuer und umsatzstarker Kundensegmente.

Bei EMNID konnten Bewertungen von 1 (trifft sehr zu) bis 5 (trifft gar nicht zu) vorgenommen werden, um zum Ausdruck zu bringen, ob es sich bei dem Genannten um einen Vorteil umweltbewußter Unternehmensführung handele oder nicht. Nur das rangerste Motiv „Unternehmensimage" liegt im positiven Bewertungsbereich, alles andere trifft nach dem Urteil der meisten Manager eher nicht zu. Im Klartext heißt dies: Umweltschutzaspekte müssen aus Imagegründen berücksichtigt werden, ansonsten sind sie eher ein Kostenfaktor und versprechen keine oder nur geringe Vorteile am Markt (vgl. Tacke 1993).

Die Manager betonen, daß sie in ihren Unternehmen bereits eine Vielzahl von Umweltschutzmaßnahmen in Angriff genommen haben, unter anderem

• die Einführung umweltfreundlicher Produkte und Produktionsverfahren,

• die Erhöhung der Umweltschutzinvestitionen im Betrieb,

• die Einbeziehung von Umweltschutzzielen in die Ziel- und Strategieplanung,

• die Forcierung der Forschungstätigkeit zur Produktion von umweltfreundlichen Produkten.

Fragen nach Überlegungen, die Produktion in Länder mit weniger restriktiven Umweltauflagen zu verlagern, werden nicht bejaht. Sie würden auch gewiß dem Interviewer nicht sogleich mitgeteilt. Dies klingt alles sehr erfreulich und positiv. Auch bei den Produktionsstätten scheint es sich um ökologische Musterbetriebe zu handeln, denn aus der Sicht der Manager gibt es dort keine für die Umwelt sehr problematischen Aspekte. In der EMNID-Studie werden Wasserverschmutzung und Luftverschmutzung noch am ehesten als „leicht problematisch" eingestuft (vgl. Tacke 1993). In einer anderen Studie (Hammerl 1994: 169) gilt nur die Abfallbeseitigung als „ein wenig problembehaftet". Aus der Perspektive der Manager gibt es deshalb auch keine Notwendigkeit, im Betrieb schnell Veränderungen durchzuführen und den Umweltschutz zu erhöhen.

Unternehmen suchen nach preisgünstigen Lösungen für gegebene Probleme – natürlich auch, um ihren eigenen Gewinn zu mehren und ihre weitere Existenz zu sichern. Der Umweltschutz macht keine Ausnahme von dieser allgemeinen Sachstandsbeschreibung. Unternehmen reagieren auf den Markt, auf Angebot und Nachfrage, insofern ist es aus ihrer Sicht nur verständlich, wenn sie den Konsumenten gerne in die Rolle des Hauptumweltverantwortlichen drängen.

„Wer kann zur Lösung der Umweltproblemen am meisten beitragen?", fragt B. Hammerl 123 Manager aus Industrie, Handel und dem Dienstleistungssektor. Das Ergebnis:

Die Manager sehen folgende Reihenfolge:

1. Die Verbraucher durch ihr Kaufverhalten
2. Der Staat durch Gesetze und Verordnungen
3. Die Hersteller durch freiwillige Maßnahmen
4. Der Handel durch sein Sortiment
5. Die Verbraucherverbände durch ihre Aufklärungsmaßnahmen
6. Die Testinstitute durch vergleichende Warentests
7. Die politischen Parteien durch ihre Abgeordneten
8. Die Wirtschaftsverbände durch ihre Vertreter
   (vgl. Hammerl 1994: 141).

Freiwillige Maßnahmen der Hersteller stehen nicht obenan. Man darf vermuten, daß sie um so eher durchgeführt werden, je billiger sie sind. Letzten Endes ist in den Augen der Manager alles eine Kostenfrage: Man sei bereit, das zu tun, was die Bevölkerung verlange, aber es sei eben die Frage, ob sich die Konsumenten darüber im klaren seien, daß vieles nicht ohne einen entsprechenden Mehrpreis zu haben sei. Denn eines sei klar, der Konsument habe die durch Umweltauflagen verteuerten Waren zu bezahlen. Die Verantwortung für die Umwelt wird als Schwarzer Peter an die Gesellschaft zurückgeschoben. Es liege in der Hand der Bürger, umweltfreundliche Produkte zu kaufen, und am Staat, entsprechende Gesetze und Verordnungen zu erlassen, wenn die bestehenden Regelungen nicht ausreichen (vgl. Heine/Mautz 1993: 50ff.).

EMNID fragte die Manager auch, welche ökologischen Anspruchsgruppen die Unternehmen besonders stark betreffen. Erstaunlicherweise fühlen diese sich nur durch die Umweltgesetzgebung und die kritische Berichterstattung der Medien in starkem Maße unter Druck gesetzt. Eine gewisse Rolle spielen noch die Kundenforderungen nach umweltfreundlichen Produkten. Alles andere hingegen ist eher unbedeutend. Aktionen von Bürgerinitiativen, Forderungen von Verbraucherorganisationen, Umweltschutzforderungen des Handels – alles halb so wild. Ganz ans Ende der Rangreihe werden die „Forderungen von Mitarbeitern" gerückt. Sie sind deshalb kein Problem, so darf man vermuten, weil sie schlichtweg nicht vorgetragen werden, denn – wie wir im Abschnitt über die Industriearbeiter gesehen haben – die Arbeiter sind zwar sehr umweltbewußt, halten aber den eigenen Betrieb im wesentlichen für „in Ordnung".

Daß Manager sich selbst Kompetenz in Umweltschutzfragen zuweisen und durchaus offensiv gegen die „Doppelmoral" der Kritiker antreten, kommt prototypisch in der Äußerung eines Befragten bei Heine/Mautz zum Ausdruck: „Die anderen reden vom Umweltschutz, wir machen ihn". Eine Studie, die einen etwas detaillierteren Einblick in die Umweltecke der Managerseele ermöglicht, wurde von Brunner, Reiger und Schüler 1992 durchgeführt. In Wien befragten sie 16 Manager des gehobenen Managements von Betrieben mit mehr als 500 Beschäftigten, und zwar mit dem Mittel des qualitativen Interviews. In offenen Gesprächen, in denen auf vorgefertigte Fragen und Antworten verzichtet wurde, ging es um die Wahrnehmungs- und Interpretationsmuster der Manager. Wie gehen sie mit Umweltfragen um? Welche Argumentationsfiguren verwenden sie, und – eine Frage, die in den standardisierten Untersuchungen gar nicht auftaucht – wie sieht es im privaten Lebensbereich der Manager aus?

Viele Ergebnisse, die man aus den quantitativ orientierten Studien bereits kennt, sieht man hier noch einmal aus der Nähe und sozusagen ausformuliert. Beispielsweise die zentrale Bedeutung der Umweltschutzthematik für das Unternehmensimage – ein Befragter äußert:

> „Sie dürfen ja nicht vergessen, so etwas wie Qualität, ich meine, über die spricht man ja nicht, die hat man ... die ganzen Umwelt- und ökologischen Sachen sind ja wahnsinnig gute Verkaufsargumente, das ist ja ein Marketing, ebenfalls, was sie damit treiben können, auf dem Gebiet sind wir schon sehr stark interessiert und machen es auch und verwenden es auch; also ich persönlich glaube, daß das auf Umwegen, äh, Rentabilität, was bringt ..."

(Schülein/Brunner/Reiger 1993: 34).

Ebenfalls verständlicher wird die große Angst, die man den Medien und ihrer Macht entgegenbringt. Man vermutet dort eine generell industriefeindliche Haltung, das ökologische Fehlverhalten einiger Betriebe werde der gesamten Industrie angelastet, die Umweltaktivitäten der Industrie würden nur unzureichend wahrgenommen und Produkte und Produktionsverfahren würden fälschlicherweise als umweltschädlich gebrandmarkt. Im schlimmsten Fall befürchtet man hier „irreparable Imageschäden" (vgl. Schülein u.a. 1993: 38f.). Wir werden im 6. Kapitel im Abschnitt über „Risikolust und Technikverweigerung" noch einmal auf die Plausibilität der Reserviertheit von Managern gegenüber den Medien eingehen. Denn, soviel sei hier schon gesagt: ein mühselig, über Jahre und mit sozialen Kosten aufgebautes Umweltimage kann durch einen marginalen Störfall, den die Presse sogleich als Ereignis aufgreift, in Stundenfrist wieder zerstört sein.

Schülein u.a. erforschten auch den privaten Lebensbereich der Manager. Wie leben diese nach Feierabend, wie sieht die private Ökobilanz aus? Bei den von ihnen Befragten handelt es sich eher um eine konservative Spezies: Sie sind fast ausnahmslos verheiratet, haben überwiegend Kinder, die Frauen sind normalerweise nicht berufstätig. Zum Lebensstandard gehört der Besitz mehrerer Autos und einer Ferienwohnung bzw. eines Ferienhauses. Sie arbeiten viel und haben mit der privaten Haushaltsführung nur wenig zu tun. Die üblichen Skalen zur Erfassung des persönlichen Umweltverhaltens würden sie vermutlich eher als wenig umweltgerecht einstufen. Ihr Verkehrsverhalten ist katastrophal. Es ist ganz auf die Benutzung von Auto und Flugzeug abgestellt. Ihr Energieverhalten ist nicht auf Sparsamkeit ausgerichtet: Zum Vollbad fehlt lediglich die Zeit. Ihr Abfall- und Einkaufsverhalten läßt sich im Grunde nicht persönlich beurteilen, denn sie kaufen weder ein, noch sammeln und entsorgen sie den Abfall. Dies erledigen – abgesehen von gelegentlichen Getränkeeinkäufen – üblicherweise die Ehefrauen – und sie tun es nach eigenen Angaben in der Mehrzahl umweltbewußt. Die Männer registrieren das auf der Basis eines eingeschränkten Wissens:

„Es würde also niemand in meiner Familie einfallen, ein herkömmliches, weiß ich jetzt, Abwaschmittel zu verwenden, da wird also dieses Seifenprodukt, ja, Namen kenne ich nicht, verwendet." (Schülein u.a. 1993: 71)

Positive Umwelteinstellungen sind über Frauen und Kinder in den Managerhaushalt eingezogen. Mit leichtem Kopfschütteln müssen sich die Hausherren anpassen: „Das ist bereits soweit, wenn ich also jetzt unwissend das einkaufen würde, mit irgendwas anderem, ... das würde abgelehnt werden in der Familie und da würden also schon Diskussionen dann, äh, losgetreten werden" (ebd.: 71). Die Manager bleiben skeptisch, vieles erscheint ihnen unausgegoren und lächerlich, manches auch als „terroristisch". So, wenn Kinder durchsetzen, daß der Abfall nach fünf verschiedenen Arten sortiert wird und streng auf die Einhaltung der Abfalltrennung achten.

Die Akzeptanz von häuslichen Umweltschutzhandlungen steigt aber, wenn es um die Gesundheit bzw. größere Körpernähe geht. Die Bemühungen der Ehefrau um sorgfältige, qualitativ hochwertige Ernährung findet Unterstützung. Man schränkt den Fleischkonsum ein, steigt auf Vollkorngebäck um, ißt mehr Salate und frisches Gemüse, findet es gut, wenn – wo immer es geht – bei Bauern in der Umgebung eingekauft wird. Ökologie kommt hier im Gefolge von Qualitäts- und Gesundheitskriterien ins Spiel.

„Natürlich hat sich hier wahnsinnig viel geändert ... . Das fängt an bei der Brotauswahl, wo man früher halt einfach ein Brot genommen hat, das gut schmeckt und nun schaut man halt, was drauf steht, was ist drinnen, wie grob sind die Körndeln, möglichst halt ganze Sonnenblumenkerne, net, also wo man die Inhaltsstoffe zum Teil mit freiem Auge noch identifizieren kann. Es wird sicher viel weniger Fleisch gegessen als früher, es wird halt immer wieder hinterfragt, was ist gesünder, also mehr Gemüse, mehr Kohlenhydrate, weniger tierisches Eiweiß. Das geht halt soweit, daß man sich überlegt, ist im Joghurt links- oder rechtsdrehende Milchsäure und ähnliche Dinge... . Das würde ich also nicht aufs Umweltbewußtsein zurückführen... . Es ist sicherlich auch ein gewisser Qualitätsanspruch damit verbunden."
(Schülein u.a. 1993: 89)

So wie im Betrieb das Bemühen um den Umweltschutz nicht das ureigene Anliegen der Manager ist, sondern quasi von außen an sie herangetragen wird, so ist es auch zu Hause. Sie sehen diese Frage aus einer Position der Distanz, wollen alles der rationalen Bewertung unterziehen. Qualitativ gute Ernährung, sofern sie nicht „übertrieben" wird, erscheint ihnen „vernünftig" – andere Bemühungen der Ehefrau gelten als irrationale „Alibihandlungen":

„Meine Frau kauft Milch in Flaschen und schleppt sich ab, (obwohl) es eine Untersuchung gibt, die untermauert, daß die Tetrapak das umweltfreundlichste ist... Dann brauche ich nicht anzufangen, mich mit der Milch in der Flasche abzuschleppen – wenn die Milch in der Flasche besser schmeckt, dann ist das was anderes." (Ebd.: 103)

Die Rationalität der Manager und ihr Vertrauen in rationale Lösungsmöglichkeiten endet dort, wo sie gebeten werden, ihre Einschätzungen über die „Weltentwicklung" und das ökologische Problem abzugeben. Sie verweisen auf die nicht eingetretenen Prognosen des Club of Rome, hoffen, daß zukünftigen Generationen neue Lösungen einfallen, äußern Verständnis dafür, daß man sich nicht einschränken will, denn sie selbst wollten ihren Lebensstandard ja auch erhalten. Eher resignativ registrieren sie, daß es im Weltmaßstab keine Lösungsansätze gebe, die Überbevölkerung sei das Kardinalproblem, und es sei gänzlich unklar, wie man bei knappen Ressourcen den Lebensstandard in der Dritten Welt anheben könne (vgl. ebd.: 117ff.).

Hier endet dann der Mythos der Gestaltbarkeit, den die Manager vor sich hertragen. Planbarkeit, Kosten-Nutzen-Berechnung und anschließende Umsetzung mittels Technik ist der Welten Lauf, wie sich Manager ihn vorstellen. Sie geben sich engagiert und kompetent in Umweltfragen, doch Umweltschutz ist für sie weder ein persönlicher noch ein unternehmerischer Wert per se, sondern etwas, was man unter Kosten-Nutzen-Gesichtspunkten zu betrachten hat. Im Betrieb betrifft der Nutzen das Unternehmensimage und – falls zum Sortiment gehörig – den Absatz umweltgerechter Produkte. Zu Hause gewinnt man an Gesundheit und mit dem Gesichtspunkt der „Qualität" des Konsums ein soziales Unterscheidungsmerkmal.

Daß es betriebswirtschaftlich-technische Denkmuster sind, die das Denken und Handeln der Manager prägen, und kein genuines Engagement für den Umweltschutz, wird von den Arbeitern ihrer Unternehmen negativ vermerkt. Die positiven Einstellungen zum Umweltschutz, die die Manager auf Befragen zu Protokoll geben, werden offenbar innerhalb ihrer Firmen nicht als solche wahrgenommen. Aus der Sicht der Belegschaft sind die Manager lange nicht so positiv in Umweltfragen eingestellt, wie sie sich selbst sehen.

Wiendieck/Franke (1994: 139) berichten die in Tabelle 5-1 wiedergegebenen Resultate von Mitarbeiterbefragungen. Aus diesen Aussagen der Mitarbeiter läßt sich natürlich nicht schließen, daß es sich bei den Statements der Manager um bloß vorgespielte positive Umwelteinstellungen handelt. Die Aussagen muß man als ebenso richtig und zutreffend wie die der Manager akzeptieren – sie geben subjektive Eindrücke und Bewertungen wieder. Man wird zumindest den Schluß daraus ziehen können, daß der Umweltschutzgedanke, der vom Öko-Audit bis hin zur durchgehenden Ökologisierung von Firmen geführt hat – mit nachweislichen Verbesserungen etwa der Materialabfälle und Abwässer –, nicht bei der eigenen Belegschaft angekommen ist. In die betriebliche Organisationskultur scheint dies bislang kaum vorgedrungen zu sein.

Tab. 5-1   **Mitarbeiter über Manager**

Statements	Zustimmung in %
Ich glaube, daß unsere Chefs mehr an Umsatz als an Umwelt interessiert sind	72
Für umweltgerechtes Verhalten haben wir kaum Zeit	69
Umweltschutz geschieht hier nicht aus innerer Überzeugung, sondern äußerem Druck	66
Unser Umweltschutzbeauftragter genießt hohes Ansehen im Betrieb	19
Wir werden hier so gut und regelmäßig geschult, daß im Ernstfall nichts schief gehen kann	11

Quelle: Wiendick 1994: 139

An den Managern läßt sich exemplarisch nachvollziehen, wie das Umweltproblem in einem Teilbereich der Gesellschaft, einem „Subsystem" in der
Sprache Luhmanns, behandelt wird. Es wird in die eigene Sprache, die der
Ökonomie übersetzt und als ein Problem von Kosten und Nutzen, Gewinn und
Verlust traktiert. Dort, wo der umweltbewußte Konsument als Käufer eines
umweltbewußten Produktes auftritt, ist er äußerst willkommen. Man wünscht
sich sogar noch mehr Umweltbewußtsein, sofern es den Absatz zu steigern
vermag. Denn damit wird – ebenfalls mit Luhmann gesprochen – die „Zahlungs-
fähigkeit" des Unternehmens aufrechterhalten. Dort, wo Umweltschutz als
Forderung an die Unternehmen herangetragen wird, ohne daß sich die Schutz-
maßnahmen in die Preise der Ware oder das Image des Unternehmens ummün-
zen lassen, verursacht er Kosten und ist eher unwillkommen. Dort, wo Umweltbewußtsein als imagerelevantes Bewertungskriterium auftritt, kann man es in
Werbestrategien, Public Relation und die Produktentwicklung einbeziehen.
Was sind also letztlich die Barrieren, die den betrieblichen Umweltschutz am
Vorankommen hindern? Für die Manager ist die Antwort klar: die Bezahlbarkeit
(vgl. Tacke 1993). Es ist keine menschliche Schwäche, sondern die Berufstä-
tigkeit, die die Manager zu einem Personenkreis macht, der seinem Image
entspricht: Kalte Zahlen und Technikoptimismus sind ihnen wichtiger als emo-
tionsgeladene Umwelteinstellungen und Aktionismus.

Landwirte

Naturerfahrung macht noch kein umweltgerechtes Verhalten

Zwei durchaus gegensätzliche Bilder stellen sich gemeinhin ein, wenn das
Verhältnis von Landwirten und Umwelt zum Gegenstand der Reflexion gemacht wird: einmal ein eher idyllisches Bild von Naturverbundenheit und
Bauernhof mit Kleintierhaltung, andererseits das Bild des Unkrautvernichtungs-
mittel spritzenden modernen Landwirtes, der immer mehr Gülle auf die Felder
verteilt, unser aller Trinkwasser gefährdet und Tiere in Käfigen zur Schlachtreife
mästet. Umweltvorschriften, etwa zum Eintrag von Gülle –, schlagen sich direkt
negativ im Portemonnaie der Landwirte nieder; man darf also vermuten, daß
ihre Umwelteinstellungen eher unkritisch, ihr Umweltverhalten wenig umweltgerecht ist. Eine Vielzahl von Tätigkeiten des Landwirtes hat direkte und
indirekte Auswirkungen auf die Umwelt, und dies in ungleich größerem Maße
als das persönliche Umweltverhalten des einzelnen Bürgers in seiner Rolle als
Konsument. Der Rat der Sachverständigen für Umweltfragen zählte in einem
Sondergutachten „Umweltprobleme der Landwirtschaft" (vgl. Pongratz 1992:
10) die Negativeffekte in folgender Rangfolge auf:

- Rückgang wildlebender Pflanzen- und Tierarten durch Beseitigung naturbetonter Biotope und Landschaftsbestandteile
- Gefährdung des Grundwassers durch Nitrat- und Pestizideinträge
- mittelfristige Selbstschädigung der Landwirtschaft durch Verdichtung und Erosion des Bodens
- Beeinträchtigung der Oberflächengewässer
- Belastung der Nahrungsmittel mit Schadstoffen.

Angesichts eines solchen, gutachterlich bescheinigten Gefährdungspotentials ist es selbstverständlich, daß die Landwirtschaft immer wieder in die Kritik von Medien und Öffentlichkeit gerät und gelegentlich die provokative Frage „Machen uns die Bauern krank?" gestellt wird.

Das Umweltbewußtsein der Landwirte ist relativ gut erforscht. Seit Mitte der 80er Jahre sind eine Reihe von Studien (vgl. Rau 1990; Pongratz 1992; Schur 1990; Vogel 1992; Stucki/Weiss 1995), teilweise auch mit großen Probandenzahlen, durchgeführt worden, die in ihren Ergebnissen weitgehend übereinstimmen. Was sagen die Daten? In einer großangelegten Studie befragte Rau 998 Landwirte in Nordrhein-Westfalen (vgl. Rau 1990) und stellte zunächst einmal erhebliche Unterschiede zwischen haupt- und nebenberuflichen Landwirten fest. Durchweg sind die Nebenberufler sensibler in bezug auf Umweltprobleme als die hauptberuflichen Landwirte. Vor allem dafür, daß die Landwirtschaft in umfänglichem Ausmaß für Umweltgefährdungen verantwortlich ist, fehlt das Bewußtsein. Der Aussage „Landwirte sind die besten Naturschützer, auch wenn hier und da mal ein Fehler gemacht wird" stimmen 80% der Befragten zu.

Natur ist für Landwirte ein Produktionsfaktor. Wäre ihr Verhalten umweltschädlich, so würden die Erträge sinken; da das aber nicht der Fall ist – so lautet der Schluß der meisten Landwirte –, ist die Kritik an der Landwirtschaft unberechtigt. In den Medien wird ihrer Meinung nach alles aufgebauscht und übertrieben dargestellt. Die Selbstwahrnehmung als praktizierende Umweltschützer betrifft allerdings nur das generelle Verhältnis von Landwirtschaft und Umwelt. Geht man mehr ins Detail, sind es doch relativ große Teilgruppen der Landwirte, die durchaus sensibel für Umweltprobleme sind oder ein „ungutes Gefühl haben", wenn sie mit Pflanzenschutzmittel arbeiten (65%). Die Umweltprobleme, welche die Landwirtschaft verursacht, werden aber als weitaus weniger gravierend eingeschätzt, als dies die Repräsentativbevölkerung tut: So urteilen 60%, daß die Böden gesünder seien, als meist behauptet wird, und 43% erachten die Grundwasserbelastung infolge von Düngerauswaschung für unproblematisch (vgl. ebd.: 127). Gar 72% sind der Meinung, daß die Lebensmittel heute eine nie zuvor erreichte Qualität haben.

Doch der positiven Selbsteinschätzung wird auch widersprochen. Das Umweltverhalten der Landwirte ist, wie Raus Studie zeigt, nach wie vor wenig umweltgerecht: Nur 44% der Landwirte lassen regelmäßig Bodenproben durchführen. Nach Aufzeichnung der Pflanzenschutzämter werden jährlich nur rund 20% der Feldspritzgeräte bei den freiwilligen Gerätekontrollen vorgeführt, während allerdings 80% der Landwirte auf Nachfrage behaupten, daß sie ihre Geräte jährlich kontrollieren lassen. Die soziale Erwünschtheit scheint unter Landwirten die Zungen besonders stark zu beeinflussen. Nur ein Drittel der von Rau Befragten hat sich jemals zu Umweltfragen beraten lassen. In der Regel sind es die jüngeren Landwirte und die besser ausgebildeten Leiter größerer Betriebe, die sagen, sie würden sich stärker umweltgerecht verhalten. Schurs Studie zum Düngeverhalten (vgl. Schur 1988) zeigt allerdings auch eine große Varianz im Verhalten der Landwirte. Beispielsweise beträgt die Spannbreite beim Ausbringen von Stickstoffdünger zwischen 30 und 200 kg N pro Hektar. Dies läßt sich weder durch betriebliche Unterschiede noch durch Einstellungsdifferenzen erklären, meint Schur. Für ihn können nur Informationsdefizite der Grund dafür sein.

Landwirte sind – das ist nichts Neues – nur wenig innovationsfreudig. Der biologisch-alternative Landbau hat für die große Mehrheit keinerlei Attraktivität, nicht einmal 20% haben überhaupt schon einmal darüber nachgedacht, alternativ zu wirtschaften. Aber immerhin wäre die Hälfte der Befragten daran interessiert, gegen Bezahlung landschaftspflegerische Aufgaben zu übernehmen. Auch hier sind es vor allem die Jüngeren und die Leiter von Betrieben von 50 Hektar und mehr landwirtschaftlicher Fläche, die daran Interesse zeigen.

Umwelt- und Naturschutz – vor allem in Form gesetzlicher Regelungen – werden mit Skepsis betrachtet, weil sie mit Bewirtschaftungsauflagen und somit direkt mit ökonomischen Problemen verbunden sind. Die Landwirte stehen finanziell derart unter Druck, daß ihre an vielen Punkten positiven Umwelteinstellungen durch die Kosten des Umweltschutzes konterkariert werden. So sind 89% für die Rückführung und Wiederverwertung gebrauchter Behälter von Pflanzenschutzmitteln, aber nur 46% wären bereit, sich an den Kosten zu beteiligen (vgl. Rau 1990: 136).

Die Landwirte sind also einerseits ein Beleg für die These, daß eine relativ einkommensschwache Sozialgruppe trotz vorhandener positiver Umwelteinstellungen im wahrsten Sinne „überfordert" ist, wenn man von ihr verlangt, Umweltschutzaspekte auf ihre eigenen Kosten in ihrem Handeln zu berücksichtigen. Hier stoßen Bewußtseinskampagnen offenkundig an ihre Grenzen, und alle Autoren sind sich darin einig, daß man materielle Anreizstrategien für umweltgerechtes Verhalten implementieren müsse, etwa die Gebühren für die Kontrolle der Feldspritzgeräte senken oder ganz abschaffen.

Ökonomie geht vor Ökologie, diese zum common sense gehörende These findet Bestätigung. Und dies trotz des Gemeinlastprinzips, der Vergesellschaftung der Kosten für Umweltschutzmaßnahmen, trotz der Möglichkeit, mit ökologischem Landbau mehr zu verdienen als mit konventionellen Anbaumethoden. Eine andere weit verbreitete Annahme, *Naturerfahrung erzeugt Naturliebe und umweltgerechtes Verhalten,* erweist sich dagegen als nicht haltbar. Auch der modernste Landwirt ist in seinem beruflichen Alltag ständig mit der Natur in Kontakt, dies unterscheidet ihn von jedem Industriearbeiter, Manager oder Angestellten im öffentlichen Dienst. In der Natur arbeiten zu können wird von den Bauern auch hoch geschätzt. Für 98% ist dies ein wichtiges Charakteristikum ihres Arbeitsalltages (vgl. Stucki/Weiss 1995: 43). Eigentlich müßten die Landwirte die ersten sein, die Veränderungen der Umwelt wahrnehmen. Auch die Folgen ihres eigenen Handelns müßten sie zuallererst bemerken, denn bei den oben aufgeführten Negativeffekten der Landwirtschaft, wie sie der Rat der Sachverständigen für Umweltfragen feststellte, handelt es sich um Veränderungen in der Nähe und nicht um Fernwirkungen, wie sie etwa ein hoher Industrieschornstein bewirken kann. Aber – die Landwirte, bzw. eine große Zahl von ihnen, nehmen keine gravierenden Umweltveränderungen in ihrer Nähe wahr, wie die Abbildung 5-2 zeigt.

Die Darstellung des Problems von Gewässerverschmutzung und Bodenverseuchung, ja selbst des Waldsterbens in den Massenmedien erscheint vielen Landwirten doch eher übertrieben. Dagegen ergeben zahlreiche Untersuchungen zu der Darstellung von Umweltthemen zumindest für die Printmedien mit erstaunlicher Homogenität, daß „in der Regel über 50%, ja bis zu 75% der Beiträge in Zeitungen und Zeitschriften die Pressemitteilungen (der Unternehmen; dH/K) nahezu unverändert" wiedergeben (de Haan 1995: 28). Nur 20% der Artikel basieren auf eigenen Recherchen und eigenen Bewertungen. Daß die Presse in Umweltfragen übertreibt, ist mithin in der Sache nicht zu belegen. Entfernt man sich mit den Fragen aus dem unmittelbaren Umfeld der Landwirte und fragt nach der Einschätzung entfernterer Problembereiche, dann verändert sich das Bild. Bei diesen Umweltproblemen findet man die öffentlichen Darstellungen keineswegs überzogen. Hier ist man eher besorgt und möchte den Problemen mehr Beachtung widmen. Kurzum: Wenn Landwirte Umweltprobleme sehen, dann vor allem außerhalb der Landwirtschaft, außerhalb der von ihnen bearbeiteten Natur.

Noch deutlicher wird die Tendenz, die Darstellung von weiter entfernten Umweltproblemen für realistisch zu halten, wenn man sich auf die Ebene der globalen Ökokrise begibt. Wenn es um Meeresverschmutzung und Tropenwaldabholzung geht, sind es schon weit über 60%, die diese Probleme für in der Öffentlichkeit unterbewertet halten. Von übertriebener Darstellung redet nur noch eine kleine, weniger als 5% zählende Minderheit.

Als Medienbürger geben sich die Bauern vor allem mit steigender räumlicher Entfernung der Problemlagen betroffen – allerdings in geringerem Maß als der Bevölkerungsdurchschnitt, wie die empirischen Studien zeigen. In der generel-

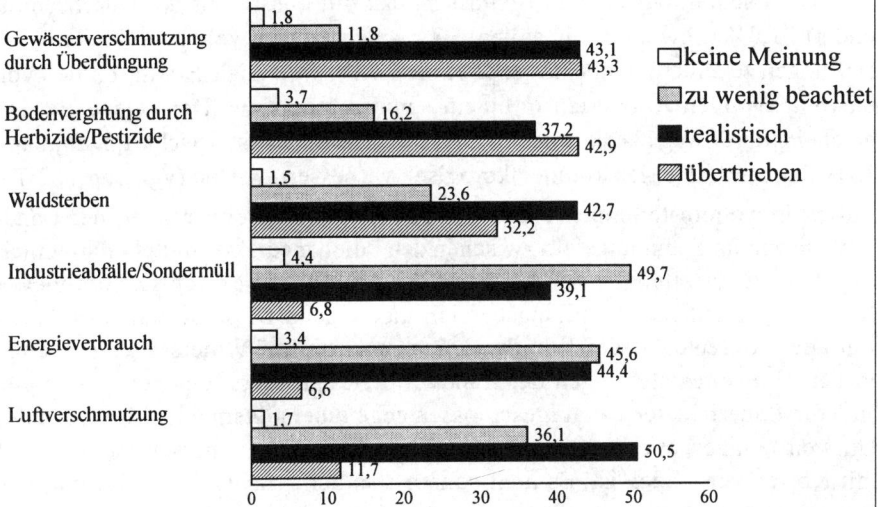

Abb. 5-2 **Meinung von Landwirten über die Problemdarstellung in der Öffentlichkeit**
Angaben in %

Gewässerverschmutzung durch Überdüngung: 1,8 / 11,8 / 43,1 / 43,3

Bodenvergiftung durch Herbizide/Pestizide: 3,7 / 16,2 / 37,2 / 42,9

Waldsterben: 1,5 / 23,6 / 42,7 / 32,2

Industrieabfälle/Sondermüll: 4,4 / 49,7 / 39,1 / 6,8

Energieverbrauch: 3,4 / 45,6 / 44,4 / 6,6

Luftverschmutzung: 1,7 / 36,1 / 50,5 / 11,7

Legende:
□ keine Meinung
▨ zu wenig beachtet
■ realistisch
▧ übertrieben

Quelle: Stucki/Weiss 1995

len Diskussion um die Bedeutung des Umweltschutzes in der Gesellschaft ist ihre Haltung eher distanziert und unsicher (vgl. Pongratz: 237ff.). Gegenüber öffentlicher Kritik an der Landwirtschaft reagieren sie fast einhellig abwehrend und bagatellisierend: „Alles halb so schlimm" oder „Alles übertrieben dargestellt" sind typische Statements in diesem Zusammenhang. Allenfalls wird zugegeben, daß es einzelne „schwarze Schafe" gebe, aber das sei schließlich auch in anderen Berufen der Fall. Kritik ihrer Wirtschaftsweise interpretieren Landwirte auf einem eher generellen Hintergrund. Sie empfinden, daß ihr Beruf wenig Hochschätzung erfährt, obwohl sie mehr arbeiten müßten als durchschnittliche Werktätige – und dann käme zu dieser Benachteiligung noch diese verbreitete Kritik hinzu, obwohl Umweltzerstörung, Luftverschmutzung und Klimaveränderung doch eher von der Industrie zu verantworten seien.

Was ihre Wohnumgebung betrifft, sind Landwirte gegenüber der Mehrheit der Bevölkerung, die schließlich in den Städten lebt, im Vorteil. Sie werden meist nicht von Lärm geplagt, und die Luft, die sie atmen, ist besser als in der Stadt. Kein Wunder, daß sie sich in dieser Hinsicht auch ganz wohlfühlen (vgl. Stucki/Weiss 1995: 33ff.). Weit verbreitet ist auch die Selbsteinschätzung, daß man im Vergleich mit dem Durchschnittsbauern naturnäher wirtschafte. Stucki und Weiss fragten 1700 Schweizer Bauern nach der Selbsteinstufung ihrer Bewirtschaftungsweise. Es äußerten:

- 40,3%, daß sie naturnäher wirtschaften als der Durchschnitt,
- 58,1% stuften sich als durchschnittlich ein, und
- 1,6% sahen sich weniger naturnah arbeiten als der Durchschnitt.

Nun ist es schon logisch ausgeschlossen, daß 40% besser als der Durchschnitt und nur 1,6% schlechter sein sollen. Hier scheinen sich wohl eher Wunschvorstellungen zu äußern, vielleicht auch einmal mehr die soziale Erwünschtheit von umweltbewußten Antworten in einem solchen Interview. Der eigene Betrieb erscheint durchweg als ökologischer als die gesamte Landwirtschaft. Nur knapp 20% finden, ihr Betrieb könnte ökologisch verbessert werden (vgl. ebd.: 82ff.).

Die Umwelteinstellungen und das verbalisierte Umweltverhalten der Landwirte liegen im Spannungsfeld zwischen den Polen medial vermittelter allgemeiner Umwelteinstellungen einerseits und der Abwehr von ökologisch motivierter Kritik im persönlichen Handlungsbereich andererseits. Diese Grundkonstellation führt des öfteren dazu, daß Forscher Inkonsistenzen und Widersprüchlichkeiten in den Umwelteinstellungen der Landwirte zu entdecken glauben. So zeigen sich die Bauern in der Tat aufgeschlossen gegenüber allgemeinen Belangen des Umweltschutzes, aber ablehnend gegenüber allem, was sie persönlich trifft und mit Kosten verbunden ist. Es liegt dann oft an der genauen Formulierung von Fragen, wie die Bauern sich in diesem Spannungsfeld lokalisieren. Allgemein kann man etwa aufgeschlossen sein gegenüber alternativer Landwirtschaft, obwohl dies konkret vielleicht nicht zu irgendwelchen Überlegungen über die Umstellung des eigenen Betriebs geführt hat. Es kommt dann auf den genauen Wortlaut der Frage an. Wenn – wie bei Pongratz (1992: 297) – die Frage lautet: „Man hört jetzt immer mehr vom alternativen oder biologischen Landbau. Was halten sie davon?", wird der Forscher erfreut ein zahlreiches Interesse feststellen und vielleicht zu dem Schluß kommen, daß drei Viertel der Landwirte gegenüber dem alternativen Landbau „aufgeschlossen" sind. Wird danach gefragt, ob man schon einmal daran gedacht habe, den eigenen Hof alternativ zu bewirtschaften, wie Rau dies unternahm, so findet man hingegen, daß kaum mehr als 10% dies bereits getan haben und schließt daraus vielleicht: „Landwirte sind desinteressiert an biologischem Landbau".

Die allgemeine Struktur des Umweltbewußtseins bei Landwirten ist aber nicht prinzipiell von der der Gesamtbevölkerung verschieden, wie eine von Vogel durchgeführte Studie zeigt, bei der 2095 österreichische Landwirte befragt wurden. Vogel testet ein Modell des Zusammenhangs von Einstellungen und verbalisiertem Verhalten, das ganz ähnlich wie die im vierten Kapitel dargestellten Modelle strukturiert ist (vgl. Vogel 1994) und auch weitgehend ähnliche Ergebnisse aufweist. Die Übereinstimmung geht bis ins Detail: So findet er einen vergleichsweise starken Zusammenhang zwischen Einstellung und verbalisiertem Verhalten. Im vierten Kapitel haben wir anhand der Studie von Urban

dargelegt, daß dieser Zusammenhang sich immer dann als besonders eng dar-
stellt – gemessen an der Höhe des Korrelationskoeffizienten oder der Varianzaufklärung –, wenn das Umweltverhalten hauptsächlich mit politischen Items
erfaßt wird. Genau dies ist auch bei Vogel der Fall. Er fragt u.a. nach der
Teilnahme an einer Veranstaltung von Umweltschutzorganisationen, nach der
Mitgliedschaft daselbst und nach eventuellen offiziellen Beschwerden wegen
der Umweltverschmutzung.

Die allgemeinen positiven Umwelteinstellungen schlagen bei den Landwirten
nicht auf das betriebliche Verhalten durch. Sie sammeln vielleicht den häuslichen Müll getrennt und bringen das Altglas zum Container, oder sie entscheiden
sich beim Neukauf für einen Öko-Kühlschrank, aber nur bei einer kleinen
Minderheit forciert das Umweltbewußtsein Überlegungen, Veränderungen im
betrieblichen Alltag vorzunehmen oder gar selbst ökologischen Landbau zu
betreiben. Nur 2% der landwirtschaftlich genutzten Fläche wird in der Bundesrepublik ökologisch bewirtschaftet. Bio-Bauern erfreuen sich bei ihren traditionell wirtschaftenden Kollegen nicht unbedingt großer Beliebtheit. Sie sind kein
Vorbild, an dem sich der Normalbauer orientieren würde. Das Interesse an
alternativer Landwirtschaft wird erst dann geweckt, wenn es sich auch finanziell
lohnt. Bei Verdienstausgleich, so einige Befragte in Pongratz' Studie, wäre man
sofort bereit umzustellen. Aber auch bei diesen Antworten darf man nicht zur
Hoffnung auf Veränderung neigen, da sich alternative Landwirtschaft, wie oben
belegt, finanziell schon heute lohnt. Es gehört zu den unter Landwirten gepflegten Vorurteilen, ökologischer Landbau führe in den Ruin. Generell überwiegt die
Skepsis gegenüber der alternativen Landwirtschaft. Nicht wenige halten sie für
Unsinn und geben zu bedenken, daß die Menschheit dann verhungern müsse.

Werden Bauern und Bäuerinnen danach gefragt, was ihrer Meinung nach
getan werden müßte, um die wichtigsten Umweltprobleme anzugehen, reicht
die Antwortskala von der Einführung einer CO_2-Steuer über eine allgemeine
Verkehrsreduktion bis hin zum Stop der Abholzung des Tropenwaldes. Was
allerdings in der Vorschlagsliste fast völlig fehlt, sind landwirtschaftliche Maßnahmen. Dort sehen die Bauern aufgrund ihrer eigenen, alltäglichen Umweltwahrnehmung keinen dringenden Handlungsbedarf, schließlich glauben sie sich
selbst mit ihrer „überdurchschnittlich naturnahen" Bewirtschaftungsweise na-
turpflegerisch am Werke.

Lehrer

Im Durchschnitt durchschnittliche Umweltnoten

1979 erschien eine Studie des Club of Rome, die den Titel der epochemachenden
Analysen von Meadows u.a. von 1972 „The Limits to Growth" wieder aufgriff.

Sie hieß „No Limits to Learning" (Peccei 1979). Der Titel und die Studie sind paradigmatisch für die Entwicklung seit den späten 1970er Jahren. Nachdem sich eine bloß politische Steuerung der ökologischen Krise als wenig erfolgreich erwies und Appelle an die Wirtschaft, den Verbrauch von nicht nachwachsenden Ressourcen zu reduzieren und die Naturzerstörung sowie -verschmutzung zu minimieren, ohne Effekt verhallten, rückten mehr und mehr die Einstellungen und das Handeln der Individuen in den Vordergrund des Interesses. Die Lernfähigkeit des Menschen ist seither der Hoffnungsträger für eine ökologische Wende. Im ersten Kapitel haben wir dies anhand des Umweltgutachtens des Rates der Sachverständigen für Umweltfragen von 1978 exemplarisch für die Bundesrepublik Deutschland erörtert: Da es dem Rat auf die vorsorgende Verhinderung von Umweltbelastungen einerseits und die Bereitschaft aller, für entstandene Schäden kollektiv einzustehen, andererseits ankam, wurde ein verändertes Bewußtsein in der Bevölkerung für unumgänglich erachtet. Die Konsequenz liegt auf der Hand: Das Nachdenken über angemessene Lehr- und Lernmethoden, die richtigen Inhalte und Ziele sowie die organisatorischen Rahmenbedingungen für eine gesteigerte Sensibilität in ökologischen Fragen wird zum eigenständigen Feld in der Umweltdebatte.

Die entscheidende „Zukunftschance" im „Lernen" zu sehen (so der deutschsprachige Titel von Peccei 1979) setzt voraus, auch über Lehrende zu verfügen, die sich ihrer Aufgabe und Verantwortung bewußt sind. Wie sonst soll über das Bildungssystem Umweltbewußtsein verbreitet werden, wenn nicht durch die darin arbeitenden Lehrkräfte? Sind diese nun, von ihren Umwelteinstellungen, ihrem Umweltwissen und -verhalten her, für diese Aufgabe besonders prädestiniert? Handelt es sich um eine sehr umweltbewußte Bevölkerungsgruppe, so daß sie gleichsam selbstverständlich die ihr gestellte Aufgabe wahrnehmen kann?

Gemessen an der den Lehrenden zugedachten bedeutenden Funktion (vgl. Bundesminister für Bildung und Wissenschaft 1988; Meadows/Randers 1992: 275; Umweltgutachten 1994) sind die zur Berufsgruppe der Lehrer durchgeführten Erhebungen äußerst bescheiden. Bolscho hat in einer Synopse 1986 die bis dahin existierenden Studien in einer Sekundärauswertung zusammengefaßt. Dabei konnte er nur auf sechs englischsprachige Erhebungen zurückgreifen. Danach unterschieden sich Lehrer und Lehramtsstudenten nicht erheblich von anderen Erwachsenen: Sie waren – wie alle in den frühen 1980er Jahren – umweltfreundlich eingestellt, befürworteten eine Wirtschaftspolitik mit Rücksichtnahme auf die Natur und sahen die Folgen des Fortschritts für die Umwelt eher mit skeptischen Augen (vgl. Bolscho 1986: 41ff.). An dieser Datenlage hat sich bis heute nichts wesentlich verändert. Zumeist werden Lehrer nach ihren Umwelteinstellungen nur am Rande anderer Erhebungen – etwa zum Stand der Umwelterziehung – befragt.

Dabei müßten Lehrer, wie man vermuten darf, besonders sensibel in Hinblick auf ihre Umwelteinstellungen sein, wenn sie ihrer besonderen Rolle als Vermittler von Umweltbewußtsein gerecht werden sollen. In einem Modell der Wirkungsgefüge verschiedener Faktoren auf die schulische Umwelterziehung sieht Schrenk auf seiten der Lehrenden ihre „Ausbildung; umweltbezogene(n) Einstellungen (z.B. ökologisches Sendungsbewußtsein, Verantwortungsattribution); didaktisches Konzept; Engagement; Theorie über Ursachen und Lösungsmöglichkeiten von Umweltproblemen; Einschätzung der Schülervoraussetzungen; Nutzung von Fortbildungsmöglichkeiten etc." (Schrenk 1993: 112) als entscheidende Größen an. Fragt man nun nach den Umwelteinstellungen von Lehrern, so bietet lediglich die durch Greenpeace geförderte Studie des Umweltinstituts Leipzig von 1991 eine Erhebung (vgl. Halbing u.a. 1991), die uns im direkten Vergleich erlaubt zu fragen: „Haben Lehrer mehr Ängste vor Umweltkatastrophen und der Naturzerstörung als andere Erwachsene?" Das Umweltinstitut fragte insgesamt 158 Lehrer (davon 124 aus Ostdeutschland) und 209 Eltern (davon 172 aus Ostdeutschand) nach ihren Zukunftsängsten. Es zeigte sich, daß ca. 50% der Eltern, aber rund 60% der Lehrer „sehr starke" Zukunftsängste hinsichtlich „Umweltkatastrophen mit verheerenden Auswirkungen auf die Natur" haben (siehe Abb. 5-3). Diese Differenz bleibt auch bei der Frage nach der Angst vor einer allmählichen „Zerstörung der natürlichen Voraussetzungen des Lebens der Menschen" erhalten. Da auch nach anderen Zukunftsängsten

Abb. 5-3 **Inwieweit beunruhigen Sie folgende Aspekte der globalen Umweltsituation?**

1 + 2 = Sehr stark + stark; Angaben in %

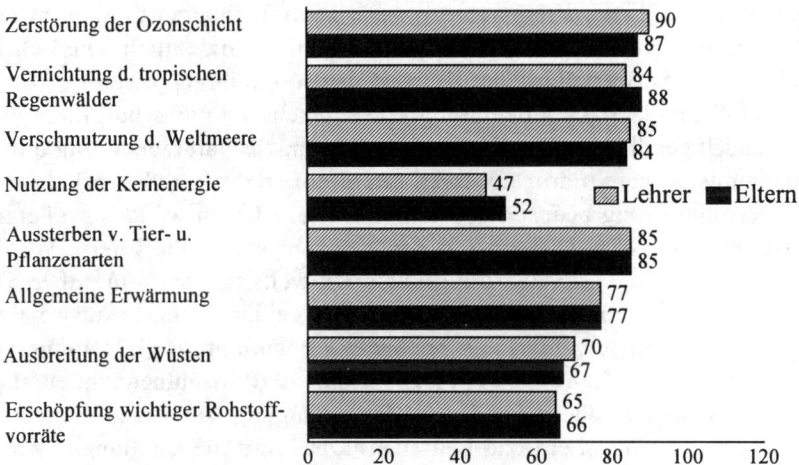

Quelle: nach Halbing u.a. 1991: 8

(etwa der „Angst vor dem eigenen Tod") gefragt wurde und die Lehrkräfte bei 8 von 12 Statements höhere Ängstlichkeiten als Eltern artikulierten, muß man die in dieser Untersuchung befragten Lehrkräfte tendenziell als ängstlichere Menschen in Relation zu Eltern bezeichnen.

Die von der Leipziger Forschungsgruppe gefundenen Differenzen werden dagegen von anderen Studien mit größerer Datenbasis nicht bestätigt. Daß es insgesamt eher wenig Unterschiede in der Betroffenheit von Umweltproblemen zwischen Lehrern und anderen Erwachsenen gibt, zeigt sich in der 1990/91 von Eulefeld u.a. durchgeführten zweiten bundesweiten Erhebung zur schulischen Umwelterziehung, in der, wie schon in der ersten Erhebung von 1985, auf der Basis einer Zufallsstichprobe Lehrer u.a. nach ihren Umwelteinstellungen befragt wurden. Die 935 zurückgesandten Erhebungsbögen ergaben weitgehende Übereinstimmungen zwischen den Lehrern und anderen Studien hinsichtlich des Statements „Ich befürchte, daß der Treibhauseffekt schon in den nächsten Jahren drastische Klimaveränderungen bringen wird" (Eulefeld u.a. 1993: 98). Hier ergeben sich nahezu identische Werte (67% Zustimmung) im Vergleich mit den von Piel (1992) erhobenen (69% Zustimmung). Ähnliches gilt auch für die Aussage: „Ich mache mir sehr große Sorgen über mögliche Auswirkungen der Luftverschmutzung auf meine Familie". Eulefeld u.a. erhielten in ca. 79% der Fälle völlige oder weitgehende Zustimmung, Hippler erreicht (1986) bei der Frage nach der Betroffenheit von der Luftverschmutzung 87% Zustimmung in einer allgemein an Erwachsene gerichteten Frage, und Schluchter u.a. weisen (1991: 127) in einem ähnlich formulierten Statement 71% Zustimmung aus.

Wenn man die Fragen nicht so allgemein formuliert, sondern die Sorgen – etwa um die Luftverschmutzung – auf die lokalen oder regionalen Gegebenheiten bezieht, so wird eine interessante – wenn auch in anderen Studien bisher nicht bestätigte – Differenz zwischen Lehrern und Eltern deutlich: Die Lehrer zeigen sich bei der Beurteilung der Umweltsituation in ihrem jeweiligen Bundesland durchgängig stärker beunruhigt als Erwachsene mit schulpflichtigen Kindern und Jugendlichen. Der Zustand der Böden, die Naturzerstörung durch den Tourismus, Abgase, Lärm etc. durch den motorisierten Straßenverkehr und die Luftverschmutzung beunruhigt die Lehrkräfte dabei in weitaus größerem Maße (jeweils über 15% Differenz in den Nennungen) als die Eltern. Wenig überraschend ist hingegen, daß die globale Umweltsituation keine über 5% hinausgehende Differenzen im Vergleich dieser beiden Gruppen ausweisbar macht. In jedem Fall zeigt man sich hochgradig beunruhigt (vgl. Halbing u.a. 1991: 8; Kasek 1994; Lehwald 1994). Zieht man die Prozentnennungen aller Items zusammen und bildet einen Index „Beunruhigung über die globale Umweltsituation", so sind Eltern und Lehrer in ihren Umwelteinstellungen kaum verschieden: die Abweichung liegt bei 3 Punkten.

Den Eindruck, daß es sich bei den Lehrkräften nicht um eine besonders herausragende und damit die ihnen zugedachte Funktion der Verbreitung von Umweltbewußtsein ausfüllende Personengruppe handelt, bestätigen auch ältere Schüler der 10. Klasse. Befragt man sie, ob die Lehrer ein Vorbild hinsichtlich des Einsatzes für den Umweltschutz seien, so stimmen dem 20% der Schüler der 10. Klassen im Osten zu (N = 332); 24% sind es im Westen (N = 137). Aber weitaus mehr, nämlich 36% der Zehntklässler im Osten finden, dies sei nicht oder überhaupt nicht der Fall (Westdeutschland: 33%). Insofern geben die Lehrkräfte eher das Anti-Bild eines die Umwelt schützenden Menschen ab. Jedenfalls erfüllen sie die Funktion des Vorbildes für die Jugendlichen kaum, wie Abbildung 5-4 zeigt (vgl. Halbing u.a. 1991: 20; Kasek 1994; Lehwald 1994).

Vergleicht man nun die Umweltängste der Lehrer mit ihrer *Handlungsbereitschaft*, so geben in der Leipziger Studie über 80% der Lehrer an, sie sähen gute bis sehr gute Möglichkeiten, durch eine Veränderung in der eigenen Lebensführung etwas für den Umweltschutz tun. Diese Ansicht teilen sie in identischem Maße mit den Eltern. Letzteres wird auch durch die Befragung von 53 Biologielehrern in Mecklenburg-Vorpommern (vgl. Wehser 1993: 185) und 34 Lehrern in Berlin (vgl. Thomas 1992: 34) bestätigt. Die Leipziger Studie bietet hier einen Vergleich: Lehrer halten die Einflußmöglichkeit des einzelnen für weitaus

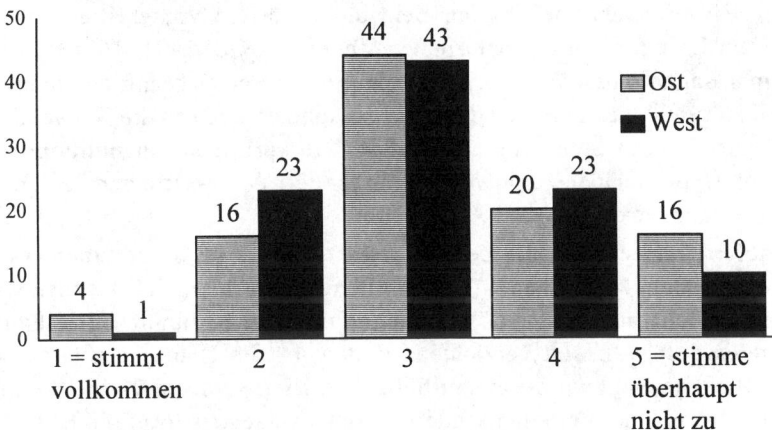

Abb. 5-4   **Die Lehrer sind in ihrem Einsatz für den Umweltschutz Vorbild**

Ergebnisse aus der 10. Klasse: 1 = stimme vollkommen zu bis 5 = stimme überhaupt nicht zu; Angaben in %

Quelle: nach Halbing u.a. 1991: 20

größer als Eltern. Dem Statement „Als Einzelperson ist man in Sachen Umwelt-schutz machtlos" stimmen nur etwas mehr als 10% der Lehrer, aber 25% der Eltern zu, und abgelehnt wird diese Behauptung von rund 2/3 der Lehrer, aber nur von 48% der Eltern. Man sieht: Tendenziell glauben Lehrer sehr stark an die Einflußmöglichkeiten des einzelnen auf die Umweltsituation.

Man wird dabei freilich auch noch anders fokussieren müssen. Erst indem auch untersucht wird, welche anderen Handlungsmöglichkeiten in der Umwelt-krise *noch* gesehen werden, kann man deutlicher erkennen, *wen* die Lehrkräfte als Motor von Veränderung ausmachen. Schon 1985 führten Eulefeld u.a. eine standardisierte Lehrerbefragung (Zufallsstichprobe) mit einem Rücklauf von 431 Erhebungsbögen durch, die u.a. erfaßte, in welchem Maße Lehrer die Verantwortung für die Umweltsituation und ihre Verbesserung dem Individuum oder externen Gruppen (Staat, Parteien, Wirtschaft, Naturschutzorganisationen, Wissenschaftlern) zuschreiben (vgl. Eulefeld u.a. 1988: 67ff.; 134ff.). In dieser wie in ihrer jüngeren Studie (vgl. Eulefeld u.a. 1993: 104ff.) kommen sie zu dem Ergebnis, daß sowohl im Verhalten des einzelnen als auch in einer verän-derten Politik und Wirtschaft von den Lehrern Möglichkeiten der Verbesserung der Umweltsituation gesehen werden.

Mit den umfänglichen Studien von Eulefeld u.a. geht auch eine Erhebung konform, die Krol schon Ende der 1980er Jahre durchführte. Nach dieser Erhebung schreiben die Personen in nahezu gleichen Anteilen dem Staat, den Parteien, der Wirtschaft und anderen externen Kreisen einerseits, andererseits aber auch dem einzelnen und seinem Verbraucherverhalten die Verantwortung für die Lösung von Umweltproblemen zu. In der Erhebung von Krol stimmen z.B. 96,6% der Befragten der Behauptung zu: „Wenn der Umwelt geholfen werden soll, muß man vor allem bei sich selbst anfangen". Aber 92,6% sagen auch: „Wir brauchen vordringlich mehr und schärfere Vorschriften und Kon-trollen im Umgang mit der natürlichen Umwelt" (Krol 1991: 162f.). Insofern wird man sagen müssen: Tendenziell glauben Lehrer nicht nur an die eigenen Einflußmöglichkeiten auf die Umweltkrise, sondern auch an die Notwendigkeit der Kontrolle und Steuerung von außen. Sie verfolgen ein multioptionales Konzept, wenn sie über Verantwortungen für und Verbesserungen der Umwelt-zustände nachdenken.

Inwiefern meinen nun die Lehrer, selbst effektiv im Sinne einer besseren Umwelt handeln zu können? Auf die offene Frage hin (Mehrfachnennungen waren möglich), auf welche Gewohnheiten sie unter bestimmten Bedingungen im Interesse der Umwelt verzichten würden, ist die Häufigkeit, mit der das eigene Auto genannt wurde, am auffälligsten. Hier werden auch die Bedingun-gen für die eigene Verhaltensänderung am exaktesten formuliert: 40% der Lehrkräfte würden weniger Auto fahren, wenn Radwege in ausreichendem Maße vorhanden wären und die öffentlichen Verkehrsmittel sie preiswert, schnell, freundlich und bequem an ihre Zielorte bringen würden. Ganz ähnlich fallen die Ergebnisse bei vorgegebenen Antworten in der Studie von Eulefeld u.a. aus: 48% der Lehrer würden den öffentlichen Personennahverkehr unter geeigneten Bedingungen nutzen wollen (vgl. Eulefeld u.a. 1993: 110ff.). Leider stimmen die von den Lehrkräften formulierten Rahmenbedingungen für die Nutzung öffentlicher Verkehrsmittel nicht hoffnungsvoll für eine Verhaltensänderung: Hier müssen die Kommunen viele Vorleistungen erbringen, bevor sich die Lehrer zu verändertem Verhalten bemüßigt sehen. Auch scheinen sie eher an ihren Gewohnheiten festhalten zu wollen, wenn man sich anschaut, daß nur 10% mehr Wasser und Energie als bisher sparen wollen und kaum 3% bereit sind, stärker auf Luxus zu verzichten (vgl. Halbing u.a. 1991: 14).

Die geringen Prozentsätze hinsichtlich der Absicht, Ressourcen schonende Aktivitäten zu entwickeln, lassen sich allerdings erklären. Denn rund 80% der Lehrer geben an, derzeit auch schon Wasser und Energie zu sparen, und ca. 63% sagen, sie würden ihre Abfälle getrennt sammeln.[1] Nur zeigt sich gleichzeitig, daß die Lehrer sich kaum anders verhalten als die Eltern ihrer Schüler: In der Befragung geben beide Gruppen in nahezu gleichem Maße an, Abfälle getrennt zu sammeln, auf Spraydosen zu verzichten, Energie zu sparen etc. Insofern ist bei dem selbstberichteten Verhalten eine herausragend umweltgerechte Einstellung der Lehrer nicht erkennbar.

Es ist nun freilich nicht zu erwarten, daß sich die Gruppe der Lehrer untereinander völlig homogen verhält. Eulefeld u.a. ermittelten mit Hilfe einer nicht näher beschriebenen Analyse latenter Klassen zwei Lehrertypen: die Klasse der Lehrer mit hoher Handlungsbereitschaft (62%) und die Klasse der Lehrer mit geringerer Handlungsbereitschaft (38%) (vgl. Eulefeld u.a. 1993: 114). Gruppiert man so, dann zeigen sich an einigen Punkten Differenzen im selbstbekundeten Verhalten (siehe Abb. 5-5).

Es sind in der Regel erheblich mehr Fälle, in denen betroffene Lehrer etwas für den Umweltschutz gespendet, eine ökologisch orientierte Partei gewählt, an einer umweltbezogenen Versammlung teilgenommen oder in einer Umweltschutzgruppe aktiv mitgearbeitet haben. Diese Differenz, die damit vor allem im Bereich politischen Handelns auszumachen ist, ist nicht im Sektor der Nutzung öffentlicher Verkehrsmittel, des Recyclings oder des Kaufs ressourcenschonenderer Produkte zu verzeichnen (vgl. ebd.: 110ff.). Das geäußerte Verhalten im privaten Bereich ist zwischen Lehrern mit hoher und geringer

---

[1] In der Studie von Eulefeld u.a. sind es dagegen schon fast 92% der Lehrkräfte, die behaupten, sich schon am Recycling beteiligt zu haben. Hier kommt es einmal mehr auf die Frage an: Zwischen „das tue ich immer/fast immer" (so formuliert im Fragebogen von Halbing u.a. 1991: 14) und „schon getan" (so bei Eulefeld u.a. 1993: 112) liegt die Differenz zwischen eventuell nur einmaligem Handeln und ständigem Tun.

Abb. 5-5   **Behauptetes Umwelthandeln bei Lehrern mit hoher und geringerer Handlungsbereitschaft**

Habe ich bereits getan bzw. tue ich; Angaben in %

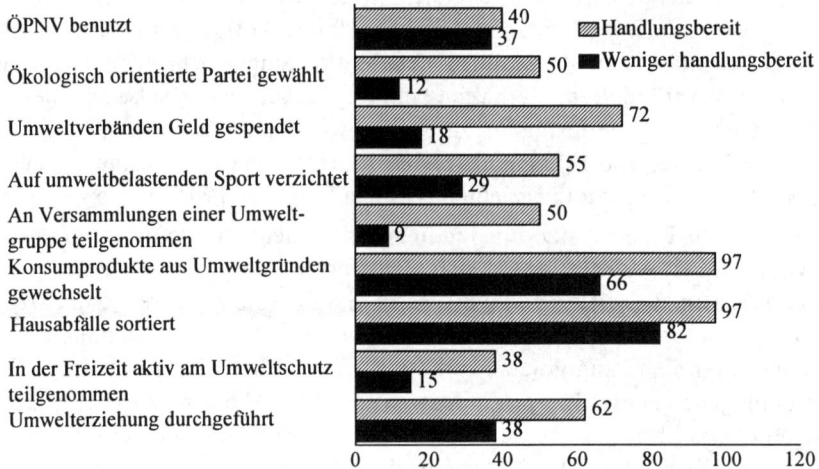

Kategorie	Handlungsbereit	Weniger handlungsbereit
ÖPNV benutzt	40	37
Ökologisch orientierte Partei gewählt	50	12
Umweltverbänden Geld gespendet	72	18
Auf umweltbelastenden Sport verzichtet	55	29
An Versammlungen einer Umweltgruppe teilgenommen	50	9
Konsumprodukte aus Umweltgründen gewechselt	97	66
Hausabfälle sortiert	97	82
In der Freizeit aktiv am Umweltschutz teilgenommen	38	15
Umwelterziehung durchgeführt	62	38

Quelle: nach Eulefeld u.a. 1993: 117 u. 135

Handlungsbereitschaft im Umweltschutz im Grunde identisch. Und wer sich in der Umfrage von Eulefeld u.a. als besonders handlungsbereit auswies, der praktizierte auch eher Umwelterziehung (in ca. 80% der Fälle) als jemand, der sich als weniger handlungsbereit auswies: Diese Lehrer hatten aber immerhin noch zu über 60% im Fragebogen angegeben, im Feld der Umwelterziehung tätig zu sein (vgl. ebd.: 134f.; vgl. von der Gewichtung her die ähnlichen Ergebnisse bei Hellberg-Rhode 1993: 227ff.). In einer weiteren Auswertung ihrer Studie haben Eulefeld u.a. in Anlehnung an Diekmann/Preisendörfer zwischen Low-cost- und High-cost-Bereichen des artikulierten Umweltverhaltens unterschieden (vgl. Kapitel 4), um die Inkonsistenz in ihren Ergebnissen besser aufklären zu können. Sie können mit dieser Differenzierung plausibel machen, daß das Wechseln eines Konsumprodukts aus Umweltgründen wie das Recycling im eigenen Haushalt zum Low-cost-Bereich gezählt werden müssen, da dieses Verhalten von den handlungsbereiteren wie weniger handlungsbereiten Lehrern in hohem und fast gleichem Maße praktiziert wird. Dagegen tun sich beide Gruppierungen schwer, öffentliche Nahverkehrsmittel zu benutzen, auf bestimmte, umweltschädigende Sportarten (z.B. Ski fahren) zu verzichten oder in der Freizeit an Natur- und Umweltschutzprojekten mitzuarbeiten (vgl. Bolscho u.a. 1994: 83ff.). Die Autoren rechnen diese Verhaltensdimensionen daher dem High-cost-Bereich zu.

Fragt man in diesem Sinne – ohne daß die Autoren hier Berechnungen angestellt hätten –, wie die Umwelterziehung zu verorten sei, so wird man diese, wie das Recycling und den Kauf umweltfreundlicher Produkte, dem Low-cost-Bereich zurechnen müssen, wird sie doch von über 60% aller befragten Lehrer – unabhängig von ihren übrigen Einstellungen zu Umweltfragen – praktiziert. Zusammenfassend ergeben die wenigen Studien: Lehrer sind

- etwas ängstlicher als andere Menschen in Hinblick auf unsere ökologische Zukunft und

- nicht mehr und nicht weniger betroffen von den Umweltzuständen als der Durchschnitt der erwachsenen Bevölkerung.

- Wo sich Lehrer als besonders betroffen von der Umweltsituation zeigen, neigen sie zu stärkerem umweltpolitischen Engagement, aber

- in hohem Maße für den Umweltschutz handlungsbereite wie in geringem Maße handlungsbereite Lehrer beteiligen sich gleich oft am Recycling und fahren wenig mit öffentlichen Verkehrsmitteln. Insofern zeigt sich die Inkonsistenz zwischen Umwelteinstellungen und verbalisiertem Verhalten auch in der Gruppe der Lehrer.

- Während der Umweltzustand im eigenen Bundesland von den Lehrern für bedrohlicher gehalten wird als von den Eltern ihrer Schüler, teilen sie deren Urteil über die globale Umweltsituation gänzlich.

- Lehrer glauben eher als Eltern, man könne selbst Einfluß auf die Umweltzustände nehmen, was sich allerdings nicht dahingehend auswirkt, daß Lehrer besonders umweltaktiv wären;

- so sehen Jugendliche der 10. Klasse in den Lehrern weniger ein Vorbild bezüglich des Umweltverhaltens, sondern eher ein schlechtes Beispiel.

- Bei aller Durchschnittlichkeit der Umwelteinstellungen der Lehrer fällt es ihnen leicht, Umwelterziehung zu praktizieren. Denn gleichgültig, wie handlungsbereit sie in Umweltbelangen ansonsten sind, unterrichten sie in der Regel ökologische Themen.

Jugendliche

Führend in Betroffenheit

„Ich stelle mir vor, es wird eine verpestete Welt später werden. Und die Leute werden mit Gasmasken rumlaufen und sie werden schrecklich aussehen. Und man kann das nicht ändern glaube ich." (Neun Jahre altes Mädchen)

„In Zukunft werden wir alle in Hochhäusern, ähnlich wie in Konservendosen, leben. Die Leute laufen in Schutzanzügen mit Sauerstoffhelmen herum. Jeder ist in Hetze. Die Tiere sind durch das Gift, das wir in die Luft pumpen, gestorben. Bäume und Sträucher sind zubetoniert. Der Mensch ist zur Maschine geworden. Kinder leben in Erziehungsheimen, wo sie nichts anderes können, als Computer zu steuern und Reaktoren zu bedienen. Gefühle haben keinen Platz mehr." (Elf Jahre altes Mädchen)

Kinder und Jugendliche haben, wie diese kurzen Zitate aus einem Aufsatzwettbewerb zum Thema „Kinder und Zukunft" zeigen (Rusch 1989: 23), Zukunftsängste, vor allem Umweltängste. Daß Umwelt und Natur die kindliche Seele ängstigen können, dafür sind Mythen und Märchen der beste Beleg. Insofern ist es wenig verwunderlich, daß gerade Kinder auf die Umweltkrise besonders sensibel reagieren. Die Angst vor Umweltzerstörung und die Angst vor der Explosion eines Atomkraftwerks rangierten auf den ersten Plätzen, selbst die Angst vor dem Tode der Eltern bleibt hinter dem Eindruck der Realkatastrophen der 80er Jahre dahinter zurück (vgl. Boehnke u.a. 1988; Petri 1992).

Keine Gruppe unserer Gesellschaft ist derart häufig über ihr Umweltwissen, ihre Einstellungen, ihre Ängste und Betroffenheit befragt worden wie Kinder und Jugendliche – meist in ihrer Rolle als Schüler. Ein Hintergrund hierfür dürfte die weit verbreitete Unsicherheit im Hinblick auf die gegenwärtig praktizierte Umwelterziehung sein und vor allem die Zweifel an ihrer Wirksamkeit. So ist es dann häufig auch genau diese Frage nach der Wirksamkeit von Umwelterziehung, die im Zentrum der Forschung über das Umweltbewußtsein von Schülern steht. Typisch etwa die drei zentralen Fragestellungen, denen M. Gebauer in seiner Studie „Kind und Umwelt" nachgeht: Welchen Einfluß hat die gegenwärtig praktizierte schulische Umwelterziehung auf das Umweltbewußtsein von Grundschülern? Welche Bedeutung haben außerschulische Faktoren wie Alter, Geschlecht, Wohnort, und Bildungssituation des Elternhauses für die Entwicklung des kindlichen Umweltbewußtseins? Welchen Stellenwert haben umweltrelevante Aspekte des Freizeit- und Medienverhaltens im Umweltbewußtsein von Grundschülern? (vgl. Gebauer 1994: 145).

Gebauer untersucht diese mittels einer Befragung 480 Grundschüler der dritten und vierten Klassen. Die meisten Untersuchungen zielen allerdings auf ältere Schüler der Sekundarstufe I und II (vgl. z.B. Langeheine/Lehmann 1986).

Das thematische Spektrum der meisten Studien zeigt Abbildung 5-6. Die Untersuchungen unterscheiden sich darin, wieviel von diesem „Variablenprogramm" realisiert wird und wie detailliert die einzelnen Bereiche abgefragt werden.

```
Abb. 5-6          Themenblöcke einer Schülerstudie

┌─────────────────────────────┐   ┌─────────────────────────────┐
│  Sozialisationsvariablen    │   │  Umweltwissen               │
│                             │   │                             │
│  - Bildung/sozialer Status  │   │  - Umweltprobleme           │
│    der Eltern               │   │  - Umweltschutz             │
│  - Wohnort (Stadt/Land)     │   │  - Tierarten                │
│                             │   │  - Pflanzenarten            │
└─────────────────────────────┘   └─────────────────────────────┘

┌─────────────────────────────┐   ┌─────────────────────────────┐
│  Schulische Umwelterziehung │   │                             │
│                             │   │  Umwelteinstellungen        │
│  - Quantität des Unterrichts│   │                             │
│  - Qualität des Unterrichts │   │  Fragespektrum wie in       │
│  - Art des Unterrichts      │   │  Kapitel 2 beschrieben      │
│                             │   │                             │
└─────────────────────────────┘   └─────────────────────────────┘

┌─────────────────────────────┐   ┌─────────────────────────────┐
│  Übriges Freizeitverhalten  │   │  Verbalisiertes             │
│                             │   │  Umwelthandeln              │
│  - Lesen                    │   │                             │
│  - Fernsehen/Video          │   │  Fragespektrum wie in       │
│  - Naturnähe                │   │  Kapitel 2 beschrieben      │
└─────────────────────────────┘   └─────────────────────────────┘
```

Außer den direkt im Kontext der Umweltbewußtseinsforschung stehenden Schülerstudien sind auch die Resultate der Jugendforschung aufschlußreich. In der Bundesrepublik Deutschland haben empirische Jugendstudien eine lange Tradition. Die bekannteste und mit viel öffentlicher Aufmerksamkeit bedachte Studienreihe ist die vom Jugendwerk der Deutschen Shell seit den 50er Jahren finanzierte *Shell-Jugendstudie*. Keine andere Jugendstudie hat eine vergleichbare Tradition und einen vergleichbaren Verbreitungsgrad. In regelmäßigen Abständen – meist von etwa fünf Jahren – werden methodisch relativ aufwendige Repräsentativstudien durchgeführt. Die letzte Untersuchung entstand 1993 unter der Leitung von J. Zinnecker. Hinsichtlich der zentralen Ergebnisse stimmen die Schülerstudien und die Resultate der Jugendforschung in erstaunlichem Ausmaß überein:

Das *Umweltwissen*, das die Schüler besitzen, scheint nicht sonderlich umfangreich zu sein. Werden Fragen nach Tier- und Pflanzenkenntnissen gestellt, so können die Schüler nur selten mehr als etwa die Hälfte der keineswegs sonderlich schwierigen Fragen richtig zu beantworten. Wissen über Natur, über Tiere und Pflanzen ist regelmäßig in weit geringerem Maß vorhanden als Wissen über Umweltprobleme und über Fragen des Umweltschutzes. Das mag man, wie Gebauer, als „Halbwissen" bezeichnen, oder man mag als Biologielehrer darüber entsetzt sein, daß nur wenige einheimische Kräuterarten bekannt sind, oder man mag es als ganz akzeptabel empfinden, daß doch immerhin einiges bekannt ist. Hinsichtlich des Umweltwissens stimmen die Studien darin überein, daß die Jungen meist mehr Wissen aufweisen als die Mädchen, jedenfalls dann, wenn es sich um Faktenwissen oder eher naturwissenschaftliches Wissen handelt. Geht es hingegen um die Kenntnis von Tierarten und ihren Eigenarten, finden sich meist keine Geschlechterdifferenzen. Mitunter schneiden die Mädchen auch besser ab. Ähnliche Wissensdifferenzen zuungunsten der Frauen zeigen sich auch in vielen Erwachsenenuntersuchungen. Man geht wohl nicht fehl in der Annahme, daß es sich hier um geschlechtsspezische Präferenzen hinsichtlich bestimmter Wissenstypen handelt. Mathematisch-naturwissenschaftliches Wissen ist, wie etwa der Vergleich der Lieblingsfächer von Jungen und Mädchen zeigt (vgl. Jugend '92 1992), nach wie vor eine männliche Domäne, während biologisch-psychologisches Wissen eher von Frauen präferiert wird. Biologie ist seit geraumer Zeit das Lieblingsfach der Mädchen. Jedenfalls liegt die Ursache für die Wissensdifferenz nicht im unterschiedlichen Input von Wissen: Der schulische Umweltunterricht ist der gleiche, und Unterschiede hinsichtlich der Zahl der gelesenen Bücher u.ä. lassen sich nicht nachweisen.

Das Umweltwissen nimmt erwartungsgemäß mit dem Alter bzw. der Klassenstufe zu. In Untersuchungen mit jungen Erwachsenen zeigt sich, daß ehemalige Gymnasialschüler über größeres Wissen als Realschüler oder Hauptschüler verfügen. Das verwundert nicht, denn schließlich handelt es sich bei dem Wissen, das erfragt wird, meist um typisches Schulwissen. Generell ist das Wissen über nationale und weiter entfernte Umweltprobleme größer als das über regionale und lokale Probleme (vgl. Braun 1983; Gebauer 1994: 109; Bolscho 1989: 7; Pfligersdorffer 1991). Ein Befund, der auch bereits früher in amerikanischen Untersuchungen (vgl. Arcury/Johnson 1987) anzutreffen war.

Alle Untersuchungen bescheinigen unisono Schülern und Jugendlichen eine „hohe Sensibilität für Umweltprobleme" (vgl. Braun 1984; Gebauer 1994; Langeheine/Lehmann 1986; Szagun/Mesenholl 1991). Die übergroße Mehrheit der Schüler und Jugendlichen – meist 80% und mehr – sind der Meinung, daß viel zu wenig für die Umwelt getan wird. Positive Veränderungen erwarten sie in erster Linie von Umweltschutzverbänden und Vereinen.

Nach der *IBM Jugendstudie 1995* (vgl. Institut für empirische Psychologie 1995) wird Umweltzerstörung mit Abstand als das Thema angesehen, das mittelfristig im Zentrum der gesellschaftlichen Diskussion stehen wird (siehe Abb. 5-7). Jugendliche machen sich stark für den Umweltschutz, und nur eine kleine Minderheit von 9% bekennt, daß Umweltschutzprobleme ihr gleichgültig sind.

Im Gegensatz zum Umweltwissen, bei dem häufig die Jungen die Nase vorn haben, sind es bei den *Umwelteinstellungen* – soweit sich geschlechtsspezifische Differenzen nachweisen lassen – immer die Mädchen, die eine positivere

Abb. 5-7   **Umwelteinstellungen von Jugendlichen**
                           Angaben in %

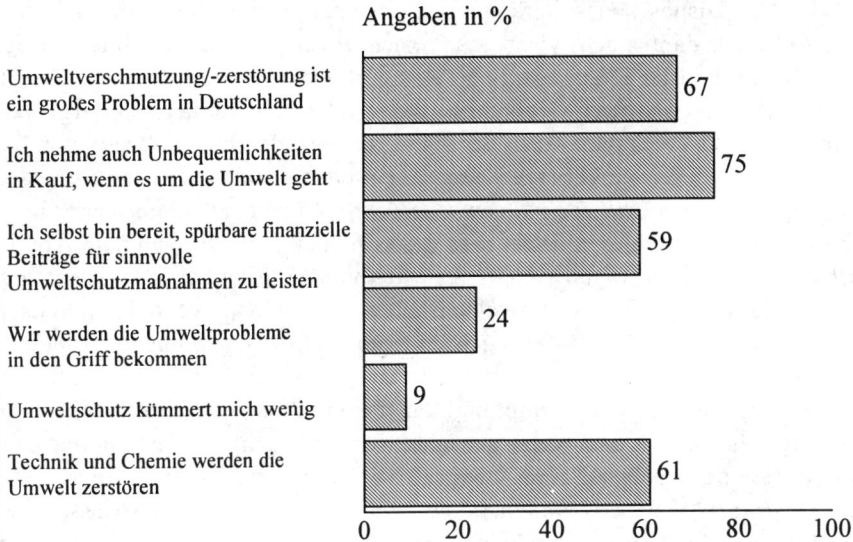

Umweltverschmutzung/-zerstörung ist ein großes Problem in Deutschland	67
Ich nehme auch Unbequemlichkeiten in Kauf, wenn es um die Umwelt geht	75
Ich selbst bin bereit, spürbare finanzielle Beiträge für sinnvolle Umweltschutzmaßnahmen zu leisten	59
Wir werden die Umweltprobleme in den Griff bekommen	24
Umweltschutz kümmert mich wenig	9
Technik und Chemie werden die Umwelt zerstören	61

0   20   40   60   80   100

Quelle: IBM Jugendstudie 1995: 129ff.

Einstellung zum Umweltschutz und eine größere Betroffenheit zeigen. Jugendliche reagieren offenbar in starkem Maße emotional auf Umweltprobleme. Sorgen und Befürchtungen über Umweltzerstörung folgen unmittelbar hinter den Sorgen in bezug auf Arbeitsplatz und Ausbildung, weit vor den Problemfeldern Kriegsgefahr und Kriminalität (ebd.: 158). Jugendliche empfinden Angst angesichts drohender Umweltveränderungen, sind wütend auf die Verursacher von Umweltschäden, auf die Politiker, teilweise auf die Erwachsenen überhaupt.

U. Unterbruner, die in einer methodisch eher ungewöhnlichen Untersuchung Jugendliche auf eine Phantasiereise in die Zukunft geschickt und sie nach ihren Zukunftsvorstellungen befragt hat, fand heraus, daß Natur und Umwelt eine starke Rolle in den Zukunftsvorstellungen spielen und die Angst vor Umweltzerstörung hinter der Angst vor Krieg und vor persönlicher Krankheit obenan steht. Diese Angst hat Vorrang vor Ängsten aus dem persönlichen Lebensbereich (vgl. Unterbruner 1991). Die Differenz, die im Hinblick auf die Einstufung der Kriegsgefahr im Vergleich zur IBM Jugendstudie besteht, mag darin begründet sein, daß die Studie von Unterbruner einige Jahre zurückliegt und die Angst vor Kriegen seither zurückgegangen ist.

Das *Umweltverhalten* von Schülern und Jugendlichen läßt sich schwerlich in gleicher Weise erfassen wie bei Erwachsenen, denn Schüler verfügen nicht über die gleichen Dispositionsspielräume und finanziellen Mittel wie Erwachsene. Dies gilt auch dann noch, wenn man ihnen einen gewissen Einfluß auf das Umweltverhalten der Eltern zuspricht. Betrachtet man die verschiedenen Bereiche des Umweltverhaltens – Verkehrsverhalten, Konsumverhalten, Energieverhalten und Abfallverhalten – aus der Nähe, so wird deutlich, daß sich Schüler im Hinblick auf ihr Verkehrsverhalten nur wenig voneinander unterscheiden können, denn ihnen fehlt noch die entscheidende Zugangserlaubnis, der Führerschein. In den Erhebungen findet man deshalb auch meist Fragen zum Abfallverhalten, das heißt Fragen zum Wegwerfen von Müll und zur Mülltrennung. Ob es allerdings viel mit Umweltverhalten zu tun hat, wenn Kinder dazu ermahnt werden, auf der Straße liegenden fremden Müll und Papier aufzuheben, mag dahingestellt bleiben. Es erinnert eher an die „guten Taten" der Pfadfinder. Intuitiv neigt man zu der Vermutung, daß die kindlichen Erfahrungen, die im Umgang mit Umwelt und Natur gemacht werden, auch für die späteren Umwelteinstellungen prägend sind. Längerfristig angelegte Untersuchungen, die darüber Aufschluß geben könnten, gibt es noch nicht. Erste Hinweise lassen sich allerdings der Studie von Langeheine/Lehmann entnehmen, wo versucht wurde, diese frühen Erfahrungen retrospektiv zu erfassen. Danach sind die Zusammenhänge zwischen Sozialisationsvariablen sowie frühen Naturerfahrungen als Kind und den aktuellen Umwelteinstellungen und dem verbalisierten Umweltverhalten äußerst dürftig. Sie liegen an der Grenze der Nachweisschwelle. Im Gegenteil, häufig findet man sogar heraus, daß Stadtkinder, die seltener mit der Natur in Kontakt gekommen sind als Landkinder, ein größeres Umweltbewußtsein besitzen.

Zu fragen wäre auch, in welchem Maße Jugendliche hinsichtlich ihrer Umwelteinstellungen *differieren* und wie mit dieser Differenz in der Umwelterziehung umzugehen ist. Gebauer findet zwei Grundtypen von Freizeitorientierung vor: einen Typ, den man als „Natur- und Tierfreund" (Tiere beobachten, Bücher lesen, Tierpark besuchen, Tiersendung im Fernsehen gucken) charakterisieren könnte, während ein zweiter Typ „medienorientiert, naturfern" ist. Dort stehen Fernsehserien, Video und Computerspiele im Mittelpunkt. Vielleicht ließen sich hiermit die Differenzen in den Umwelteinstellungen und im Umweltverhalten besser erklären als mit dem unterschiedlichen Umweltwissen und den unterschiedlichen Erziehungspraktiken im Elternhaus.

Eine weitere bedeutsame Differenz betrifft geschlechtsspezifische Unterschiede. In der letzten *Shell-Jugendstudie von 1993* berichtet Zinnecker[1], daß

---

1   Vgl. Jugend '92. Die Studie widmet ansonsten dem Thema Umwelt nur relativ wenig Aufmerksamkeit. Sie ist sehr stark auf Fragen der Jugendkultur konzentriert. So kann man

Abb. 5-8   **Technische Interessen Jugendlicher**

N= 2641 (D-West); nach Geschlecht differenziert;
Angaben in %

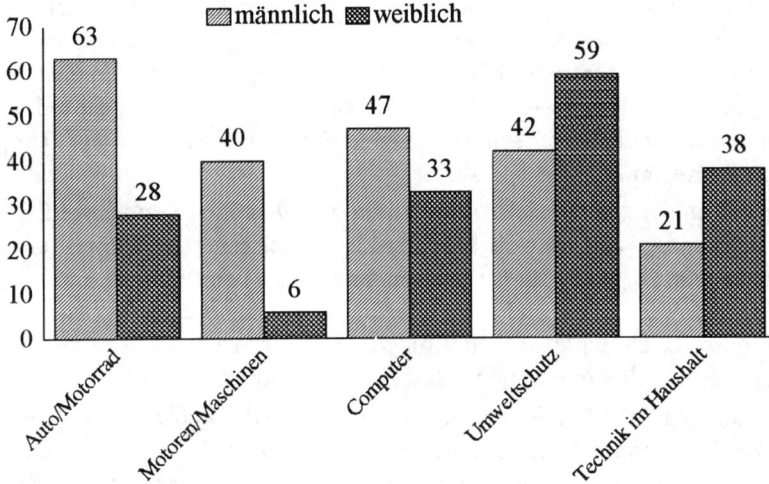

▨ männlich   ▨ weiblich

Auto/Motorrad: männlich 63, weiblich 28
Motoren/Maschinen: männlich 40, weiblich 6
Computer: männlich 47, weiblich 33
Umweltschutz: männlich 42, weiblich 59
Technik im Haushalt: männlich 21, weiblich 38

Quelle: Jugend '92: 134

der Umweltschutz in der Interessensskala der Jugendlichen hinter Auto/Motor-
rad auf Platz zwei rangiert (vgl. Abb. 3-22). Die Irritation über diese gegensätzliche Interessenausrichtung auf den beiden ersten Rangplätzen wird dann beseitigt, wenn man die Präferenzen der männlichen und weiblichen Jugendlichen
getrennt auswertet. Dann ergibt sich – für die alten Bundesländer – die in
Abbildung 5-8 wiedergegebene Situation.

Die Gegenüberstellung zeigt deutlich, daß vor allem weibliche Jugendliche
ein starkes Interesse am Thema Umweltschutz haben und daß nicht einmal ein
Viertel von ihnen sich für Autos und Motorräder interessiert. Motoren und
Maschinen stoßen generell auf wenig Interesse bei ihnen, auch Technik im
Haushalt ist nur für jede fünfte von Belang. Da interessiert man sich schon eher
für alles, was mit dem Computer zusammenhängt.

Technikfeindlich sind die heutigen Jugendlichen nicht. 82% stimmen der
Aussage zu: „Als moderne Industrienation sind wir dringend auf die ständige
Weiterentwicklung der Technik angewiesen."

---

etwa eine Menge über Präferenzen hinsichtlich bestimmter Tanz-und Kleidungsstile
erfahren, aber nur wenig über das Umweltbewußtsein. Dort wo auch nur ansatzweise
danach gefragt wird, zeigt sich allerdings, daß die Jugendlichen dem Thema, ganz im
Gegensatz zu den Autoren der Studie, eine große Bedeutung zusprechen.

Allerdings scheint die Einstellung zur Technik keineswegs einheitlich und widerspruchsfrei, denn einerseits rechnen 61% mit zerstörerischen Auswirkungen der Technik auf die Umwelt, andererseits glauben 57%, daß es für die meisten Probleme irgendwann eine technische Lösung geben wird. Technik wird also trotz kritischer Untertöne durchweg akzeptiert. Interesse an Technik und die Objekte, auf die es sich richtet, sind hingegen stark geschlechtsabhängig. Die Mehrheit der männlichen Jugendlichen begeistert sich in eher traditioneller Weise für *Auto, Motor, Sport.* Demgegenüber richten sich die technischen Interessen der weiblichen Jugendlichen stärker auf Modernes: auf Computer- und Umwelttechnik.

Jugendliche verhalten sich, schon allein aufgrund ihres geringeren Dispositionsspielraumes, weit umweltgerechter als Erwachsene. Sie fahren kein Auto, benutzen kein Flugzeug für Kurzreisen, bauen sich keine Häuser, nutzen häufig das Fahrrad, versuchen, sich dem elterlichen Wochenendausflug zu entziehen, sitzen gern im Dunkeln und sind bis zur Pubertät auch nicht gerade für den großen Verbrauch von warmem Waschwasser bekannt.

Aber auch Schüler und Jugendliche differieren in ihrem *Umweltverhalten,* und diese Differenzen erweisen sich als ähnlich „unerklärte" Größen – jedenfalls im statistischen Sinne – wie bei den Erwachsenen. Weder läßt sich eine überzeugende Struktur finden, die den Faktoren auf der Spur wäre, die einzelne Verhaltensweisen bestimmen und hervorrufen, noch lassen sich Zusammenhänge zu Umweltwissen und Umwelteinstellungen von nennenswerter Größenordnung finden. Korrelationskoeffizienten von 0,20 zwischen Umweltwissen und -verhalten bedeuten, daß lediglich 4% der Varianz des Umweltverhaltens erklärt wird.[1] Das ist nicht der Rede wert. Bei Korrelationen von 0,10 ist man bei ganzen 1% Varianzaufklärung angelangt und greift ins Nebelmeer des Zufalls.

Insgesamt kommt man nicht umhin, die weitgehend einheitlichen Resultate der Studien als Beleg dafür zu nehmen, daß viele Grundannahmen der Umwelterziehung und viele dort für selbstverständlich gehaltene Zusammenhänge der empirischen Prüfung nicht standhalten. Nun ist es nichts Ungewöhnliches, daß Pädagogen der Nicht-Nachweisbarkeit der Effekte ihres Tuns das Argument entgegenhalten, sie würden so umfassend und mit längerfristiger Perspektive auf die Bildung ihrer Zöglinge hinarbeiten, daß ein empirischer *Sofort*nachweis an einzelnen, isolierten Punkten nicht gelingen könne, ja sogar problematisch wäre, würde dies doch auf eine Manipulation der Schüler durch die Lehrkräfte hindeuten. Dieses Argument ist nicht unbedingt überzeugungskräftig, wenn-

---

1   Wenn etwa Gebauer mit einer Faktorenanalyse insgesamt 15% der Varianz der von ihm erfragten 13 Umweltverhaltensitems erklären kann, läßt dies nur den Schluß zu, daß hier entweder der Zufall waltet oder andere, bislang nicht erkannte Drittvariablen den entscheidenden Einfluß ausüben.

gleich nicht leicht falsifizierbar. Fakt scheint derzeit aber zu sein, daß schulische Umwelterziehung sich nur positiv auf das Umweltwissen der Schüler auswirkt, aber auf Einstellungen und Verhalten so gut wie keinen Einfluß besitzt. Die Vermutung, der Kontakt mit der Natur erzeuge positive Gefühle und diese wiederum würden sich so auswirken, daß man die geliebte Natur schützen wolle, erweist sich als falsch. Auch kommen Aktivisten von Umweltschutzgruppen überwiegend aus städtischen Milieus und rekrutieren sich nicht aus der Landjugend.

Es ist schon sehr erstaunlich, in welchem Ausmaß die Ergebnisse bei Schülern und Jugendlichen mit denjenigen von Erwachsenenpopulationen übereinstimmen. In einem Punkt zeigen sich allerdings erhebliche Abweichungen: im Grad an Betroffenheit und im Ausmaß von Ängsten, die mit Umweltproblemen verbunden sind. Die Resultate aller Studien verweisen darauf, daß Schüler und Schülerinnen sich sehr stark von Umweltproblemen bedroht fühlen. Interessant ist, sich anzusehen, welche Umweltprobleme sie mehr und welche weniger stark bedrücken. Die folgenden Ergebnisse stammen aus der Untersuchung von Gebauer mit Dritt- und Viertklässlern. Dort wurde gefragt: „Heutzutage hört man viel über Probleme in unserem Land. Welche drei der folgenden Probleme bedrücken Dich am meisten?" (s. Abb. 5-9).

Abb. 5-9   **Welche der folgenden Probleme bedrücken mich am meisten?**

Auf den Plätzen 1 bis 3 wurden genannt;
N=480; Angaben in %

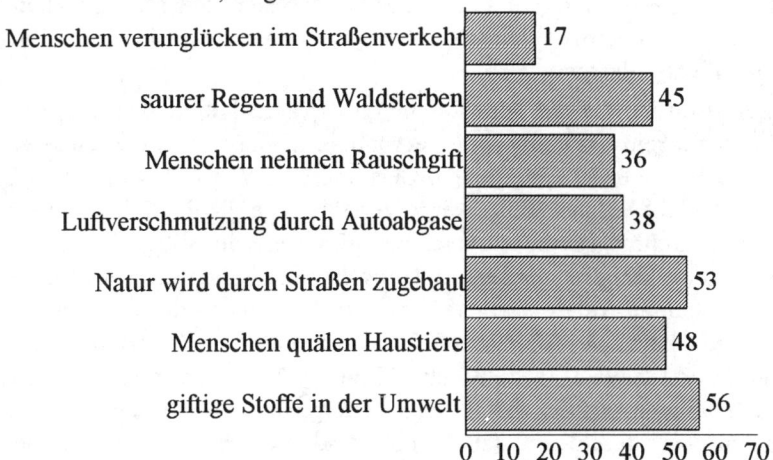

Problem	Wert
Menschen verunglücken im Straßenverkehr	17
saurer Regen und Waldsterben	45
Menschen nehmen Rauschgift	36
Luftverschmutzung durch Autoabgase	38
Natur wird durch Straßen zugebaut	53
Menschen quälen Haustiere	48
giftige Stoffe in der Umwelt	56

0   10   20   30   40   50   60   70

Quelle: Gebauer 1994: 107f.

Bemerkenswert ist, daß die Antwortalternative „..., daß sich immer mehr giftige Stoffe in unserer Umwelt ansammeln" den Spitzenrang einnimmt, handelt es sich doch um eine eher abstrakte Gefährdung, die nicht im Erfahrungsbereich von Zehnjährigen liegt. Umgekehrt liegt ein Alltagsproblem, das den meisten Kindern vermutlich auf dem täglichen Weg zur Schule begegnet, nämlich die Gefährdung durch den Straßenverkehr, mit Abstand auf dem letzten Platz. Hier zeigt sich bereits bei den Zehnjährigen ein kulturelles Muster, das im Kapitel 6 („Nah und Fern") noch ausführlicher betrachtet werden wird. *Das Ferne wird als gefährdeter und bedrohlicher wahrgenommen als das Nahe.* Auch die Autoabgase werden von der großen Mehrheit nicht als vordringliche Bedrohung für die eigene Atemluft wahrgenommen, saurer Regen und Waldsterben erscheinen da als bedrohlicher.

In der IBM Jugendstudie 1995 wurden die Jugendlichen um ihre Meinung zu zwei Zukunftsszenarien gebeten. Das erste Szenario spielt im Jahre 2030 und beschreibt die Situation nach einer eingetretenen Klimakatastrophe. Die Industrienationen waren nicht fähig, ihren Energieverbrauch zu reduzieren, dies führte zur globalen Erwärmung der Erde mit den einschlägigen Folgen wie Hochwasserkatastrophen u.ä. 90% der Jugendlichen halten dieses Szenario für realistisch und das Eintreffen für wahrscheinlich.

Das zweite Szenario spielt im Jahre 2020 und ist vergleichsweise harmlos. Autos dürfen nur noch an bestimmten Wochentagen fahren, der Benzinpreis beträgt 11,50 DM/l, pro Monat dürfen nur noch 500 km gefahren werden. All dies wird über Verkehrsleitsysteme und die Zündelektronik im Auto kontrolliert: Wer nicht fahren darf, der kann auch nicht. Die Hälfte der Jugendlichen hält nun dieses Szenario nicht für wahrscheinlich. Die Begründung: Dies führe zu massiven Protesten, die Autofahrer würden sich dies nicht gefallen lassen, und die Auto- und die Ölindustrie seien so mächtig, daß sie solche Einschränkungen nicht zulassen würden.

Interessant ist, daß die Jugendlichen die Wahrscheinlichkeit des ersten Szenarios mit ihrem Umweltwissen begründen: Klimaveränderungen seien in den letzten Jahren bereits eingetreten, CO_2 und FCKW werde in großem Umfang freigesetzt, die Ozonschicht werde zerstört. Die Jugendlichen scheinen wie selbstverständlich davon auszugehen, daß unsere derzeitige Wirtschaftsweise nicht zukunftsfähig ist, sondern zu Umweltkatastrophen führen wird. Jedenfalls sehen sie keinen Anlaß, die Wahrscheinlichkeit eines solchen Worst-case-Szenarios zu bestreiten. Wie ist dies mit der anderen Bewertung des zweiten Szenarios unter einen Hut zu bringen? Eine Deutung wäre, daß die Jugendlichen einfach davon ausgehen, daß alles so weitergeht wie bisher. Damit fahren sie ja auch gar nicht so schlecht, denn nur 3% sind mit ihrer derzeitigen Lebenssituation „sehr unzufrieden" und 7% „eher unzufrieden" (vgl. ebd.: 95). Es sind auch nur 7%, die ihre persönliche Zukunft „eher düster" sehen. Implizit bringen die

Jugendlichen die Meinung zum Ausdruck, daß das Umweltwissen am gesellschaftlichen Umweltverhalten nur wenig ändern wird. Denn, so könnte man
fragen, wer soll das alles ändern? Die *Politiker* stehen bei den Jugendlichen
nicht gerade hoch im Kurs, von ihnen erwarten sie keine Änderungen. 67%
geben zu Protokoll, daß sie keinen fähigen Politiker kennen würden. Nur 10%
erklären, daß sie sich stark für Politik interessieren. Je jünger die Jugendlichen,
desto größer die Distanz zu Politik und Parteien.

Die Wirtschaft kommt im Urteil der Jugendlichen kaum besser weg. Allenfalls
erhofft man sich einiges von technischen Entwicklungen. Sich selbst sehen die
Jugendlichen offenbar auch nicht als den Motor von gesellschaftlichen Veränderungen. Zwar halten 70% es für wichtig, daß der einzelne sich gesellschaftlich
engagiert, doch nur 8% bescheinigen sich selbst, stark engagiert zu sein. Die
Relevanz, die man einem Engagement zuspricht, und die tatsächliche eigene
Aktivität fallen, wie die Gegenüberstellung in Abbildung 5-10 zeigt, weit
auseinander.

Nur im ganz privaten Bereich befinden sich Anspruch und Wirklichkeit im
Einklang. Welche Gründe könnten dafür maßgebend sein? Den Jugendlichen
zu unterstellen, sie meinten es nicht ernst, wenn sie gesellschaftliches Engagement für wichtig erklären, scheint wenig plausibel, denn sie neigen ja ansonsten
keineswegs zu Wohlverhaltensdeklarationen. Alles deutet darauf hin, daß es

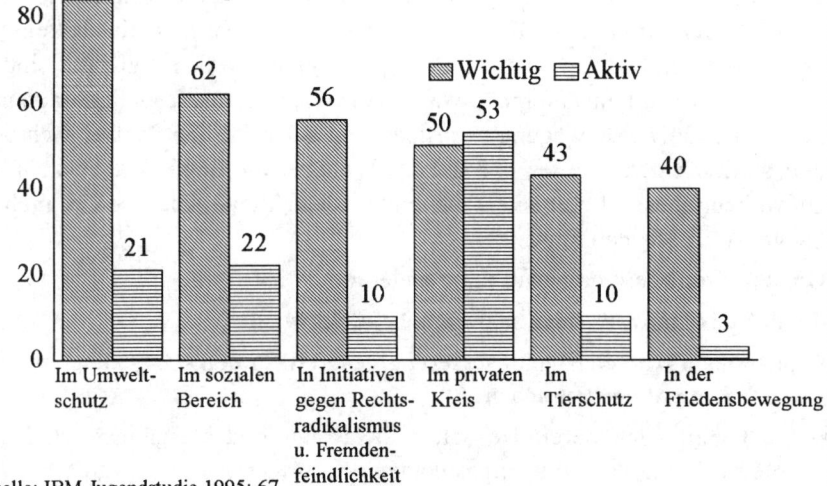

Abb. 5-10   **In welchem Bereich halten Sie gesellschaftliches Engagement grundsätzlich für wichtig? Und wo sind Sie tatsächlich aktiv?**

Angaben in %

Quelle: IBM Jugendstudie 1995: 67

tatsächlich ein Bedürfnis gibt, sich jenseits des privaten Bereichs und der privaten Interessen für die Gemeinschaft zu engagieren. 78% sind der Meinung, daß sich die Menschen gegenseitig mehr helfen sollten und nicht alle sozialen Angelegenheiten dem Staat überlassen sollten (vgl. ebd.: 16). Allein, zwischen dem privaten Bereich und der einhellig abgelehnten Politik gibt es wohl wenig, wo sich Engagement nach Meinung der Jugendlichen lohnen würde.

Generell kommen die Jugendlichen weitgehend ohne Vorbilder und Leitbilder aus. Mehr als zwei Drittel äußern, es gebe keine für ihr Leben wichtige Vorbilder. Und von denjenigen, die Vorbilder haben (31%), geben die meisten die eigenen Eltern an. 41% nennen eine Person aus dem öffentlichen Leben als Vorbild, aber selten wird eine Person mehrfach genannt. So ergibt sich eine endlose Liste individueller Vorbilder, die mit der Mode wechseln. Auch auf die Frage nach Personen und Gruppen, die im letzten Jahr entscheidendes geleistet haben, herrschen individualistische Antwortmuster vor. Die auf einzelne Personen und Gruppen entfallenden Prozentwerte überschreiten nur selten die 5-Prozentschwelle. Einsamer Spitzenreiter ist mit 38% Greenpeace – allerdings auch mit einem Verlust von rund 10% im Vergleich zu den Erhebungen von 1990 und 1992 (vgl. ebd.: 139). Ansonsten erreichen nur noch Tom Hanks (26%), Helmut Kohl (16%), Michael Schumacher und Henri Maske (je 15%) nennenswerte Prozentwerte.

Ein kleines Fazit

Was ist das Ergebnis dieses Kapitels, was bekommt man zu sehen, wenn man eine Differenzierung nach gesellschaftliche Teilgruppen vornimmt? Auf der Polarität Gemeinsames-Differenzen sind es wohl mehr Gemeinsamkeiten, die hier in bezug auf die Umwelteinstellungen sichtbar werden. Natürlich sind auch Unterschiede zu konstatieren, etwa daß die Arbeiterschaft nicht gerade an der Spitze der Umweltbewegung anzusiedeln ist oder daß die Schüler sich besonders stark betroffen fühlen und daß die Manager im Hinblick auf persönliches Umweltengagement eher skeptisch und zurückhaltend sind, weil es nicht ihre Sache ist, im kleinen zu denken.

Gemeinsame Merkmale sind unter anderem:

- daß der Umweltschutz sehr hoch bewertet wird,
- daß man Wirtschaft und Regierung generell für den schlechten Umweltzustand verantwortlich macht,
- daß man auch bereit ist, selbst etwas durch das eigene Verhalten zur Bewältigung von Umweltproblemen beizutragen,

- daß man die nähere Umgebung immer weit positiver bewertet als Entferntes, das betrifft sowohl die private Umgebung, die Gegend, in der man lebt, die Stadt in der man lebt, die Region, als auch den Industriebetrieb, in dem man arbeitet oder den landwirtschaftlichen Betrieb, den man leitet,

- daß man, wenn es um Umweltfragen geht, nicht Regierungen, Verwaltungen oder gar dem Umweltminister vertraut, sondern nicht-staatlichen Organisationen, für die stellvertretend der Name Greenpeace stehen mag.

Überall stellt man das Phänomen fest, daß die direkte Umgebung, in der man sich bewegt, für intakt und umweltgerecht gehalten wird. *Unser Betrieb ist keine Gefahr für die Umwelt, unser landwirtschaftlicher Betrieb verursacht keine Umweltgefährdungen, aber etwas weiter weg sieht es schon anders aus.* Überall drohen der Welt große Gefahren, sie ist hochgradig gefährdet und keineswegs intakt, nur die direkte Umgebung stellt die Ausnahme dar. Das stellt die Frage nach der Wahrnehmung des Raumes, von Nähe und Ferne – offenkundig spielt dies eine entscheidende Rolle für das Umweltbewußtsein.

Das Lokale, die nahe Umgebung wird nicht als gefährlich, bedrohlich oder als umweltzerstört empfunden. Schlechte Umweltzustände rufen kein Umweltbewußtsein hervor. Offenkundig spielt der jeweilige Umweltzustand keine direkt ursächliche Rolle. Internationale und historische Vergleiche lassen dies auch plausibel erscheinen, denn ansonsten hätte die Umweltbewegung bereits mit dem Londoner Smog entstehen müssen, hätte in den 50er Jahren im Ruhrgebiet ihre Hochburg gehabt und wäre heute in Mexiko-City zu Hause. Das wirft die Frage auf: Woher kommt denn eigentlich das Umweltbewußtsein her, wenn es nicht durch Defizite der unmittelbaren Umgebung induziert ist?

Betroffenheit und Ängste in bezug auf Umweltschäden und ihre Konsequenzen sind in allen sozialen Gruppen zu beobachten: Gleichzeitig ist man aber der Meinung, daß man hier in Deutschland sehr gut leben kann. Ängste beziehen sich offenbar auf die ferne Zukunft. Für die nächsten zehn Jahre ist man noch eher optimistisch. Man durchlebt die Ängste heute schon für die Generation, von der man glaubt, daß sie in Zukunft einmal wirklich Angst haben muß, wenn man nicht heute etwas verändert. Das stellt die Frage nach dem generellen Umgang mit Risiken in unserer Kultur.

Im folgenden Kapitel wollen wir diese drei Spuren des Umweltbewußtseins weiter verfolgen: die Wahrnehmung von Nähe und Ferne und die Rolle der Medien bei der Ferninduzierung von Umwelteinstellungen sowie den Umgang mit Risiken in unserer Kultur.

6. Kapitel

Umweltbewußtsein im Kontext
von Wahrnehmungsmustern und Risikolagen

Wahrnehmungsprobleme: Differenzen zwischen Nahem und Fernem

Die Ergebnisse der Umweltbewußtseinsforschung sind – wie im vierten Kapitel dargestellt – äußerst vielschichtig, und sie widersprechen häufig landläufigen Annahmen. Man versucht unwillkürlich, die Ergebnisse wie in einem Puzzle zu einem *Gesamtbild vom Umweltbewußtsein* zusammenzufügen, und fragt sich, welche Dimensionen und welche Strukturen dieses aufweist, wo es eigentlich herkommt und wie es sich auf das Handeln der gesellschaftlichen Akteure, Gruppen und Institutionen auswirkt. Man fragt, welche Muster in diesem Bewußtsein denn eigentlich erkennbar sind.

Ein Muster, das wir in diesem zunächst noch wenig strukturierten Bild zu erkennen glauben, betrifft den *Umgang mit dem Raum*, die Art und Weise, mit der Umweltphänomene in Abhängigkeit von ihrer räumlichen *Nähe und Ferne* beurteilt werden. Uns scheint dieses Phänomen für den gesamten Bereich der Umweltbildung und Umweltpolitik von einigem Interesse zu sein. Denn wie die ökologische Situation vor der Haustür wahrgenommen wird und wie der Zustand der Umwelt in der Ferne oder im Allgemeinen beurteilt wird, kann nicht gleichgültig sein.

Die Einstellungen gegenüber umweltsensiblen Industrien und Techniken, so denkt man sich das in der Regel in den ökologisch orientierten Bürgerinitiativen, Verbänden und Parteien, ist eine Frage der Informiertheit der breiten Öffentlichkeit. Nun zeigt sich, daß das Umweltwissen von Personen kaum im Zusammenhang mit ihren Einstellungen zu Umweltfragen steht und zum tatsächlichen Umweltverhalten in der Regel gar keine Beziehung auszumachen ist (vgl. Kapitel 4). Ist also die Frage: „Mit welchen Informationen kann ich welche Einstellungen herbeiführen?" gar nicht sinnvoll? Kommt es in der Auseinandersetzung mit ökologischen Krisenphänomenen gar nicht aufs Wissen und auf Argumente an?

Man muß genauer fragen: „Wie werden die Informationen über Umweltzustände *bewertet*?" Exakter noch: „Wie werden die Einstellungen zu ganz *bestimmten* Umweltzuständen bewertet?" Schließlich wissen wir aus dem vorausgehenden Kapitel, wie sehr es auf die Spezifizierung des Themas, des Gegenstandes der Auseinandersetzung in den Umweltfragen ankommt.

Unsere Beobachtung ist nun, daß das Bewußtsein von Umweltproblemen abhängig ist von Wahrnehmungen, die der einzelne macht. Ferner, daß diese Wahrnehmungen offensichtlich beeinflußt sind von den alltäglichen Erfahrungen, die Personen einerseits in ihrer Lebensumgebung machen, andererseits aus den Massenmedien und dem Pool der kollektiv geteilten Meinungen schöpfen. Wir werden dies an fünf Beispielen aus der Sozialforschung erläutern, die sich auf ganz unterschiedliche, aber zentrale ökologische Problemlagen und das Umweltwissen beziehen. Dies betrifft die Wahrnehmung von Lärm (1), das Wissen über die Umweltsituation in der näheren Umgebung (2), die allgemeine Einschätzung der Qualität der Umwelt im Nah- und Fernbereich (3), das Urteil über die Qualität des Trinkwassers (4) sowie die Frage, was Schüler besonders interessiert: die nähere Umgebung oder die ökologische Situation in der weiten Welt.

Wahrnehmung von Lärm

1991 fragte das Allensbacher Sozialforschungsinstitut in einer repräsentativen Untersuchung:

„Es wird ja viel über den Lärm gesprochen – ich meine den Verkehrslärm, Industrielärm, Lärm der Großstadt usw. Glauben Sie, daß es heute mehr Lärm gibt als vor 10 Jahren, oder war das damals schlimmer, oder genauso wie heute?" Man versuche einmal selbst, ohne langes Zögern und Nachdenken die Frage zu beantworten und dann erst die folgende Abbildung 6-1 anzuschauen.

Nun, das Urteil ist eindeutig: In bezug auf die allgemeine Einschätzung des Lärms ist man sich weitgehend einig. Nur 4% glauben, daß es vor zehn Jahren mehr Lärm gegeben hat, während 74% den heutigen Lärm schlimmer finden.

In mehreren Untersuchungen fragte Allensbach auch nach dem Lärm in der persönlichen Wohnumgebung. Hier lautete die Frage:

„Wohnen Sie ruhig, oder ist es manchmal im Haus oder von draußen sehr laut?"

Auch hier mag man zum Vergleich einen Selbstversuch durchführen und die Frage spontan beantworten. Man ist dann vielleicht weniger überrascht, wenn man den folgenden Zeitvergleich der Allensbach-Untersuchungen von 1969, 1981 und 1990 liest (siehe Abb. 6-2).

Die persönliche Wohnumgebung wird im Zeitraum von 20 Jahren eher positiver beurteilt. 1969 fanden 57%, daß sie ruhig wohnen und nicht von Lärm geplagt werden, 11 Jahre später sind es bereits 72%. Aber könnte sich ein Verkehrs- oder Industrieminister damit brüsten, daß man den Lärm erfolgreich

Abb. 6-1   **Lärm im Vergleich zu vor 10 Jahren**
Angaben in %

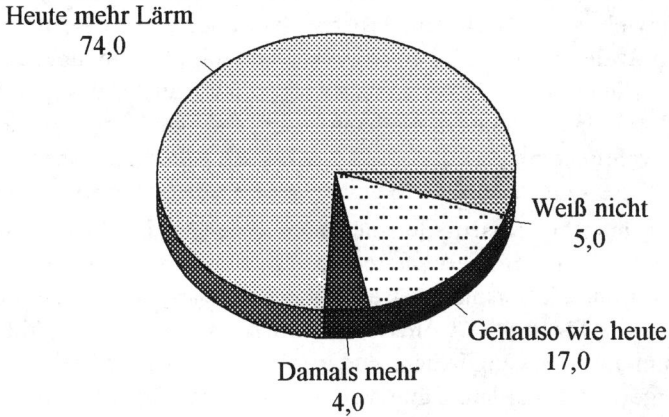

Heute mehr Lärm
74,0

Weiß nicht
5,0

Genauso wie heute
17,0

Damals mehr
4,0

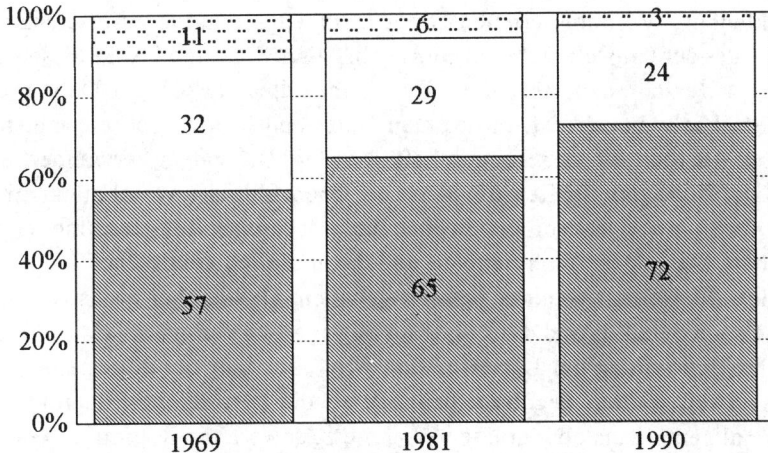

Quelle: Allensbach 1991 nach Hansen 1995

Abb. 6-2   **Ruhiges Wohnen**
D-West; Angaben in %

▨ Wohne ruhig ☐ Manchmal laut ⊡ Immer laut

	1969	1981	1990
Immer laut	11	6	3
Manchmal laut	32	29	24
Wohne ruhig	57	65	72

Quelle: Allensbach nach Hansen 1995

eingedämmt habe? Man würde ihn für völlig realitätsfremd halten, denn die generelle Einschätzung des Lärms fällt, wie wir gesehen haben, negativer aus. Gegenübergestellt sind diese Ergebnisse irritierend, laufen sie doch auf die Aussage hinaus: Die Bundesbürger sagen: „Überall ist es in den letzten Jahren lauter geworden; nur wo ich lebe, ist es leiser geworden." Die Wahrnehmung der Nahumwelt widerspricht kollektiv der Beurteilung des Allgemeinzustandes. Und dies trotz der offenkundig wachsenden Sensibilität gegenüber dem Stressor Lärm. Im Grunde, so ist man versucht zu sagen, hätte auch das allgemeine Urteil über den Lärm dahingehend ausfallen müssen, daß eine Reduktion der Lärmbelästigung wahrgenommen wird, denn schließlich waren die Erhebungen repräsentativ für den Querschnitt der bundesrepublikanischen Bevölkerung.

Nun mag man bei diesem Beispiel noch geneigt sein, diese eigentümliche Dissonanz von Nah- und Fernwahrnehmung rational auf „objektive Tatbestände" zurückzuführen. Beispielsweise könnte man so argumentieren: Immer mehr Wohnungen verfügen über Isolierfenster mit Doppelverglasung, die auch eine schalldämmende Wirung haben. Zudem sind in vielen Stadtteilen Tempo-30-Zonen eingerichtet worden. Hätte man vor 10 Jahren den Lärm in Wohnungen in Dezibel gemessen, so würde sich vielleicht wirklich zeigen, daß es heute leiser geworden ist, während an öffentlichen Plätzen der Lärm durch die größere Verkehrsdichte zugenommen hat. Also doch keine Differenzen zwischen der Wahrnehmung von Nahem und Fernem?

Urteile über den Zustand der Region

Hoth und de Haan und befragten 1990/1991 450 Schülerinnen und Schüler in Mecklenburg-Vorpommern über ihre Umweltängste und ihre Einschätzung des Zustandes der Umwelt. 71% der Befragten halten Seen und Flüsse dieser Region für stark verschmutzt, aber nur 44% glauben dies von „ihrer" Ostsee, die als Reiseziel sehr beliebt ist, in der man badet und in die doch die meisten der Flüsse, die man für verschmutzt hält, münden. Besonders verwundert es, daß 70% der Befragten die Region, in der sie leben, als stark verschmutzt einschätzen, aber nur 6% dies von den in eben dieser Region selbst gesammelten Pilzen glauben. Die engere Wohnumwelt und die alltäglich genossenen Lebensmittel werden für weitaus weniger belastet gehalten, als die eher abstrakt bleibende Frage nach dem Zustand der Flüsse im allgemeinen vermuten läßt. Ähnlich wie bei der Beurteilung der Lärmsituation wird auch hier der allgemeine Zustand der Umwelt weitaus negativer beurteilt als die persönliche Situation in eben dieser allgemein als hochgradig verschmutzt gewerteten Region.

Diese Studie ist vor allem auch deshalb interessant, weil sie kurz nach dem Ende des Sozialismus in einer Region der DDR durchgeführt wurde, die durch das westliche Fernsehen nicht erreicht wurde. Es ist erstaunlich, daß das Umweltbewußtsein der Schüler in Ostdeutschland so stark dem der westdeutschen Schüler ähnelt und daß auch solche Phänomene wie die Wahrnehmungsweise von Entferntem und Nahem hier wie dort gefunden werden können. Denn die Situation in der ehemaligen DDR unterschied sich erheblich von der in West-Deutschland:

- Eine schulische Umwelterziehung im Sinne der Auseinandersetzung mit Umweltverschmutzung durch Industrie, Verkehr, Abfall, Düngung etc. existierte nicht.
- Die Umweltprobleme waren kein Thema im öffentlichen Diskurs.
- Daten über den Zustand der Umwelt (z.B. Qualität von Luft und Wasser) waren nicht zugänglich.

Gerade der letzte Punkt ist bedeutsam, denn es zeigt sich auch in anderen Studien, daß der naturwissenschaftlich gemessene Zustand der Umwelt offenbar nur wenig mit dem individuell, ja sogar kollektiv wahrgenommenen Zustand zu tun hat und daß Urteile über die Umweltsituation auch *nicht* auf der Basis von zur Kenntnis genommenen Information erfolgt. Dazu das folgende Beispiel.

Urteile über die Qualität des Wassers

Die Verschmutzung der Meere, Seen und Flüsse, die Qualität des Trinkwassers und der Wasserverbrauch gehören zu den in den Massenmedien oft thematisierten Problemfeldern. Gleichzeitig zählen Unterrichtseinheiten und Projekte zum Wasser (neben denen zum Müll) zu den seit etlichen Jahren am häufigsten gewählten Umweltthemen in den Schulen. Man kann also vermuten, zumindest aber hoffen, daß die so häufig angebotenen Informationen über das Wasser ihren Niederschlag in reflektierten Urteilen der Bevölkerung finden. Wie es sich in dieser Sache verhält, läßt sich an Umfragen des Allensbach-Instituts ablesen. Das Institut stellte die Frage: „Glauben Sie, daß die Qualität des Wassers heute besser oder schlechter ist als vor 30 Jahren?" (Siehe Abb. 6-3)

Man ist sich offenbar einig in dem schlechten Urteil, das man über das Wasser ausspricht. Die Qualität des Wassers sinkt demnach beständig. Und dies, obschon das Umweltbundesamt, das Bundesumweltministerium und andere in ihren Untersuchungen im wesentlichen seit rund 15 Jahren eine ständige Abnahme der Belastung der Flüsse durch Schwermetalle, Phosphor und Ammonium-Stickstoff (nicht jedoch bei Nitrat-Stickstoff) verzeichnen. Diesen chemischen Messungen der Wassergüte entsprechen die Ergebnisse jener Erhebungen eher, in denen nach der Qualität des Wassers in der unmittelbaren Nähe gefragt wird, nämlich nach dem Wasser, das in der eigenen Wohnung aus dem Wasser-

Abb. 6-3   **Qualität des Wassers heute im Vergleich zu
vor 30 Jahren**
Angaben in %

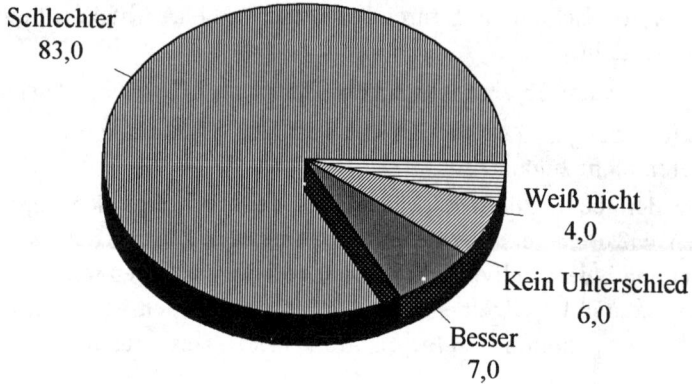

Schlechter
83,0

Weiß nicht
4,0

Kein Unterschied
6,0

Besser
7,0

Quelle: Allensbach nach Hansen 1995

Abb. 6-4   **Kann man das Wasser aus der Leitung trinken?**
Angaben in %

☐unbesorgt ▦unentschieden ▨besser nicht

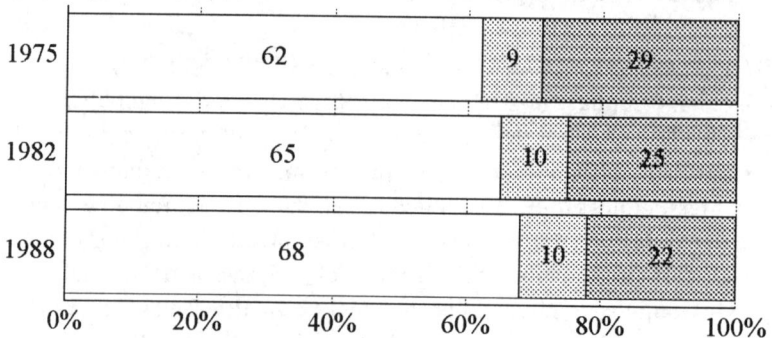

	unbesorgt	unentschieden	besser nicht
1975	62	9	29
1982	65	10	25
1988	68	10	22

0%   20%   40%   60%   80%   100%

Quelle: Allensbach nach Hansen 1995

hahn kommt. Die Frage lautete: „Das Wasser, wie es hier am Ort aus der Wasserleitung kommt – kann man das unbesorgt trinken oder besser nicht?"
Im privaten Bereich sieht es also über einen Zeitraum von 13 Jahren betrachtet umgekehrt aus: Die Qualität des Wassers aus der Leitung wird im Laufe der Zeit besser eingeschätzt – und dies trotz erhöhter Sensibilität gerade gegenüber dem Leitungswasser. Schließlich haben in den letzten 15 Jahren die Wasserfilter in den Haushalten Furore gemacht, und die Großpackungen mit Wasser aus Norwegen oder anderen Regionen, denen angeblich reines Wasser entnommen werden kann, sind inzwischen in jedem Supermarkt zu haben. Am Exempel der Beurteilung der nahen und ferneren Wasserqualität läßt sich studieren, daß die Wahrnehmungsdifferenzen von einem mittels Instrumenten gemessenen Umweltzustand bzw. dem Wissen über solche Meßwerte völlig entkoppelt sind. Wie das folgende Beispiel zeigt, kann man getrost davon ausgehen, daß sowohl die Schadstoffwerte, die das eigene Leitungswasser aufweist, als auch diejenigen der nahen Flüsse und Seen fast völlig unbekannt sind.

Wissen über die lokale Umweltsituation

In einer Studie über das Umweltwissen und -bewußtsein von Schülern im Raum Salzburg / Österreich mit 1213 Befragten stellt Pfligersdorffer fest, daß das Wissen über Gegebenheiten der unmittelbaren Umgebung nur gering ist, während das Wissen über räumlich entfernte Vorgänge groß ist:

- Nur 30% wissen über die Trinkwasserbeschaffenheit und die Wasserqualität lokaler Gewässer Bescheid.
- 70% wissen zwar, wohin der eigene Hausmüll kommt, aber nur
- 26% wissen, was dort mit ihm passiert, etwa ob er deponiert wird oder verbrannt wird.
- Dagegen kennen 66% die Ursachen des Ozonlochs, und
- 67% können das Geschehen beim Reaktorunfall im sowjetischen Tschernobyl richtig beschreiben, ja sogar
- 81% wissen, welche radioaktiven Stoffe dort freigesetzt wurden.

In einer kleinen Studie, die wir mit dem gleichen Fragebogen wie Pfligersdorffer bei Berliner Studenten durchgeführt haben, waren die Ergebnisse noch extremer: Hier wußten beispielsweise nur 26%, wohin der Berliner Müll gebracht wird und nur 16% konnten richtig benennen, was mit ihm passiert. Über die Ursachen des Ozonlochs wußten 90% der Studierenden Bescheid, aber nur 26% konnten richtig angeben, aus welcher Richtung in Berlin vornehmlich der Wind weht.
Enthält man sich der Spekulation um die Inhalte und Wirkungen schulischer Erziehung und schaut man nur auf das Wissen selbst, so zeigt sich hier, daß die

Abschlußschüler aus Salzburg wie die Berliner Studierenden die Ozonschicht über dem Südpol besser kennen als den Weg des von ihnen verursachten Mülls, daß sie also bessere Wissensbestände über die Ferne aufgebaut haben als über ihre unmittelbaren Lebensumstände. Warum eigentlich? Berichten das Fernsehen und die Printmedien etwa nicht über lokale Umweltangelegenheiten? Oder nur vergleichsweise selten? Da hier Schüler bzw. Studenten befragt wurden, ließe sich auch fragen, welche Umweltfragen denn eigentlich im Unterricht behandelt werden. Doch ist es gerade der Anspruch der „guten Umwelterziehung", die Schule zu verlassen und lokale Umweltprobleme zu behandeln, und empirische Studien über den Wandel der Umwelterziehung scheinen dies auch zu bestätigen (vgl. de Haan 1995c). Oder liegt es vielleicht am Interesse, das den fernen, vermeintlich globalen Problemen entgegengebracht wird?

Das Interesse an der weiten Welt

1992 wurde von einer Forschungsgruppe an der Humboldt-Universität zu Berlin eine Studie zum Stand des Umweltbewußtseins unter Schülern und Schülerinnen im Alter von 13 bis 17 Jahren durchgeführt (vgl. Thomas 1992). Ziel war es unter anderem, die Motivation der Jugendlichen im Hinblick auf die Auseinandersetzung mit Umweltfragen im Unterricht genauer zu analysieren. In diesem Zusammenhang ist einerseits auffällig, daß Umweltthemen im Unterricht nur ca. 5% der insgesamt 728 Schüler *nicht* interessierten. Das Ergebnis trifft sich mit jenen zahlreicher anderer Studien, die ebenfalls ein großes Interesse der Schüler an ökologischen Problemlagen attestieren. Interessant im Kontext der Nah-Fern-Differenzierung ist die Frage, bezüglich welcher Regionen die Jugendlichen gerne mehr über Umweltprobleme erfahren würden: Über die unmittelbare Umgebung, den Wohnbezirk also, oder über die Stadt Berlin oder gar über den europäischen Kontinent. Reiht man diese Alternativen nach dem Kriterium ihrer Entfernung von der befragten Person auf, ergibt sich das Bild einer Wanne (siehe Abb. 6-5).

62% der Schüler waren hauptsächlich an mehr Informationen über die Gesamtlage in Europa interessiert. Für die Umweltprobleme in der Bundesrepublik interessierten sich noch 50%, für den eigenen Berliner Stadtbezirk waren es gerade noch 26%. Man sieht: Je weiter der ökologische Brennpunkt weg ist, desto mehr Interesse bringen ihm die Schüler entgegen. Die einzige Ausnahme von diesem monotonen Anstieg mit der Entfernung bildet das ummittelbare Wohnumfeld: Für eine Auseinandersetzung mit der ökologischen Situation vor der eigenen Haustür können sich noch 36% der Befragten erwärmen, das ist zwar mehr Interesse, als man dem Stadtbezirk entgegenbringt, aber vergleichsweise wenig gegenüber landesweiten oder europaweiten Problemen.

Abb. 6-5   **Aus welchen Regionen möchtest Du mehr über die Umweltsituation erfahren?**

Angaben in %

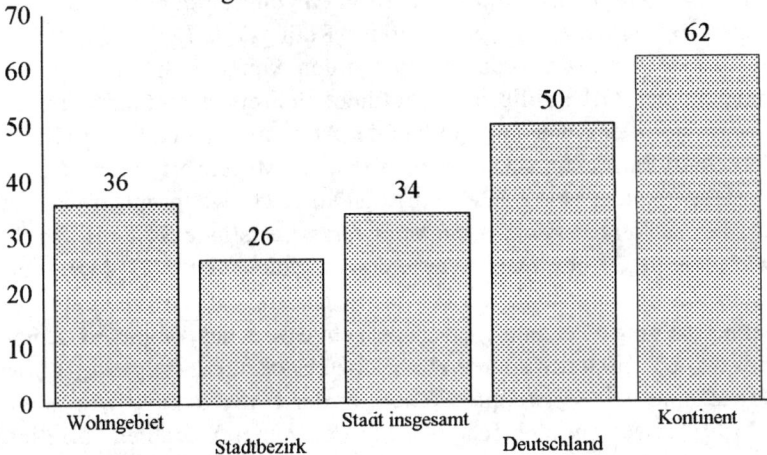

Quelle: Thomas 1992

Raumwahrnehmung als Kulturphänomen

Die Tendenz der Ergebnisse ist stets die gleiche: Die nahe Umwelt wird durchweg als weniger belastet, als intakt, als leiser und gesünder wahrgenommen. Dies muß natürlich auch Konsequenzen zeitigen für die Art und Weise, wie mit „wirklichen" Belastungsquellen in der unmittelbaren Umgebung umgegangen wird. Die landläufige Vermutung lautet ja eher, daß die räumliche Nähe zu einem Umweltproblem zu einem verstärkten Umweltbewußtsein führt. Doch dürfte schon anhand der Beispiele aus dem vierten Kapitel klar geworden sein, daß diese Annahme nicht zutrifft. Bei den Industriearbeitern zeigte sich, daß der Grad der Belastung der Region sich nicht in nachweisbaren Unterschieden im Umweltbewußtsein ausdrückt, bei den Landwirten zeigte sich, daß sie die in ihrer Nähe befindlichen Probleme der Grundwassergefährdung und der Dezimierung der Tier- und Pflanzenarten durch die moderne landwirtschaftliche Bewirtschaftungsweise kaum wahrnehmen. Hier wie dort gilt: „Unser Betrieb ist ökologisch in Ordnung" oder doch wenigstens „er ist im Vergleich mit anderen Betrieben in Ordnung".

Die Frage, ob die Nähe zu einem Umweltproblem eher aktivierend wirkt oder nicht, ist eine Frage, die natürlich für Umweltpolitiker und Nicht-Regierungsorganisationen interessant ist. In der Studie von Schahn (1991) wurden zwei Gemeinden untersucht, die unterschiedlich weit von einem Atomkraftwerk entfernt sind. Erfragt wurde die Ernsthaftigkeit von wahrgenommenen Umweltproblemen, wobei auf einer siebenstufigen Ratingskala Bewertungen von 1 (= gering) bis 7 (=groß) vorgenommen werden konnten. In einer der beiden Gemeinden, dem Ort Phillipsburg, befindet sich ein Atomkraftwerk, deshalb interessiert vor allem, wie das Problem der Atommüllagerung beurteilt wird. In der Gemeinde Phillipsburg wird dies mit einem Mittelwert von 6,62 und einer Standardabweichung von 1,03 als ein ernsthaftes Umweltproblem wahrgenommen. In der entfernten Nicht-Atomkraftwerks-Gemeinde St. Leon-Rot beträgt der Mittelwert 6,77 bei einer Standardabweichung von 0,73. Man sieht, die Unterschiede sind minimal, die Hoffnung darauf, daß Problemnähe positive Umwelteinstellungen erzeugt, ist trügerisch. Sogar das Gegenteil scheint der Fall zu sein, d.h. mit der weiteren räumlichen Entfernung steigt das Wissen und das Bewußtsein von Umweltproblemen. In der Untersuchung von Lehmann / Gerds (1991) wird geographische Nähe mit einzelnen Variablen korreliert, und es stellen sich lauter Negativkorrelationen zur räumlichen Nähe ein. Diese betragen für die Variable „Informierung" r= 0,20; für „Unterstützung" r= -0,23; für das „Umweltverhalten im Alltag" r= -0,29; und für das „Verbraucherhandeln" r= -0,37. Die Zusammenhänge sind eher niedrig, weisen aber alle in die gleiche Richtung: Wenn ein Umweltproblem als nah erscheint, sind die Befragten weniger aktiv (vgl. Lehmann/Gerds 1991: 34).

Die Beispiele ließen sich noch durch viele andere Studien ergänzen. Es bleiben kaum Zweifel: Die Wahrnehmung und Bewertung von Umweltzuständen ist entfernungsabhängig. Unterschiede lassen sich jedenfalls nicht auf Differenzen objektiver, meßbarer Art zurückführen. Es handelt sich hier offenkundig um ein Phänomen subjektiver Wahrnehmung oder, zutreffender, *kultureller Wahrnehmung*. Denn wenn das gleiche Phänomen bei der großen Mehrzahl der Menschen in unserem Land festzustellen ist, dann scheint die Hinwendung zu den kulturellen Wandlungsprozessen erfolgversprechender, als etwa mit der Wahrnehmungspsychologie den Gang ins Innere anzutreten. Ist man einmal auf der Spur, das Umweltbewußtsein als *Kulturphänomen* zu begreifen, eröffnen sich neue, andere Blickwinkel, auch auf die Differenzierung von Nah und Fern. Man kann etwa die metaphorische Redeweise von der „Umweltverschmutzung" zum Anlaß nehmen, um zu erkunden, welche kulturellen Muster des generellen Umgangs mit Schmutz, nicht nur mit Umweltschmutz, heute vorherrschen. Auf der Folie der Nah-Fern-Differenzierung läßt sich fragen, wie mit dem Schmutz ganz in der Nähe, beginnend mit dem auf unserer Haut umgegangen wird. Ipsen u.a. stießen in der bereits in Kapitel 2 erwähnten Studie zum Waschverhalten auf eine eigentümliche Distanzregel: Je weiter weg die Wäsche vom Körper getragen wird, um so seltener wird sie gewaschen (vgl. Ipsen 1987: 34f.). Die Unterwäsche, insbesondere die Unterhosen, werden am häufigsten – normalerweise täglich – gewaschen. In der Rangfolge der Wasch-frequenz folgen die Strümpfe, vor den Unterhemden, Blusen und pflegeleichten Pullovern. Schon seltener werden Wollpullover (per Hand) und Hosen gewaschen, am Ende der Skala liegen, weit abgeschlagen, Jacken, Anoraks und Mäntel. Der Schluß liegt nahe, daß der von einem selbst kommende Schmutz als besonders unangenehm empfunden wird, denn auch sehr verschmutzte Arbeitskleidung wird nur einmal wöchentlich gewaschen. Schmutz bestimmt sich nach den Rhythmen und Riten des Alltags, und kaum jemand ist in der Lage, irgendwelche Gründe für dieses rituelle Waschverhalten anzugeben. Die Mehrheit der von Ipsen befragten Frauen ist sogar der Meinung, sie würden das Waschproblem auf die gleiche Art und Weise handhaben wie ihre Mütter und Großmütter. Nicht der Schmutz bewirkt das Waschen, sondern dessen Wahrnehmung, selbst dann, wenn sich mit unserer sinnlichen Wahrnehmung „objektiv" gar nichts Schmutziges finden läßt. Und manches, was vielleicht nachweislich schmutzig ist, wie die entgegen der Distanzregel nur selten gewaschene Nachtkleidung, wird nicht als solches wahrgenommen. Wer also aus Gründen des Umweltschutzes bestrebt ist, das Waschverhalten der Deutschen zu ändern, weil hier ein kaum erklärbar hoher Verbrauch an Waschmitteln von 27 kg pro Person besteht (in Österreich beträgt er nur 9 kg), sollte sich also zunächst einprägen, daß das Waschverhalten nichts mit Wissen und nichts mit Rationalität zu tun hat. Das Waschverhalten macht ferner zwei Dinge deutlich, einmal daß die Gesellschaft nicht homogen ist, sondern daß verschiedene Milieus, Societäten mit unterschiedlichem Waschverhalten existieren, zum zweiten daß innerhalb der jeweiligen sozialen Milieus das Verhalten der einzelnen vorgegebenen Leitbildern folgt, die a priori als *richtig* und *vernünftig* unterstellt werden, sogar kontrafaktisch als *althergebracht*, wenn Frauen glauben, sie würden wie ihre Großmütter waschen.

Woher kommen diese Leitbilder eigentlich, ließe sich, auch rückbezogen auf das Problem der entfernungabhängigen Umweltwahrnehmung, fragen. *Die Umwelt ist in der Nähe besser als in der Ferne.* Je weiter man sich wegbewegt und je allgemeiner man nach dem Zustand der Umwelt fragt, desto negativer wird die Einschätzung. *Wenn das Umweltbewußtsein als Bewußtsein vom negativen Zustand der Welt bezeichnet werden kann, dann kann man auch von einem ferninduzierten Umweltbewußtsein sprechen.* Im folgenden Abschnitt werden wir dies näher beleuchten.

Ferninduziertes Leiden am Zustand der Umwelt

Betroffenheitsmuster

In empirischen Studien, die sich innerhalb der Forschung nach Umwelteinstellungen speziell auf Ängste und Empfindungen in Hinblick auf den Zustand der Umwelt konzentrieren, sind die folgenden Statements, zu denen sich die Befragten verhalten sollen, ganz gängig (zitiert nach Szagun/Pavlov 1993: 69; vgl. Szagun/Mesenholl 1991 und 1993; ähnlich auch: Hoth/de Haan 1993; Boehnke u.a. 1988):

- „Was die Menschen der Natur angetan haben, schmerzt mich unendlich."
- „Es macht mich traurig, wenn ich an die kranken Bäume denke."
- „Es macht mich ganz schön wütend, wenn ich höre, daß bei einem Tankerunglück große Mengen Öl ins Meer geflossen sind."
- „Ich habe Angst vor Krankheiten durch die Umweltverschmutzung."
- „Ich habe Angst, daß die Folgen der Umweltverschmutzung auch uns hier stark betreffen werden."

Diese Betroffenheitsempirie kann auf ihren 3er- bis 6er-Skalen immer mit einer sehr hohen Zustimmung rechnen. Sie liegt in der Regel bei über 75%. Mädchen bringen es auf höhere Werte als Jungen (vgl. speziell zu den angegebenen Items Szagun/Pavlov 1993: 55ff.; zusammenfassend Kuckartz 1994; vgl. den Abschnitt zu den Jugendlichen in Kapitel 5), Repräsentanten von Industriebetrieben bleiben weit dahinter zurück (vgl. Hammerl 1994).

Was zeigt sich darin zunächst? In den ersten beiden Items umschreibt die Umwelteinstellung so etwas wie Mitleid, ein Mit-leiden. Das Leiden an der Unfähigkeit zu leiden (vgl. Richter 1979) scheint zumindest in Hinblick auf eines der für sehr gravierend gehaltenen Umweltphänomene nicht das Problem zu sein, solange man nicht den hinterhältigen Verdacht hegt, das Mitleiden sei gar nicht als „echt" zu bezeichnen. Der zweite Fragetypus, der auf Sich-elend-Fühlen abzielt, ist am Selbstleiden orientiert. Welche Hintergründe und Folgen hat dieses *Selbst*- und *Mit-Leiden* an wahrgenommenen Umweltproblemen?

Unwohlsein aufgrund von Umweltwahrnehmungen

W. Schluchter u.a. haben 1991 für das Umweltbundesamt eine Studie zu den psychosozialen Kosten der Umweltverschmutzung realisiert. Dabei wurden rund 5000 Bundesbürger über ihre Bewertung der Umweltqualität an ihrem Wohnort und ihrem Arbeitsplatz bezüglich des für sie damit verbundenen Wohlbefindens befragt. Über 60% der Befragten fühlen sich durch die Qualität der Luft und durch Lärm immer oder ziemlich oft in ihrem Wohlbefinden gestört. Und noch über 40% sehen sich durch die Wasserqualität oder die Bodenbelastung immer oder ziemlich oft beeinträchtigt. Insgesamt, das sei hinzugefügt, sehen sich nur 9% durch die Qualität der Umwelt *nicht* in irgendeiner Form gesundheitlich gefährdet.

Die Ergebnisse müssen zunächst erstaunen, vergleicht man sie mit dem vorangegangenen Abschnitt. Einmal mehr wird an diesen Ergebnissen im Vergleich zu den Erhebungen über lautes Wohnen und über die Qualität des Trinkwassers deutlich, wie sehr die Ergebnisse von den Frageformen abhängen. Wenn die Bürger einerseits zu mehr als 70% angeben, sie würden ruhig wohnen (siehe oben), andererseits zu über 60% angeben, sie würden durch den alltäglichen Lärm zu Hause und am Arbeitsplatz gestört, so müssen sich die widersprüchlichen Ergebnisse im subjektiven Empfinden gar nicht unvereinbar gegenüberstehen. „Ruhig wohnen", das ist ein Indikator für Privilegierung und Prestige. Wer gibt da nicht gern an, zu eben diesem ausgewählten Personenkreis der ruhig Wohnenden zu gehören? Wer fühlt sich nicht, wenn er bzw. sie es recht bedenkt, eher ruhig als „manchmal laut" wohnend? Wer fühlt sich aber gleichzeitig nicht beeinträchtigt? Wo die Äußerung, man werde durch die Umweltbelastungen gesundheitlich gefährdet, zu den positiv sanktionierten Äußerungen gerechnet werden muß – schließlich meinen doch alle zu wissen, daß sich die Umweltsituation im allgemeinen verschlechtert hat –, dort ist es immer opportun, das eigene Leiden als über Umweltmedien erst initiiert zu definieren. Und in diesem Sinne scheinen die Probanden von Schluchter u.a. verfahren zu sein: Erstens sind Beeinträchtigungen, die man sich nicht als selbst verursacht zuschreiben muß, sondern die von außen auf einen zukommen, leicht einzugestehen. Zweitens lohnt es sich im Falle einer denkbaren äußeren Beeinträchtigung immer, sich selbst als leidend zu begreifen, denn eine Verbesserung der äußeren Zustände, hier der Wohnsituation oder des Trinkwassers, kann schließlich nicht schaden.

Schluchter u.a. haben dann weiterhin gefragt, welche Auswirkungen diese als defizitär konstatierten Umweltqualitäten auf die eigene Gesundheit im Sinne von Krankheit und Wohlbefinden haben (siehe Tab. 6-1).

Die Ergebnisse sind durchaus ernst zu nehmen. Wer über Kopfschmerzen, Hustenreiz und Atemprobleme klagt, zeigt ganz klassische Merkmale von Kranksein. Wer unter Entspannungs- und Konzentrationsproblemen leidet, nicht schlafen kann und leicht explodiert, ist in seinem Wohlbefinden stark beeinträchtigt: Die aktuellen Tätigkeiten können dann nur unter Anstrengung vollzogen werden, und selbst das Erholungsbedürfnis leidet unter diesen Leiden. Es waren immerhin 48% der Befragten, die hier von einer bemerkenswerten oder auch starken Betroffenheit durch die Umweltsituation sprachen.

Tab. 6-1   **Belastungswirkungen von Umweltverschmutzung**

Skala 1=eher wenig bis 5=sehr stark beeinträchtigt; N=4966

Belastungswirkung	% der Befragten	Mittelwert
Angst vor Schadstoffen in Luft, Wasser, Boden, Nahrung	71	4,2
Angst um die Kinder	48	4,2
sich hilflos fühlen	58	4,1
Befürchtung, krank zu werden	49	3,9
Unfähigkeit, sich beim Arbeiten richtig zu konzentrieren	54	3,7
man fühlt sich insgesamt unwohl	50	3,7
man ärgert sich	48	3,7
Nervosität und Gereiztheit	60	3,6
man hat das Gefühl, nicht richtig durchatmen zu können	52	3,6
Kopfschmerzen	51	3,6
man "explodiert" bei zusätzlichen Belastungen	41	3,6
Unfähigkeit, sich richtig zu entspannen	55	3,5
Hustenreiz	35	3,4
man kann nicht richtig einschlafen	38	3,3
nächtliches Erwachen	30	3,2

Quelle: Schluchter u.a. 1991: 127

Sind wir eine Kultur der Hypochonder? „Wenn sie teilweise oder vollständig als eine Folge von Umweltsituationen interpretiert werden, stellt sich nicht die Frage, ob tatsächlich ein kausaler Zusammenhang besteht. Es genügt, wenn dies subjektiv so empfunden wird, um eine Beeinträchtigung des Wohlbefindens zu bewirken", heißt es bei Schluchter u.a. (vgl. Schluchter u.a. 1991: 29). Die Frage nach den hinter den Empfindungen sich verbergenden Fakten stellt sich demnach gar nicht. Das heißt jedoch *nicht*, daß Epidemiologen gar keine Belege finden könnten für den Zusammenhang zwischen Sommersmog und Atemnot. Daß es hier Zusammenhänge gibt, will niemand bestreiten, bzw. da wären wir noch bereit, den optimistischen unter den Medizinern zu folgen, die meinen, hier Nachweise – mit Tragfähigkeit für den Einzelfall – beibringen zu können (vgl. zu diesem Komplex Aurand u.a. 1993; de Haan 1996).

Uns interessiert nicht die naturwissenschaftliche oder medizinische Validierbarkeit des subjektiven Empfindens, uns interessiert vielmehr, warum für den einzelnen mit seinen Schlafstörungen, Kopfschmerzen, Hustenreizen und seiner Nervosität feststeht, daß der aktuelle Zustand der Umwelt ihn krank macht? Diese Behauptung über die Ursache kann nun nicht, wie bei einer Schnittwunde, aus der Erfahrung des Tretens in die Glasscherbe resultieren. Die Einsicht darin, wie das selbstdiagnostizierte Leiden verursacht ist, muß im Falle der Rückführung auf Umweltzustände aus etwas anderem resultieren. Man ist leicht geneigt zu sagen, es sei die eigene Erfahrung, die sich darin spiegele. Schließlich mache man die Erfahrung von Lärm. Das soll hier nicht bestritten werden. Und daß Lärm unmittelbar zu psychischen und physischen Reaktionen führen kann, die unter Schmerz, Leid rubriziert werden können, oder – entsprechend der Gesundheitsdefinition der WHO – daß Lärm als das Wohlbefinden beeinträchtigend gelten kann, dazu bedarf es keines weiteren Nachweises.

Interessanter sind für uns die anderen, ebenso häufig genannten und aufs ganze viel wesentlicheren Faktoren: Die Beeinträchtigungen des Wohlbefindens, die Krankheiten, die auf die Qualität der Luft, des Bodens und des Wassers, auf Tankerunglücke und das Aussterben von Arten zurückgeführt werden. Wesentlicher sind die Qualität des Trinkwassers, des Bodens, der Luft, der Nahrungsmittel gegenüber dem Lärm schon deshalb, weil Lärm nicht als giftig empfunden wird, sondern als lästig. Von einer lärmverseuchten Umwelt spricht man nicht, wohl aber von verseuchtem Trinkwasser, giftigen Nahrungsmitteln und gefährlicher Luftverschmutzung. Die Semantik legt einmal mehr fest, wie tiefgreifend schädigend bestimmte Medien der Beeinträchtigung sind.

Nun sind die bei der Luftbelastung wesentlichen Stoffe, wie Schwefeldioxide, Stickoxide, Ozon, Halone, selbst das tagesübliche Maß an Rußpartikeln nicht ohne weiteres sinnlich wahrnehmbar. Bei der Belastung der Böden oder gar der des Wassers, mit dem man täglich hantiert, ist es um die Zugänglichkeit über direkte Erfahrungen ebenso schlecht bestellt. Die mangelnde Wasserqualität und die Belastung des Bodens mit dem, was dann „Schadstoffe" genannt wird, kann in der Regel nicht direkt sinnlich wahrgenommen werden. Ebenso verunglücken Tanker nicht vor der eigenen Wohnungstür und ist es schwerlich denkbar, daß man persönlich dem Artensterben zuschaut. Dennoch sind sie vielen Menschen bewußt, und man ist sich sicher, daß es gerade diese unsichtbaren, nicht selbst erlebten Faktoren sind, die belastend wirken.

Man muß offensichtlich gerade *nicht* Experte sein, um die Umweltbelastungen beurteilen zu können. Denn Epidemiologen haben schließlich schon ihre Mühe, Krankheiten, über die ganz handfeste Symptombilder und auch Ursachenzuschreibungen existieren, wie etwa Pseudokrupp, empirisch auch einzuholen (vgl. Tretter 1993). Der Normalbürger dieser Republik weiß da mehr, wenn auch in unterschiedlichem Grade. Woher dieses Wissen rührt, um das die Epidemiologen die Bevölkerung nur beneiden können, dafür lohnt noch einmal ein Blick in die Demoskopieforschung.

In den Kapiteln 1 und 3 sind wir näher auf die Ergebnisse der seit 1984 von EMNID und anderen Meinungsforschungsinstituten veranstalteten Umfragen zu den wichtigsten aktuellen Themen eingegangen. Wir konnten anhand dieser Umfragen nachzeichnen, wie sich die Umwelteinstellungen mit den großen Umweltkatastrophen wandelten: Der „saure Regen", die durch den Reaktorunfall von Tschernobyl verursachten Verstrahlungen, das Robbensterben in der Nordsee, die Umweltfolgen des Golfkrieges – dies alles erhöht das Unwohlsein im Hinblick auf den Zustand der Umwelt. Es ist dann aber ein Unwohlsein, das sein Zustandekommen gerade *nicht* der unmittelbaren Erfahrung von Umweltschäden verdankt. Die erhöhte Aufmerksamkeit hinsichtlich des Zustandes der Umwelt resultiert aus *mittelbaren* Informationen. Durch Katastrophenmeldungen in der Tagespresse, durch Rundfunk- und Fernsehnachrichten wird bekannt, daß es um die Umwelt schlimm bestellt ist. Diese Katastrophenmeldungen verändern die Umwelteinstellungen. Es formieren sich Ängste, Empörung, Zorn. Es entstehen veränderte normative Orientierungen und Werthaltungen. Man ist von den gezeigten Umweltzuständen einerseits emotional berührt, andererseits ist man mental gegen die wahrgenommenen Problemlagen eingestellt, will sie also behoben wissen, da sie Unwohlsein auslösen.

Schaut man noch einmal genauer hin, *woran* sich das Umweltbewußtsein nun entzündet, dann fällt auf, wie weit die Umweltbewußtsein induzierenden Ereignisse von ihren Rezipienten entfernt sind. Bezogen auf den Sandoz-Unfall, das Robbensterben, die Abholzung des tropischen Regenwaldes und alle anderen Ereignisse mit nachhaltiger Wirkung ist statistisch gesehen die Bevölkerungsgruppe, die von diesen Eindrücken direkt betroffen war und ist, die gar eine unmittelbare Anschauung davon hat, von minimalem Umfang.

Wir vertreten aufgrund dieses Faktums und nach Durchsicht der uns vorliegenden Studien die komplexe *These*:

Die Phänomene, aus denen sich veränderte Umwelteinstellungen speisen, liegen in der Ferne. Umwelteinstellungen entzünden sich in der Regel nicht an den Umweltzuständen, die in Hinblick auf das eigene Wohlbefinden mit dem Etikett „beeinträchtigend" versehen sind.

Umwelteinstellungen entzünden sich zudem an ganz unterschiedlichen Problemlagen: Das Robbensterben hat ja mit der Reaktorkatastrophe von Tschernobyl schwerlich etwas zu tun. Dennoch trägt beides zur Empörung, zum Mitleid mit aller geschundenen Kreatur bei. Berücksichtigt man ferner, daß die meisten Menschen der Republik angeben, ein unbedenkliches Trinkwasser zu genießen, dann können wir behaupten: Es ist häufig gar nicht die *un*mittelbar wahrgenommene Umweltqualität und auch nicht die *mittelbar* wahrgenommene Umweltqualität im eigenen Lebensbereich, die die Bürger wissen läßt, daß ihre Umgebung sie leidend macht. Daß man an der Umweltqualität, dem Zustand des Bodens und des Wassers im eigenen Lebensbereich leidet, das weiß man in Berlin und anderswo, weil es das Robbensterben an der dänischen Küste gab, aber auch, weil der Regenwald im Amazonasbecken abgeholzt wird und weil es über dem Südpol das Ozonloch gibt.

Die Behauptung, daß die Empfindlichkeiten hinsichtlich der Umweltzustände aus dem Fernen, nicht dem Nahbereich stammen, läßt sich mit Rückbezug auf die oben in diesem Kapitel offerierten empirischen Daten recht gut belegen. Um das Regionalwissen bzgl. des Zustandes der Umwelt ist es demnach ja schlechter bestellt als um das überregionale Wissen, z.B. hinsichtlich des Ozonlochs über dem Südpol. Die Zahl derer, denen der Nitrat-Stickstoffgehalt im eigenen Trinkwasser bekannt ist, ist verschwindend gering (vgl. Pfligersdorffer 1991). Man wird in aller Regel nicht einmal wissen, ob die Quantitäten im Milli- oder Mikrogrammbereich pro Liter Wasser gemessen werden.

Ferninduzierte Umwelteinstellungen aber haben generell mit der Tücke zu kämpfen, ein verändertes Verhalten im Nahbereich nur schwer realisierbar zu machen. Der einzelne konnte weder gegen die Unfälle bei Sandoz, in Tschernobyl oder auf der Exon Valdez etwas ausrichten, noch hat eine Umstellung seines alltäglichen Verhaltens auf die künftige Abwendung dieser und ähnlicher Katastrophen einen Effekt. Insofern klafft eine Lücke zwischen den Ereignissen und Umweltzuständen, die die Umwelteinstellungen nachweislich wesentlich verändert haben, und der Aufforderung, Mehrwegflaschen zu benutzen, das Altpapier zu recyclen, das Auto stehen zu lassen und auf die Flugreisen ebenso wie aufs tägliche Fleisch zu verzichten. Sie entschuldigt nicht das Verhalten des einzelnen Bürgers, macht aber aufgrund der strukturellen Differenz zwischen den an Medienereignisse gebundenen Einstellungen und ganz unspektakulären

Alltagshandlungen verstehbar, daß ein direkter Weg von den Einstellungen zum Handeln eher überraschen müßte.

Nichthandeln aufgrund von Nichtwissen
oder: kulturelle Präferenzen

Es fällt auf, wie sehr der kulturelle Kontext das Leiden an der Umwelt formiert. Denn die Rückwirkung des ferninduzierten Unwohlseins auf die Wahrnehmung der Nahumwelt fällt nicht homogen aus. Die von uns schon häufiger zu Rate gezogenen 14-tägig durchgeführten Befragungen des EMNID-Instituts zeigen nämlich mit der erstmaligen Einbeziehung der neuen Bundesländer in die Erhebungen im Jahre 1990, daß die gleich bezeichneten Gefährdungstatbestände von den Bürgern in den alten und neuen Bundesländern stark unterschiedlich empfunden wurden. Schaut man sich an, welche Themen in Ost und West als für die Zukunft zentral angesehen wurden, so stand für die Bürger der alten Länder 1990 die Boden- und Wasserverseuchung vor der Berufsausbildung und Altersversorgung an erster Stelle, während für die Bürger in den neuen Ländern damals die Gesundheitsversorgung das zentrale Thema der Zukunft war. Das ist erstaunlich, denn allgemein wurden gerade 1990 die für die menschliche Gesundheit gefährlichen Umweltbelastungen und -zerstörungen in zahlreichen Regionen der *neuen* Bundesländer (insbesondere in den Ballungsgebieten) als weitaus größer eingeschätzt als in den Altländern (vgl. Umweltreport DDR 1992; Heinisch 1992). Diese Differenz zwischen Ost und West bleibt auch später erhalten: Die IPOS-Studie von 1993 hinsichtlich der Frage nach den als „sehr wichtig" eingestuften politischen Aufgaben und Zielen zeigt, daß die „Verbrechensbekämpfung" den neuen Bundesbürgern mit 85% viel wichtiger ist als ein „wirksamer Umweltschutz", den 68% dieser Befragten für zentral halten. In den alten Ländern dagegen liegt der Umweltschutz vor der Verbrechensbekämpfung (67% : 62%).

Man ist nun leicht geneigt, daraus zu schließen, die Gefährdung durch die Umweltbelastungen würde eben im Osten nicht so deutlich gesehen wie im Westen. Eine Irritation in Hinblick auf diese Vermutung ergibt sich aber allein schon aus den Daten, die besagen, daß die Bürger in den neuen Ländern zu 50% (Altländer: 60%) ihre körperlichen Beschwerden als durch Umwelteinflüsse verursacht bewerten. Wenn für körperliche Beschwerden in erster Linie Umwelteinflüsse und nicht etwa berufsbedingter oder familiärer Streß, Ernährungsprobleme, Rauchen, Bewegungsmangel, das Alter etc. angeführt werden, dann deutet das ja auf eine hohe Sensibilität oder auch Bewußtheit gegenüber der Möglichkeit hin, Gesundheitsprobleme als Umweltprobleme zu betrachten – wie uns die oben vorgestellte Studie von Schluchter auch bestätigt (vgl.

Schluchter 1991; Tacke 1991: 10ff.). Daß *dennoch* nicht die zentrale Ursache von Gesundheitsproblemen, also die Umweltbelastungen, zum wichtigsten Thema für die neuen Bundesbürger avanciert, verweist darauf, daß die *Kriterien*, nach denen man einem ökologischen *Phänomen* seine Bedeutung in Hinblick auf die *Problemhaftigkeit* zumißt, keiner allgemeingültigen Norm unterliegen. Schon die Risikoforschung belegte: Das Umwelt- und Gesundheitsproblem der einen Sozietät ist nicht das der anderen. Wo aber die gesundheitsgefährdende Schwelle liegt, steht fast im Belieben der Gruppe, die damit argumentiert. Jedenfalls ist dieser Punkt nicht konsensfähig (vgl. Luhmann 1991: 5).

Daraus nun den Schluß zu ziehen, Teile der Bevölkerung verhielten sich hinsichtlich der lokalen Umweltprobleme hysterisch, ist vielleicht nicht falsch, sollte aber unterlassen werden. Denn ein solcher Vorwurf würde natürlich sogleich damit gekontert, hier würde einmal mehr jemand versuchen, die Probleme zu leugnen und abzuwiegeln. Der Hinweis auf Bodenanalysen im Wohngebiet, die keine Kontaminierung ergeben, auf Wasseranalysen, die die unbedenkliche Trinkbarkeit bescheinigen, die ständige Kontrolle dessen, was in der Luft schwebt, dazu zu nutzen, dem einzelnen ausreden zu wollen, es sei die schlechte Luft und nicht das Rauchen für den Hustenreiz verantwortlich, also der Versuch, sogenannte „richtige" Experten und Expertisen ins Feld zu führen, hilft da wenig. Man kann aus der „Alarmierrhetorik" (Luhmann) ökologisch gesonnener Mitbürger gerade nicht den Schluß ziehen, man müsse auf Wissensvermehrung unter rationalen Vorzeichen setzen, weil von den Alarmierern vieles nicht gewußt wird. Denn das ferninduzierte Unwohlsein wird auch gegen Versuche durchgehalten, ihm substantiell durch Technik, fachwissenschaftliche Analysen und aufklärende Broschüren den Boden zu entziehen. Während die Meßreihen hinsichtlich der Wassergüte der Flüsse und Seen seit Jahren nachweisen, daß generell die Belastung des Wassers rückläufig ist, und das Umweltbundesamt eben diese Ergebnisse nachhaltig immer wieder streut, ist, wie wir belegt haben, die Bevölkerung konstant der Meinung, die Qualität des Wassers habe sich in den letzten Jahren verschlechtert. Die bekanntgegebenen Daten machen dem diese Nachrichten lesenden Bürger anscheinend eher Angst, als daß sie ihn beruhigen. Liest er von Nitrat, Quecksilber, Cadmium, Phosphor und anderen Stoffen, so verstärkt sich der Eindruck, hier habe man es nicht mit der Analyse potentiellen Trinkwassers, sondern mit der Analyse einer giftigen Flüssigkeit zu tun, deren Ingredienzen gar nicht alle aufgeführt seien. Mit anderen Worten: Auf Aufklärung zu setzen unterläuft die Einsicht, „daß die ökologische Kommunikation ihre Intensität dem *Nichtwissen* verdankt" (Luhmann 1992: 154).

Auch dies kann man als Plausibilisierungsargument ins Feld führen: Wie soll denn ein Umweltverhalten gegenüber den für gefährlich erachteten Umweltmedien erfolgen, wenn man gar kein genaues Wissen besitzt? Da hilft noch nur eine allgemeine Vermeidungsstrategie, die sich in zweierlei Form Weg bahnen kann:

- Erstens kann man versuchen, bestimmte, der eigenen Gesundheit für unzuträglich gehaltene Trägerstoffe zu vermeiden: Kein Gemüse aus dem Supermarkt essen, Biomilch trinken etc., das wäre eine Möglichkeit, aufgrund von Verdachtsmomenten bei ungenauem Wissen zu handeln. Vermeidungen haben aber ihren Preis, und ihnen widerstehen oft die eigenen Lebensgewohnheiten (siehe Kapitel 7).

- Zweitens ist aber in vielen Fällen ein Vermeiden gar nicht möglich: Man kann nicht aufhören zu atmen, nur weil man denkt, die Luftqualität sei miserabel. Hier bieten sich zwei Strategien an:

  a) man verschiebt die Relevanzen: Andere Probleme sind einem wichtiger – etwa die Verbrechensbekämpfung –, oder man sagt sich selbst, daß es in der eigenen Nahumgebung so schlimm nicht sein wird; diese Strategie haben wir im vorherigen Abschnitt dieses Kapitels vorgestellt;

  b) man delegiert die Problembearbeitung: Andere sollen aufhören, die Luft zu verschmutzen, Kunstdünger einzusetzen etc.

Beide Varianten aber führen konsequent zum Nichthandeln.

Wie sind ferninduzierte Umweltängste möglich?

Eine gesonderte Würdigung muß im Hinblick auf das Umweltbewußtsein als ferninduziertem Unwohlsein die *Angst* erfahren, ist sie doch von den *Kopfschmerzen* weit entfernt.

Es geht also im folgenden um den Komplex der Angst vor Schadstoffen in Luft, Wasser, Boden und Nahrung, um die Befürchtung, krank zu werden, und um die Angst um die Kinder. Wenn man sich vor Augen führt, daß 71% sich ängstigen und 59% der Befragten von ganz handfesten Ängsten sprechen (vgl. zu diesen Zahlen Schluchter u.a. 1991; vgl. auch Szagun 1993; Unterbruner 1991), dann stellt sich die Frage, welcher Art diese Angst ist, die da geäußert wird. Sie ist wohl am ehesten als Besorgtheit zu begreifen und *nicht* als *emotionale Aufgeregtheit*.

Aber wie besorgt, angsterfüllt und traurig sind Menschen, wenn sie sich in Befragungen zur Umwelteinstellung in dieser Richtung äußern? Zerstören sie einige der kostbarsten Gegenstände, die sie besitzen – etwa ihr Auto, das Sonntagsgeschirr oder ähnliches? Raufen sie sich die Haare? Geraten sie außer sich? Können sie, von der Wucht der Betroffenheit über das Waldsterben zu Boden geworfen, nicht mehr gehen? Müssen sie von anderen gestützt werden, wenn sie an das Artensterben im Amazonasbecken denken? Weinen sie oder zeigen sie wenigstens abwärts gerichtete Mundwinkel und die sogenannte

„Notfalte" auf der Stirn, wenn sie hören, der Nitratgehalt im Trinkwasser habe den Grenzwert überschritten? Offensichtlich nicht.

Dennoch: Diese Angst, die Besorgtheit und nicht emotionale Aufgeregtheit signalisiert, kann zunächst einmal nicht weggeregelt werden. Man kann sie nicht verbieten, nicht rechtlich regulieren und auch nicht wissenschaftlich wegdiskutieren. Sie erweist sich als äußerst resistent gegenüber Einwänden und Behandlungsversuchen.

Wer sagt, er habe Angst, der, so sollte man bedenken, ist immer authentisch, denn andere können einem nicht widerlegen, daß man Angst hat im Sinne von: Ich bin besorgt. Da darf man sich selbst den Befund ausschreiben. Da man bei den Ängsten im Hinblick auf die wahrgenommene Umweltproblematik *keine* Angst zu haben braucht, die Angst auch zu *zeigen*, darf man annehmen, daß es sich bei der so artikulierten Angst um ein subjektiv authentisches Gefühl handeln *muß*. Denn wo die Freiheit herrscht, Angst zuzugeben, muß man das Gefühl nicht verbergen oder verbiegen. Wer sagt, er habe Angst vor den Schadstoffen in der Luft, der darf das zeigen, ja man darf sogar annehmen, daß es geradezu *erwünscht* ist, daß man diese Angst zeigt! Woran liegt das? Angst vor Schadstoffen korreliert sehr hoch mit dem Gefühl der Hilflosigkeit, und das heißt: Weil man gegen die von außen induzierte Angst nichts tun kann, muß man keine Angst haben, als schwach, dumm oder als Außenseiter zu gelten, wenn man seine Angst unverhüllt zeigt (vgl. im Detail zur Analyse dieses Phänomens: Luhmann 1991).

So läßt sich nun, im Hinblick auf die These von den ferninduzierten Umwelteinstellungen von zwei Dimensionen sprechen:

Die eine betrifft das ferninduzierte Unwohlsein (von den Schlafstörungen über die Nervosität bis zu dem Kopfschmerz), die andere das ferninduzierte Besorgtsein (im Sinne von Befürchtungen und Ängsten).

Beides widersteht jeder Kritik durch die Daten. Wo alle Gewißheiten versagen, die gesamte Umwelt einem Generalverdacht auf Gefährdung, Verseuchung, Niedergang unterliegt, die noch aus den positiven Nachrichten herausgelesen werden können, wo also alle Prinzipien der Erkenntnis und der Aufklärung versagen, da versagen das Unwohl- und Besorgtsein, weil sie ferninduziert sind, *nicht*.

Läßt sich eine psychologische und kulturelle Basis dieser erfolgreichen Karriere der Umwelteinstellungen als Unwohlsein und Besorgtsein identifizieren? Man darf wenigstens den Versuch einer – immer riskanten – Antwort erwarten. Wir wollen eine Richtung andeuten, in der sich eine Suche lohnen könnte (vgl. hier und im folgenden: de Haan 1994: 16ff.). Daß ferninduzierte Besorgnisse und ferninduziertes Unwohlsein sich dermaßen hoher Ausprägung erfreuen, verweist auf kulturbedingte Orientierungen. Wenn Szagun/Pavlov nahezu einhellige Zustimmung hinsichtlich des Statements erfahren: „Was die Menschen der Natur angetan haben, schmerzt mich *unendlich*" (Szagun/Pavlov 1993: 56; Hervorhebung dH/K), dann ist dies ein Indikator für eine erweiterte emotionale Bedeutung von Schmerz in unserer Kultur. Es ist offensichtlich hierzulande angemessen, von unendlichem Leiden zu sprechen in Anbetracht der Handlungen, die an einem ganz abstrakt als „Natur" bezeichneten anderen vorgenommen wurden. Wenn zudem die Zustimmung zu dem Statement „Ich habe Angst vor Krankheiten durch die Umweltverschmutzung" ebenfalls nahezu einhellig ist, dann zeigt das an, wie sehr die Schwelle der Schmerztoleranz an die Aglophobie – die Furcht vor Schmerz – heranreicht. Diese Furcht ist nun keineswegs eine allen Menschen eigene Einstellung.

Über die psychosozialen Bedingungen der Reduktion der Schmerztoleranz gibt es einige Erhebungen. Zborowski kam aufgrund seiner Studien im Mount Zion Hospital schon in den frühen 1950er Jahren zu dem Ergebnis: „Man reagiert auf Schmerzen nicht nur als Individuum, sondern auch als Italiener, Jude, Neger oder nordischer Mensch" (Zborowski 1959: 20). Schmerz nimmt den Sinn an, den verschiedene Sozietäten ihm geben. Die Ergebnisse Zborowskis und zahlreicher anderer Autoren resümierend, heißt es bei Morris: „Schmerz wird nicht nur blind als Kette biochemischer Impulse gefühlt oder unreflektiert ertragen. Er ändert sich mit seiner Position in der Geschichte" (Morris 1994: 68; vgl. Kern 1987; vgl. auch die diversen Artikel bezüglich des Verhältnisses der Weltreligionen zum Schmerz in Brihaye/Loew/Pia 1987).

Quer zu den Differenzen in der Schmerzwahrnehmung spezifischer Ethnitäten und Religionsgemeinschaften und losgelöst vom geschichtlichen Wandel des Schmerzempfindens liegen die Ergebnisse der Arbeiten von Merskey/Spear 1967 und Sternbach 1976 (nach Schievenhövel), die sich auf die individuellen Aspekte in ihrer Schmerzforschung konzentrieren und diese rückbinden an die Sozialstruktur der Lebenswelt der Untersuchten. Sie haben nachweisen können, daß die Schmerztoleranz geringer ist, wenn man

- weniger eigene Erfahrung mit Schmerzen hat,
- aus kleinen Familien stammt,
- wenig Erfahrungen mit dem Schmerz anderer Personen hat.

Die positive Beziehung zwischen geringer persönlicher Schmerztoleranz einerseits und geringen Erfahrungen mit dem Schmerz (dem eigenen wie dem Schmerz der anderen) andererseits wird man noch am ehesten vermutet haben. Die kleine Familie ebenfalls in positiver Korrelation zu geringer Schmerztoleranz zu finden, dies erklärt sich daraus, daß es eine durchgängige Strategie des Schmerzverhinderungsverhaltens bei der Aufzucht der Kinder in den Kleinfamilien gibt: Allen Schmerzen der Kinder wird viel Aufmerksamkeit geschenkt.

Haben Merskey/Spear sowie Sternbach sich auf die individuelle Schmerztoleranz im sozialen Kontext konzentriert, so läßt sich – im Rückblick auf das Wissen über den generellen Zusammenhang zwischen kulturellem Kontext und Schmerzempfinden – eine zugegeben riskante Spekulation anfügen. Alle drei Parameter, die geringen eigenen Schmerzerfahrungen, die kleine Familie wie die geringe Erfahrung mit dem Schmerz anderer Personen, scheinen mit einigen Grundstrukturen unserer Kultur zu korrespondieren:

- Durch die immer umfassendere medizinische Versorgung, Verfahren der Frühdiagnostik und manchmal auch der Prävention (etwa in Hinblick auf Karies) machen wir insgesamt weniger Erfahrungen mit Schmerzen.

- Durch die Reduktion der Familiengröße in den letzten Jahrzehnten sind die Kleinstfamilie und sind Alleinerziehende zum Regelfall geworden.

- Durch das Abwenden von den Leidenden und ihr Abschieben in die dafür eingerichteten Versorgungsinstitutionen sind wir nur noch aus der Ferne mit den Schmerzerfahrungen anderer Personen konfrontiert.

Insofern kann man wenigstens begründete Vermutungen darüber anstellen, warum die Aglophobie nicht ein singuläres Phänomen ist und die Aufmerksamkeit in der Gesamtbevölkerung sich in so hohem Maße dem Unwohlsein und dem Besorgtsein in Hinblick auf den Zustand der Umwelt zuwendet. Wenn man begründet vermuten kann, daß in unserer Kultur die Schmerztoleranzgrenze seit den 1960er Jahren mit der Forcierung der kleinen Familie infolge des sogenannten „Pillenknicks" und mit dem Individuierungsschub im Gefolge der Liberalisierung in den späten 1960ern generell gesunken sein dürfte, dann läßt sich vor diesem Hintergrund alle Aufmerksamkeit gegenüber Unwohlsein und Besorgtsein provozierenden Situationen in der Umwelt besser verstehen. Mit der kollektiv gesunkenen Schmerztoleranzschwelle kommen dann auch neue, bisher gar nicht sichtbare Problemlagen zum Vorschein, oder besser: werden diese konstruiert. Das alles muß nicht dazu führen, in einer bestimmten Kultur nun mit den Umwelteinstellungen eine neue Grenze für den tolerierbaren Schmerz zu ziehen, kann aber eventuell als Bedingung der Möglichkeit verbucht werden.

Nimmt man noch hinzu, daß es sich bei den ferninduzierten Umwelteinstellungen um die Aufmerksamkeit gegenüber Problemlagen handelt, die man selbst gar nicht oder doch nur äußerst marginal verursacht hat, daß man aber gerade diesen Problemlagen gegenüber *generell* sensibler ist als selbstverursachten, dann wird verständlich, warum die Umweltproblematik sich geradezu als hochattraktiv für eine neue Aufmerksamkeitsrichtung in einer Kultur mit gesunkener Schmerztoleranz zeigen kann: *Umweltrisiken sind vor allem solche, die andere verursachen und die einem gerade deshalb so viel Sorgen bereiten.*

Ergänzt man diese Überlegungen noch um die Einsicht, daß wir in dem Maße unwillig werden, Unannehmlichkeiten im Leben zu ertragen, wie das Angebot an – wie immer realistisch erscheinenden – Wegen aus den Risiken zunimmt (Stichwort: Alternative Technik; anders Wirtschaften), dann haben wir einen weiteren Indikator für das erhebliche Verlangen, in Hinblick auf die Umweltzustände ganz allgemein besorgt zu sein, sich unwohl zu fühlen, die Veränderung der Situation aber von anderen zu verlangen und sich selbst als jemand einzuschätzen, der an den entscheidenden Problemlagen nichts oder doch nur wenig ändern kann.

Einsichten aus fremdem Terrain: Risikolust und Risikoverweigerung

Spätestens seit man erkannt hat, daß es kein homogenes Umweltverhalten gibt, muß man berücksichtigen, daß die positive Einstellung einer Person gegenüber dem Kauf im Bioladen noch nicht bedeutet, daß sie auch bereit ist, öffentliche Verkehrsmittel zu benutzen. Folgen diese Disparitäten im Denken und Handeln generellen Orientierungsmustern? Haben sie etwas mit den Voreinstellungen der Individuen zu tun?

Weiter als die Umweltbewußtseinsforschung hat es im Feld der Differenzenanalyse die Risikoforschung gebracht. Sie hat eine längere und zudem weiter spezifizierte, auch in höherem Maße als die Umweltbewußtseinsforschung internationalisierte Tradition zu bieten. Zudem beschäftigt sich die Risikoforschung – das versteht sich von selbst – auch seit langer Zeit mit ökologischen Problemlagen, denn schließlich stellen diese ein großes Risikopotential für Individuen – und nicht zuletzt für Versicherungen – dar (vgl. als einschlägige Publikationen: Bayerische Rück 1993; Gerling/Obermeier 1994; 1995). Man denke nur an das Risiko eines Reaktorunfalls, an Asbestverseuchungen in Innenräumen, an die Zunahme alles verwüstender Stürme – in diesen Fällen haben Versicherungen große Zahlungen zu leisten. Und wenn ein neues Risiko identifiziert wird (wie vor einigen Jahren Formaldehyd in Spanplatten), dann müssen Versicherungen aufgrund der gewachsenen Sensibilität der Bevölkerung plötzlich für etwas einstehen, das sie bisher gar nicht als Risiko bei der Berechnung einer Versicherungssumme berücksichtigt hatten.

In der Risikoforschung wird systematisch analysiert, wie Personen auf ihnen gegebene Informationen zu einem bestimmten ökologischen Thema reagieren, denn – und das hat die Umweltbewußtseinsforschung bisher zu wenig bedacht – *identische Informationen müssen nicht zu identischen Urteilen führen.* Man kann sich das an der Einstellung von Bürgern zur Errichtung einer Müllverbrennungsanlage verdeutlichen. Schütz/Peters/Wiedemann führten 1989 und 1990 in Form einer repräsentativen Telefonbefragung eine Panelstudie unter Anwohnern einer geplanten Müllverbrennungsanlage zu deren Risikowahrnehmung durch (vgl. Wiedemann/Schütz/Peters 1991; Schütz/Peters/Wiedemann 1993a /1993b). Ihre Fragestellungen und Ergebnisse können als paradigmatisch in Hinblick auf die Erforschung des Zusammenhangs zwischen Umwelteinstellungen und Risikowahrnehmungen gelten.

Im Laufe der Jahre 1989/1990 hatte sich an dem von Schütz/Peters/Wiedemann untersuchten Ort eine Bürgerinitiative gegen eine in Planung befindliche Müllverbrennungsanlage gebildet. Die lokale Presse hatte ausführlich über das Vorhaben berichtet. In beiden Jahren stellten die Forscher eine Reihe einfacher Wissensfragen zu der geplanten Fabrik. Gleichzeitig ermittelten sie die Zahl und die Motive der Befürworter und Gegner der Anlage sowie der unentschiedenen Personen. Es zeigte sich, daß 1989 Befürworter wie Gegner über nahezu gleichermaßen wenig Wissen verfügten (im Schnitt wurden 2 von 9 Fragen richtig beantwortet). Das hatte sich 1990 gewandelt: Nun wußten die Gegner der Anlage eindeutig mehr über den Kontext des Projektes als die Befürworter des Projektes, wie die Abbildung 6-6 zeigt (vgl. Schütz/Peters/Wiedemann 1993a: 840).

Der Wissenszuwachs, der sich in den wenigen Fragen der Erhebung nur exemplarisch ausdrücken konnte, wirkte sich – so scheint es zunächst – eindeutig aus: Die Zahl der Gegner der Müllverbrennungsanlage hatte im Laufe des

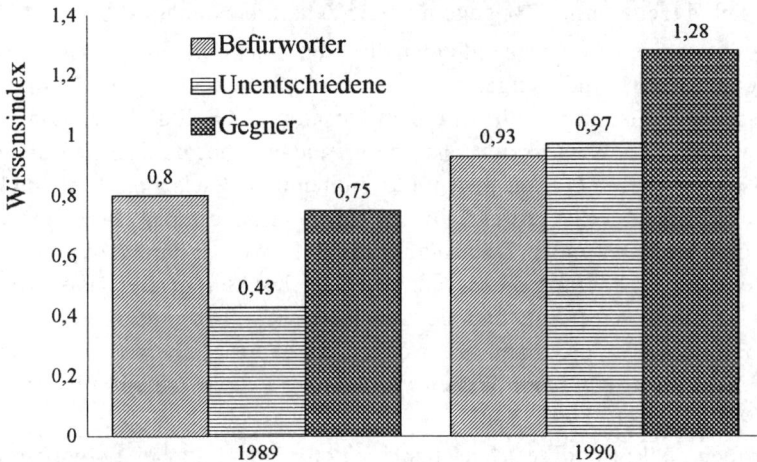

Abb. 6-6   **Wissensstand über das geplante Entsorgungsprojekt nach Einstellung**

Quelle: Peters u.a. 1993: 840

Abb. 6-7   **Akzeptanz der Müllverbrennungsanlage**

Angaben in %

erste Befragung (1989) (N=303)

zweite Befragung (1990) (N= 313)

Quelle: Schütz u.a. 1993: 851

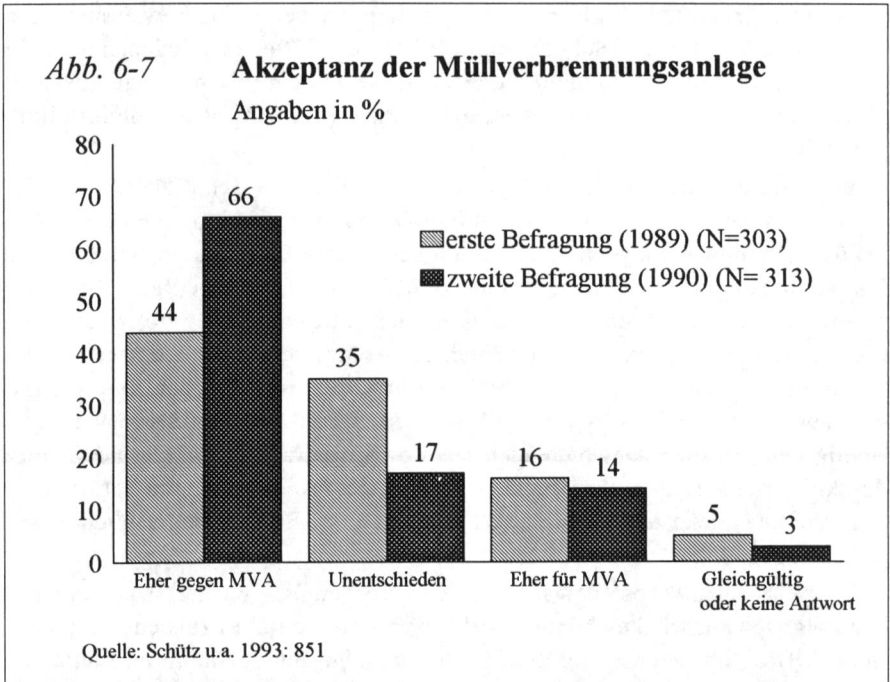

Jahres drastisch von 44% auf 66% zugenommen, während die Zahl der Befürworter mit 14% nahezu konstant geblieben war. Die Zahl der Unentschiedenen,
deren Wissenszuwachs zwischen 1989 und 1990 relational am größten war,
hatte sich dagegen mit 17% gegenüber 35% halbiert (siehe Abb. 6-7).

Aber verweisen die Daten auf einen direkten Zusammenhang zwischen einem
Wissenszuwachs und steigender Gegnerschaft bezüglich der Müllverbrennungsanlage? Man muß sich vor einem vorschnellen Schluß hüten und genauer
fragen, woher der Wissenszuwachs stammt und welche Position die Befürworter
und Gegner dieser Quelle gegenüber einnehmen. Zwischen 1989 und 1990
waren es hauptsächlich projektkritische Informationsquellen, aus denen Wissen
geschöpft werden konnte. Da nun aber die Befürworter der Müllverbrennungsanlage in der Etablierung dieses Industriebetriebes kein großes Risiko wahrnehmen, ist nur konsequent, daß sie den kritischen Informationsquellen wenig
Glauben schenken mochten: Sie wollten daher möglicherweise diese Quelle
auch nicht zu persönlicher Wissensvermehrung nutzen (so spekulieren Schütz/
Peters/Wiedemann 1993: 840).

Schauen risikofreudige Menschen im konkreten Fall bei risikobetonenden
Nachrichten demnach eher weg? In Hinblick auf andere Risikothemen, nämlich
Bluthochdruck, Aids und Trinkwasserverunreinigungen läßt sich nicht nach-
weisen, daß eher risikofreudig gestimmte Menschen dazu neigen, das Risiko

betonende Informationen zu ignorieren und sich nach risikomindernden umzuschauen. Nach einer Erhebung von Jungermann u.a. unter 90 Studierenden wählten diese die Informationsquellen nicht nach den Voreinstellungen aus. Optimisten ebenso wie jene, die um ihre Gesundheit und den Zustand des Trinkwassers fürchteten, wählten identische Informationsquellen – und alle hatten am liebsten beruhigende Nachrichten. Mit zweiter Präferenz wählten sie allerdings beunruhigende Nachrichten; dies jedoch nur für die Thematik der Verunreinigung des Trinkwassers (vgl. Jungermann u.a. 1991).

Nun ist das Feld der Umweltprobleme generell von einer hohen Unsicherheit bezüglich der darin kursierenden Informationen geprägt: Wo von Mikrogramm gesprochen wird und die Wahrscheinlichkeiten des Auftretens von Schadensfällen in den Bereichen von 1:100 000 oder gar 1:1 Million liegen, ist eine Kontrollierbarkeit und Überprüfbarkeit dieser Daten für den Rezipienten nicht mehr möglich. Man kann den Experten nur *glauben* – und wird am Ende doch eigene Präferenzen bei den Urteilen bilden müssen. Die „freie" Urteilsbildung war und ist oft ein Streitpunkt zwischen den Kontrahenten. Vor allem im Kontext der Debatte um den Bau von Atomkraftwerken wurde als Argument der Befürworter und Planer dieser Anlagen vorgebracht, die Gegner würden Irrationalismen folgen. Das zeugt freilich mehr von der Blindheit der so argumentierenden Kreise, als es der Sachlage selbst nahekommt. Dies kann auf der Basis von Studien, wie sie Peters/Schütz/Wiedemann durchführten, schnell belegt werden. Sowohl *Gegner als auch Befürworter* der Müllverbrennungsanlage erwägen nämlich Nutzen-Argumente (Arbeitsplätze, wirtschaftliche Prosperität) ebenso wie Risiko-Argumente (Gefahren für die Gesundheit von Menschen und Gefährdung der Umwelt, persönliche Angst u.a.). Aber auf welcher Basis geschieht dies, wenn die Bewertung identischer Fakten nicht identisch ausfällt? Zumindest wird die *persönliche Beurteilung* von Expertenaussagen ebenso wichtig wie die (durchaus daraus resultierende) Bewertung der *Glaubwürdigkeit* der Informationsquelle.

Die Glaubwürdigkeit der Informationsquelle wurde auch in der Umfrage von Peters/Schütz/Wiedemann (1993) untersucht. Befragt wurden Kontrahenten wie Befürworter. Sie sollten die Glaubwürdigkeit und andere zugeschriebene Eigenschaften der Informationsquellen „Bürgerinitiative", „Betreiberfirmen", „Lokalpolitiker" und „Lokaljournalisten" einschätzen (siehe Abb. 6-8). Erstaunlich ist das recht homogene Urteil der Bürger über die vor Ort agierende Bürgerinitiative gegen die Müllverbrennungsanlage. Erstaunlich ist aber auch das Urteil über die Betreiber hinsichtlich deren Manipulationsabsichten und deren Sachwissen: Hier schneiden die Kontrahenten bei allen Personen (und man bedenke, daß die Zahl der Gegner zum Zeitpunkt der Erhebung schon bei 66% lag) gleich ab. Gleichzeitig war man aber der Meinung, die Bürgerinitiative sei eher als die Betreiber am Allgemeinwohl orientiert. Auch galten die Aussa-

Abb. 6-8   **Vergleich verschiedener Aspekte der Glaubwürdigkeit von Betreibern und Bürgerinitiativen**
Mittelwerte auf der Skala von 0 = niedrig bis 10 = sehr hoch; Angaben in %

	Bürgerinitiative	Betreiber
Glaubwürdigkeit	7,5	3,8
Umfang der Information	7,2	3,6
Manipulationsabsichten	5,8	6,8
Allgemeinwohl-Orientierung	8,6	3,6
Sachkunde	7,3	6,4

Quelle: Peters u.a. 1993: 842

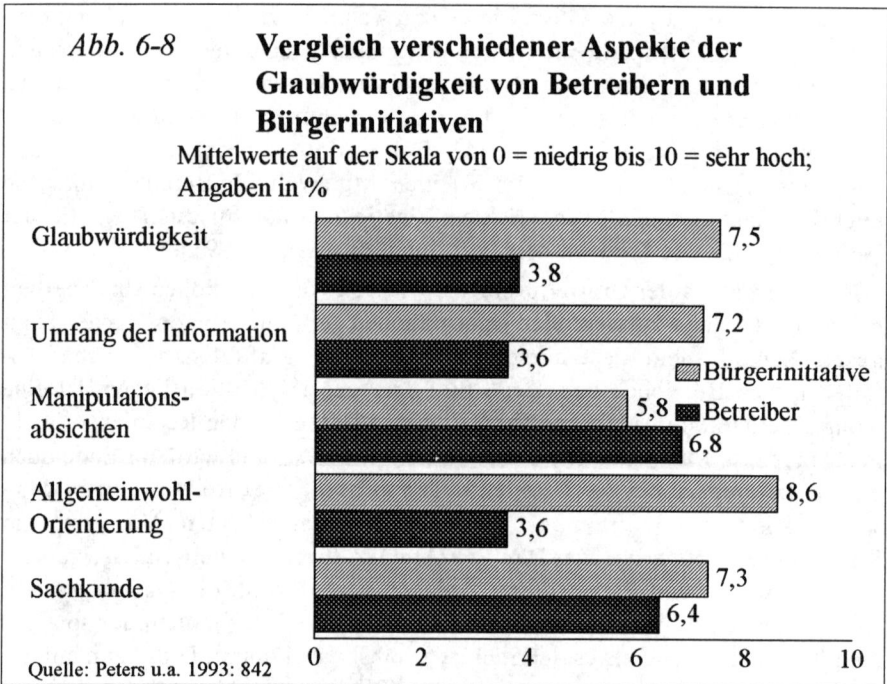

gen der Bürgerinitiative – trotz unterstellter Manipulationsabsichten (die nur schwach mit der Glaubwürdigkeit korrelierten) – als weitaus glaubwürdiger.

An diesen Daten läßt sich erkennen: Identische Informationen führen nicht zu identischen Gewichtungen und Einstellungen. Die Befürworter der Müllverbrennungsanlage verweisen auf andere Informationen und Argumente als die Gegner der Anlage, wenn sie ihre Einstellungen begründen: Sie sehen darin eher eine wirtschaftliche Perspektive für die Region als die Gegner und nennen als Pro-Argument die Schaffung neuer Arbeitsplätze. Die Befürworter sehen ihre persönliche Gesundheit durch den Anlagenbetrieb weniger gefährdet und zeigen keine oder nur geringe Angst (10% der Befürworter) vor diesem Industriebetrieb, während fast alle Gegner (90%) Angst äußern. Das hält freilich die Befürworter nicht davon ab, die Umweltbelastungen durch die Müllverbrennungsanlage generell ebenso wachsen zu sehen (75%) wie die Gegner (95%). Wer nun in diesen Beurteilungsunterschieden zwischen Befürwortern (die sich eher auf Nutzen-Argumente stützen) und Gegnern (die die Gefahren hervorheben) bloßen Egoismus wirksam werden sieht, wird enttäuscht, denn beide Gruppen geben in vernachlässigbaren Größenordnungen an, durch einen eventuellen Verzicht auf die Müllverbrennungsanlage persönliche Nachteile zu erfahren (siehe Abb. 6-9).

Abb. 6-9   **Statements zu Risiko und Nutzen einer Müllverbrennungsanlage**

Angaben in %

● eher für MVA   ◆ eher gegen MVA   ▲ unentschieden

	Persönliche Gesundheit und Sicherheit durch MVA gefährdet	Angst vor MVA	Umweltbelastung nimmt durch MVA zu	Schädliche Stoffe aus MVA gefährden Bevölkerung	Persönl. Nachteile bei Verzicht auf MVA	MVA schafft Arbeitsplätze	MVA gibt wirtschaftl. Perspektive

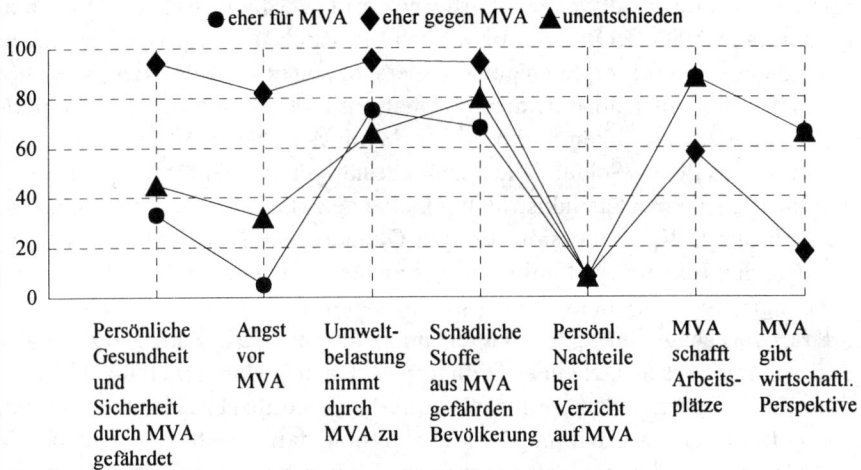

Quelle: Schütz u.a. 1993 b: 852 (gekürzt)

Die Gegner der Müllverbrennungsanlage hofften, mit ihren Informationen die Ablehnung dieses Weges der Abfallbeseitung in der Bevölkerung zu erhöhen. Sie erreichten ihr Ziel einerseits, andererseits bewirkten sie bei vielen Adressaten aber auch das Gegenteil. Denn diejenigen, die aus der Gruppe der Unentschiedenen im Laufe eines Jahres zur Gruppe der Gegner wechselten, waren ebensowenig homogen, wie die verbliebenen, gut informierten Unentschiedenen. „Untersucht man die Gruppe der in der ersten Befragung Unentschiedenen genauer, so zeigt sich, daß von diesen Personen in der zweiten Befragung 30,5% weiterhin unentschieden sind. 56% sind jetzt eher gegen und 13,5% eher für die MVA (Müllverbrennungsanlage; dH/K)" (Schütz/Peters/Wiedemann 1993: 853). Was als Anti-Argumentation gedacht war, entpuppt sich im Effekt bei den Rezipienten *auch* als Pro-Argument: Wer mit Angaben zur Wahrscheinlichkeit einer Krebsgefährdung durch Emissionen einer Müllverbrennungsanlage argumentiert, muß *auch* damit rechnen, daß diese Angaben für manche Personen *nicht* beruhigend wirken, wenn diese die Gefahr für gering – und damit individuell für harmlos – erachten.

Dennoch gilt: Mit steigender Informiertheit polarisiert sich die Einstellung der Personen. Man ist dann eher gegen oder für eine Müllverbrennungsanlage, seltener gleichgültig oder unsicher. Die Polarisation setzt sich auch unterhalb

dieser Zuordnungen noch fort: Der Personenkreis, der die Müllverbrennungsanlage besonders stark ablehnte, hatte im Laufe des Jahres ebenso zugenommen
wie jener, der eben diese Anlage besonders stark befürwortete.

Dieses Ergebnis wird durch Studien aus anderen Ländern und durch Länder-
vergleiche bestätigt und weiter ausdifferenziert (vgl. die instruktive Übersicht
bei Rohrmann 1995: 81ff.). So lohnt auch ein Blick über die Landesgrenzen
hinaus, denn in kulturvergleichenden Untersuchungen wird deutlich, wie weit
ein spezifischer Mechanismus der Informationsverarbeitung bei der Thematisierung von Umweltrisiken verbreitet ist. Wildavsky beschreibt folgende, die
Ergebnisse von Peters/Schütz/Wiedemann bestätigende Phänomene: In Taiwan
versuchte die Elektrizitätsindustrie durch eine gezielte Informationskampagne,
aber auch durch die Diskussion mit den Gegnern, die Bevölkerung dafür zu
gewinnen, den Bau eines Atomkraftwerks zu unterstützen. Der Effekt war auch
hier hochgradig ambivalent. Wer bis dahin noch gleichgültig war, lehnte nun
den Kraftwerksbau eher ab, als daß er ihm zustimmte. Die Zahl derer, die die
vom Kernkraftwerk ausgehenden Gefahren nach den Diskussionen für sehr groß
hielten, stieg von 8 auf 38%. Wildavsky zitiert Liu/Smith: „Paradoxerweise mag
die hauptsächliche Auswirkung der Diskussion darin bestanden haben, die
Unterstützung für die geplante Anlage in Taiwan zu untergraben. Nach der
öffentlichen Diskussion waren die Befragten weniger geneigt, das geplante
Kraftwerk zu befürworten; sie waren entweder dagegen oder unentschieden und
tendierten eher dazu, ihre unentschiedene zugunsten einer ablehnenden Haltung
aufzugeben" (zit. n. Wildavsky 1993: 206). Ähnliche oder höhere Zuwächse bei
der Bewertung von Umweltphänomenen als hochgradig riskant erhielt man auch
im Staate New York. Dort wurden 2300 Hauseigentümer hinsichtlich der
Gefahr, die eventuell vom Radon in ihrem Keller ausgehen könnte, befragt. Je
genauer die Informationen über die Gefahren von Radon waren, desto stärker
nahm die Gruppe derer zu, die nun begann, ernsthafte Gefahren auch dort zu
sehen, wo die offiziellen Schwellenwerte für eine Gesundheitsgefährdung weit
unterschritten wurden.

Jede Thematisierung von Gefahren – selbst eine Diskussion, die den Zweifel an
der Existenz von Gefahren ins Zentrum stellt – scheint ängstlicher zu machen als
eine Nicht-Thematisierung eines schon bekannten Phänomens. Die Mehrheit der
Menschen in hochindustrialisierten Ländern scheint – ungeachtet der Quelle – in
Umweltfragen geneigt zu sein, eher alarmierenden als beruhigenden Informationsquellen zu glauben: Mißtrauen gegenüber positiven Nachrichten gehört zur Stand-
ardeinstellung. Wildavsky resümiert: „Neue Informationen bringen die Menschen
viel eher dazu, Gefahren höher, aber nur selten dazu, sie niedriger einzuschätzen"
(Wildavsky 1993: 206). Wenn Experten informieren, dann machen sich die Menschen Sorgen, da es – so vermutet man mit Recht – irgendwo andere Experten geben
wird, die das, was als harmlos und sinnvoll angepriesen wird, wahrscheinlich als

gefährlich und sinnlos bezeichnen werden (vgl. Luhmann 1991: 217ff.; Peters 1991: 24ff.; Ruhrmann 1992: 19).

Die hier entfalteten empirischen Einsichten leiden jedoch unter einer Widersprüchlichkeit. Auf der einen Seite läßt sich außerordentlich gut belegen, daß immer dann, wenn die Befragten sich direkt von den Umweltproblemen betroffen fühlen, eine intensivierte Informationsvermittlung und Diskussion um dieses Problem zu einer Kritik an den Zuständen, einer Ablehnung von industriellen, verkehrstechnischen und anderen Innovationen mit angenommenen umweltbelastenden Effekten führt. Eine verstärkte Rezeption von problembezogenen Informationen erhöht in der Regel die Gegnerschaft gegenüber den thematisierten Problemlagen.

Insofern gibt es – entgegen den Einsichten der Umweltbewußtseinsforschung – in diesen Fällen doch einen Zusammenhang zwischen Umweltwissen und Umwelteinstellungen. Und zwar immer dann, wenn es eine enge Beziehung zwischen der rezipierten Information und einem Umweltproblem gibt, das der Rezipient selbst wiederum als für sich von erheblicher Bedeutung einstuft. Aber wann ist dies der Fall? wird man fragen müssen. Antworten können in zwei Richtungen gesucht werden: Die eine verbleibt auf der Seite des Informationen rezipierenden Individuums, die andere geht den Informationen selber nach. Aus den Forschungen zur Risikowahrnehmung lassen sich bezüglich der Substantialität von Informationen einige Einsichten gewinnen, die in Forschungen zum Umweltbewußtsein nicht gewonnen werden können, weil hier bisher zu grob verfahren wurde. Im zweiten Kapitel haben wir einige typische Fragen zum Umweltwissen vorgestellt. Es zeigt sich schnell, wie sehr diese Wissensfragen auf das Allgemeine zielen, auf Kenntnisse, die ganz emotionslos demonstriert oder negiert werden können: Wer hier Antworten schuldig bleibt, mag sich als Halbgebildeter einmal mehr blamieren, aber es tangiert die Einstellung zum Umweltproblem in unmittelbarer Nachbarschaft mit gutem Grund kaum. Warum sollte auch ein Umweltwissen, das etwa die Artenkenntnis einer Person betrifft, von Bedeutung sein für die Einstellungen zur nebenan im Bau befindlichen Müllverbrennungsanlage? Man wird in der Forschung zum Zusammenhang zwischen Umweltwissen und Umwelteinstellungen wohl in stärkerem Maße zwischen allgemeinem Wissen über die Umwelt auf der einen und Informationen über lokal diskutierte Umweltprobleme auf der anderen Seite unterscheiden müssen, wenn man einen Zusammenhang zwischen dem Komplex der Kenntnisse und den Einstellungen stärker vermitteln will. Auch hier lautet also die Botschaft: disaggregieren. Allgemeine Wissensbestandsaufrechnungen sind vom Wissen um lokale Problemlagen zu unterscheiden.

Schauen wir uns das Informationen rezipierende Individuum etwas genauer an, so sind wir sogleich mit einem Vorbehalt gegenüber der soeben formulierten Einsicht konfrontiert. Es lassen sich nämlich begründete Zweifel an der Generalisierbarkeit des Zusammenhangs zwischen Problemwissen und Risikobewertung formulieren. Erstaunlich ist, daß hinsichtlich der Zustimmung zu oder Ablehnung von Umweltrisiken der Umfang und die Differenziertheit des Umweltwissens in zahlreichen international vergleichenden Studien gar nicht von Bedeutung sind. Die derzeit vorliegenden Studien zur Risikowahrnehmung zeigen bei aller Heterogenität der ländervergleichenden Ergebnisse, daß es in diesem Forschungsfeld keine Verbindung gibt zwischen dem, was jemand über eine spezifische Umweltgefahr weiß, und der Angst oder auch der gleichgültigen oder gar positiven Einstellung, die Menschen gegenüber diesen Gefahren haben (vgl. die Synopse bei Wildavsky 1993: 193ff.), eben weil vorab schon existente Problembewertungsmuster vorschreiben, ob die Informationen für den einzelnen von Belang sind oder nicht. Umweltschützer wie Klimaforscher, Unternehmer, Lehrer und Hausfrauen urteilen über das, was schädlich oder sicher ist, demnach nur vordergründig auf der Basis ihres Umweltwissens. Insofern ist auch die Beziehung zwischen den Abbildungen 6-6 und 6-7 eher suggestiv in dem naheliegenden Schluß, wer mehr über einen umweltbezogenen Sachverhalt wie ein AKW oder eine Müllverbrennungsanlage wisse, würde der Sache auch eher negativ als positiv gegenüberstehen.

Es kann in erheblichem Maße bezweifelt werden, daß die Frage, welche Informationen welche Einstellungen erzeugen, überhaupt einen Sinn macht. Ertragreicher scheint die Frage zu sein, welches „Vorurteil" zu welchen Informationsrezeptionen, zu welchem Stand der Informiertheit und zu welchen Bewertungen und Einstellungen überhaupt erst führt.

Der Terminus „Vorurteil" versteht sich nicht von selbst. Wir benutzen ihn in Anlehnung an H.-G. Gadamer, der in seiner philosophischen Hermeneutik darlegt, daß Vorurteile Bedingungen des Verstehens und nicht generell, wie gemeinhin gedacht, falsche Ansichten sind. Gadamer unterscheidet legitime Vorurteile von solchen, „deren Überwindung das unbestreitbare Anliegen der kritischen Vernunft ist" (Gadamer 1990: 282). Überwinden muß man – so sagt es die Tradition der Aufklärung – solche Urteile, die auf Übereilung und bloßer Tradition oder auf Autorität beruhen. Wer einen Sachverhalt nicht sorgfältig prüft, wird sich in Vorurteile verstricken wie jener, der für richtig hält, was eine Autoriät qua Autorität von sich gibt. Davon abgegrenzt sehen will Gadamer erstens jenes Vorurteil, das durch die Sachautorität wohlbegründet ist: Wenn man dem Informanten vertrauen kann, weil er kompetent in der Sache ist, so kann man ihm glauben, ohne alles noch einmal überprüfen zu müssen. Zweitens haben wir in der Interpretation von Sachlagen immer mit einer Eigentümlichkeit zu tun, die aus der Geschichtlichkeit des eigenen Lebens resultiert. Wir sind immer schon – und zwingend – eingebunden in einen kulturellen Kontext, der seine Orientierungen aus der Tradition gewinnt – ob man das will oder nicht. Das macht den Unterschied zwischen demjenigen aus, der versucht, gegenüber einem Umweltphänomen urteilsfähig zu werden und – zum Beispiel – einem Mathematiker. Letzterer muß sich um die Geschichte der Mathematik nicht scheren. Ihm genügt der aktuelle Stand der Disziplin. Sie gibt ihm vor, wie zu verfahren ist. Maßstab seiner Arbeit ist die Sache. Bildet man sich aber ein Urteil über das Pro und Kontra ein Müllverbrennungsanlage, so reicht als Maßstab die Sache selbst (alle verfügbaren Informationen etwa) nicht hin. Die Sache selbst gewinnt ihre Bedeutung erst aus einer – wie Gadamer metaphorisch schreibt – „Vielzahl von Stimmen" (ebd.: 289), die im Rezipienten wirksam sind.[1] Ohne diese „Vielzahl der Stimmen", die die Enkulturation dem einzelnen immer schon als Orientierungsmuster und -hilfe zumutet, sind Urteile gar nicht möglich. Insofern sind Vorurteile nicht bloß legitim, sondern zwingend erforderlich, weil eine „Sache an sich", wenn es sie denn gäbe, sonst gar keine Bedeutung für das Individuum gewinnen kann.

Dem *Vertrauen in Autoritäten und den Vorurteilen* (im Gadamerschen Sinne), die die Umwelteinstellungen präformieren, *kommen eine große Bedeutung in der Wahrnehmung und Beurteilung von Umweltphänomenen als Umweltproblemen zu.* Dies werden wir im Folgenden zeigen.

Gut belegbar ist dies anhand einer vergleichenden Studie zur Einschätzung atomarer Gefahren (vom Atomkrieg über den Atommüll bis hin zum Reaktorunfall oder dem gewöhnlichen Betrieb eines Atomkraftwerks). In einer repräsentativen Vergleichsstudie zwischen den USA und Japan urteilten die Befragten aus beiden Ländern sehr homogen über die Gefahren, die von atomaren Stoffen ausgehen: Das Risiko des Umgangs mit radioaktiven Materialien wird als äußerst hoch eingestuft. Dagegen denken aber die Amerikaner, sie hätten nur geringe Kenntnisse über die Risiken des Umgangs mit radioaktiven Stoffen, während die Japaner glauben, sie seien in dieser Hinsicht sehr gut informiert (vgl. Hinman u.a. 1993: 455). Der Umfang der Kenntnisse korreliert nicht mit der Einstellung zum Risiko des Einsatzes oder Transports radioaktiver Stoffe.

Ist es in Hinblick auf die Gefährdungsurteile des einzelnen also doch nicht von fundamentaler Bedeutung, in welchem Umfang er oder sie über mögliche Klimakatastrophen, die toxische Wirkung von Dioxin, Dieselruß u.a. informiert ist? Ist es, nachdem die am lokalen Umweltproblem orientierte Risikoforschung zunächst Hoffnungen machte, nun doch nicht hilfreich, die Wissensbestände der Individuen zu erhöhen? Für die Gewinnung von *einheitlichen* Orientierungen und Einstellungen war die Informationsvermehrung, wie wir gesehen haben,

---

1   Wir sind uns bewußt, daß Gadamer hier auf die Eigentümlichkeit der hermeneutisch operierenden Geschichtswissenschaft abstellt. Uns scheint das Grundmodell seiner Plausibilisierung der Notwendigkeit von Vorurteilen aber ebenso auf jenen Personenkreis anwendbar zu sein, der geschichtlich Gewordenes im Gegenwärtigen zu verstehen versucht.

generell untauglich. Doch arbeitet das die Widersprüchlichkeiten nicht weg. Sie
können sich erst verlieren, wenn man bedenkt, daß es sich bei den Risikostudien,
die dem Umweltwissen keine Bedeutung beimessen, erstens um international
vergleichende Untersuchungen handelt und zweitens – schon aus dem ländervergleichenden Forschungsansatz heraus – um Erhebungen, die nach *allgemeinen* Einstellungen zu allgemeinen Problemlagen fragen. Die internationalen
Vergleiche kaprizieren sich notgedrungen auf allgemeine Fragen wie: „Ist der
Transport von Atommüll ein Risiko, mit dem die Menschen zu leben gelernt
haben und worüber man sich keine Sorgen machen muß, oder ist dies ein Risiko,
vor dem sich die Menschen eigentlich fürchten müssen?" (sinngemäß nach
Hinman u.a. 1993: 451). Fragen wie diese zielen nicht direkt auf den Befragten.
Sie konzentrieren sich nicht auf eine von ihm als problematisch empfundene
lokale Umweltsituation, sie verfolgen nicht den Prozeß der Informationsaufnahme und die Veränderungen in den Umwelteinstellungen der Befragten bezüglich
eben dieses Problems. Das führt auf eine Spur, die man leicht übersieht, wenn
die Brennweite bei der Beobachtung sehr kurz ist, sich also auf lokale Umweltphänomene einstellt, oder aber so weit ist, daß die Beobachtung nur noch diffus
ist, wie dies bei allgemeinen Vergleichen zwischen dem Umweltwissen und den
Umwelteinstellungen der Fall ist. Fokussiert man auf Differenzen im Kultur-
vergleich, dann sieht man: Verständigung wird dann hochgradig über andere
Modalitäten geregelt als über den Austausch der differierenden Fakten über
Umweltzustände und ihre Folgewirkungen. Wissen spielt bei der Einschätzung
von Umweltrisiken im Ländervergleich keine entscheidende Rolle, sondern das
Vertrauen in die Informationsquelle und die Vorurteile, die die Bewertungen
der Informationen in Hinblick auf daraus resultierende Einstellungen präformieren. Die zwischen Kulturen vergleichenden Studien machen sichtbar, was eine
lokal begrenzte Erhebung zu einem konkreten Problemfeld eher verdeckt:
„Nicht das, was irgendwie ‚in' den Ereignissen steckt, bestimmt die Wahrnehmung der Menschen, sondern das, was man in sie einbringt" (Wildavsky 1993:
207).

Begreift man nun diese divergierenden Personenkreise als einzelne Kulturen,
so läßt sich mit M. Douglas (1982) sagen, daß sich Menschen ihre Furchtgegen-
stände so auswählen, daß sie sie innerhalb *ihrer* Kultur fürchten *müssen*. Das
Empörungspotential gegenüber verschiedenen Risiken ist die Folge kulturell
erzeugter Vorurteilsmuster. Diese selegieren die Informationsaufnahme wie die
verfügbare Wissensbasis. Anders gesagt: Man muß sich nicht nur anschauen,
wie mit dem vermeintlichen Wissen der Umweltexperten innerhalb einzelner
Denkkollektive oder Kulturen verfahren wird, man muß sich auch anschauen,
welchen Kenntnissen überhaupt eine Bedeutung beigemessen wird. Und man
wird sehen, daß, obwohl es nur Einzelpersonen wahrnehmen, immer kulturell
gesteuert ist, was wahrgenommen wird und wie diese Wahrnehmungen auszu-

legen sind. Die Wahl der Möglichkeiten des Umgangs mit dem Wissen aus der Umweltforschung, mit Vorstellungen vom richtigen Umgang mit der Natur ist ein kulturelles Konstrukt. Was an Alternativen gewählt werden wird, ist durch die Anhänger von rivalisierenden Kulturen bestimmt. Sie geben der Sache notwendigerweise je verschiedene Bedeutungen, ohne daß man hinter der Heterogenität noch die eine letzte, dann „wahr" zu nennende Bedeutung sehen könnte, da es eine Orientierung an der „Sache an sich" nicht geben kann. Sie läßt kein Urteil zu. Kurz: Nicht der Naturzustand „an sich", sondern die *Bedeutung*, die einem *Umweltphänomen* aufgrund kulturell vorgegebener Vorurteile oder auch Wahrnehmungsmuster beigemessen wird, ist es, die zur Option für oder gegen bestimmte Haltungen und Interpretationen dieser Naturzustände, Umweltrisiken etc. führt.

So allgemein formuliert und auf Differenzen in den Einstellungen abstellend, werden schließlich auch national wiederum erhebliche Unterschiede in der Risikobeurteilung deutlich. Dann ist es auch gar nicht mehr zu erklären, welche Wahrnehmung von Umweltrisiken denn „angemessen" ist. Wir wissen, daß Wissenschaftler, Ingenieure, Versicherungsfachleute anders über Risiken denken als die breite Öffentlichkeit oder die Anwohner eines Komplexes der chemischen Industrie. Die sogenannten „Laien" operieren mit einem – wie die Experten sagen – „erweiterten" Risikokonzept. Sie erwähnen nicht nur das potentielle Schadensausmaß und die Wahrscheinlichkeit des Auftretens dieses Schadens. Sie bilden andere, nicht mathematisch kalkulierbare Risikopräferenzen.

In einer 1991 durchgeführten repräsentativen Erhebung des Instituts für Demoskopie Allensbach unter 2202 Bundesbürgern im Alter von über 16 Jahren wurde danach gefragt, worin sie heute schwerwiegende Gefährdungen der Gesundheit sehen (vgl. Piel 1992: 86ff.). Den Befragten wurde eine geschlossene Gefahrenliste vorgelegt. Sie konnten mehrere, nach ihrer Meinung gravierende Gefährdungstatbestände angeben (siehe Abb. 6-10).

Asbest, Giftmüll, verunreinigtes Trinkwasser, Autoabgase und starke Medikamente führen die Liste der größten Gesundheitsrisiken an. Auch belastete Nahrungsmittel rangieren ganz oben in der Präferenzliste der Bürger, obwohl doch gerade diese strengen Kontrollen unterliegen und noch nie einen so hohen Qualitätsstandard aufwiesen wie heute (vgl. Bodenstedt/Brombach 1993: 244). Unter den 15 Risiken in den Spitzenpositionen finden sich neun, die man im weitesten Sinne zu den Umweltgefahren rechnen muß. Und es handelt sich in allen Fällen um Bedrohungen, die mit den Sinnesorganen nicht (oder im Falle der Autoabgase und Benzindämpfe nur unzureichend) wahrzunehmen sind. Die Sensoren sind Meßgeräte und chemische Analysen, die Verbreitungsorgane für die damit gewonnenen Daten sind in der Regel die Massenmedien. Das führt zu Verwerfungen zwischen Alltagserfahrungen und Risikowahrnehmungen. Wenn nämlich der Giftmüll mit 81% der Nennungen zum Spitzenreiter unter den

Abb. 6-10　　　**Die größten Gesundheitsrisiken nach Ansicht der Bundesbürger**

Mehrfachnennungen möglich; Angaben in %

West　Ost

Daten (West/Ost): Asbest 81/80; Giftmüll 81/81; Starke Medikamente 76/72; Autoabgase 74/77; Verunreinigung d. Trinkwassers 74/77; Sex ohne Kondom 71/69; Atomkraftwerke/Kernenergie 66/68; Selbst Zigaretten rauchen 62/55; Fische a. verschmutzten Gewässern 59/61; Hormonbelastetes Fleisch 55/40; Fettes Essen 52/59; Benzindämpfe beim Tanken 49/48; Gespritztes Obst u. Gemüse 48/49; Spirituosen 43/53; Autofahren 41/37.

Quelle: nach GEO Wissen 1992: 88f.

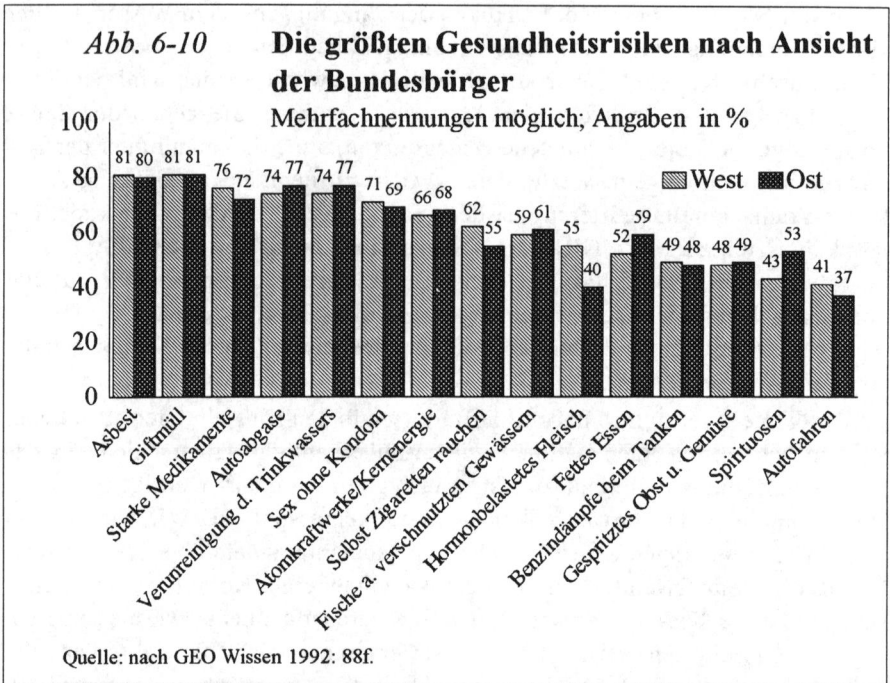

Gefahren für die Gesundheit der Bevölkerung gerechnet wird, gleichzeitig aber nur 8% der Bürger glauben, in ihrer Wohnumgebung gebe es ein müllverseuchtes Areal, dann zeigt dies: Die Risikobewertung kann sich in diesem Fall nicht aus den im Alltag wahrgenommenen Gefährdungen speisen. Befremdlicher noch mutet die Einschätzung an, das Betanken des Autos (49%) sei riskanter als das Autofahren selbst (29%). In der Risikowahrnehmung der Bevölkerung ist das gefährlichste am Straßenverkehr mithin das Nachfüllen von Treibstoff.

In diesen einfachen empirischen Untersuchungen der Meinungsforschung über die Hierarchie von Risikowahrnehmungen drückt sich ein Unwohlsein in Hinblick auf den Zustand der Umwelt aus, das sein Zustandekommen gerade *nicht* der „unmittelbaren Erfahrung" von Umweltschäden verdankt. Die erhöhte Aufmerksamkeit hinsichtlich des Zustandes der Umwelt kann nur aus *mittelbaren* Informationen resultieren. Asbest in Innenräumen läßt sich nicht wahrnehmen, Giftmüll werden nur sehr wenige Menschen je direkt vor Augen gehabt haben, und daß das Trinkwasser verunreinigt sei, sagen auch eher Analysen oder die eigene Spekulation als der Blick und der Geschmack des Wassers eines Durchschnittsbürgers.

Experten aus Wissenschaft und Technik bilden demgegenüber ganz andere Präferenzen: Sie halten das „selbst Zigaretten rauchen" für die größte Gesundheitsgefahr (81%), gefolgt von der Ansicht, zu wenig Bewegung (71%), Spirituosen (58%) und fettes Essen (42%) schade auch in immensem Maße. Diese Einschätzungen decken sich noch recht gut mit den offiziellen Sterbestatistiken. Giftmüll und Asbest plazieren die Experten in der Hierarchie mit je 26% der Nennungen auf weit abgeschlagene Ränge. Die Experten sehen also in dem, was man sich selbst zufügt, die größten Gefahren für die Gesundheit, während die „Laien" die größten Gefahren in dem sehen, wofür sie selbst nicht verantwortlich sind: In den umweltzerstörerischen Folgen und gesundheitlichen Risiken einer industrialisierten Welt, für die sie selbst die Verantwortung nicht tragen. Noch einmal anders sehen die Risiken aber aus, wenn man fragt, welche Faktoren sich, statistisch betrachtet, verkürzend auf das Leben auswirken (siehe Tab. 6-2). Dann gewinnt für die männliche Bevölkerung ein Tatbestand Bedeutung, den weder Experten noch die repräsentativen Bürger nennen: Ob man verheiratet ist oder ein Jungesellendasein fristet, dies entscheidet über rund 10 Lebensjahre, wie die folgende Tabelle zeigt (vgl. Haltmeier 1992: 68; vgl. ebenfalls und in teilweise anderen Auszügen die bei Haltmeier wiedergegebene Statistik in: Slovic 1986: 407; Femers/Jugermann 1992: 219). Wozu man die unverheirateten Lebensgemeinschaften rechnen muß, darüber gibt diese Statistik leider keine Auskunft. Sie entstand schon in den späten 1970er Jahren, und die Urheber bedachten das Phänomen der diversen Formen des Zusammenlebens noch nicht.

Tab. 6-2   **Was verkürzt unser Leben?**

Mittlere Verringerung der Lebenserwartung durch verschiedene Risiken	in Tagen
Männlich und unverheiratet sein	3500
Männlich sein und Zigaretten rauchen	2250
Herzkrankheiten	2100
Weiblich und unverheiratet sein	1600
30 % Übergewicht	1300
Im Kohlebergbau arbeiten	1100
Krebs	980
20 % Übergewicht	900
Weiblich sein und Zigaretten rauchen	800
Armut	700
Schlaganfall	520
Zigarren rauchen	330
Pfeife rauchen	220
Motorrad fahren	207
Grippe und Lungenentzündung	141
Alkohol trinken	130
Unfälle im Haushalt	95
Selbstmord	95
Diabetes	95
Beruflicher Umgang m. radioakt. Strahlung	40
Auf der Straße gehen	37

Quelle: nach Science 85 in GEO Wissen 1992: 68

Freilich ist es schwierig, aus dieser Liste der Risikovergleiche individuell zu folgern, „Junggeselle zu bleiben sei heute etwa 100mal so gefährlich wie zu baden oder mit einem Schiff zu fahren etc.; und die Gefahr des Ertrinkens sei, sofern die Zahlen stimmen, 2000mal so groß wie die eines Reaktorunfalls", argumentiert Meyer-Abich (1989: 34). Man „kann mit diesen Relationen praktisch gleichwohl nicht viel anfangen, denn man entscheidet in der Regel nicht zwischen dem Beginn einer Lebensgemeinschaft und dem Start in einem Verkehrsflugzeug. ..., ausgenommen im Fall ‚Casablanca‘, dort aber nicht unter Risikogesichtspunkten" (ebd.).

10 000 manchmal mit tödlichen Folgen von Hunden gebissene Kinder, 800 bis 6 000 Tote durch Radongas aus dem Erdboden, 15 000 bis 40 000 Tote pro Jahr aufgrund einer Infektion in der Klinik (vgl. Fischer 1992: 32; alle Werte bezogen auf Westdeutschland) beunruhigen offensichtlich weitaus weniger als ein Störfall in einem Atomkraftwerk, bei dem nachweislich keine Radioaktivität an die Umwelt abgegeben wird. Hundebisse und Radongas wird man zu den unvermeidlichen Widerfahrnissen des Lebens rechnen wollen, das Risiko, in der Klinik krank zu werden, wiegt die Chance, in ihr zu genesen, auf – aber das AKW wird weder als unvermeidlich betrachtet, noch ist einsichtig, daß es der eigenen Gesundheit förderlich sein könnte. Wo das Risiko menschlichem Versagen oder aber technischen Prozessen zugerechnet werden kann, wie im Fall eines AKW-Störfalls, dort ist man immer geneigt, das Risiko für problematischer zu halten als dann, wenn man die Risiken für unvermeidlich hält, sie der Umwelt zugerechnet werden – wie beim Radon (vgl. Fishoff u.a. 1981: 79ff.). Man kann – wie Meyer-Abich betont – nicht das eine gegen das andere abwägen. Mathematische Wahrscheinlichkeiten und Kosten-Nutzen-Erwägungen sind aus der Alltagsperspektive, hinsichtlich des Klinikaufenthalts, ebenso absurd wie die Idee, den Nutzen dieses Aufenthalts gegen die Wahrscheinlichkeit eines Störfalls im Kraftwerk abzuwägen – zumindest lassen unsere Vorurteile eine so gestaltete Kalkulation absurd erscheinen.

Schaut man sich die Differenzen zwischen den Statistiken und den Meinungen von Experten bzw. Bürgern an, so läßt sich festhalten: Was von den „Laien" nicht selbst kontrolliert werden kann und nicht unmittelbar erfahren wird, sondern über die Massenmedien vermittelt ist, verbinden diese besonders gerne mit schwerwiegenden Risiken für Gesundheit und Leben. Zu den generellen Erkenntnissen der Medienwirkungsforschung zählt nun die Einsicht, daß das medial vermittelte Bild von der Wirklichkeit die Wahrnehmung um so intensiver prägt, je weniger Primärerfahrungen realisiert werden (können). Das hat nun hinsichtlich der Risikowahrnehmung den entscheidenden Effekt, eben jene Umweltrisiken ganz vorne in der Hierarchie der großen Gefahren zu finden, die keinen Bezug zur Situation vor der Haustür haben. So fanden Combs/Slovic (1979) und Koné/Mullet (1994) auch weitaus stärkere Zusammenhänge zwischen der Länge der Artikel über Umweltprobleme in den Massenmedien und der Risikowahrnehmung von Befragten als zwischen eben dieser Risikowahrnehmung und den offiziellen Sterbestatistiken.

Bedenkt man zudem die Tendenz, dort die größten Risiken zu sehen, wo man selbst nicht eingreifen, am Geschehen nichts steuern kann, dann ergibt sich aus dieser Einsicht, gekoppelt mit den von den Massenmedien induzierten Problemwahrnehmungen, wie leicht die Umwelteinstellungen auf Ängstlichkeit, sich bedroht fühlen, sich Sorgen machen etc. hinauslaufen, ohne daß damit auch ein Verhalten korrespondieren muß, ja überhaupt korrespondieren kann. Nicht die Vermittlung der „richtigen" Fakten und Informationen über Nutzen und Risiken von technischer Innovation und Industrieansiedlungen entscheidet über die Akzeptanz. „Der Streit um das richtige, ‚wahre' Risiko einer Technologie ist letztlich eine Frage der Definition (besser: Enkulturation; dH/K) – und damit ein normatives Problem, das nicht mit dem Hinweis auf Meßergebnisse und andere Fakten entschieden werden kann", resümieren Peters/Schütz/Wiedemann (1993: 854).

Tragfähige Prädiktoren für die Wahrnehmung von Umweltrisiken sind bei Relativierung des Prädiktors „Wissen" nach Wildavsky und zahlreichen anderen Untersuchungen solche des *Vertrauens* und der *Glaubwürdigkeit*, wie auch schon Peters/Schütz/Wiedemann herausstellten. Soweit überhaupt ein Umweltphänomen als Problem thematisiert wird, ist weniger die Frage, welche Aussagen über Umweltrisiken getroffen werden, von Bedeutung, als die Frage, welches Maß an Vertrauen man der Technik, Person oder Institution entgegenzubringen bereit ist, der man Aufmerksamkeit schenkt. Medizinische Techniken, wie etwa das Röntgen und die Behandlung mit chemischen Stoffen, hält man im allgemeinen für sehr gesundheitsförderlich und wenig risikoreich, dagegen wird industriellen Techniken, in denen mit radioaktivem Material oder mit Chemikalien operiert wird, ein hohes Risiko attestiert – und keinesfalls wird ihnen zugestanden, auch gesundheitsförderlich sein zu können. Dem einen, sehr körpernahen Komplex, der Medizin, vertraut man, der Großindustrie hingegen nicht. Insofern bestätigt sich Gadamers Analyse: Wo Vertrauen in die Autorität besteht, ist das Vorurteil nicht weit.

Aus den angeführten Beispielen und zahlreichen Erhebungen zieht Slovic den allgemeinen Schluß: Das Vertrauen in die Informationsquelle hinsichtlich der Risiken ist für die Einstellungen weitaus entscheidender als die Risikokommunikation selbst. Ferner ist ein der Industrie – etwa in Hinblick auf die Errichtung einer neuen Fabrik – einmal entgegengebrachtes Vertrauen viel leichter wieder zu verlieren als zu gewinnen, wie Abbildung 6-11 deutlich macht. Negative Ereignisse, wie etwa die Aussage, man wünsche eigentlich keine Besucher auf dem Gelände, schüren weitaus mehr Mißtrauen, als sich an Vertrauen in fünfjährigem problemlosem Betreiben einer Fabrik erreichen läßt. Wer seine Ar-

Abb. 6-11 **Vertrauensbildende und Mißtrauen schürende Maßnahmen von Unternehmen**

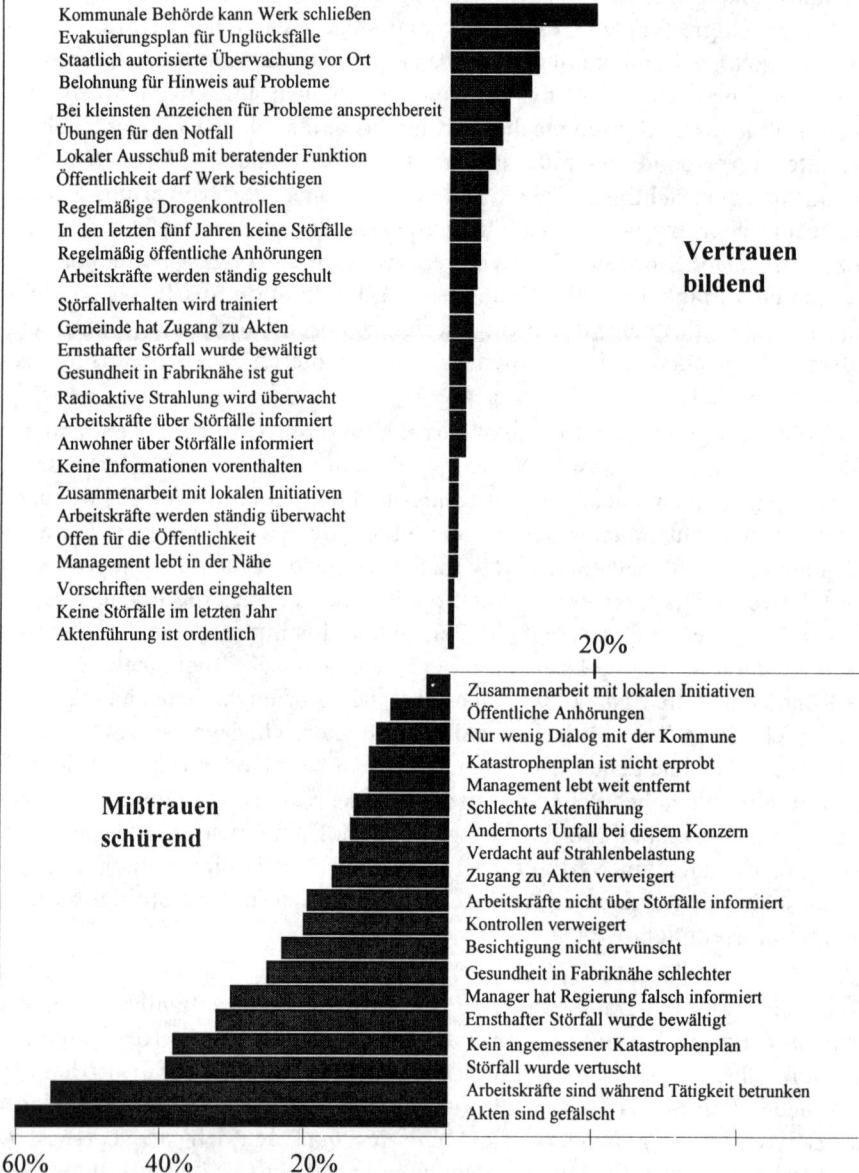

Kommunale Behörde kann Werk schließen
Evakuierungsplan für Unglücksfälle
Staatlich autorisierte Überwachung vor Ort
Belohnung für Hinweis auf Probleme

Bei kleinsten Anzeichen für Probleme ansprechbereit
Übungen für den Notfall
Lokaler Ausschuß mit beratender Funktion
Öffentlichkeit darf Werk besichtigen

Regelmäßige Drogenkontrollen
In den letzten fünf Jahren keine Störfälle
Regelmäßig öffentliche Anhörungen
Arbeitskräfte werden ständig geschult

Störfallverhalten wird trainiert
Gemeinde hat Zugang zu Akten
Ernsthafter Störfall wurde bewältigt
Gesundheit in Fabriknähe ist gut

Radioaktive Strahlung wird überwacht
Arbeitskräfte über Störfälle informiert
Anwohner über Störfälle informiert
Keine Informationen vorenthalten

Zusammenarbeit mit lokalen Initiativen
Arbeitskräfte werden ständig überwacht
Offen für die Öffentlichkeit
Management lebt in der Nähe

Vorschriften werden eingehalten
Keine Störfälle im letzten Jahr
Aktenführung ist ordentlich

Vertrauen bildend

20%

Mißtrauen schürend

Zusammenarbeit mit lokalen Initiativen
Öffentliche Anhörungen
Nur wenig Dialog mit der Kommune

Katastrophenplan ist nicht erprobt
Management lebt weit entfernt
Schlechte Aktenführung
Andernorts Unfall bei diesem Konzern
Verdacht auf Strahlenbelastung
Zugang zu Akten verweigert

Arbeitskräfte nicht über Störfälle informiert
Kontrollen verweigert
Besichtigung nicht erwünscht

Gesundheit in Fabriknähe schlechter
Manager hat Regierung falsch informiert
Ernsthafter Störfall wurde bewältigt

Kein angemessener Katastrophenplan
Störfall wurde vertuscht
Arbeitskräfte sind während Tätigkeit betrunken
Akten sind gefälscht

60%   40%   20%

Quelle: Slovic 1996. Gemessen auf einer 7er-Skala; hier nur Prozentangaben der Zustimmung zum Wert 7 ("stimme uneingeschränkt zu").

beitskräfte über eventuelle Probleme gut informiert, gewinnt damit kaum das Vertrauen der Anwohner, verliert dieses Vertauen aber massiv, wenn er eine Information unterläßt (vgl. Slovic 1996). Insofern ist es auch äußerst riskant für ein Unternehmen, sein Image aus dem Umweltschutzgedanken gewinnen zu wollen. Zu leicht verliert der Konzern wieder, was durch kostenintensive vertrauensbildende Maßnahmen und Werbung erreicht wurde. Ein marginales Ereignis, „Störfall" genannt, kann eine ganze Firmenstrategie in wenigen Stunden dauerhaft zunichte machen (siehe Abb. 6-11).

Da man hinsichtlich der Umweltprobleme nun in unserer Kultur mehrheitlich geneigt ist, eher den Umweltschutzverbänden zu glauben als Vertretern der Großindustrie, wird durch diesen Wirkungsmechanismus oft verdeckt, daß es nicht die verbreiteten Informationen – etwa der Gegner einer Mülldeponie – sind, also nicht das rezipierte Umweltwissen ist, sondern das Vertrauen in die Informationsquelle, die Menschen mehrheitlich zu Gegnern der Mülldeponie macht. Und das Vertrauen wiederum hängt häufig davon ab, wie man sich selbst definiert. So fürchten sich Personen, die eher konservativ sind und hierarchisch denken, weniger vor gesundheits- und umweltschädigenden Folgen innovativer Techniken wie etwa der Gentechnologie. Sie glauben auch eher den Experten und Fachwissenschaftlern aus den Großtechnologien, die – anders als die Gegner gentechnologischer Aktivitäten – wenig Risiken wahrnehmen. Ähnlich verhalten sich auch wettbewerbsorientierte, liberal eingestellte Personen. Ganz anders hingegen sind egalitär orientierte Menschen eingestellt. Sie sehen in jeder innovativen Technik tendenziell einen weiteren Baustein, der soziale Ungleichheit erzeugen und der Umwelt schaden wird (vgl. Dake/Wildavsky 1990; Douglas/Wildavsky 1982; Thompson/Ellis/Wildavsky 1990). Jedenfalls scheinen die groben politischen Orientierungen mehr Aufklärung bei der Frage zu bieten, was die Risikowahrnehmung beeinflußt als die Technikkenntnisse von Personen. Ob das technische Wissen der Individuen nämlich gering oder hoch ist, macht – nach einer 1989 durchgeführten repräsentativen Erhebung unter 1992 Bundesbürgern – kaum einen Unterschied (Abweichungen in Größenordnungen von 5%) hinsichtlich der Beunruhigung von Personen über Kernkraftwerke, die Gentechnik oder die Entwicklung des Weltklimas (vgl. Ruhrmann 1992: 7ff.).

Gestützt wäre die These, Vorurteile seien entscheidend für die Informationsaufnahme und -verarbeitung durch Untersuchungen zu der Frage, ob Einstellungen durch das vom Befragten vermutete allgemeine Meinungsklima beeinflußt werden oder ob das Meinungsklima die Einstellungen beeinflußt. H. Scherer hat aus Anlaß der Volkszählung in einer aufwendigen Panelstudie den Zusammenhang zwischen Vorurteilen und wahrgenommenem Meinungsklima mit multivariaten Verfahren untersucht. Sein Ergebnis: Die Vorurteile determinieren eher das Meinungsklima als umgekehrt; erstere steuern die Wahrnehmung der sozialen Umwelt und sind ausschlaggebend für die Selektion wie für die Interpretation von Medieninhalten (vgl. Scherer 1990, bes.: 266). Man kann annehmen: Vorurteile führen zu ökologischer Problemrezeption, und an dieser wiederum orientiert sich die umweltthematische Informationsaufnahme. Diese beeinflußt dann letztlich entscheidend die umweltorientierte Aktivität . Kurz: Die Rezeption von Umweltthemen und ihre Verhaltensbeeinflussung ist immer schon abhängig von vorgängigen Einstellungen, wobei dem Vertrauen in die Informationsquelle eine erhebliche Bedeutung beigemessen wird. Wir wissen nicht, *wie* die Einstellungen zustandekommen, wissen aber, wie sie eingebettet sind.

Sich die Wirksamkeit von Informationen *so* vorzustellen, bekommt von Seiten konstruktivistischer Theorien und Modelle eine erhebliche Unterstützung. Diese Theorien gehen von der Erzeugung von Wirklichkeit durch das rezipierende Individuum aus. Aus konstruktivistischer Sicht kann man dann erklären, daß selbst *gleiche* Informationen als rezipierte *unterschiedlich* wirksam sein *müssen*. Konstruiert das Individuum seine Wirklichkeit auf der Basis seiner im Zuge der Enkulturation erworbenen Vorurteile selbst, so wäre die klassische Frage der Wirkungsforschung: „Welchen Wirkungsgrad hat eine bestimmte Quantität an Information auf den Empfänger?" zunächst zurückzustellen oder gar falsch. Vielmehr muß man fragen: „Wie kommt es, daß bei aller Selbsttätigkeit in der Selektion und aller Selbstwertung in der Rezeption die Berichte über bestimmte Umweltereignisse in der Bevölkerung so homogene Reaktionen bezüglich der Umwelteinstellungen auslösen?" Freilich muß auch dieser Filter der Erwartungen, Hoffnungen etc. erst herausgebildet werden – und auch dies geschieht durch Erfahrung und Information, die das Individuum verarbeitet. Warum spezifische Risiken oder auch Umweltphänomene als Umwelt*probleme* bei manchen Individuen auf „Resonanzfähigkeit" (Luhmann) stoßen, bei anderen nicht, ist bisher kaum geklärt.

Man wird wohl viel stärker als bisher die Lebenswelt und mentale Dimensionen für die Erklärung kontextueller Selektion heranziehen müssen. Man wird den Vorurteilskomplex von Erwartungen, Hoffnungen und Wünschen der Informationsrezipienten identifizieren müssen, weil sie die Wirklichkeitskonstruktion, also das, was der einzelne aus dem Rezipierten an Einstellungen macht, formieren. Freilich reichen am Individuum orientierte, psychologische Ansätze nicht hin, um Resonanzphänomene zu erklären. Stellt man sich die Frage, warum Individuen bestimmte Präferenzen haben, dann sind kulturell orientierte Erklärungen ertragreicher als andere, wie die Risikoforschung von Wildavsky u.a. belegt: Es sind spezifische kulturelle Vorurteile, und es ist die Differenz in den Lebensstilen, die zur Auswahl von Präferenzen bei der Beurteilung von Umweltrisiken führen.

Worin diese „Vorurteile" im Gadamerschen Sinne bestehen könnten, werden wir im folgenden Kapitel zu sondieren versuchen. Wir werden dabei drei „klassische" Felder durchstreifen:

- das der *Ökonomie*, denn ein Voruteil kann in der Annahme des Inviduums liegen, ein bestimmtes Umweltverhalten sei für ihn nützlicher als ein anderes;

- das der *Soziologie*, denn eine fundamentale Basis für Vorurteile könnte in den Lebensstilen zu finden sein, in denen der einzelne verortet ist;

- das der *Psychologie*, denn unterhalb der Ebene des Rationalen können es schlicht Momente des Wohlbefindens sein, die für oder gegen ein spezifisches Umweltverhalten sprechen.

7. Kapitel

Erklärungen für das Umweltverhalten

Nachdem wir grundlegenden Mustern der Umwelteinstellungen im letzten Kapitel auf die Spur gekommen sind, interessieren uns nun noch einmal das Umweltverhalten und das Mißverhältnis zwischen Verhalten einerseits und Einstellungen und Wissen andererseits.

Führen wir uns zunächst das Problem vor Augen und sehen uns den Tagesablauf eines modernen Durchschnittsdeutschen an.

Ein Werktag und der Morgen graut: Noch während ich schlafe umsorgen mich lautlos Maschinen. Der Kühlschrank hält meinen Frühstücksjoghurt frisch, der Boiler im Bad temperiert das Wasser auf 70 Grad, im Keller springt die Heizung auf Tagbetrieb um, und der Batteriewecker hat gleich seinen Einsatz.

Halb acht. Aufstehen. Licht an, Radio an, rasieren, Kaffeewasser auf den Herd, ab unter die Dusche. Als ich mir die Haare föhne, habe ich schon zwei Kilowattstunden Strom und einen Viertelliter Heizöl verbraucht. Das entspricht einer Energiemenge von ungefähr 20.000 Kilojoule - mehr als etwa eine achtköpfige indische Landfamilie während eines gesamten Jahres benötigt. ... Während ich zwischen überbordenden Regalen und dichtgedrängten Kleiderbügeln etwas heraussuche ... daß die Sachen zum Teil aus Hongkong oder Pakistan importiert sind, dann komme ich für Hemd und Hose auf einen täglichen Durchschnittsverbrauch von weiteren 0,8 Litern Öl. ...Wenn ich morgens aus der Bahn den Verkehrsinfarkt auf dem Asphalt der Großstadt sehe, sinniere ich manchmal darüber, warum noch niemand eine Geburtenplanung für Autos erfunden hat... Doch oft bin ich mit Schuld an der Verkehrslawine. ... Also 2,2 Liter am Tag, womit mein Verbrauchskonto an diesem Morgen auf 6,2 Litern Öl steht. ... Übers Jahr verteilt bin ich natürlich auch diverse Male mit der Fernbahn und im Flugzeug unterwegs... Summiere ich all diese Mobilitäten, ergibt sich ... eine zusätzliche Menge von 4,1 Litern. Zwischensumme: 10,3 Liter. ... Ich bin mittlerweile im Büro angekommen. ... elektronische Fax-, Kopier- und Druckgeräte ... massenweise Papier ... vom Anrufbeantworter bis zur Büroklammer, ist eine tägliche Energiemenge fällig, die rund zwei Litern Erdöl entspricht. Neue Zwischensumme: 12,3 Liter. ... überziehe ich im täglichen Leben mein persönliches Energie- und Kohlendioxid-Konto bereits bei den notwendigen Nahrungsmitteln. ... Ich „verzehre" neben Wurst und Brot vom Frühstück bis zum Abendessen eine Energiemenge, die 2,8 Litern Erdöl entspricht. ...

*dann lande ich am Ende eines Tages bei einem Verbrauch von etwa 15 Litern
Erdöl. Manchmal ist es sogar wesentlich mehr. An Tagen beispielsweise, an
denen ich beruflich in die Ferne fliege oder privat mit dem Auto in Skiurlaub
fahre. Oder wie an jenem Abend am Wochenende, als ich mit Freunden beim
Italiener sitze. Zum Pinot Grigio als Vorspeise gegrillte Zucchinischeiben
mit Parmaschinken. Vermutlich stammt das tiefrote Fleisch von einem baye-
rischen Schwein, das in einem Allgäuer Mastbetrieb mit Maniokmehl aus
Thailand und Sojaschrot aus Brasilien auf Schlachtgewicht gekommen ist.*
Danach trägt Emilio noch köstliche Haupt- und Nachspeisen auf... Ein
wunderbarer Abend ... . Ein Tag freilich, an dem ich mit meinen drei
Freunden am Tisch ökologisch so richtig über die Stränge gehauen habe.
Binnen 24 Stunden haben wir schätzungsweise 80 Liter Öl verplempert ... .
(Klingholz 1994: 12ff.)

Nichts besonderes ist hier geschildert: der weitgehend unspektakuläre Tagesablauf eines Angestellten, vermutlich eines Single-Haushalts. Man kann sich
die Geschichte weiter ausmalen: Die Wohnung ist vielleicht 80 Quadratmeter
groß, das Auto, das vor der Tür steht, ist keine Luxuslimousine. Die Aufsteh-
Situation ist von routinierter, effektiver Techniknutzung geprägt. Das geschil-
derte Verhalten ist nichts individuell Einzigartiges, sondern es ließe sich sicherlich zur gleichen Stunde an vielen Orten beobachten. Und – was für unsere
Betrachtung in diesem Kapitel das Entscheidende ist – es hat, bei all seiner
Alltäglichkeit, Umweltrelevanz. Hier wird, wie Klingholz uns vorrechnet, bis
zum Abend Umwelt im Gegenwert von 15 Litern Erdöl verbraucht. Zuviel –
wenn man den Berechnungen über die Tragfähigkeit der globalen Öko-Systeme
glauben darf. Eine Reihe von einzelnen umweltrelevanten Verhaltensweisen
wird in diesem kurzen Textabschnitt nebenbei gestreift: Das reicht vom Kühlschrank (welches Kühlmittel enthält er?), dem Joghurtbecher (vermutlich Plastik), dem Warmwasserverbrauch, der Zimmertemperatur bis hin zur Kleidung,
die in weit entfernten Ländern hergestellt wurde, dem Auto, Bahn und Flugzeug,
den Fax- und Kopiergeräten und der Wurst zum Abendessen. Deutlich wird
auch, wie das Umweltverhalten mit dem Alltag und der Art, wie wir leben,
verwoben ist.

In den folgenden drei Abschnitten suchen wir nach Erklärungsmustern für
dieses Verhalten und betrachten drei differente Erklärungsansätze, die aus
unterschiedlichen Wissenschaftsdisziplinen stammen.

Ein ökonomisches Erklärungsmuster: Kosten-Nutzen-Erwägungen

Dieser Erklärungsansatz führt unser Umweltverhalten auf individuelle Kosten-Nutzen-Erwägungen, auf „Rational choice", zurück. Das Fazit dieses Ansatzes lautet: *Nicht der einzelne ist es, der sich irrational verhält, sondern es sind die Institutionen* (vgl. Krol 1995: 84). Das Individuum verhält sich als homo oeconomicus, d.h. alle Entscheidungen, z.B. Kaufentscheidungen, werden strikt rational gefällt. Der Kosten-Nutzen-Ansatz stellt also auf Vernunft ab (vgl. Kirchgässner 1991; Weede 1989). Dies scheint zunächst ein wenig paradox, glauben wir doch, in der Diskrepanz zwischen Umweltwissen, -einstellungen und -verhalten etwas *Irrationales* zu diagnostizieren. Wenn das Ozonloch größer wird, die Ursachen und Folgen bekannt sind und wir dennoch nicht aufhören können, FCKW-haltige Produkte zu produzieren und zu kaufen, dann nennen wir das irrational. Wenn sich die Biosphäre erwärmt, was mittlerweile zunehmend als gesichert gilt, wir aber weiterhin hinsichtlich unseres Energieverbrauchs keine entscheidenden Änderungen vollziehen, dann wird dies weithin ebenfalls als irrational bezeichnet. Kosten-Nutzen-Theorien erklären diese Differenz zwischen dem besseren Wissen und dem unzureichenden Verhalten damit, daß sich der einzelne durchaus vernünftig verhalte.

Trotz des äußeren Anscheins könne von Irrationalität keine Rede sein, die Differenz zwischen Einstellung und Verhalten sei, so Krol (1994: 6), sogar prognostizierbar, denn der einzelne verfolge konsequent seine egoistischen Interessen. Für den einzelnen Verbraucher war es lange Zeit billiger, ein Auto ohne Katalysator zu kaufen, und deshalb tat er es auch, trotz vielleicht vorhandenen Umweltbewußtseins. Für ihn oder sie ist es billiger, Gemüse im Supermarkt zu kaufen als solches aus biologischem Anbau teuer zu bezahlen, und für ihn gibt es keinen Grund, den Fleischkonsum zu senken, wenn dieses doch in realer Kaufkraft gemessen tendenziell billiger wird.

Der einzelne ist nicht der Übeltäter, er verhält sich ganz berechenbar und wirtschaftlich vernünftig, trifft die für ihn kostengünstigste Entscheidung. An der Misere schuld sind die gesellschaftlichen Institutionen: Sie müßten die Rahmenbedingungen so setzen, daß selbst der Pawlowsche Kosten-Nutzen-Hund von alleine in die richtige (ökologische) Richtung laufen würde. So läßt sich die einfachste Variante des Kosten-Nutzen-Modells beschreiben.

Nun leuchtet allerdings schnell ein, daß im eigentlichen Sinne monetäre Kosten-Nutzen-Erwägungen nur für einen Teilbereich von umweltrelevanten Verhaltensweisen eine Rolle spielen. Bei einigen, innerhalb der westlichen Industriegesellschaften ganz zentralen Verhaltensweisen geht es offenkundig

um anderes als um finanzielle Aspekte. Wenn immer mehr Leute leistungsstär-
kere Autos kaufen, obwohl in den letzten Jahren selbst bei „freier Fahrt" die
Durchschnittsgeschwindigkeiten auf den Autobahn nur minimal stiegen (vgl.
Kapitel 3), kann das nur wenig mit ökonomischen Erwägungen zu tun haben.
Das gleiche gilt für den stetigen Anstieg der Anzahl der Wohnquadratmeter pro
Kopf. Beides sind offenkundig Entwicklungen, die für den einzelnen eher mit
finanziellen Kosten verbunden sind, die Gewinne – so es denn welche gibt –
müssen auf anderen Ebenen liegen.

Wenn also Kosten-Nutzen-Theorien als Erklärung für das wenig umweltgerechte Verhalten herangezogen werden, so sind es meist solche Varianten, bei
denen die Kategorien *Kosten* und *Nutzen* nicht rein monetär gedacht werden,
sondern in einem erweiterten Sinne als Gewinne und Verluste hinsichtlich der
Bedürfnisse bzw. des Bedarfs des einzelnen begriffen werden. Das muß nicht
in sonderlich komplexen Modellen formuliert werden, sondern kann auch in
einem dem Alltagsverständnis entlehnten Dual von *billig versus teuer*, oder
besser klingend, von *Low-cost versus High-cost* seinen Ausdruck finden. So
argumentieren Diekmann und Preisendörfer (1992), daß sich angesichts der
Resultate ihrer Studie die Annahme eines einheitlichen Verhaltensmusters,
genannt „Umweltverhalten", nicht aufrechterhalten lasse. Das Umweltverhalten
sei „heterogen", was zur Freude so manchen Lesers von den Autoren mit
skurrilen Beispielen belegt wird: Parkplatzprobleme vor dem Bioladen, fernrei-
sende Ökotouristen u.v.m. Die weit verbreitete Umweltmoral werde von den
Akteuren so befriedigt, daß dabei für sie möglichst wenig Kosten entstünden.

Und was kostet nun wenig? Es sind solche umweltgerechten Verhaltensweisen, die „keine einschneidenden Änderungen erfordern, keine größeren Unbequemlichkeiten verursachen und keinen besonderen Zusatzaufwand verlangen"
(ebd.: 240). Diekmann/Preisendörfer übernehmen hier eine bereits zuvor in der
amerikanischen Umweltbewußtseinsforschung von North (vgl. North 1986)
formulierte Theorie, derzufolge die Bedeutsamkeit einer ideologischen Überzeugung in einer spezifischen Bedingungskonstellation negativ mit den für das
Individuum anfallenden Kosten korreliert. In graphischer Darstellung sieht dies
dann so aus:

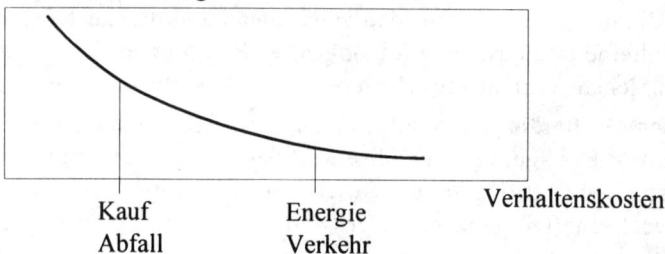

Effekte der Ideologie

Kauf   Energie   Verhaltenskosten
Abfall   Verkehr

Die Effekte der Ideologie, sprich der Umwelteinstellungen, sind nur dort groß, wo die Verhaltenskosten niedrig sind. North konzediert zwar individuelle Modellierungen einer solchen Kurve, hält aber die generelle Aussage der Negativkorrelation für unbestreitbar. Bleibt die Frage: Was ist teuer? Und was ist das allgemeine Äquivalent – wenn es denn kein Geld ist, mit dem zwei Situationen, zwei Umweltverhaltensweisen, verglichen werden? Diekmann/Preisendörfer gehen ohne weitere Begründung davon aus, daß die Kosten in den Bereichen ‚Einkaufen‘ und ‚Abfallsortierung‘ geringer sind als in den Bereichen ‚Energie-‘ und ‚Verkehrsverhalten‘. Dies erscheint erstens paradox, denn nun scheinen wir uns in einem völlig geldfreien Raum zu bewegen, wenn *Sparen*, nämlich Energiesparen, mehr „kostet" als etwas auszugeben, nämlich das Einkaufen. Zweitens wird es gänzlich unverständlich, wenn man Verhaltensmuster, Kombinationen der verschiedenen Bereiche betrachtet, denn dann würde die Kombination von umweltgerechtem High-cost-Verhalten und nicht-umweltgerechtem Low-cost-Verhalten dem einzelnen ja mehr abverlangen als die umgekehrte Konstellation von nicht-umweltgerechtem High-cost- und umweltgerechtem Low-cost-Verhalten. Aber warum sollte die Kombination von umweltgerechtem Energieverhalten (z.B. Heizung bei Abwesenheit drosseln) mit nicht-umweltgerechtem Kaufverhalten (nicht im Bioladen einkaufen) den einzelnen mehr „kosten" als umgekehrt im Bioladen einzukaufen (umweltgerecht Low-cost) und die Heizung nicht zu drosseln (nicht-umweltgerecht High-cost).

Gegen die a priori-Zuordnung eines High-cost- oder Low-cost-Etiketts zu einer umweltrelevanten Verhaltensweise läßt sich mit North einwenden, daß die Frage von Kosten in den Entscheidungskalküls des einzelnen natürlich – wenn man vom objektiven Maßstab der Geldwährung abweicht und auf subjektive Variablen rekurriert – eine nur individuell zu klärende Frage ist. Wenn man, statt von Geld zu sprechen, wie Diekmann/Preisendörfer von „Unbequemlichkeiten" spricht, die mit einzelnen umweltgerechten Verhaltensweisen verbunden sind, dann macht es eben einen Unterschied, ob jemand fünf Minuten mit öffentlichen Verkehrsmitteln zur Arbeit fährt oder eine Stunde. Ebenso sind die Unbequemlichkeiten vermutlich kleiner, wenn jemand in einem Ein-Personen-Haushalt auf einen Wäschetrockner verzichtet als in einem Haushalt mit zwei kleinen Kindern. Man sieht es weder dem Wäschetrockner an, ob er hohe oder niedrige „Verhaltenskosten" nach sich zieht, noch läßt sich eine Situation, wie die der Benutzung des öffentlichen Personennahverkehrs, als solche hinsichtlich der Kosten einstufen, und erst recht läßt sich dies nicht einem ganzen Verhaltensbereich wie dem Energieverhalten ansehen. Dennoch mag man probeweise an der Idee festhalten, daß wir uns so verhalten, wie wir uns verhalten, weil wir unsere eigenen Kosten-Nutzen-Erwägungen anstellen. Neugierig auf das Ergebni setzen wir die Brille dieses Ansatzes auf.

In Krols formalisierter Schreibweise (vgl. Krol 1992: 20ff.) lautet das Grund-
theorem der „ökonomischen Verhaltenstheorie" folgendermaßen:

> Verhalten = f (Präferenzen, Restriktionen)

Das Verhalten eines Individuums wird als Resultat eines *Entscheidungsprozesses* begriffen, in dem zwei Aspekte eine Rolle spielen:

- Die *Präferenzen*, das sind die Wünsche und Ziele des Individuums, das die
  Entscheidung trifft.

- Die *Restriktionen*, das sind die Beschränkungen des Handlungsspielraums,
  denen sich das Individuum gegenübersieht.

Im Modell der Wert-Erwartungs-Theorie (vgl. Esser 1991a) wird folgender
Ablauf des Entscheidungsprozesses gezeichnet (vgl. Lindenberg 1990: 257;
Opp 1990: 17ff.):

1. Phase: Der Akteur nimmt die Situation wahr, identifiziert verschiedene
Handlungsalternativen und damit wahrscheinlich einhergehende Handlungsfolgen.

2. Phase: Der Akteur bewertet die Handlungsmöglichkeiten entsprechend
seinen subjektiven Präferenzen. Die Vor- und Nachteile, Kosten und Nutzen
jeder Handlungsalternative werden evaluiert. Für jede einzelne denkbare Hand-
lungsfolge wird die subjektive Auftretenswahrscheinlichkeit geschätzt. Der
subjektiv erwartete Nutzen jeder Variante wird nun ermittelt, indem der Nutzen
und die Auftrittswahrscheinlichkeit jeder einzelnen Handlungskonsequenz
miteinander multipliziert werden und indem anschließend die Produkte addiert
werden. Damit ist der Nettonutzen einer Handlungsalternative bestimmt.

3. Phase: Der Akteur wählt die Alternative mit dem höchsten subjektiv
erwarteten Nettonutzen und führt sie aus.

Das Modell ist zwar wirtschaftlichen Entscheidungsmodellen entlehnt, doch
deckt der Verhaltensbegriff hier nicht nur ökonomische Aktivitäten ab, sondern
umfaßt nach Krol ein breites Spektrum: Die Verhaltensmuster reichen „vom
Handeln/Unterlassen bis hin zu Urteilsleistungen, vom Verhalten in wirtschaftlichen Entscheidungssituationen bis hin zu regelgebundenem Entscheidungs-
verhalten in gleichartigen Entscheidungssituationen (Gewohnheitsverhalten)"
(Krol 1992: 20).

Präferenzen und *Restriktionen* sind der Raum für individuelles Verhalten. Vorausgesetzt wird, daß es immer mindestens zwei Handlungsalternativen gibt, die das Individuum ganz rational evaluiert. Ihm wird absichtsvolles, zielgerichtetes Handeln unterstellt. Sein Hauptziel ist gänzlich egoistisch, nämlich die eigene Situation zu verbessern, einen Vorteil zu erlangen. Zu diesem Zweck werden für die möglichen Handlungen Nutzenwerte und subjektive Wahrscheinlichkeiten ermittelt. Der Handlungsraum wird durch ökonomische und außerökonomische Variablen bestimmt. Mit der S-Bahn zu fahren, kostet nicht nur Geld, sondern auch Zeit und verursacht u.U. Ängste, Unwohlsein und schlechte Laune. Auch rechtliche Aspekte engen den Handlungsspielraum ein, beispielsweise ist Schwarzfahren bei Strafe verboten.

Die Präferenzen umfassen unterschiedliche Aspekte, die für das Individuum eine Rolle spielen: Werte, Einstellungen, Ängste, Finanzielles etc. Präferenzen werden als weitgehend konsistent und stabil betrachtet. Die ökonomische Verhaltenstheorie ist deshalb auch nicht sonderlich an der Frage interessiert, woher die Präferenzen kommen (vgl. Zintl 1989: 53). Erziehungswissenschaftliche Varianten der Theorie (vgl. Krol 1992) verorten die Entstehung der Präferenzen im Prozeß der Sozialisation und gehen davon aus, daß sie über Erziehungs- und Bildungsmaßnahmen (langsam) zu beeinflussen sind. Was aber, jedenfalls aus der Sicht einer solchen pädagogisch gefärbten ökonomischen Verhaltenstheorie, nicht mit Aussicht auf Erfolg rechnen kann, ist der Versuch, jemanden durch Erziehung dazu zu bewegen, sich systematisch gegen seine Interessen zu verhalten und Entscheidungsalternativen zu wählen, die das Kriterium der Verbesserung der eigenen Situation nicht optimal erfüllen.

Bei gegebenen Präferenzen läßt sich das individuelle Umweltverhalten am ehesten über die Restriktionen steuern. Diese müssen so gesetzt werden, daß das Individuum sich rationalerweise nur für das umweltgerechte Verhalten entscheiden kann. Beispielsweise würde eine Anhebung des Benzinpreises auf 5 DM/l dieser Theorie zufolge zwangsläufig eine Reihe von Entscheidungen auf der Ebene des Individuums nach sich ziehen: den Kauf eines möglichst wenig verbrauchenden Automobils, das Vermeiden unnötiger Fahrten, die Geschwindigkeitsreduktion zum Zwecke des Benzineinsparens und anderes mehr – da bedarf es keines Bewußtseins, das funktioniert ganz automatisch.

Neben diesem allgemeinen Modell zur Erklärung menschlichen Verhaltens argumentiert die ökonomische Verhaltenstheorie im ökologischen Kontext mit *dem Kollektivgutcharakter von Umweltleistungen.* Während Privatgüter dadurch charakterisiert sind, daß ihre Nutzung von der Zahlung eines Entgeltes abhängig gemacht werden kann, sind öffentliche Güter allgemein zugänglich, und niemand kann von der Nutzung ausgeschlossen werden (vgl. Frey 1985: 48ff.; Leipert 1993: 22f.). Es ist beispielsweise nicht möglich, jemandem die Benutzung von Straßen und Bürgersteigen oder das Einatmen von Luft zu verbieten. Bei privaten Gütern gilt das Ausschlußprinzip – wer den geforderten Preis nicht zahlen will oder nicht zahlen kann, darf sie auch nicht nutzen. Dadurch, daß dieses einfache Prinzip bei Umweltleistungen nicht anwendbar ist, entsteht für die Akteure eine Dilemmasituation. Auch diejenigen, die keinen Beitrag zur Erstellung eines Kollektivgutes, beispielsweise zur Reinhaltung der Luft, leisten, kommen in dessen Genuß. Eigennütziges Verhalten der Individuen unterstellt, verhält sich der *Trittbrettfahrer* rational; seine Kosten sind optimal niedrig. Wenn die anderen Produzenten oder Verbraucher sich umweltverträglich verhalten, indem sie beispielsweise Vorkehrungen zur Reinhaltung der Luft treffen, ist es für den einzelnen am vorteilhaftesten, sich nicht umweltgerecht zu verhalten, also z. B. weiter mit dem Auto zu fahren und so das kooperative Verhalten der anderen auszunutzen. Krol (1994: 8 und 1995: 81) konstruiert folgende Vierfeldertafel von individuellem und kollektivem Verhalten (vgl. Abb. 7-1).

Verhalte nur ich mich umweltverträglich und die anderen nicht (Zelle C), entsteht mir ein Verlust; der Nettonutzen (NN) ist negativ. Vermeide ich Kosten und verhalte ich mich im Einklang mit den anderen nicht umweltverträglich, beträgt der Nettonutzen Null (Zelle D). Das systematische Problem in der Tabelle besteht in der Differenz von Zelle A und Zelle B: Die *Trittbrettfahrerposition* ist für den einzelnen am kostengünstigsten, d.h. am besten ist es, wenn

Abb. 7-1   **Vierfeldertafel des individuellen und kollektiven Verhaltens**

		Verhalten der anderen	
		umweltverträglich	nicht umweltverträglich
Verhalten des einzelnen	umwelt-verträglich	A NN=+ (durchschnittlicher Nettonutzen)	C NN=negativ (Kosten ohne Nutzen)
	nicht umwelt-verträglich	B NN=++ (überdurchschnittlicher Nutzen)	D NN=0 (keine Kosten, kein Nutzen)

alle kooperatives Verhalten an den Tag legen, nur ich nicht. Alle fahren brav Tempo 100, und ich habe freie Bahn; die anderen radeln am Wochende durch den Grunewald zum Wannsee, endlich kein Stau zur Ostsee. Krol will mit diesem Beispiel, von ihm als „Gefangenendilemma" bezeichnet, belegen, daß ein systematischer Anreiz zum Ausscheren in Zelle B besteht, und zwar auch dann, wenn kooperatives Verhalten für alle mit einem Nettonutzen verbunden ist, was ja keineswegs immer der Fall ist.

An der Art, wie diese Dilemmasituation verhandelt wird, lassen sich die Grenzen und die blinden Flecken der Rational-choice-Theorie deutlich erkennen. In ihrem methodologischen Individualismus geht sie davon aus, daß Gruppen, Kollektive und Sozietäten keine eigenständigen Phänomene sind, sondern daß sich ihr Verhalten aus dem individuellen Rationalverhalten erklären läßt – und nur dieses wird analysiert. Es herrscht das Bild vor, daß jeder ein kleiner Unternehmer sei, der allzeit und allerorten bestrebt ist, seinen Nutzen zu mehren und Kapital zu akkumulieren. Offenkundig wird hier eine systemische Größe moderner Industriegesellschaften – nämlich Entscheidungen aufgrund von Kosten-Nutzen-Kalkülen zu treffen – zu einem anthropologischen Grundmuster erklärt.

Aus der Sicht der ökonomischen Verhaltenstheorie liegt der Schluß nahe, die Nutzung von Umweltleistungen mit Preisen zu belegen. Nur so glaubt man erreichen zu können, daß Individuen die Inanspruchnahme von Umweltleistungen in ihr Entscheidungskalkül einbeziehen. Wenn *die Preise die Wahrheit sagen*, dann werden umweltbelastende Verhaltensweisen im Vergleich zu umweltverträglichen relativ teurer, und der individuell-rationale Akteur verhält sich folglich umweltgerecht. „Ändern sich die Restriktionen, so werden bestimmte Handlungsalternativen mehr und andere relativ weniger vorteilhaft. Die Individuen wählen dann die relativ attraktiver gewordenen Alternativen." (Kirchgässner 1991: 26)

Das klingt alles recht plausibel und kann zudem die Legitimationsgrundlage für interventionistisches Handeln abgeben, insbesondere für politisches Handeln. Man stellt die Weichen so, daß Rational choice auf das Gleis des umweltgerechten Verhaltens führt. Die Reichweite dieses „Macher-Konzeptes" ist allerdings relativ eng begrenzt, denn bei den *Anreizen,* die zur Verhaltenssteuerung eingesetzt werden, kann es sich nach Lage der ökonomischen Dinge nur um „Negativ-Steuerungselemente" handeln, d.h. etwas wird teurer: das Autofahren, die Flugreise, Strom und Gas, das Fleisch aus Massentierhaltung etc. Statt von reizenden Leckereien und anderen Verlockungen sieht sich der anreizgesteuerte Mensch von lauter Spardosen umgeben, in die er – so er etwas ihm ans Herz Gewachsene tun will – ständig etwas einzuwerfen hat. Wie man sich am Beispiel eines Benzinpreises von 5 DM pro Liter unschwer vorstellen kann, kommen die Präferenzen der einzelnen jetzt durch die Hintertür wieder ins

Spiel, denn welche Regierung, die wiedergewählt werden wollte – und gerade die ökonomische Verhaltenstheorie müßte von dieser Motivlage ausgehen –, könnte sich die Verordnung solcher Rahmenbedingungen schon erlauben, ohne hohe Verluste an Wählerstimmen zu riskieren. Da hilft es vermutlich auch wenig, Erziehung und Bildung zur Schaffung von *Akzeptanz* einzuspannen. Die Separierung von Restriktionen und Präferenzen ist offenbar nur im begrifflichen Rahmen problemlos zu denken, jedenfalls muß jede Institution, die den Versuch unternimmt, die Restriktionen zu steuern, mit Umgehungsstrategien und gegebenenfalls mit Bestrafung durch die Präferenzen rechnen.

Die Präferenzen werfen noch ein weiteres Problem auf, nämlich die Frage, wie man sie denn eigentlich ermitteln und im Rahmen der sozialwissenschaftlichen Forschung messen kann. Lüdemann (1993) kritisiert an der Diekmann/Preisendörfer-Studie, daß genau dies unterbleibe, nämlich die Erhebung der entscheidenden nutzentheoretischen Variablen: der subjektiven Kosten und Nutzen. Auf den ersten Blick erscheint es in der Tat nicht sonderlich schwierig, in einer Interviewerhebung explizit den erwarteten subjektiven Nutzen von Verhaltensweisen über Bewertungsskalen zu erheben. Man würde dann nicht einfach davon ausgehen, daß der Verzicht aufs Auto bei der Fahrt zur Arbeit mit hohen Verhaltenskosten verbunden sei, sondern man würde nach der subjektiven Einstufung der Verhaltenskosten fragen. Je mehr man in den Bereich des Gewohnheitsverhaltens kommt, desto wahrscheinlicher wäre es, daß die Befragten gar nicht ohne weiteres und ohne längeres Nachdenken den Nutzen benennen könnten, so wie es auch schwer zu beantworten sein dürfte, warum man beim Essen Messer und Gabel benutzt. In solchen Situationen wird das Problem der sozialen Erwünschtheit besonders virulent, d.h. der Befragte wird versuchen, sein nicht umweltgerechtes Verhalten unter Rückgriff auf allgemein anerkannte Faktoren und Motivlagen zu begründen. Dem Forscher wird schmerzlich bewußt, daß es keinen Beobachtungsplatz außerhalb der Gesellschaft gibt. Gerade bei dieser Fragestellung läßt sich nicht einfach vom sozialen Geschehen im Interview abstrahieren. Man setzt den Befragten in der Interviewer-Befragten-Interaktion unter Begründungs- und Bewertungszwang und schlußfolgert nachher, bei den zur Debatte stehenden Verhaltensweisen seien rationale Kalküle am Werke. Ein mehr als zweifelhaftes Vorgehen. Denn faktisch ist nichts weiter bewiesen, als daß der Befragte auf Aufforderung hin in der Lage ist, rational zu bewerten und zu argumentieren. Schon allein deshalb ist die direkte Erhebung von subjektiven Nutzenwerten und Wahrscheinlichkeiten von Handlungsfolgen nicht die ideale Vorgehensweise bei empirischen Erhebungen. Man kann sich vorstellen, daß es ein ausuferndes Unterfangen ist, alle möglichen Handlungsvarianten und alle Bewertungen von Handlungsfolgen zu erfragen (vgl. auch Diekmann/Preisendörfer 1993: 129ff.). Dies erweist sich schon beim Schachspiel, das als Bewertungs- und Entscheidungsmodell im Hintergrund steht, als äußerst schwierig. Trotz des im Vergleich zur Sozialwelt recht überschaubaren Schachbretts und trotz der klar definierten Regeln und objektiven Bewertungskriterien ist ein riesiger Rechenaufwand erforderlich. Da man schwerlich annehmen kann, daß rationales menschliches Handeln tatsächlich auf diese komplex-kalkulatorische Weise zustande kommt, spricht auch wenig für eine solch aufwendige Datenerhebung. Auch theoretische Argumente neuerer Rational-choice-Ansätze sprechen dagegen. So geht Simon etwa davon aus, daß das klassische Modell des Rationalverhaltens durch eines der „begrenzten Rationalität" zu ersetzen ist, da der menschliche Entscheider in einer Entscheidungssituation weder alle Handlungsalternativen verfügbar hat, noch alle Handlungsfolgen kennt, noch über ein konsistentes Präferenzsystem verfügt (vgl. Simon 1964 und 1993; auch Kirchgässner 1991: 17 und Weede 1989: 23). Weitere Modifikationen neuerer Rational-choice-Ansätze, die Einführung von „Frames" und „Habits", d.h. von Situationsdefinitionen und Bündeln von Handlungskonsequenzen (vgl. Esser 1991b: 60ff.), machen die Übersetzung und Operationalisierung in bezug auf Fragen des Umweltverhaltens keineswegs einfacher.

Auch einer auf Kosten-Nutzen-Kalküle abstellenden Theorie des Umweltverhaltens muß es allerdings erlaubt sein zu scheitern. Je weicher man die Präferenzen definiert und je indirekter man sie erfaßt, desto schwieriger wird dies jedoch. Woran könnte die ökonomische Theorie des Umweltverhaltens überhaupt scheitern?

Mindestens drei Falsifikationsgründe sind denkbar:

- zunächst, daß überhaupt kein Entscheidungsprozeß stattfindet;

- ferner, daß die Akteure keine rationalen Nutzenkalküle vornehmen, sondern andere – irrationale – Faktoren und der Zufall das Verhalten steuern;

- schließlich, daß zwar Entscheidungsprozesse stattfinden und Akteure den Nutzen von Verhaltensalternativen kalkulieren, sich aber keineswegs immer danach verhalten, sondern auch altruistisch und gemeinschaftsorientiert handeln.

Versuchen wir ein Resümee über den Erklärungswert von Kosten-Nutzen-Theorien für Umweltverhalten zu ziehen: Der Ansatz ist um so plausibler, je stärker auch tatsächlich ökonomische Aspekte und Motive bei einer bestimmten Verhaltensweise eine Rolle spielen. So ist es auch durchaus typisch, daß Diekmann/Preisendörfer ihre High-cost-/Low-cost-Theorie mit folgendem Beispiel zu plausibilisieren suchen: In ihrer Untersuchung fragten sie u.a.:

„Wenn Sie im Winter Ihre Wohnung für mehr als vier Stunden verlassen, drehen Sie da normalerweise die Heizung ab oder herunter?"

In München bejahten dies 69% der Befragten, in Bern nur 23% (vgl. Diekmann/Preisendörfer 1992: 246f.). Hinsichtlich des Umweltbewußtseins bestanden keine nennenswerten Unterschiede zwischen der Berner und der Münchner Stichprobe; was differierte, war jedoch die Art der Heizungsabrechnung in den beiden Städten. Während 81% der Münchner Haushalte nach persönlichem Verbrauch abrechneten, waren dies in Bern nur 39%. Dies scheint zweifelsohne die Trittbrettfahrerhypothese zu bestätigen. Das Beispiel hat zudem auch noch den Vorteil, daß sich an ihm der bedeutende Effekt von weitgehend schmerzlosen institutionellen Handlungen – hier Erlaß einer Vorschrift zur individuellen Heizkostenabrechnung in Mehrfamilienhäusern – demonstrieren läßt. Hierbei dürfte es sich aber eher um eine Ausnahme handeln. In der Regel handelt es sich bei den von Kosten-Nutzen-Theoretikern propagierten Anreizstrukturen in Wirklichkeit um Abstrafungsstrukturen: Die Wahrheit, die die Preise sagen sollen, ist nicht billiger, sondern teurer. Das Beispiel aus der Diekmann/Preisendörfer-Untersuchung zeigt deutlich den schwankenden Erklärungswert des Kosten-Nutzen-Ansatzes in Situationen, in denen eine direkte Kopplung von umweltrelevanter Verhaltensweise und finanziellen Kosten besteht. Je weiter man sich vom finanziellen Bereich entfernt oder dieser sogar mit negativem Vorzeichen versehen ist (eine Verhaltensvariante wird gewählt, obwohl sie viel teurer ist), desto kraftloser wird die Theorie.

N. Glance und B. Huberman haben im Rahmen ihrer Studien über die Dynamik sozialer Systeme für das sogenannte Schmarotzer-Dilemma, das in seiner Grundkonstellation dem oben beschriebenen Dilemma entspricht, eindrucksvoll aufgezeigt, daß das Gruppenverhalten *eigenen Dynamiken* unterliegt, die systematisch *nicht* aus individuellen Kalküls prognostizierbar sind (vgl. Glance/Huberman 1994).

Glance und Huberman gehen von folgendem Dilemma aus:

> *„Angenommen, Sie gehen mit Bekannten in ein gutes Restaurant; bezahlt werden soll zu gleichen Teilen. Was würden Sie bestellen? Nehmen Sie das Tellergericht oder den teuren Lammbraten samt Vor- und Nachspeisen? Hausmarke oder Cabernet Sauvignon 1983? Wenn Sie sich keinerlei Zwang antun, können Sie vielleicht ein exzellentes Abendessen fast geschenkt bekommen. Denkt so aber jeder in der Gruppe, gibt es für alle am Ende eine gepfefferte Rechnung."* (Ebd.: 36)

Verschiedene Experimente mit Testpersonen zeigten, daß kleine Gruppen eher zu freiwilliger Kooperation neigen als große und daß wiederholtes Durchspielen der Situation der Kooperation förderlich ist. Ebenso fördert Kommunikation das kooperative Verhalten. Glance und Huberman entwickeln eine von der Spieltheorie inspirierte mathematische Theorie des sozialen Dilemmas, derzufolge die Gruppengröße, die Erwartung der Gruppenmitglieder über die zeitliche Dauer ihres Verbleibs in der Gruppe und die ihnen zugängliche Menge an Informationen das kooperative Verhalten determinieren. Mit der Horizontweite, das sind die Erwartungen über den Verbleib in der Gruppe, wächst die Kooperationsbereitschaft. Andererseits sinkt sie mit der Gruppengröße: Ist diese sehr groß und unüberschaubar, kann der einzelne getrost davon ausgehen, daß sein Egoismus nicht auffällt und ihm daraus keine Nachteile erwachsen. Auch in diesem Fall hat die Horizontweite allerdings noch einen Effekt.

In Computersimulationen testen Glance und Huberman die Ausbreitung von Kooperation in homogenen und heterogenen Gruppen. Heterogen meint, daß die Teilnehmer mit individuell unterschiedlichen Kosten-Nutzen-Kalküls arbeiten. Hier zeigt sich als wichtigstes Ergebnis, daß sich Kooperation abrupt und in mehreren Etappen entwickelt. Jede Untergruppe vollzieht ihren Übergang von Egoismus zu Kooperation separat und steckt dann erst die nächste an.

Die Betrachtung solcher Dilemmata und das Nachspielen in Computersimulationen ist ganz aufschlußreich; gleichwohl sind die konstruierten Situationen natürlich in ihrer geringen Komplexität mit realen sozialen Situationen nicht vergleichbar. Was im einfachen Modell plausibel klingt und funktioniert, muß den „Komplexitätststest" erst noch bestehen.

Der Schwachpunkt des Kosten-Nutzen-Erklärungsansatzes liegt vor allem darin, daß die Frage der Herkunft der Präferenzen systematisch ausgeblendet wird und in der Theorie keinen Platz hat. Warum wollen wir über immer größere Autos mit immer mehr PS verfügen oder warum wollen wir in immer kürzerer Zeit irgendwohin kommen, wo wir immer kürzer bleiben wollen? Mit ökonomischen Verhaltensanreizen ist gegen die Entstehung von Wünschen und Leitbildern nur wenig auszurichten. Eine Umweltpolitik, die auf das Kosten-Nutzen-Theorem setzt, wird sich in den Kampf mit einer neunköpfigen Hydra begeben: Kaum ist es gelungen, durch Anreize das Verhalten in die richtige Richtung zu beeinflussen, schon stellt man erschrocken die Nebenwirkungen oder das Nachwachsen neuer Präferenzen fest. So ist es etwa der Deutschen Bahn AG gelungen, durch das 15-DM-Wochenendticket Tausende zu einem angeblich umweltgerechten Verhalten zu bewegen, nämlich zur Benutzung der Eisenbahn. Doch trotz überfüllter Züge konnte von leergefegten Straßen und Autobahnen keine Rede sein. Was man bewirkte, war eine Art Aktivierung von *Mobilitätsreserven* – nun machte es auch noch ökonomisch Sinn und wurde gefördert, sich zum Zwecke der Freizeitgestaltung weit weg vom eigenen Zuhause zu bewegen. Unter dem Strich dürfte die Ökobilanz dieser Maßnahme negativ sein: zusätzliche Mobilitätsbereitschaft ist geschaffen worden, in Tausende – die es sich vielleicht bisher nicht leisten konnten –, ist der Wunsch implementiert worden, das Wochenende fahrend (und damit auch energieverbrauchend) zu verbringen.

Ein soziologisches Erklärungsmuster: Lebensstile

Die westliche, hochindustrialisierte und konsumorientierte Welt müsse den von ihr gepflegten Lebensstil grundlegend ändern, so lautet eine der Forderungen, die in Anbetracht der diagnostizierten Umweltkatastrophen, der Naturzerstörung und des Ressourcenverschleißes allenthalben zu hören ist. „Umfassende Veränderungen im Lebensstil, verbunden mit der Abkehr vom Glauben an ein immerwährendes ökonomisches Wachstum werden unumgänglich, wenn wir die ökologischen Gefahren, denen wir heute gegenüberstehen, reduzieren wollen" (Giddens 1992: 221f.; Übers. dH/K). Gesucht und gepredigt wird ein umweltfreundlicher Lebensstil, den in aller Regel Erziehungsprozesse und staatliche Steuerungspolitik zu etablieren aufgerufen sind. Gegen den westlichen konsum- und stadtorientierten „lifestyle" wird eine einfache, naturverbundene Lebensweise gesetzt. Die Rede vom „Lebensstil" im Singular deutet an: Gemeint sind die in den Industriegesellschaften lebenden Personen, die allesamt einem spezifischen Produktions- und Konsummuster folgen – oder unterworfen sind: Hoher Energieeinsatz, hohe Mobilität, extensiver Flächenverbrauch, hohe Stoffdurchsätze, große Konsum- und Abfallquantitäten, hohe Schadstoffemissionen etc. kennzeichnen diese Wirtschafts- und Konsumtionsform. Diese Muster führen, so wird konstatiert, ins ökologische Desaster.

Gibt es aber unterhalb dieser allgemeinen Zuschreibung einen einheitlichen, westlichen Lebensstil? Die 75jährige Rentnerin, die sparsam zu leben immer schon geübt hat, wird womöglich nicht viel über Nitrat im Trinkwasser wissen, aber weniger Heizkosten haben, bei Aldi kaufen und kein Auto fahren, während der 35jährige alleine lebende Programmierer sich als Käufer von norwegischem Trinkwasser im Bioladen zeigt und dort aus sportlichen Gründen mit dem Rad vorfährt, im Winterurlaub mit einem kurzfristig geleasten Geländewagen die Hochalpen erobert und im Sommer gen Borneo zum Survivaltraining fliegt. Die Konsum- und Mobilitätsstile sind nicht kompatibel. Ein genaueres Hinsehen belehrt sehr schnell, daß es *den* Lebensstil, etwa in Form einheitlicher Wert- und Konsumorientierungen, gar nicht gibt. Die Lebensstilforschung der Sozialwissenschaften zeigt entsprechend: Wir sind mit zahlreichen Lebensstilen konfrontiert, wir müssen in diesem Feld mit Pluralität rechnen, um überhaupt etwas zu erkennen. Das hat zur Konsequenz, „den" Lebensstil auch gar nicht ändern zu können, weil er als uniformer Stil gar nicht aufzufinden ist.

Dabei hatten die Propagandisten eines alle Menschen einenden neuen, weniger konsumorientierten und mithin umweltfressenden Lebensstils lange große Hoffnungen in eine Wahrnehmung gesetzt, die mit R. Inglehart als Eintritt in den „Postmaterialismus" bezeichnet wird. Inglehart meinte, in den Pluralisierungen und Liberalisierungen in der Mittelklasse, der erhöhten materiellen

Ausstattung breiterer Bevölkerungsschichten, in den neuen sozialen Bewegungen, der zunehmenden Bedeutung von Generationsunterschieden und einigen anderen seit den 1960er Jahren zu verzeichnenden Phänomenen Faktoren eines Wertewandels identifizieren zu können. Vom Trend her würden sich die Menschen in den hochindustrialisierten Ländern weg von den materiellen Orientierungen hin zu immateriellen Orientierungen bewegen: Selbstverwirklichung durch Kulturgenuß, Beteiligung an Entscheidungsprozessen in der Arbeitswelt oder der Politik, Informiertheit würden für viele Personen zunehmend wichtiger als das noch größere Auto, die neue Wohnzimmereinrichtung, Kleidung nach der neusten Mode oder andere Güter eines aufwendigen Konsumstils (vgl. Inglehart 1977).

Weder in seinem prognostizierten Trend noch in seiner Schärfe erwies sich das Dual von materieller versus postmaterieller Orientierung als haltbar. Die Empirie belegt ein Ineinander der Wertorientierungen. Der Kreis jener, die sich eher im Sinne des Postmaterialismus orientieren, ist sehr klein geblieben – und schrumpft eher als zu wachsen (vgl. SINUS 1992). Dominant ist weiterhin jene Gruppe, die eindeutig konsumorientiert und mithin materialistisch denkt und handelt. Aber es ist auch ein neues Feld entstanden. Mischformen aus materiellen und postmateriellen Orientierungen nehmen zu, ohne daß sich darin ein Übergangsphänomen erkennen ließe, denn diese Mischtypen zeigen sich als stabil oder nehmen sogar zu (vgl. den Überblick bei Reusswig 1994). Anfang der 1990er Jahre gehörten schon mehr als die Hälfte der Bundesbürger gemischten Werttypen an. Konsum und Technik gelten – gerade unter Jugendlichen – als zunehmend und außerordentlich attraktiv (vgl. zu den jüngsten Daten: Institut für empirische Psychologie 1995: 87ff. und 124ff.). Gleichzeitig sind die Jugendlichen stark an Selbstentfaltung und allgemeinem gesellschaftlichen Engagement interessiert (ebd.: 66ff.) Wertepluralität heißt demnach: Man will das eine, ohne auf das andere zu verzichten. Mehr Konsum *und* mehr Selbstentfaltung, Partizipation *und* Hedonismus liegen im Trend. Wir treffen auf eine Pluralisierung der Wertemuster, auf gruppenspezifische Heterogenisierungen. Manche sehen ihre Selbstverwirklichung eher durch mehr Konsum als durch politisches Engagement realisiert, andere sehen bei Ernährungsfragen einen Lebenssinn in der Bescheidung auf die geringe Vielfalt des Bioladens, während sie gleichzeitig dieses Wertmuster der Bescheidung nicht auf den Kleidungsbereich ausgedehnt sehen möchten und mailändische Schuhe gerne mit Pariser Kostümen eine innige Verbindung eingehen lassen.

In den Kapiteln 4, 5 und 6 haben wir dargelegt, wie wenig korrelative Zusammenhänge sich zwischen den Umwelteinstellungen oder auch dem Umweltverhalten von Individuen auf der einen und ihrer Schichtzugehörigkeit, ihrem Bildungsstand und ihrer beruflichen Tätigkeit auf der anderen Seite finden lassen. Die klassischen soziodemographischen Parameter geben für die

Erklärung fehlenden oder stark ausgeprägten Umweltverhaltens wenig her. Das ist allerdings nicht ein allein im Feld der Umweltbewußtseinsforschung festzustellendes Phänomen. Auch in Hinblick auf andere Einstellungs- und Handlungsfelder lassen sich mit der Frage nach dem Beruf, dem Bildungsstand und dem Einkommen keine engen Zusammenhänge zwischen der Technikakzeptanz und dem Sozialen stiften (vgl. Tiebler 1992: 194ff.).

Es liegt nahe, daraus folgenden Schluß zu ziehen: Die Umwelteinstellungen und das Umweltverhalten sind so hochgradig individuiert, daß sich jegliche generalisierende Aussage verbietet, die diese Einstellungen und Verhaltensweisen als Funktion von anderen alltäglichen Einstellungen und Verhaltensweisen begreift. Dieser Schluß wäre jedoch voreilig. Denn, so wird man fragen müssen, wenn wir schon bezüglich des Umweltverhaltens zwischen verschiedenen Verhaltenssektoren unterscheiden, also disaggregieren, werden wir dieses Verfahren nicht auch bei den Einstellungen und Verhaltensweisen der Individuen anwenden müssen? Und zwar in weitaus umfänglicherem und gehaltvollerem Maße, als es die Disaggregation nach Berufsgruppenzugehörigkeit, Einkommen und Bildungsstand erlaubt?

Über das klassische Schichtmodell hinausführende Disaggregationen leisten Lebensstil-Konzepte. Sie sind selbst schon Ausdruck der Kritik an den traditionellen Mustern einer empirischen Sozialforschung, die sich auf Berufsgruppenzugehörigkeiten, Bildungsniveaus und Einkommen als entscheidende Daten für Verhaltenserwartungen von Individuen stützte (vgl. Zapf u.a. 1987). Denn mit dem Abbau der Bildungsbarrieren und der Bildungsexpansion seit den 1960er Jahren, mit der Pluralisierung von Lebensformen (Singlehaushalte, Alleinerziehende, Wohngemeinschaften etc.), der wachsenden Bedeutung des Wohlfahrtsstaates sowie dem Anstieg der Einkünfte des größten Teils der Bevölkerung lassen sich *Pluralisierungen, Individualisierungen* und – für unseren Zusammenhang von außerordentlicher Bedeutung – die *Entkoppelung* von objektivierbaren Lebenslagen sowie individuellen Selbstwahrnehmungen und Orientierungen verzeichnen. Soziale Ungleichheit, Differenzen in den Verhaltensweisen und Selbstwahrnehmungen von Individuen sind ohne diese drei Aufmerksamkeitsrichtungen der Beobachtung heute nicht mehr zu verstehen (vgl. Banning 1987: 17ff.; Lüdtke 1989: 81ff.; Berger/Hradil 1990: 15ff.; Reußwig 1994: 36ff.).

Lebensstilanalysen werden mit dem Anspruch verfolgt, die Vielfalt der sozialen Unterschiede in der Gesellschaft auf der Folie der drei genannten Aufmerksamkeitsrichtungen beschreiben zu können. Der Lebensstil im engeren Sinne wird nicht nur aus beobachtersprachlich faßbaren Daten gewonnen, wie etwa der Stilisierung einer Person durch ihr Freizeitverhalten, durch die Ausstattung der Wohnung, Kleidung etc., sondern auch durch subjektive Selbstzuschreibungen, also die sich in Lebenszielen und Wertvorstellungen ausdrückenden Orientierungen von Individuen. Es sind gerade diese symbolisch-expressiven Seiten und die subjektive Dimension der Lebensführung, von denen Lebensstilforscher behaupten, sie seien zu entscheidenden Faktoren für Einstellungen und Verhaltensweisen geworden. Lebensstile bezeichnen nach Lüdtke „die aktive, expressive und konsumtive Seite der sozialen Ungleichheit" (Lüdtke 1991: 3; vgl. Lüdtke 1992: 138). Moderne Lebensstilforschung hat sich dabei freilich nicht von der Berücksichtigung objektiver Lebenslagen getrennt. Das Geschlecht und Alter der Personen, ihre Schulbildung, materielle und andere Ressourcen, also die Sozialstruktur, in der sich das Individuum bewegt, werden zumindest als Sekundärvariablen ausgewertet, um zu klären, ob die identifizierten Lebensstile schichtspezifisch, altersabhängig oder geschlechtsspezifisch sind.

Wie eine Konzeptionierung und Operationalisierung von Lebensstilen aussieht, zeigt Abbildung 7-2 nach Spellerberg (1994: 5):

Die schattierte Tafel „Lebensstil" zeigt die beiden Dimensionen, nach denen die Lebensstilforschung fragt: Es sind dies einerseits die Werte und Einstellungen der Individuen, hier mit „Orientierungen" bezeichnet, und andererseits die Aktivitäten, die sichtbaren Verhaltensweisen und die Selbststilisierungen (z.B. durch das „Outfit") des Individuums. Dieses wird unter dem Terminus „Stilisierung" zusammengefaßt. Der mit „Operationalisierung" betitelte untere Kasten beinhaltet die Dimensionen, nach denen in der Forschung (hier in der

Abb. 7-2   **Operationalisierung von Lebensstilen**

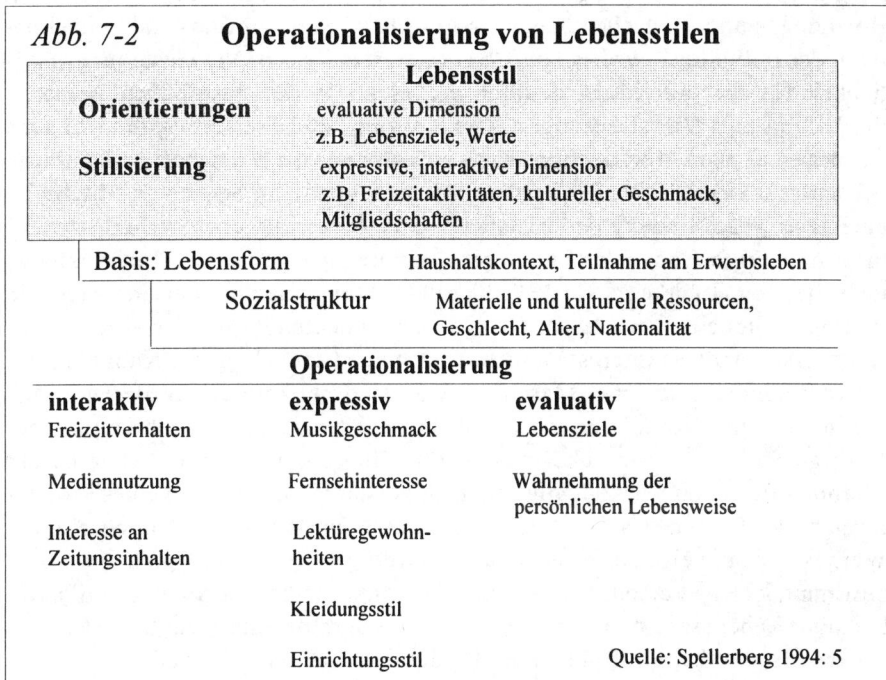

Lebensstil		
Orientierungen	evaluative Dimension z.B. Lebensziele, Werte	
Stilisierung	expressive, interaktive Dimension z.B. Freizeitaktivitäten, kultureller Geschmack, Mitgliedschaften	
Basis: Lebensform	Haushaltskontext, Teilnahme am Erwerbsleben	
Sozialstruktur	Materielle und kulturelle Ressourcen, Geschlecht, Alter, Nationalität	

Operationalisierung

interaktiv	**expressiv**	**evaluativ**
Freizeitverhalten	Musikgeschmack	Lebensziele
Mediennutzung	Fernsehinteresse	Wahrnehmung der persönlichen Lebensweise
Interesse an Zeitungsinhalten	Lektüregewohnheiten	
	Kleidungsstil	
	Einrichtungsstil	Quelle: Spellerberg 1994: 5

Rubrizierung von Spellerberg) die Fragen zur Erfassung von Lebensstilen ausgerichtet werden. Man unterscheidet einerseits die „interaktive" und die „expressive" Dimension als Ausdifferenzierung der Ebene der „Stilisierung". Andererseits wird die Ebene der „Orientierung" als „evaluative" Dimension bei der Operationalisierung der Lebensstilforschung ausgefüllt. Die Zahl der Variablen, mit denen in den einzelnen Dimensionen der Operationalisierung gearbeitet wird, ist in der Regel recht groß. In der von Spellerberg ausgewerteten Erhebung sind es 100.

Die „Lebensformen" und die „Sozialstruktur" werden in diesem Modell der Lebensstilforschung lediglich als „materielle und kulturelle Ressourcen" geführt. Das ist nur konsequent. Denn die Rede vom „Lebensstil" will ja gerade besagen: Die Werte, Aktivitäten, der Geschmack, die Konsummuster der Individuen sind von der Sozialstruktur und Lebensform tendenziell abgekoppelt. Bedürfnisse, Hoffnungen und Wünsche, die Überzeugungen von Personen sind – so die Grundannahme der Lebensstilforschung – bedeutender für die Sozialstruktur der Industriegesellschaft, als bisher gedacht. Oft gelten im Rahmen der Lebensstilorientierung in den Sozialwissenschaften Technologie und Wirtschaft, selbst die Politik nicht mehr als die entscheidenden Faktoren für die Sozialstruktur und ihren Wandel (vgl. Mitchell 1984).

Bedürfnisse (etwa der Zugehörigkeit zu einer Gruppe oder auch der Abgrenzung gegenüber anderen; vgl. zu dieser Funktion des Lebensstils Richter 1992), Hoffnungen und Wünsche können sich am ehesten im Konsum- und Freizeitbereich der Individuen ausdrücken, denn in diesem Feld ist die Gestaltungsmöglichkeit für die Individuen deutlich größer als in den beruflichen Sektoren Produktion und Dienstleistungen. Der Konsum- und Freizeitsektor wird zum „zentralen aktiven Mechanismus der Verflechtung von Wirtschaft und Kultur", behauptet Lüdtke (1991: 2). Denn es läßt sich – ganz im Sinne von Mitchell – eine neue „Rückbindung der wirtschaftlichen Steuerung und Produktentwicklung an übergreifende Wert- und Sinnstrukturen der kulturellen Entwicklung" identifizieren (Lüdtke 1991: 13f., hier: 14): Steigende Qualitätsansprüche an Waren, die hohe Bewertung des Designs, die Bedeutungszunahme von sozialen Netzwerken und das Interesse am Umweltschutz (Recycling, der Kauf abfallärmerer Produkte, sparsamer Maschinen u.ä.) sind Indikatoren für diesen Trend, der sich letztlich in der Lebensstilforschung selbst noch einmal abbildet: Immer mehr gehen Firmen dazu über, zur Markteinführung neuer Produkte oder zur Werbung für schon marktgängige Artikel, bei der Herausbildung eines Firmenimages, bei Fragen des Designs der Produkte und auch vor dem Start einer Werbekampagne eine Lebensstilanalyse anfertigen zu lassen. Durch diese wird bestimmt, welche Personenkreise man überhaupt ansprechen kann. Damit drücken aber Lebensstile nicht mehr bloß soziale und mentale Strukturen aus, die andernorts, nämlich im Bereich der Produktion und durch Werbung entstehen.

Vielmehr moderiert das Produktionssystem seine Aktivitäten zunehmend von den Zeichenstrukturen, den Mentalitäten und Vorlieben der Lebensstile her. Schon klassisch sind in diesem Feld die Studien des Heidelberger SINUS-Instituts, das sich seit 1979 mit Lebensstilen befaßt und sich inzwischen um Parfümwaren, Kleidung und Wohnungseinrichtungen als Konsumgüter in Relation zu differenten Lebensstilen gekümmert hat (vgl. SINUS 1992; 1993). Das SINUS-Institut spricht nicht von „Lebensstilen", sondern von „sozialen Milieus" und signalisiert damit einen Ansatz, der neben den Wertorientierungen, Lebenszielen und Stilisierungen auch den Haushaltskontext und andere Umwelteinwirkungen (auch sozioökonomischer Art) mit bedenkt. Wer sich in der Lebensauffassung und Lebensweise ähnelt, wird in diesem Modell zu einem Milieutyp zusammengefaßt. Für Westdeutschland wurden neun Milieus identifiziert. Sie sind in Abbildung 7-3 dargestellt.

Die sozialen Milieus sind nicht so rigide voneinander abgrenzbar, wie dies der Fall wäre, würde man nur nach dem Bildungsgrad und dem Beruf fragen. Es gibt immer Berührungspunkte und Überschneidungen, wie die Abbildung 7-3 verdeutlicht. Außerdem gilt: Je weiter oben die Milieus im Schaubild angesiedelt sind, desto höher sind der Bildungsstand, das Einkommen und der Berufsstatus der erfaßten Gruppe. Je weiter die Milieus zudem rechts im Schaubild angesiedelt sind, desto mehr neigen die Personen zu einer Haltung, die „Haben"

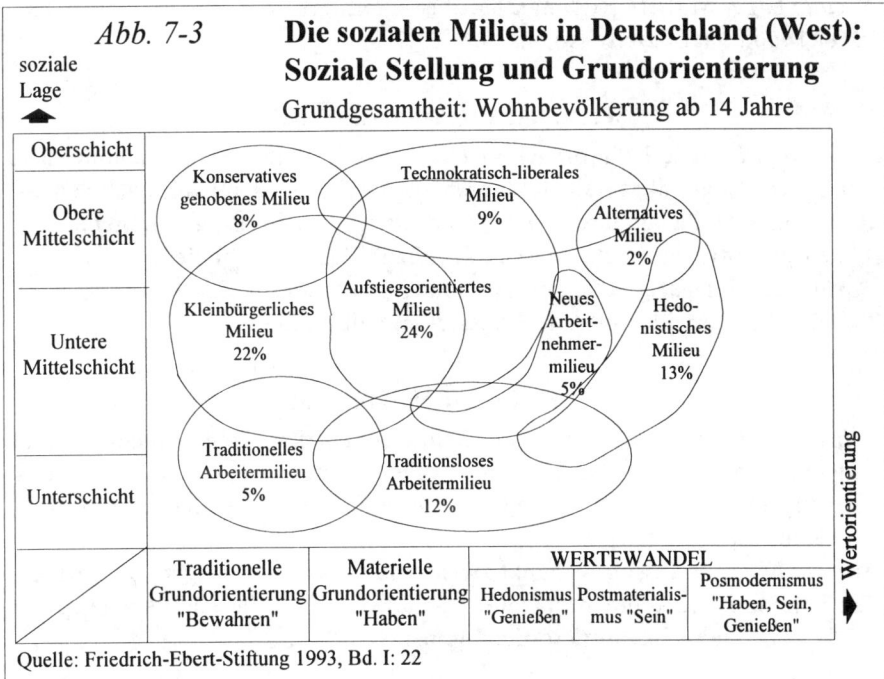

Abb. 7-3   Die sozialen Milieus in Deutschland (West): Soziale Stellung und Grundorientierung

soziale Lage

Grundgesamtheit: Wohnbevölkerung ab 14 Jahre

Oberschicht

Obere Mittelschicht

Untere Mittelschicht

Unterschicht

Konservatives gehobenes Milieu 8%

Technokratisch-liberales Milieu 9%

Alternatives Milieu 2%

Kleinbürgerliches Milieu 22%

Aufstiegsorientiertes Milieu 24%

Neues Arbeitnehmermilieu 5%

Hedonistisches Milieu 13%

Traditionelles Arbeitermilieu 5%

Traditionsloses Arbeitermilieu 12%

WERTEWANDEL

Traditionelle Grundorientierung „Bewahren"

Materielle Grundorientierung „Haben"

Hedonismus „Genießen"

Postmaterialismus „Sein"

Posmodernismus „Haben, Sein, Genießen"

Wertorientierung

Quelle: Friedrich-Ebert-Stiftung 1993, Bd. I: 22

und „Sein", also „Materialismus" und „Postmaterialismus" verbindet. Freilich zeigt die Darstellung nur eine Idealisierung. So gerät die Gruppe der „Alternativen" nur deshalb so weit nach oben, weil die diesem Milieu zugerechneten Personen eher über einen hohen Bildungsstand verfügen. Vom Einkommen her ist diese Positionierung nicht gerechtfertigt.

Um eine größere Anschaulichkeit zu gewinnen, seien hier vier der neun Milieus kurz beschrieben (vgl. SINUS 1992: 229ff.).

Kleinbürgerliches Milieu:

Lebensstil: Pflichterfüllung, Verzichtbereitschaft; materielle Sicherheit ist wichtig; in geordneten Verhältnissen leben; konventionelle, zeitlos gediegene Produkte werden bevorzugt

Soziale Lage: Überwiegend Hauptschulabschluß und Berufsausbildung, kleines bis mittleres Einkommen, viele Rentner

Aufstiegsorientiertes Milieu:

Lebensstil: Nicht unangenehm auffallen wollen; beruflich und sozial vorzeigbare Erfolge haben; Orientierung an den Standards gehobener Schichten; hohe Bedeutung von prestigeorientiertem Konsum

Soziale Lage: Mittlere Bildungsabschlüsse, mittlere Einkommen, viele Facharbeiter und qualifizierte Angestellte

Technokratisch-liberales Milieu:

Lebensstil: Neue Erfahrungen machen; Erfolg; Selbstverwirklichung; hoher Lebensstandard; gezielte Karriereplanung; starkes Bedürfnis nach Selbstdarstellung (Stilavantgarde und Trendsetting), spielerische Momente der Lebensbewältigung (nicht zu Tode schuften); das Leben genießen

Soziale Lage: Häufig hohe Formalbildung; hohes und höchstes Einkommen; Schüler, Studierende, leitende Angestellte, Selbständige

Hedonistisches Milieu:

Lebensstil: Freiheit, Ungebundenheit, Spontaneität; kein „Spießer" sein; radikaler Individualismus; das Leben genießen, intensiv leben; unkontrollierter Umgang mit Geld und spontaner Konsum; Freude am Leben, an Luxus und Konsum

Soziale Lage: Altersschwerpunkt zwischen 20- und 30-jährigen; oft geringe Formalbildung („Abbrecher"); viele Schüler und Studierende sowie „Jobber", meist kleine bis mittlere Einkommen

Die Forschungen des SINUS-Instituts ergeben eine gewisse Drift von der traditionellen Grundorientierung hin zu den Dimensionen des Wertewandels. Ebenso verzeichnen sie auch eine Drift zu den oberen Gruppensegmenten hin. So kann man auch sagen: Das technokratisch-liberale Milieu ist neben dem hedonistischen Trendsetter – während sich übrigens das alternative Milieu eher auflöst; die „Bürgerinitiativen- und Öko-Szene" reüssiert.

Auch Lüdtke, ein Pionier moderner Lebensstilforschung in Deutschland, rekurriert weiterhin auf den Strukturkontext von Alter, Geschlecht, ökonomischen Ressourcen etc. auf der einen, die Lebenspraxis, bestehend aus Medienkonsum, Freizeitaktivitäten etc. auf der anderen Seite, ergänzt dann diese um die subjektive Dimensionen Mentalität und Motivation. Sie sind auch bei ihm konstitutiv für den Lebensstil, den er definiert als „unverwechselbare Struktur und Form eines subjektiv sinnvollen, erprobten (d.h. zwangsläufig angeeigneten, habitualisierten oder bewährten) Kontextes der Lebensorganisation (mit den Komponenten: Ziele bzw. Motivationen, Symbole, Partner, Verhaltensmuster) eines privaten Haushalts (Alleinstehende/r, Wohngruppe, Familie), den dieser mit einem Kollektiv teilt und dessen Mitglieder deswegen einander als sozial ähnlich wahrnehmen und bewerten" (Lüdtke 1989: 40; i.O. z.T. hervorgehoben). Lebensstile geben dann das Muster für Interaktionen und ihre Bewertung ab. Sie haben nach innen, in Richtung der Gruppe und der in ihr verhafteten Individuen, den Charakter von Gewohnheiten oder auch Routinen. Aus der Gewohnheit heraus, einen Lebensstil zu pflegen, gewinnt das Individuum eine Stabilisierung seiner subjektiven Identität. „Was nach innen als Modell für Routine erscheint, hat nach außen eine *expressive* Bedeutung: die symbolisch-soziale Form der Darstellung der eigenen Privatsphäre, wenn nicht Individualität, gegenüber anderen mit der Erwartung von Bestätigung und Respekt, jeweils gemäß der Relevanz der ins Auge gefaßten Bezugsgruppe" (ebd.: 41).

Am weitesten vorangetrieben wurde dieser Ansatz in der Bundesrepublik von G. Schulze mit seinem Konzept der „Erlebnisgesellschaft" (1992). Nach Schulze nehmen spezifische Selektionsschemata in der sozialen Wahrnehmung an Bedeutung zu. Nach diesen Schemata orientieren sich die Individuen: Sie bilden das Fundament sozialer Ungleichheit. Neben zwei klassischen Selektionsdimensionen, dem Alter und der Bildung, führt Schulze als entscheidenden Aspekt die *alltagsästhetische Wahrnehmung* ein. Diese drei Dimensionen erlauben es ihm, die bundesrepublikanische Bevölkerung nach fünf Milieus auszudifferenzieren, die sich nicht – wie im klassischen Schichtmodell – nach einem Oben-Unten-Muster sortieren lassen, vielmehr ihren Erklärungswert in der Beschreibung von Distanz haben. Dazu als Beispiel ein Vergleich zwischen zwei der fünf von Schulze identifizierten Milieus: Das nach Selbstverwirklichung strebende Milieu ist gekennzeichnet durch mittlere oder hohe Bildung, unter 40 Jahre alt und mag Free Jazz, Schönberg, die Documenta, Spitzenküche, oder aber Michael Jackson, Disco und RTL. Das nach Harmonie strebende Milieu ist dagegen von niedriger Bildung gekennzeichnet, über 40 Jahre alt und mag das ZDF, die Lustigen Musikanten, Dorffeste und den Wienerwald. Schulze macht insgesamt bei den unter 40jährigen einen Trend zur „Erlebnisorientierung" aus: Selbstverwirklichung, ein spannendes Leben ist wichtiger geworden als eine Sach- und Statusorientierung. Ein Auto ist weniger ein Statussymbol als eine Erlebnismaschine. Das Erlebnismilieu ist gleichzeitig das Trendsetter-Milieu: Im Leben Spaß zu haben, sich selbst zu verwirklichen, wird der alten Maxime, „etwas werden" zu wollen, in der Tendenz vorgezogen.

1990 hat das Forschungsinstitut INFRATEST für den Verlag Gruner+Jahr die Lebensstile in der Bundesrepublik (ohne neue Länder) erhoben. Befragt wurden mehr als 5500 18-78jährige Bürger. INFRATEST differenzierte bei der Erfassung der Lebensstile zwischen „Lebenstüchtigkeit", „Lebenshygiene/Besinnlichkeit", „soziokulturelles Engagement" und „Erlebnisfreude/Wohlstand" als Merkmalsdimensionen (Dialoge 3: 261f.; 365f.). Auf dieser Grundlage sowie klassischer soziodemographischer Daten wurden sechs Lebensstil-Typen konstruiert und gemäß ihrem Anteil an der Gesamtbevölkerung quantifiziert (hier zitiert nach Reusswig 1994: 89f.). Die Daten zeigt die Tabelle 7-1.

Während die ersten vier Typen als modern gelten und als innovativ in Hinblick aufs Konsumverhalten, gelten die anderen Gruppen als traditionell. Interessant an der INFRATEST-Studie ist, daß aufgrund recht langfristiger Erhebungen (seit 1983) einige Trends ausgemacht werden konnten, die sich mit den in den von uns referierten Erhebungen zum Umweltbewußtsein recht gut vertragen. Nach INFRATEST läßt sich eine steigende Sensibilität für ökologische Fragen feststellen. Auch nimmt das Engagement für die Umwelt – speziell über den Wert „Gesundheit" – zu. Zudem wird ein wachsender Wertepluralismus wahrgenommen. Die modernen Lebensstiltypen tendieren zur Verbindung von Genuß (Hedonismus) und Selbstverwirklichung (Postmaterialismus). Die Studie von INFRATEST bestätigt in der Tendenz die Erhebungen des SINUS-Instituts: Hier wie dort ist die Verbindung von „Haben" und „Sein" als Trendsetter in der Werteorientierung identifiziert, und auch die vier von INFRATEST als innovativ ausgemachten Lebensstile lassen sich (allerdings nicht quantitativ) in der SINUS-Milieustudie auffinden.

Der Pluralismus der Lebensstile kann sich auch auf die Umwelteinstellungen und das Umweltverhalten niederschlagen. Mal eben am Samstagvormittag mit dem Geländewagen zum Glascontainer zu fahren, kann ebenso als Ausdruck von umweltbewußten Einstellungen verstanden werden wie der samstägliche Einkauf mit einer Sammlung von Tupperdosen in der Baumwolltasche, damit der Käse und die italienische Mortadella nicht ins Wachspapier eingeschlagen werden müssen.

Tab. 7-1   **Lebensstiltypen nach INFRATEST**

Lebensstil	Charakteristika	Anteil
Soziokulturell Engagierte	Feine Lebensart, starke Bildungs-, Kultur- u. Kunstinteressen; Sinnfrage/Selbsterfahrung wichtig; umweltbewußte und gesunde Lebensweise; politisches Interesse und Engagement	15 %
Lifestyle-Pioniere	Jüngeres, gebildetes Segment; starke Orientierung an Genuß und Lebensfreude, an modischen Trends, Luxus, Abwechslung; Kulturschickeria; vielfältige Freizeitaktivitäten, Reisen, wenig Kontemplation/Sinn; starke Aufstiegsorientierung	15 %
Sorglose Wohlstandskinder	Jung und gebildet, ohne materielle Not aufgewachsen; kosmopolitische Einstellung; Weiterbildung, Kreativität, Kultur; Unabhängigkeit von familiären Bindungen und Verpflichtungen, (noch) kein gesteigertes Interesse an Lifestyle-Attributen	13 %
Zaungäste	Relativ schlechte materielle Situation bei gleichzeitiger Orientierung nach oben ("sie können nicht so, wie sie möchten"); leichte Frustration, egoistische Grundeinstellung	12%
Familienzentrierte Tüchtige	Hoher Volksschulanteil, Stolz auf hart erarbeiteten Wohlstand und Leistungsorientierung; Familie als Lebensmittelpunkt, "EG-freundliche Nationalbewußte", oft einfacher und bescheidener Lebensstil, obwohl keine Armut; Sinnsuche und Weiterentwicklung durchaus ausgeprägt; praktische Orientierung, Gesundheits- und Umweltbewußtsein vorhanden und über Pflichtwerte internalisiert	22 %
Kleine Krauter	Relativ altes und wenig gebildetes Segment, "national-egoistisch", relativ hoher Frauenanteil, reduziertes, bescheidenes, genußfernes Leben, harte Arbeit, "müde", Familie sehr wichtig; Gesundheits- und Umweltorientierung nicht aus Einsicht in Probleme, sondern aus persönlichen Motiven (Sparen)	22 %

Quelle: Reusswig 1994: 89f.

Das alles legt eine Sicht nahe, die besagt: Lebensstile sind nicht als Oberflächenphänomene zu betrachten, wie es der Terminus „lifestyle" nahelegt. Lebensstile sind Ausdruck und „Anker" der psychischen Identität von Personen (Lüdtke 1995: 10ff.). Sie dienen der Selbst-Unterscheidung zwischen verschiedenen gesellschaftlichen Gruppen. Damit aber sind sie ebenso folgenreich für den Bezug zum Konsum, zur stofflichen Seite des Lebens also, wie zur sozialen und symbolischen Seite hin.

Der Pluralismus in den Lebensstilen hat für die Umwelteinstellungen und das Umweltverhalten recht ambivalente Konsequenzen. Denn diejenigen, die eher traditionelle materielle Werte vertreten und nach einem ungebundenen Leben streben, verstehen durchaus etwas anderes unter Umweltbewußtsein als jene, die eher modernen Werten den Vorzug geben. Eine repräsentative Meinungsumfrage zu den Lebensstilen in Österreich, in der nach den Einstellungen zu Arbeit, Wirtschaft, Erziehung, Religion, Familie etc., aber auch zur Umwelt gefragt wurde, ergab ein heterogenes Bild, wenn man aus den Einstellungen heraus Personencluster – also Mengen von Personen mit hochgradig ähnlichen Einstellungen – bildete (vgl. Richter 1990). Es zeigte sich eine sehr große Verbreitung von positiven Einstellungen zur Umwelt und ein ebenso weit verbreitetes Bewußtsein von den Umweltproblemen. Wesentlich ist, daß sich die positiven Einstellungen zum Umweltschutz nicht auf einzelne Lebensstile beschränken: die „alternativ orientierten" (11% der Bevölkerung), die „naturbesorgten Traditionalisten" (17%), aber auch, und sicherlich überraschend, die „traditionell orientierten" Personen (22%) zeigten sich von der Umweltsituation betroffen, waren besorgt und für mehr Engagement im Umweltschutz. Das ist immerhin rund die Hälfte der österreichischen Bevölkerung (ebd.: 13).

Weniger von diesen Umwelteinstellungen berührt waren dagegen die „leistungsorientierten Materialisten" (17%), die „zuversichtlichen Konformisten" (16%) und der „technokratische Mainstream" (17%). Letzterer zeichnet sich durch geringe positive, aber von 1985 bis 1990 doch intensivierte Umwelteinstellungen aus. Traditionelle Werte, wie die klassische Rollenverteilung zwischen den Geschlechtern, gelten im technokratischen Mainstream als unumstößliche Orientierungsgrößen. Die „leistungsorientierten Materialisten" wenden sich gegen die Dramatisierung von Umweltproblemen und konzentrieren sich lieber auf das, was sie ihre „Pflichten" nennen. Sie sind karrierebewußt und verfügen über ein gehobenes Einkommen wie über ein vergleichsweise hohes Bildungsniveau. Zudem ist es eine Lebensstilgruppe, in der Männer mittleren Alters dominieren. Noch mehr Distanz zur katastrophenverliebten Umweltdebatte zeigen die „zuversichtlichen Konformisten". Sie lehnen es ab, sich Sorgen um die Umwelt zu machen. Im Kontext ihrer großen Technikfreundlichkeit scheint ihnen noch jedes Umweltproblem bearbeitbar. Anders als der technokratische Mainstream sind sie im sozialen Bereich aber eher an partnerschaftlichen Beziehungen interessiert (ebd.: 13f.).

Schaut man sich die Gruppe der Umweltfreundlichen etwas näher an, so ist nach Richter bei den drei umweltfreundlicheren Lebensstilen wiederum nach drei differenten Mustern der Umwelteinstellungen zu unterscheiden (vgl. Tab. 7-2).

Tab. 7-2   **Lebensstile und Umwelteinstellungen in Österreich**

Traditionell Wertorientierte (22%) Naturbesorgte Traditionalisten (17%) Die Alternativen (11%)	stark ausgeprägte Pro-Umwelteinstellungen
Technokratischer Mainstream (17 %) Leistungsorientierte Materialisten (17 %) Zuversichtliche Konformisten (16 %)	wenig ausgeprägte Pro-Umwelteinstellungen

Quelle: nach Richter 1990: 13

Die „Alternativorientierten" zeigen in ihren Umwelteinstellungen vor allem eine Protesthaltung. „Die Gesellschaft ist repräsentiert durch Industrie und Staat. Umweltbewußtsein ist nur ein Wert unter vielen anderen, an dem sich Widerspruch zur traditionellen Ordnung artikuliert. Umweltbewußtsein ist im wesentlichen Mittel zum Zweck von Gesellschaftsveränderungen in allen möglichen Bereichen" (ebd.: 13). In dieser Gruppe werden die großen Umweltthemen, wie sie die Massenmedien verbreiten (Ozonloch z.B.), schnell aufgegriffen, aber eine kontinuierliche Orientierung an einzelnen Themen erfolgt kaum. Eher ist man empört darüber, daß auch die Gegner – nämlich die großen Industriekonzerne – nun den Umweltgedanken propagieren, indem sie ihn vermarkten. Die Alternativen kaufen zwar mehr phosphatfreie Waschmittel als der Durchschnitt der Bevölkerung, und sie kennen auch die einschlägigen Reinigungsprodukte kleinerer Firmen in signifikant höherem Maße, aber das bedeutet keinesfalls ein durchgängig umweltfreundliches Verhalten. Denn in dieser Gruppe gehören ebenso Hedonismus wie Mobilität und Selbstverwirklichung zu den zentralen Lebenseinstellungen: In der Freizeit das Haus zu verlassen ist ebenso üblich wie die schnelle Mahlzeit bei „McDonalds", statt ein belegtes Brot mitzunehmen. In diesem Verhalten gehen die Alternativen mit den leistungsorientierten Materialisten gänzlich konform. „Oft beschränkt sich dann Naturverbundenheit darauf, daß man mit dem ‚Mountain-Bike' in die Stadt fährt" (ebd.: 14). Die Gruppe der „traditionell Wertorientierten" rekrutiert sich stärker aus älteren Bürgern, insbesondere aus Frauen, und zeichnet sich durch einen „Entwicklungspessimismus" aus. Staat und Gesellschaft geraten in diesen Personenkreisen kaum in die Kritik, wohl aber eine forcierte Industrialisierung. Nicht der öffentliche Protest gegen die Umweltzerstörung wird hier zum Artikulationsmuster der Umwelteinstellungen, sondern eine eher stumme Verweigerung: Produkttreue und die Ablehnung massiver Werbung wie Verpackung schlagen sich im Kaufverhalten nieder. Die Umwelteinstellungen machen sich in dieser Gruppe nicht mehr an einzelnen Ereignissen (etwa dem Waldsterben) fest. Einzelereignisse sind den traditionell Wertorientierten nur ein Baustein in ihrem Wissen um die generelle Mißachtung „der" Natur durch „den" Menschen (ebd.).

„Naturbezogene Traditionalisten" generalisieren nicht in dem Maße wie traditionell wertorientierte Personen. Sie kennen sich in ihrem Umfeld exakt aus, achten auf den Schutz der Biotope in ihrer Umgebung und protestieren gegen Verschandelungen der Landschaft, gleichgültig, ob dies durch eine Industrieansiedlung zu geschehen droht oder einfach durch ein Zeltlager alternativer Gegner der Industrieansiedlung, das auf einer Wiese mit seltenen Pflanzen errichtet wird.

Wie weit man es mit einer Differenzierung nach Lebensstilen in Relation zu einem umweltrelevanten Konsumbereich derzeit bringt, zeigen die Untersuchungen von Prose/Wortmann (1991). Sie erhoben für die Stadtwerke in Kiel das Energieverhalten einzelner Haushalte der Stadt Kiel und identifizieren sieben „Haushaltstypen". Diese Typen werden aus drei gesondert erfragten Bereichen zusammengestellt: Prose und Wortmann fragen in sechzehn Items nach den Werthaltungen von Haushaltsvorständen, und sie differenzieren in einer Hauptkomponentenanalyse schließlich nach vier Faktoren oder Dimensionen: Erstens nach der Dimension des Materialismus, der sich in starkem Streben nach materieller Sicherheit ausdrückt. Zweitens identifizieren sie eine soziale, konservativ-verantwortungsbewußte Einstellung; drittens wird die Dimension „Postmaterialismus" mit dem Streben nach Selbstverwirklichung, Unabhängigkeit und Selbstverantwortung ausgemacht. Viertens schließlich identifizieren sie die Dimension „soziales Engagement".

Ferner erhoben sie mit einem umfänglichen Fragebogen von 46 Items verschiedene Facetten von Lebensstilen, aus denen schließlich 10 Lebensstiltypen herausgefiltert werden. Zudem wird mit 38 Items das Konsumverhalten erfaßt. Dies führt zur Identifikation von sechs Konsum-Faktoren (vgl. Prose/Wortmann 1991a: 45f.): Erstens dem umweltbewußten, aktiven Konsumverhalten mit

Informationssuche: hier werden diejenigen eingruppiert, die gezielt auf die Umweltverträglichkeit ihres Einkaufs achten und auch höhere Preise von Produkten in Kauf nehmen, wenn diese als umweltfreundlich gelten. Eine zweite Gruppe von umweltfreundlichen Konsumenten zeichnet sich durch den Kauf von Recycling-Schreib- und Toilettenpapier aus und präferiert biologisch angebautes Obst und Gemüse. Dagegen wird ein hoher Aufwand für umweltfreundlichen Konsum eher gescheut. Eine dritte Gruppe bilden diejenigen mit sparsamem Konsumverhalten: Hier wird nur gekauft, was wirklich benötigt wird. Preisbewußtes Konsumverhalten zeigt eine fünfte Gruppe, die sich gezielt Sonderangebote aussucht. Der Konsum-Faktor fünf weist eine starke Bereitschaft zum Konsum modernster Technologie aus. Schließlich läßt sich eine sechste Gruppe identifizieren, die hauptsächlich exklusiven, modebewußten Konsum pflegt. Aus den drei separaten Analysen zu den *Wertorientierungen*, *Lebensstilen* und dem *Konsumverhalten* wurden im Rahmen einer übergreifenden Clusteranalyse *sieben Haushaltstypen* identifiziert:

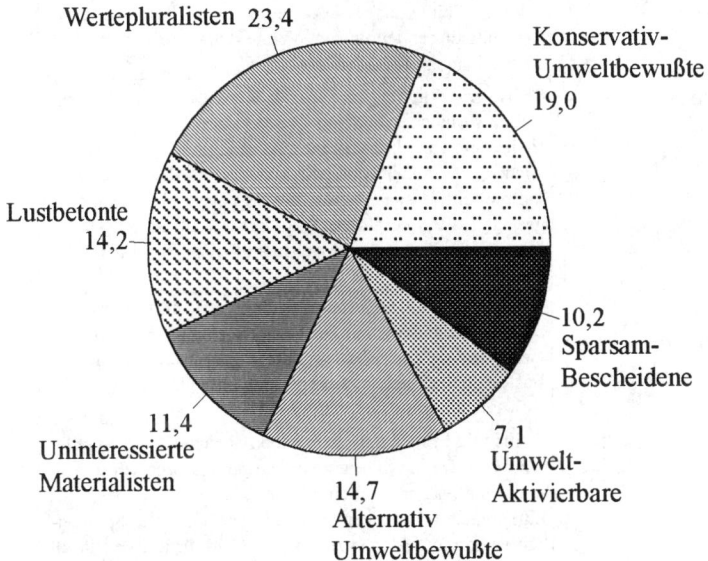

Abb. 7-4   **Die sieben Haushaltstypen**
gebildet aus Werteinstellung, Lebensstil und Konsumverhalten; Angaben in %

Wertepluralisten 23,4

Konservativ-Umweltbewußte 19,0

Lustbetonte 14,2

10,2 Sparsam-Bescheidene

11,4 Uninteressierte Materialisten

14,7 Alternativ Umweltbewußte

7,1 Umwelt-Aktivierbare

Quelle: Prose/Wortmann 1991

Tab. 7-3 **Charakterisierung der sieben Haushaltstypen**

Haushaltstyp	Charakteristika	Anteil
Die Sparsam-Bescheidenen	Harmonisches Familienleben/soziale Sicherheit wichtig; durchschnittliche, umweltfreundliche Einstellungen; kaum Freizeitaktivitäten; Sparsamkeit u. Konsumverzicht dominieren; kaum Recycling; umweltfreundliche Produkte dürfen nicht teurer sein	10,2 %
Die aufgeschlossenen Wertepluralisten	Hohe Bedeutung von materiellen Werten u. von Erfolg; Freiheit, Unabhängigkeit, Spaß haben u. ein aufregendes Leben sind wichtig; wettbewerbs- u. karriereorientiertes Leben; viel kulturelle u. sportliche Aktivitäten; gehobener Konsum m. hohen Ausgaben f. Reisen u- Unterhaltungselektronik; kaufen Obst u. Gemüse im Bioladen u. geben mehr f. umweltfreundliche Geräte aus; ordentliche Mülltrenner und Pfandflaschenkäufer	23,4 %
Die Lustbetonten	Freiheit, Unabhängigkeit, Wohlstand und geringe Verantwortung für künftige Generationen sind hier zentral; Gesellligkeit und Genuß prägen den Alltag; Neigung zu Spontankäufen; hohe Ausgaben für Reisen; umweltgerechtes Verhalten ist nur gering ausgeprägt	14,2 %
Die Konservativ-Umweltbewußten	Soziale Verantwortung und harmonisches Familienleben wichtig; sozial engagiert; Verantwortung für künftige Generationen; wirtschaftliches Wachstum von hoher Bedeutung; gesund leben, aber kein Sport; zweckmäßig, informiert und preisbewußt kaufen; umweltfreundliche Produkte dürfen teurer sein; Vermeidung von Verpackungen; Müllsortierer	19,0 %
Die Alternativ - Umweltbewußten	Selbstverwirklichung und soziale Verantwortung; Verantwortung für künftige Generationen; hohe Bedeutung von Umweltschutz;befriedigende Arbeit ist wichtiger als hoher Verdienst; künstlerisch tätig und kulturell interessiert; regelmäßiger Sport; viele Freunde; geringe Konsumorientierung; gezielter Kauf umweltfreundlicher Nahrung; umweltfreundliches Verhalten ohne höchste Stringenz	14,7 %
Die uninteressierten Materialisten	Wohlstand und Komfort sind wichtig; niedrigste Werte beim Umweltschutz und bei Verantwortung für künftige Generationen; das Leben verläuft in geordneten Bahnen; Basteln in der Freizeit; weniger umweltfreundlicher Konsum; Neigung zum Billigkauf	11,4 %
Die Umwelt-Aktivierbaren	Freiheit und Unabhängigkeit haben höchsten Wert; Wohlstand ist nicht so wichtig; kein überdurchschnittliches soziales Engagement; befriedigende Arbeit wird hohem Einkommen vorgezogen; man lebt gesund, macht Spontankäufe und gibt, wenn es reicht, viel Geld für Reisen aus; alltägliche Konsumprodukte werden umweltfreundlich gekauft	7,1 %

Quelle: Prose/Wortmann 1991a: 17 ff.

Die von Prose/Wortmann beschriebenen Ergebnisse bestätigen unserere Vermutung, es könne sich lohnen, hinsichtlich der Lebensstile, und nicht bloß hinsichtlich der Umweltverhaltenssektoren und klassischer Determinanten wie Geschlecht, Alter, Einkommen, Berufsstatus, Bildung und politische Orientierung zu disaggregieren. Denn das Energieverhalten zeigt einen engen Zusammenhang zu einzelnen Lebensstilen, kaum aber zu den Einstellungen, bei denen hohe Werte als hohes Umweltbewußtsein gedeutet werden: Es sind nämlich nach den Untersuchungen von Prose/Wortmann nicht in erster Linie die „Alternativen", sondern die „Konservativ-Umweltbewußten" und die aufgeschlossenen „Wertepluralisten", die am ehesten auf einen geringen Energieverbrauch achten. Am deutlichsten wird dies bezüglich des Gebrauchs des energiesparenden Schnellkochtopfes. Die aufgeschlossenen Wertepluralisten nutzen ihn am häufigsten, auch die Konservativ-Umweltbewußten, Alternativ-Umweltbewußten und Sparsam-Bescheidenen gebrauchen ihn, aber bei den Umwelt-Aktivierbaren kommt er kaum zum Einsatz.

Bei Prose/Wortmann lassen sich generell zwei größere Trends in der Verbindung zwischen umweltgerechtem Verhalten und Lebensstilen identifizieren: Auf der einen Seite gibt es die egalitär-alternativen oder auch alternativ-umweltbewußten, auf der anderen Seite eher hierarchisch-konservativ denkende Gruppen, die beide – aus unterschiedlichen Einstellungen heraus und mit unterschiedlichen Stilisierungsmustern – behaupten, sich umweltgerecht zu verhalten.

Schon die erwähnte INFRATEST-Studie hatte in diese Richtung gewiesen, und auch eine Studie von Lüdtke zu „Technik und Lebensstil" bestätigt diese Behauptung: „Ökopioniere" im Bereich von „Konsum und Technik" identifiziert er in einer Befragung von 386 Hessen eher in der Gruppe der kleinbürgerlichen, häuslichen, bescheidenen Personen als in mobilen, bildungs- und besitzbürgerlichen Gruppierungen (vgl. Lüdtke/Matthäi/Ulbrich-Herrmann 1994).

Leider hat die Studie von Prose/Wortmann auch einige Schwächen. So haben wir in den Texten keine Nennung der Stichprobengröße entdeckt. Außerdem bleibt unklar, was unter „Haushalt" verstanden wurde, denn erhoben wurden nur Daten von Einzelpersonen, die sich selbst als Haushaltsvorstände betrachteten. Aber ist es nicht möglich – und sogar wahrscheinlich –, daß die Wertvorstellungen und Selbststilisierungen zwischen dem autofahrenden 50jährigen gerade entlassenen Arbeiter eines Chemiekonzerns und seiner 23jährigen zu Hause lebenden, studierenden Tochter ganz unterschiedlich ausfallen? Indikator dafür können einige von Gensicke berichtete Daten sein: Demnach lag die Quote der Hedonisten unter den 18-30jährigen in der westdeutschen Bevölkerung laut repräsentativer Umfrage 1990 bei 49%, in der Gesamtbevölkerung aber „nur" bei 32% (vgl. Gensicke 1994: 25)[1]. Schließlich vermissen wir bei Prose/Wortmann, deren Studie letztlich eine Verbraucheranalyse für die Kieler

Elektrizitätswerke war, Angaben zum tatsächlichen Umweltverhalten der Befragten. Es wäre sicherlich möglich gewesen, den tatsächlichen Energieverbrauch der Haushalte zu ermitteln. Er wurde auch im Interview nicht erfragt. So
bleibt vieles vage.

Bei aller Kritik spiegeln Prose/Wortmanns Analysen doch die Ergebnisse
anderer Studien wider: Reusswig berichtet von der datenmäßig umfangreichsten
lebensstilorientierten Marketing-Forschung „Eurostyles", die europaweit bei
der Überprüfung von Korrelationen zwischen Umweltbewußtsein auf der einen
und dem Alter, der Bildung und dem Lebensstil auf der anderen Seite den
Lebensstil als den entscheidenden Einflußfaktor auf das Umweltbewußtsein
ausmachte (Reusswig 1994: 118). Damit erweist sich der Rekurs auf den
Lebensstil als ein wichtiger Faktor für die Sondierung von Verbindungen
zwischen den Lebensformen und Sozialstrukturen, dem Individuellen und den
Umwelteinstellungen sowie dem umweltgerechten Verhalten.

Es scheint nicht nur sinnvoll, sondern auch notwendig zu sein, die verschiedenen Sektoren der Alltagsökologie (Heizen; Einkaufen; Nutzung von Verkehrsmitteln etc.) mit den Lebensstilen der Akteure in Verbindung zu setzen,
um präzisere Aussagen zum Zusammenhang zwischen Umweltverhalten und
den kulturellen Gruppierungen zu bekommen, als dies derzeit der Fall ist. Daß
dieser Weg gangbar sein dürfte, findet indirekt auch durch die eher reservierte
Diskussion der Leistungsfähigkeit von Lebensstilforschung von M. Diewald
(1990) eine Bestätigung. Er kommt zu dem Schluß, die Lebensstilforschung sei
immer dort ein fruchtbarer Ansatz, wo die demonstrativen Stilisierungen des
Lebens, die Erscheinungsformen der Lebensführung, der subjektiv gemeinte
Sinn von Verhaltensweisen und die Wichtigkeit von Werten, Verhalten und
Besitz erfaßt werden sollen. Und innerhalb dieses Komplexes ist es insbesondere der Konsum, dessen Bedeutung die Lebensstilforschung sehr gut erfassen
kann.

---

1   Die Divergenzen in den quantitativen Größen der Lebensstiltypen – etwa bei den
     Hedonisten –, dürfen nicht weiter irritieren. Wenn die SINUS-Studie deren Quote mit
     13% veranschlagt, Gensicke aber von einer bei 32% liegenden Quote berichtet, so ist
     dies nicht nur dem Erfindungsreichtum in der Clusterbildung – und wohl auch den
     Namensgebungen – in den Studien geschuldet, sondern sicherlich auch in der vielbe-
     klagten unterschiedlichen Zusammensetzung von Fragen und Operationalisierungsmu-
     stern in der Lebensstilforschung geschuldet. Darüber hinaus ist aber zu betonen, daß
     die Lebensstile dichter beieinander liegen, als die Typenbildungen sichtbar machen.
     Das läßt sich zum Beispiel an der Studie von Prose/Wortmann ablesen: Die Mittelwerte
     bezüglich der einzelnen Frage-Items zu den Lebensstilen weichen bei ihnen (mit
     Ausnahme der Fragen zur Sportlichkeit) auf einer fünfgradigen Skala in keinem Fall
     um mehr als einen Grad voneinander ab (vgl. Prose/Wortmann 1993b: 44).

Das alles aber ist von tragender Relevanz für die Erklärung des Umweltverhaltens und der Umwelteinstellungen. Es macht uns etwa deutlich: Es gibt ein umweltgerechtes Verhalten ohne entsprechende positive Umwelteinstellungen. Die aufgeschlossenen Wertepluralisten kaufen nur Pfandflaschen, weil das praktizierter Umweltschutz ist; die sparsam-bescheidene Rentnerin hat in der Pfandflasche das billigste Produkt entdeckt; der Konservativ-Umweltbewußte sieht im Kauf von Pfandflaschen einen Beitrag für geordnete Verhältnisse, und die Umwelt-Aktivierbare kauft ein Tetrapak-Getränk, weil sie in ihrer Lebensmittelkette ansonsten nur Einwegflaschen mit grünem Punkt findet, diese aber dezidiert für umweltfeindlich hält. Doch fällt nicht alles auseinander: Wenigstens auf der Ebene der Lebensstile scheinen sich Konservative und Alternative durchaus im Engagement für die Umwelt einig zu sein. Ein Indikator für die Machbarkeit schwarz-grüner Koalitionen? Vielleicht. Nach einem Wort des Focus-Herausgebers Markworth wird die schwarz-grüne Koalition im Alltagsleben bereits praktiziert: In manchen Familie läßt sich der hart arbeitende Mann, der CDU wählt, finden, während seine Frau es aus Überzeugung vorzieht, den Grünen ihre Stimme zu geben.

Ein psychologisches Erklärungsmuster: Wohlbefinden

Auf der Suche nach lebensweltlichen Phänomenen und mentalen Dimensionen, die mehr erklären als die bisherige Forschung zu den Umwelteinstellungen, sind wir unweigerlich auf die Theorien und Forschungen zum Wohlbefinden, zur Zufriedenheit und zum Glück gestoßen (vgl. im Überblick: Abele/Becker 1991; Keul 1995). Sich mit Fragen des Wohlbefindens zu befassen, liegt auf der Hand. Denn auf der Seite des Empfindens und Fühlens wird man mit einem Vorurteilskomplex (auch hier wie im folgenden im Gadamerschen Sinne verstanden) von Erwartungen, Hoffnungen und Wünschen konfrontiert, der ein Stück mehr plausibel machen kann, warum ein bestimmtes Ansinnen an das Umweltverhalten bei manchen Menschen auf Resonanz stößt, bei anderen aber nicht.

In unserer eigenen, in Hinblick auf die Frage nach dem Wohlbefinden nur Hinweise sammelnden Studie (vgl. de Haan/Kuckartz 1995 und Kap. 8 in diesem Band) haben wir einige Fingerzeige bekommen. Stellt man die Frage, warum Individuen bestimmte Präferenzen bilden, etwa indem sie im Winter Treibhaussalat kaufen, so wird dieses mitgeteilte Kaufverhalten in erster Linie durch Wohlbefindensargumente abgesichert. Wie auch (bei der von uns befragten Gruppe aus dem studentischen Milieu) gedämpftes Licht nicht primär aus Sparsamkeitsgründen oder gar aus dem Umweltengagement heraus hellen Räumen vorgezogen wurde, sondern aus Gründen der Gemütlichkeit.

Was können nun die Theorien und die Forschungen zum Wohlbefinden zur Aufklärung des Komplexes der Umwelteinstellungen und des Umweltverhaltens beitragen? Wir werden uns zunächst den Modellen und Differenzierungen der Wohlbefindensforschung ein wenig zuwenden, dann einige Indikatoren für die Plausibilität dieses Ansatzes im Rahmen der Umweltbewußtseinsforschung sammeln, schließlich an einem Exempel zeigen, was dieser Ansatz – allein schon im Rahmen des Vergleichs von vorliegenden Erhebungsergebnissen – zur Aufklärung von Umwelteinstellungen beizutragen vermag. Schließlich werden wir einen Ausblick darauf wagen, wo die Attraktion der Wohlbefindensforschung für eine künftige Umweltbewußtseinsforschung liegen könnte.

Glücklich sein, zufrieden sein, sich wohlfühlen, gesund sein, Lebensqualität verspüren – die Wohlbefindensforschung tut sich schwer, eine exakte begriffliche Trennung zu vollziehen. In jedem Fall aber handelt es sich um eine umfassende, subjektive Kategorie menschlicher Existenz. Das Problem der Diffusität teilt sie mit der Lebensstilforschung ebenso wie das Dilemma, mit zahlreichen, oft sehr verschiedenartigen Instrumenten zu operieren (vgl. Mayring 1991). Es hat sich jedoch eingebürgert, wenigstens vier Dimensionen des Wohlbefindens zu unterscheiden: Psychisches wird von physischem Wohlbefinden ebenso analytisch getrennt wie *aktuelles* von *habituellem Wohlbefinden* (vgl. Becker 1991). Anforderungen von außen, Selbstansprüche, Gestaltungsmöglichkeiten von Situationen, Alltag und Lebensplanung, ferner die Bewertung der eigenen körperlichen wie psychischen Verfaßtheit sind für das Wohlbefinden konstitutiv. Hinzu kommt – das deutet sich in der Differenz zwischen habituellem und aktuellem Wohlbefinden schon an – eine zeitliche wie situative Dimension, die bestimmt, ob man sich zufrieden gibt – oder eher unzufrieden ist. Man sieht: Das Konzept des Wohlbefindens erfährt seine Stärke daraus, eine Person-Umwelt-Theorie zu sein, die subjektzentriert operiert, also die subjektive Wahrnehmung der Person in den Mittelpunkt der Analysen stellt. Das heißt in der Umkehrung: Selten nur wird man die Auffassung finden, Wohlbefinden ließe sich nach objektiven Maßstäben messen (vgl. Dann 1991) – etwa indem man im Reichtum ein Kriterium dafür festzulegen versucht, daß es denen, die mehr haben, besser gehen müsse als der BAFöG-Empfängerin im Studentenwohnheim. Schließlich macht Geld, so weiß es der Volksmund, nicht generell glücklich. Und die Wohlbefindensforschung bestätigt zudem: Die meisten überschätzen die Bedeutung eines höheren Einkommens für das Wohlbefinden (vgl. Tatarkiewicz 1984). Damit sind wir schon im Kern unserer Thematik. Denn wie die Forschungen zu den Umwelteinstellungen die subjektiven, mitgeteilten Urteile, Erfahrungen, Wertvorstellungen und Handlungsabsichten von Personen zu erheben versuchen, so bemüht sich auch die Wohlbefindensforschung in Hinblick auf den Umgang mit der Außen- wie der „Innenwelt" um eben diese

Dimensionen. Wie ein Strukturmodell des Wohlbefindens aussehen kann, zeigt die Abbildung 7-5 nach Becker (1991: 14).

Das Schema zeigt sehr deutlich eine Differenz in den Zuschreibungen zwischen der habituellen und der aktuellen Struktur des Wohlbefindens: Auf der aktuellen Seite werden Freude, intensive Glücksgefühle, Begeisterung, Erregung, Lust und Fitneß verbucht, auf der habituellen Seite eher Stimmungen und Zufriedenheit, Freiheit von Belastungen gebündelt (vgl. ebd.: 13ff.; Mayring 1991: 52f.). Das hat etwas mit Intensitäten zu tun – und läßt sogleich für die Forschung zum bekundeten Umweltverhalten die Frage aufkommen, ob dieses Verhalten im Feld des aktuellen Wohlbefindens überhaupt resonanzfähig ist. Begeisterung beim Drosseln der Heizung, Glücksgefühle beim Benutzen öffentlicher Personennahverkehrsmittel, Erregung beim verpackungsfreien Einkauf, Lustgefühle bei der Entsorgung von Altpapier in die Wertstofftonne? Denkt man an den Kanon der Fragen, die in der Sozialforschung auf die Sondierung umweltgerechten Verhaltens zielen, ist es eher unwahrscheinlich, mit derartigen Verhaltenssentenzen in die Gefühlswelt aktuellen Wohlbefindens eintauchen zu können. Das aber verweist für die Anschlußfähigkeit umweltgerechten Verhaltens primär auf das habituelle Wohlbefinden.

Auffällig an den Modellen zur Forschung über das Wohlbefinden (vgl. als Synopse zu den Erhebungsinstrumenten: Mayring 1991) ist, daß die Konzepte

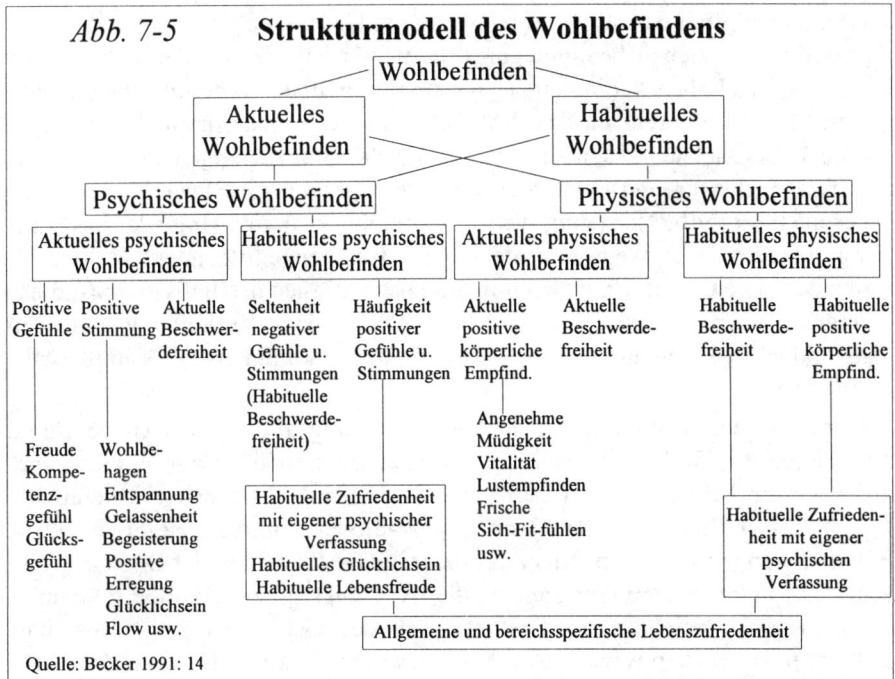

Abb. 7-5   **Strukturmodell des Wohlbefindens**

Quelle: Becker 1991: 14

einen ähnlichen Weg der Disaggregation und Differenzierung gegangen sind wie die Forschung zu den Umwelteinstellungen und zum verbalisierten Umweltverhalten auch: Von eindimensionalen Ansätzen über zweidimensionale Modelle ist man zu drei- und höherdimensionalen Konzepten übergegangen. Zweidimensionale Modelle operieren etwa mit der Grundthese, Menschen fühlten sich am wohlsten, wenn sie über einen längeren Zeitraum in der Hauptsache positive Gefühlszustände gehabt hätten und kaum mit negativen Gefühlen belastet worden seien. Diese positive Grundstimmung wiederum kann dann, gleichsam als „rosa Brille", negative Erfahrungen in einem nicht so trüben Licht erscheinen lassen, wie dies der Fall wäre, wenn eine negative Grundstimmung schon in der Person um sich gegriffen hätte. Habituelles Wohlbefinden ist dann zu verstehen „als Bilanz aus aggregierten positiven und negativen Gefühlszuständen" (Becker 1991: 16).

Mehrdimensionale Modelle dagegen differenzieren mindestens zwischen physischem, psychischem und sozialem Wohlbefinden. Unterhalb dieser Dreiteilung wird dann weiter unterschieden: etwa in der sozialen Dimension nach Aspekten des „Sich-gebraucht"- und „Sich-geliebt"-Fühlens. Theorien, die habituelles Wohlbefinden genauer erklären sollen, werden dann nach umwelt- und passungstheoretischen Ansätzen unterschieden (vgl. Becker 1991: 19ff.). Für unseren Kontext ist insbesondere der umwelttheoretische Ansatz von weiterem Interesse, denn die Forschungen in diesem Feld besagen, es sei mehr Varianz bezüglich des Wohlbefindens aufzuklären, wenn man die subjektive Perzeption der Lebensbedingungen erfragt, als bei Versuchen, sich auf die objektivierten Lebensbedingungen zu kaprizieren. In der Rangreihe der relevantesten Umweltfaktoren für das Wohlbefinden steht wiederum nicht der allgemeine Lebensstandard, sondern stehen die Sozialbeziehungen (also Partnerschaft, Familie, Freundschaften etc.) an der Spitze (vgl. Glatzer/Zapf 1984). Aber auch hier gilt: Nur dann, wenn zwischen Person und Umwelt eine „Passung" hergestellt ist, wenn also die äußeren Rahmenbedingungen, Wohlbefinden zu erlangen, konform gehen mit den Dispositionen des Individuums, diese „Chance" auch zu ergreifen, wird es auch zu einer Verbindung zwischen Umweltbedingungen und personalen Bedingungen kommen (vgl. Tatarkiewicz 1984: 186).

Ohne auf das Wohlbefinden in ihrer Forschung abgestellt zu haben, sind Bamberg/Schmidt diesem Phänomen in einer Untersuchung zur Nutzung spezifischer Verkehrsmittel auf der Spur. Sie befragten Gießener Studierende (N=188) nach ihrer Absicht, mit dem Fahrrad oder dem Auto zu universitären Veranstaltungen zu fahren. Nicht das theoretische Konstrukt der Erhebung und Auswertung interessiert hier, sondern die "Nutzungsfolgen" (Bamberg/Schmidt o.J.), die von den Studierenden bezüglich des Gebrauchs des Autos bzw. Fahrrades angegeben werden. Auf einer bipolaren Ratingskala (von -3 bis +3) sollen die Befragten neun Nutzungsattribute gewichten. Das Ergebnis (Tabelle 7-5) überrascht kaum. Die Nutzung des Autos gilt als besonders komfortabel, flexibel und geschützt vor Kriminalität. Das Fahrrad dagegen gilt als sehr preisgünstig und ökologisch (vgl. ebd.: 9). Außer den letztgenannten Folgen verbinden die Befragten mit der Nutzung des Autos durchgehend mehr Zufriedenheit als mit der Nutzung des Rades. Mit dem Auto zu fahren gilt als schneller, sicherer, streßfreier – und man ist pünktlicher als mit dem Fahrrad (zumindest wird das für Gießen so gesehen).

Die von Bamberg/Schmidt für das Automobil ermittelten Nutzungsattribute lassen sich allesamt dem Feld habituellen Wohlbefindens zuordnen, das nach Mayring (1991: 53) fundamental durch die Kategorien „Belastungsfreiheit" und „Zufriedenheit" definiert ist: Sicherheit, Streßfreiheit, vor Kriminalität geschützt sein, Schnelligkeit und Flexibilität, selbst das Attribut „Pünktlichkeit" wird man als Indikatoren von Belastungsfreiheit werten müssen, während der Komfort der Nutzung des Autos auf Zufriedenheit verweist. Alle Attribute verweisen zudem unmittelbar auf die situative Nutzung, während die Attribute „ökologisch" und „preisgünstig" in die situative Nutzung nur mittelbar einfließen. Man kann also aus der Studie von Bamberg/Schmidt herauslesen, daß die Option für das Auto sich stärker mit habituellem Wohlbefinden verbindet als die Option fürs Fahrrad.

Tab. 7-4   **Nutzungsfolgen für das Auto und das Fahrrad**
N=188 (davon ca. 64% Autonutzer am Befragungstag)

Zutreffenswahrscheinlichkeit der Attribute

	Auto			Rad		
	M	Md	S	M	Md	S
flexibel	1.6	2	1.8	0.7	1	2.1
schnell	1.4	2	2.0	-0.5	-1	2.3
pünktlich	1.0	2	2.0	0.1	0	2.1
sicher	-0.5	0	1.7	-1.6	-2	1.4
geschützt vor Krimi.	1.6	2	1.6	-1.6	-2	1.5
preisgünstig	-0.0	0	2.3	2.2	3	1.8
streßfrei	-0.6	0	1.8	-0.8	-1	1.9
ökologisch	-1.8	-2	1.6	2.7	3	1.1
komfortabel	1.9	3	1.6	-1.5	-2	1.7

Skala von -3 bis +3   M=arithmetisches Mittel; Md=Median; S=Standardabweichung

Quelle: Bamberg/Schmidt o.J.: 9

Habituelles Wohlbefinden aber ist Ausdruck aggregierter emotionaler Erfahrungen, die eine relativ hohe Stabilität aufweisen und sich auch nicht ohne weiteres durch situatives Unwohlsein (beim Autofahren etwa durch das Stehen im Stau) enttäuschen lassen (vgl. Schwarz 1987). Wenn aber kein enger Zusammenhang zwischen aktuellem Wohlbefinden und habituellem Wohlbefinden nachweisbar ist, dann ist auch nicht zu vermuten, daß sich ein Gefühl des Glücks aufgrund der Ergriffenheit durch die als schön oder erhaben empfundene Natur umsetzen kann in ein auf Dauer gestelltes Bedürfnis, die Natur im Umfeld des eigenen Alltags zu schützen, zu hegen und zu pflegen. Einen Pflege- und Hegeeffekt unterstellen aber zahlreiche Pädagogen, wenn sie meinen, die unmittelbare Naturbegegnung von Kindern wie Erwachsenen führe zu einem verstärkten Engagement für die Natur (vgl. dazu die reflektierte Arbeit von Maaßen 1994).

Nimmt man noch hinzu, daß die Individuen eine starke Neigung entwickeln, sich gegenüber Umweltreizen dann abzuschirmen, wenn sie sich „unlustbetont, nichterregt und unterworfen" fühlen (Fischer 1991: 246), dann ist leicht einzusehen, daß mit einem „Annäherungsverhalten" (Fischer) ans Radfahren in Anbetracht der geäußerten Attribuierungen kaum zu rechnen ist. Die Konsequenz liegt auf der Hand: Erstens müßten es andere als diese Wohlbefindensgründe sein, wenn im Alltag ein Umstieg vom Auto aufs Rad bewirkt werden soll. Zweitens macht die Erhebung deutlich, warum das Autofahren sich als sehr resistent gegenüber Reduktionsansinnen erweist: Fahrradfahren ist keine Alternative, denn es gilt als unbequem und gefährlich.

Verlassen wir die Ebene der bekundeten Verhaltensweisen und wenden wir uns den Umwelteinstellungen im allgemeinen zu, so stehen wir vor einer weiteren Einsicht, die uns durch die Brille der Wohlbefindensforschung vor Augen geführt wird: Wenn es stimmt, daß wir in Befragungen zu den Umwelteinstellungen mit vielen Antworten rechnen müssen, in denen die Interviewten eher im Sinne der sozialen Erwünschtheit sprechen, als ihre Alltagseinstellungen kundzugeben, so müssen wir auch damit rechnen, daß schon die *Frage* nach den Umwelteinstellungen wenig Wohlbefinden auslöst. Denn die Einstellungsfragen zielen auf Betroffenheit, Ängste, Vorstellungen von einer umweltgerechteren Welt, die mit Empörungen über den aktuellen Zustand einhergehen. Die Umwelteinstellungen provozieren mithin weitaus eher Mißbefinden als Wohlbefinden. Unzufriedenheit aber ist ein Motor für Veränderungen. Ihre Dauer verhält sich zur Zufriedenheit asymmetrisch. Während sich Zufriedenheit schnell verflüchtigt, kann Unzufriedenheit sich zur langanhaltenden Stimmung verfestigen. Sie ist ein entscheidender Faktor, der zu Veränderungswünschen und entsprechendem Handeln führt.

„Schmerz", so schreibt Becker, „bietet nicht selten den Anlaß zu einer Neuorientierung des Verhaltens sowie der zugrundeliegenden Ziele, Werte, Strategien und Lebensstile" (Becker 1991: 43). Nur handelt es sich bei den meisten der Schmerz induzierenden Umweltzustände um solche, die sich nur im ferninduzierten Unwohlsein ausdrücken. Weitergedacht, wird man sich die Effizienz von Bewältigungsstrategien von Problemsituationen anschauen müssen, um zu sehen, wo – und unter welchen Bedingungen – sie zum Wohlbefinden führen. Zwar bestätigen eine Reihe von Untersuchungen, daß eine aktive, problemorientierte Bewältigung von schwierigen Situationen am ehesten zum Wohlbefinden führt. Doch gilt dies vorrangig für den sozialen, familiären Bereich. Eine Untersuchung von Baum/Fleming/Singer (1983) belegt dagegen die fehlende Effizienz einer problemorientierten Bewältigung der Situation im Fall des Reaktorunglücks von Three Miles Island. Problemabgewandte, defensive Verfahren waren erfolgreicher als aktive. Diese führten nur zu Frustrationen. Freilich wird man, wie wir aus unseren Passagen zum Umweltbewußtsein als Schmerzsurrogat wissen, auch eine resignative Zufriedenheit als Lebenseinstellung identifizieren können: Wohlbefinden im Unwohlsein kann man das nennen. Das führt dann in die Resignation, und es ist schwer, Personen, die sich darin einrichten, noch dazu zu bewegen, Offenheit gegenüber neuen Erfahrungen, Veränderungen oder gar modifizierter persönlicher Aktivität zu zeigen. Denn das Engagement ist selbst wiederum vom Wohlbefinden abhängig: Je mehr „der emotionale Gesamtzustand eines Individuums den Charakter psychischen Wohlbefindens hat, desto stärker neigt das Individuum dazu, gegenüber der Situation ‚Annäherungsverhalten' zu zeigen" (Fischer 1991: 246).

Auch das erlaubt es uns, ein wenig mehr zu verstehen: Wenn die Zufriedenheit mit der Gegenwart überwiegt, die Zahl der Unzufriedenen um 5% pendelt, dann kann jedenfalls das *aktuelle* Wohlbefinden – selbst durch eine als katastrophal bewertete Umwelt – nicht ernsthaft gefährdet sein. Wie sehr man die Gegenwart wertschätzt, wird an jenen Erhebungen deutlich, die sich auf die Zukunftserwartungen der Befragten richten.

Rosenberger (1992: 73ff.) berichtet von einer Repräsentativbefragung der erwachsenen Bevölkerung (ab 16 Jahre), die das Allensbacher Institut 1988 durchführte. Danach waren nur 15% der Bevölkerung davon überzeugt, das Leben der Menschen würde in der Zukunft immer leichter werden; 50% gaben sich überzeugt, es würde immer schwerer werden. Nahezu identisch fallen die Antworten selbst dann noch aus, wenn die Vorgabe lautet, daß der Wohlstand und der Lebensstandard in den kommenden Jahren immer weiter steigen würden. Selbst dann noch sieht man keine steigende Zufriedenheit (vgl. Tab. 7-5).

Kann es da noch verwundern, daß Innovationen, selbst wenn sie angeblich der wirtschaftlichen Prosperität, der Hebung des Lebensstandards gelten, wie etwa neue großtechnologische Anlagen, eher auf Vorbehalte denn auf Begeisterung stoßen? Waren wir in Kapitel 6 bezüglich der Thematisierung von Risikowahrnehmungen noch auf die Annahme verwiesen, es gebe Risiken, die man auf gar

Tab. 7-5   **Skepsis gegenüber der Zukunft**
Angaben in %

Frage: "Wenn Sie an die Zukunft denken - glauben Sie, daß das Leben für die Menschen immer leichter oder immer schwerer wird?"

Antworten:	Immer schwerer	Immer leichter	Bleibt gleich	Weiß nicht
Bevölkerung insgesamt	50	15	28	7
Männer	48	16	30	6
Frauen	52	13	27	8

Zufriedenheit im Wohlstand?

Frage: "Einmal angenommen, der Wohlstand und der Lebensstandard wird in den kommenden Jahren weiter steigen, den Menschen wird es immer besser gehen: Werden die Menschen dadurch zufriedener oder eher unzufriedener, oder hat das nichts damit zu tun?"

Antworten:	Werden zufriedener	Werden unzufriedener	Hat nichts damit zu tun	Unent- schieden
Bevölkerung insgesamt	16	50	26	8

Quelle: Allensbacher Archiv nach Rosenberger 1992: 74 u. 85

keinen Fall eingehen wolle – und da sei es immer klüger, gegen die Neuetablierung großtechnischer Anlagen zu sein als sie hinzunehmen –, so können wir nun, aus der Perspektive des Wohlbefindentheorems heraus, verallgemeinern: Die negativen Zukunftserwartungen legen es tendenziell nahe, daß, von der Warte des Wohlbefindens aus betrachtet, gar keine Veränderungen angestrebt werden können. Denn man scheint sich von der Zukunft im allgemeinen nichts zu erwarten, das besser wäre als die Gegenwart. Der Blick in die Zukunft verursacht eher Unbehagen und stimmt ganz und gar nicht hoffnungsfroh für ein gesteigertes Wohlbefinden.

Es könnte den Anschein haben, als würde mit einer Hinwendung zur Wohlbefindensforschung für die Forschungen zu den Umwelteinstellungen und -verhaltensweisen nur besser erklärt werden können, warum sich hinsichtlich des Umweltverhaltens bei allen positiven Umwelteinstellungen so wenig verändert. Doch reicht der Ansatz der Wohlbefindensforschung weiter. Erinnert sei zunächst an ein Ergebnis der Lebensstilforschung, das lautete, in der Tendenz seien die Menschen (in den westlichen Industrienationen) zunehmend an Partizipation und Selbstbestimmung interessiert. „Selbstwirksamkeitserserwartungen", Einfluß auf die Umwelt nehmen zu können, sind aber „beides Korrelate des Wohlbefindens" (Fischer 1991: 250). Das läßt sich einerseits wiederum nutzen, um zu erklären, warum die globale Umweltsituation so viel Unwohlsein auslöst

(vgl. den Abschnitt zum ferninduzierten Unwohlsein in Kapitel 6): Diese
Situation läßt sich noch am wenigsten selbst kontrollieren; an ihr verändernd zu
partizipieren, ist äußerst schwierig. Andererseits aber bietet die Selbstwirksam-
keitserwartung und das Partizipationsinteresse auch eine Chance, denn beides
verweist auf eine räumliche und soziale Struktur, die ganz anders geartet ist, als
sie derzeit in der Regel aufgefunden werden kann. Fischer hat dafür einige
Indikatoren zusammengetragen (vgl. Fischer 1991: 254ff.). Danach ist die
Voraussetzung für eine „Raumaneignung", daß der Wohn- und Lebensraum
individuell gestaltet, die Ausstattung selbst gewählt und eine Lebenskontinuität
in der Wohnumgebung erreicht werden kann. Es ist nicht der von den Architek-
ten so viel beschworene „offene Raum", der dann in den Vordergrund rückt,
sondern eine Umwelt mit hoher Variabilität, Komplexität und Responsivität
(vgl. ebd.: 256), bei der eine Nähe zur natürlichen Umwelt zumeist für wichtiger
gehalten wird als eine Einbindung in die Nachbarschaft. Denn Natur erscheint
den Menschen „als ein Ort, wo sie Kontrolle über das Reizvolumen, mit dem
sie konfrontiert sind, sowie über ihre Handlungen und Sozialkontakte ausüben
können, als einen Ort, wo sie nicht immerfort für die Konsequenzen ihres Tuns
Verantwortung übernehmen müssen und wo nicht fortwährend Forderungen
von anderen an sie herangetragen werden" (ebd.: 261; vgl. Parsons 1991).
Wollte man also versuchen, ein Engagement für die Natur aus dem Bedürfnis
nach Wohlbefinden heraus zu erklären, dann könnte man hier anknüpfen: an der
Bereitstellung von Naturräumen. Naturschutzgebiete können da allerdings
kaum helfen, ja ihnen droht eher eine Ablehnung, da über diese Areale nicht
verfügt werden kann.

Auch für die Struktur des städtischen Raums, in dem schließlich ca. 80% der
bundesrepublikanischen Bevölkerung wohnen, lassen sich Merkmale angeben,
die das Wohlbefinden für die Mehrheit eher befördern als der schon erwähnte
„freie Raum", die Monotonie der Fassaden. Eine „ökologische Stadt", also ein
Wohngebiet mit Gebäuden, die nicht mehr als vier Stockwerke haben, mit
begrünten Fassaden, geringer Lärmbelästigung, guter Nahverkehrsanbindung,
Kleinteiligkeit, optimierter Infrastruktur, intensiven Sozialkontakten etc. löst
demnach in größerem Maße Wohlbefinden aus als die anonymen Hochhaussied-
lungen der Metropolen (vgl. zusammenfassend: Fischer 1995 sowie den Sam-
melband von Keul 1995). Aber auch diesen werden einige Wohlbefindensattri-
bute zugeordnet: Nach längerem Aufenthalt in New York beschrieben sich
zugezogene Studierende als mit gewachsener Autonomie und gesteigertem
Selbstvertrauen ausgestattet (vgl. Ittelson u.a. 1976). Wenn sie auch eher als
umweltfeindlich gilt, so vermittelt die Metropole doch eins: Wohlbefinden
durch einen erweiterten Horizont.

Man sieht: Unterhalb der Ebene des Rationalen läßt sich eine hier mit „Wohlbefinden" bezeichnete Schicht entdecken, die generell eher dagegen spricht,

sich in den allgemein für bedeutsam erachteten Feldern des umweltgerechten Verhaltens zu bewegen.

8. Kapitel

Neue Perspektiven für das Umweltbewußtsein

Notwendige Differenzierungen

Eigentümlich: Einerseits wird auch noch in den jüngeren Publikationen wie dem Jahresgutachten 1995 des Wissenschaftlichen Beirats der Bundesregierung Globale Umweltveränderungen die „Stärkung des Umweltbewußtseins der Bevölkerung" als Strategie zur Bewältigung der Umweltkrise empfohlen (Welt im Wandel 1995: 3), andererseits begleitet die Frage, ob *Umweltbewußtsein* – im Sinne von positiven Einstellungen gegenüber dem Umweltschutz – überhaupt etwas bewirke, die letzten zwanzig Jahre des Umweltdiskurses. Definitionsversuche und Strukturmodelle existieren, wie wir zeigen konnten, in großer Zahl: Der eine versteht unter Umweltbewußtsein ein „Einstellungskonstrukt", der zweite „individuelle Werthaltungen", der dritte „ökologisches Verantwortungsbewußtsein", der vierte „ökologisches Problembewußtsein".

Ist ‚Umweltbewußtsein' überhaupt ein brauchbarer Begriff, mit dem sich weiter arbeiten läßt? Zweifel werden häufig vor allem deshalb geäußert, weil die Forschung so deutlich die Heterogenität des Umweltbewußtseins gezeigt hat, daß eben die von Maloney eingeführten Dimensionen „Umweltwissen", „Umwelteinstellungen", „Verhaltensbereitschaft" und „tatsächliches Verhalten" nur wenig miteinander zu tun haben. Dem hehren Vorhaben, ein allgemeines Umweltbewußtsein zu schaffen, wird der Sinn entzogen, wenn die Homogenitätsvorstellung sich nicht halten läßt. Das Bild vom Menschen, bei dem es immer enge Zusammenhänge zwischen Wahrnehmung, Betroffenheit, Einstellung und Verhalten gibt, ist äußerst resistent gegenüber allen anderen Einsichten.

Es macht nach unserer Überzeugung nur dann Sinn, am Begriff Umweltbewußtsein festzuhalten, wenn man begreifen lernt, daß die im traditionellen Modell von Umweltbewußtsein unterstellten Wirkungsbeziehungen – so plausibel sie auch erscheinen mögen – in ihrer Allgemeinheit nicht zutreffen. Allenfalls für eng spezifizierte Teilbereiche des umweltrelevanten Verhaltens lassen sich solche Kausalmodelle mit annähernd hinreichendem Erklärungswert konstruieren. Und das heißt vor allem: Man wird differenzieren müssen.

Differenzierung des Umweltbewußtseins, das bedeutet zunächst einmal Umweltwissen, -einstellungen und -verhalten getrennt zu denken und die hergebrachte Vorstellung von Wirkungszusammenhängen ad acta zu legen. Man wird sich, um hier weiter zu kommen, von der Vorstellung der Kausalkette vollstän-

dig freimachen müssen. Wissen, Einstellungen und Werte sind nicht die primä-
ren Determinanten des umweltgerechten Verhaltens. Will man diesem auf die
Spur kommen, empfiehlt es sich, auch das Umweltverhalten zu differenzieren
und zu disaggregieren und mit den im vorhergehenden Kapitel diskutierten
Erklärungsansätzen weiterzuarbeiten.

Wenn, wie die hier bislang vorgelegten Ergebnisse belegen, das Umweltverhalten nicht als homogener Verhaltensbereich betrachtet werden kann, fragt sich
natürlich, auf welche Weise differenziert werden soll. Mindestens zwei Varianten sind denkbar:

Erstens kann man, wie Diekmann/Preisendörfer, verschiedene Verhaltensbereiche nach ihren persönlichen Kosten unterscheiden (Verkehrsverhalten, Einkaufsverhalten, Energieverhalten, Abfallverhalten etc.) bzw., wie Fejer/Stro-
schein, Verhaltensweisen nach ihrer „Schwierigkeit" differenzieren und diese
Verhaltensbereiche getrennt hinsichtlich der Effekte von Umwelteinstellungen
und -wissen analysieren.

Zweitens kann man mit der Differenzierung noch einen Schritt weitergehen
und sich nur noch für spezifische Verhaltensweisen in eng umgrenzten Situationen und darauf bezogene spezifische Einstellungen interessieren.

Die erste Variante wurde im siebten Kapitel unter dem Stichwort „Kosten-
Nutzen-Theorie" diskutiert. Ob es sich bei dem Versuch, Umweltverhalten nach
„Schwierigkeiten" zu unterscheiden, um ein für die empirische Forschung
tragfähiges Konzept handelt, erscheint fraglich, denn es basiert letzten Endes
darauf, eine *allgemeingültige* Rangskala von Schwierigkeiten festzusetzen.
„Schwierigkeiten" lassen sich hingegen – wie persönliche Kosten und Nutzen
– nur als subjektive kalkulieren, und sie müßten folgerichtig auch so erfaßt und
bewertet werden. Solche Schwierigkeitsrangfolgen – könnte man sie überhaupt
konstruieren – unterlägen auch dem Problem einer großen Dynamik. Sie hätten
allenfalls für einen kurzen Zeitraum Gültigkeit. So mag es für viele heute noch
„schwierig" sein, auf die tägliche Fleischmahlzeit zu verzichten; wenn aber
morgen in den Medien vielstimmig über zahlreiche Fälle von Rinderwahnsinn
bei Fleischkonsumenten berichtet würde, fiele dies gewiß wesentlich leichter.

Die zweite Variante von Differenzierung bewegt sich in eine Richtung, die
auch außerhalb der Umweltbewußtseinsforschung in anderen Zweigen der Einstellungs-Verhaltens-Forschung Erfolge gezeitigt hat. Aus allgemeinen Einstellungen und allgemeinen Werten, so die Grundidee, läßt sich kein konkretes
Verhalten vorhersagen, gefordert ist Spezifität. Folgerichtig geht es um die
Erhebung *spezifischer* Einstellungen, spezifisch heißt: auf die interessierende
Handlung bezogen. Es geht dann nicht mehr allgemein um die Erklärung des
individuellen Verhaltens, sondern beispielsweise um die Frage der Verkehrsmittelwahl von Gießener Studenten während des Semesters, und zwar für den
Weg zu universitären Veranstaltungen – so die Forschungsfrage bei Bam-

berg/Schmidt (1994). Alle Einstellungsfragen zielen dann nur auf diese spezielle Handlung. Eine Frage zur sozialen Norm lautet dann: „Die meisten Menschen, die mir wichtig sind, denken, ich sollte – sollte nicht – mit dem Auto zu universitären Veranstaltungen fahren."

Bei Bamberg/Schmidt kann das Kausalmodell, das auf dieser Basis zustande kommt, die konkrete Handlungs*absicht* weitgehend erklären. Die Strategie ist also – von den Koeffizienten und der Varianzaufklärung her betrachtet – erfolgreich. Dies verwundert auch nicht, denn wenn man auf der einen Seite eine konkrete Handlungsabsicht hat, z.B. den Kauf eines energiesparenden Kühlschrankes, und dann eine entsprechende Einstellungsfrage formuliert, wie „Ich finde es gut, einen alten Kühlschrank durch ein energiesparendes Gerät zu ersetzen", dann darf man zu Recht auf eine höhere Korrelation rechnen.

Bei Bamberg/Schmidt zielt das Kausalmodell in der Tradition von Ajzen/Fishbein auf die Handlungsintention, nicht auf das faktische Verhalten. Selbst wenn zwischen Absichten und Verhalten eine 1:1-Relation bestünde, wäre aus einem solchen Kausalmodell allerdings nicht zu schließen, wie man das individuelle Verhalten in Richtung auf umweltgerechteres Verhalten verändern könnte. In der erwähnten Studie zeigt sich nämlich, daß die Verfügbarkeit eines Autos den größten Einfluß auf die Verkehrsmittelwahl hat – nun kann man dieses den Befragten aber schlecht wegnehmen. Auch mag es sein, daß viele Befragte heute antworten, die Preise der öffentlichen Verkehrsmittel seien zu hoch, und sie benutzten diese nur gelegentlich. Vielleicht zeigt sich dann in einem Kausalmodell, daß die Variable „ÖPNV-Preis" mit einem hohen Koeffizienten wirkt. Wird der Preis morgen halbiert, bedeutet das aber noch nicht, daß dieselben Personen nun mit dem ÖPNV zur Arbeit fahren würden. Sie antworten jetzt lediglich nicht mehr, der Preis sei zu hoch. Der Wegfall eines Motivs, etwas nicht zu tun, stellt noch keinen hinreichenden Grund dar, sich nun auch tatsächlich für das umweltgerechte Verhalten zu entscheiden. So mag die nächtliche Unsicherheit in den S-Bahn-Zügen ein guter Grund sein, diese nicht zu benutzen, doch selbst wenn die Kriminalität auf Null gedrückt werden könnte, muß dies kein *positiv* wirksamer Grund sein, auf die Benutzung des Autos zu verzichten.

Die Idee der Spezifizierung von Verhaltensweisen und Einstellungen kann gewiß Einsichten in das Bedingungsgefüge von umweltrelevantem Verhalten eröffnen. Allerdings löst sich das Problem *Umweltbewußtsein* auf diese Weise in lauter Konkretismen auf: Wir wissen dann etwas über die (verbalisierte) Verkehrsmittelwahl Gießener Studenten, Berliner Studenten, Münchner Studenten usw. – die erklärte Varianz würde sich vermutlich noch vergrößern lassen, wenn man noch spezifischer fragen würde: nach der Verkehrsmittelwahl von Medizinstudenten, Pädagogikstudenten oder Ingenieursstudenten.

Folgt man den bisher von uns angestellten Überlegungen zur Forschung über die Umwelteinstellungen und das tatsächliche Umweltverhalten, so dürfte sich eine gewisse Unruhe verbreiten ob des Grades an Differenzierung, den wir für notwendig erachten. Waren schon das Konstrukt einheitlicher Umwelteinstellungen, eines einheitlichen verbalisierten Umweltverhaltens oder eines einheitlichen tatsächlichen Umweltverhaltens untaugliche Instrumente, um Aussagen über das Umweltbewußtsein der Beforschten zu erhalten, so setzte sich die damit unweigerlich angestoßene Differenzierung in den neueren Untersuchungen wie jenen von Bamberg/Schmidt nur weiter fort. Es erscheint eben nicht mehr hinreichend, zwischen dem Einkaufsverhalten (und hier wiederum zwischen dem Kauf im Bioladen und dem Kauf von umweltfreundlichen Haushaltsgeräten oder Kleidung), dem Energieverhalten (mit zahlreichen Subdimensionen), dem Verkehrsverhalten etc. zu unterscheiden.

Doch wozu sollen dermaßen hochgradig differenzierte Aussagen noch nützlich sein? Schließlich ist man schnell auf einer Ebene angelangt, auf der man wieder vor lauter singulären Fällen steht – und der Anspruch von Wissenschaft, zu verallgemeinerungsfähigen Aussagen zu gelangen, wäre unterlaufen.

Im folgenden wollen wir zwei Vorschläge unterbreiten, wie man diesem Problem gegensteuern kann. Wir beschreiben erstens ein von uns durchgeführtes Forschungsprojekt, das auf der einen Seite der Notwendigkeit zur Differenzierung folgt, diese auf der anderen Seite aber über die Sondierung von Umweltverhaltensmotiven wiederum zu kompensieren sucht. Zweitens werden wir im Feld der anthropologischen Überlegungen nach generellen Orientierungsmustern fragen, die sehr basal das Umweltverhalten beeinflussen könnten.

Motivforschungen

In einem eigenen Forschungsprojekt haben wir einen Weg der Differenzierung und Disaggregierung gewählt (vgl. de Haan/Kuckartz 1994 und 1995), der nicht in immer weitere Konkretismen führt, sondern *auf einer allgemeinen Ebene danach fragt, was das Umweltverhalten motiviert.* Wir unterscheiden in Anlehnung an Diekmann/Preisendörfer zunächst einmal drei Verhaltensbereiche: das *Verkehrsverhalten,* das *Einkaufsverhalten* und das *Energieverhalten.* Auf die Untersuchung des Abfallverhaltens haben wir – anders als Diekmann/Preisendörfer – verzichtet, weil die Mülltrennung mittlerweile zur sozialen Norm geworden ist. Sodann wählten wir als innovativen Ausgangspunkt eine Differenzhypothese: Wir vermuten, daß die Verhaltensdeterminanten in den drei Bereichen *unterschiedlich* ausfallen. Nachdem wir nun schon wissen, daß die Effekte von Umwelteinstellungen, Umweltmoral, Umweltwissen und Betroffenheit auf das umweltgerechte Verhalten gering sind, suchen wir im Anschluß an die Überlegungen des siebten Kapitels nach anderen Verhaltensmotiven. Wir denken, daß man sich auch aus anderen als Umwelteinstellungsmotiven heraus umweltfreundlich bzw. -feindlich verhalten kann. Wir haben vier unterschiedliche Verhaltensmotive sondiert:

- Persönliches Wohlbefinden
- Lebensstile
- Kosten-Nutzen-Erwägungen (finanzielle Motive)
- Umweltschutzmotive

Wir fragen direkt danach, welche Motive mit den einzelnen Verhaltensweisen assoziiert sind. Auf der Ebene des einzelnen Items sieht dies z.B. folgendermaßen aus:

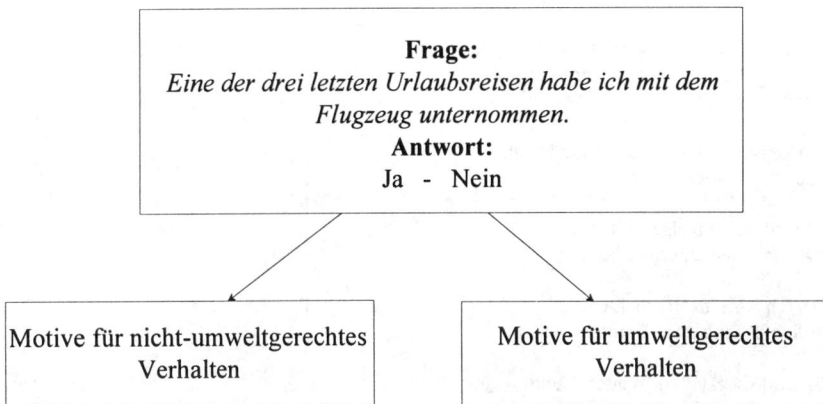

Frage:
Eine der drei letzten Urlaubsreisen habe ich mit dem Flugzeug unternommen.
Antwort:
Ja - Nein

Motive für nicht-umweltgerechtes Verhalten

Motive für umweltgerechtes Verhalten

Die Ergebnisse einer Untersuchung mit 263 Probanden bestätigen die Differenzierungshypothese. In Tabelle 8-1 ist für zwölf Umweltverhaltensweisen angegeben, welcher Motivtyp mit der jeweiligen umweltgerechten Verhaltensalternative einhergeht. Bei jedem Item ist das Motiv gekennzeichnet (durch X), das im umweltgerechten Antwortzweig am häufigsten genannt wurde.

Im Bereich des Verkehrsverhaltens (Item 1 bis 4) sind es finanzielle Gründe und Lebensstilmotive, die zum umweltgerechten Verhalten führen:

- Man fährt mit öffentlichen Verkehrsmitteln, weil man kein Auto zur Verfügung hat.
- Man nimmt bei sechsstündigen Reisen nicht das Flugzeug, weil es vergleichsweise zu teuer ist.
- Man unternimmt den Wochenendausflug mit Fahrrad oder öffentlichen Verkehrsmitteln, weil's Spaß macht.

Tab. 8-1   **Das umweltgerechte Verhalten: Welcher Motivtyp spielt bei welcher Verhaltensweise die größte Rolle?**

Item	Umwelt-schutz	Wohlbe-finden	Lebens-stil	Finan-zen
1. In den letzten sieben Tagen wurde nicht mit dem Auto zur Arbeit bzw. zur Schule/Hochschule od. zum Einkaufen gefahren.				X
2. Bei der letzten längeren Fahrt innerhalb Deutschlands (hin und zurück mindestens 1000 Kilometer) wurde nicht mit dem Flugzeug geflogen.				X
3. Die letzten drei Wochenendausflüge wurden mit öffentlichen Verkehrsmitteln oder dem Fahrrad unternommen.			X	
4. Bei keiner der letzten drei Urlaubsreisen wurde das Flugzeug genutzt.			X	
5. Aktuell wird im eigenen Haushalt Recycling-Toilettenpapier benutzt.	X			
6. Derzeit wird im Haushalt ein Mehrkomponentenwaschmittel benutzt.	X			
7. Es wird - speziell im Winter - kein Treibhaussalat gekauft.		X		
8. Es werden keine Früchte aus der weiten Welt gekauft.			X	
9. Als man beim letzten Mal mehr als vier Stunden die Wohnung verließ, wurde die Heizung gedrosselt.				X
10. Als beim letzten Mal eine Kaffee- oder Tee-maschine benutzt wurde, wurde anschließend der Kaffee oder Tee in eine Thermoskanne gefüllt.				X
11. In der letzten Woche wurde geduscht, aber nicht gebadet.			X	
12. In der eigenen Wohnung wird darauf geachtet, daß kein überflüssiges Licht brennt.		X		

Auf Seiten des nicht-umweltgerechten Verhaltens sind andere Motive vorrangig: Mit dem Auto zur Arbeit zu fahren ist mit persönlichem Wohlbefinden assoziiert, bei der Entscheidung für eine Flugreise dominiert das Lebensstilmotiv, und das Auto für den Wochenendausflug zu benutzen ist bei den meisten eine Frage der günstigeren Kosten.

Das Motiv, die Umwelt zu schützen, spielt beim Verkehrsverhalten keine Rolle. Nach den Ergebnissen der Fejer/Stroschein-Studie, die das Verkehrsverhalten als das weitaus „schwierigste" einstufte, verwundert der Befund natürlich nicht. Jemand fährt mit der Straßenbahn oder dem Bus, weil er kein Auto hat, dazu bedarf es keiner Umweltmoral und keiner Kosten-Nutzen-Abwägung. Umweltgerechtes Verhalten kann auch – in Abhängigkeit der damit assoziierten Motive bzw. Gegebenheiten – jederzeit in nicht-umweltgerechtes Verhalten umschlagen. Sinken etwa die Flugpreise, so spricht für diejenigen, die sich primär aus Kosten-Nutzen-Erwägungen umweltgerecht verhalten haben, nichts dagegen, nun auf das Flugzeug umzusteigen.

Während das Motiv, etwas für die Umwelt zu tun, beim Verkehrsverhalten keine Bedeutung besitzt, spielt es beim Einkaufsverhalten (Item 5 bis 8) eine vorrangige Rolle. Wer Recycling-Papier kauft oder Mehrkomponentenwaschmittel benutzt, tut dies hauptsächlich, weil er bzw. sie umweltbewußt ist. Wer's nicht tut, macht dafür zumeist den (vermeintlich) höheren Preis dieser Produkte verantwortlich. Hinsichtlich des Konsumentenverhaltens können wir zudem eine klare Differenz zwischen körperfernen und körpernahen Produkten feststellen. Das Umweltmotiv kommt insbesondere bei den körperfernen Produkten zum Tragen. Bei körpernahen Produkten, solchen, die man sich einverleibt, ist das Gesundheitsmotiv vorrangig. Das Umweltschutzmotiv kann dort nur im Schlepptau der Sorge um die persönliche Gesundheit reüssieren. Solange exotische Früchte und Gemüse als vitaminreich und gesund für das persönliche Wohlbefinden wahrgenommen werden, schert es wenig, wieviel Energie zu ihrem Transport aufgewandt werden mußte. Das Umweltmotiv hat erst dann eine Durchsetzungschance, wenn die Produkte auch als „gespritzt" oder „genmanipuliert" wahrgenommen werden.

Beim umweltgerechten *Energieverhalten* (Item 9 bis 12), also dem Energiesparen zeigt sich, daß finanzielle Motive eine starke Bedeutung haben. Man drosselt die Heizung bei längerer Abwesenheit und verzichtet auf den Gebrauch einer elektrischen Wärmeplatte, weil man so auch etwas sparen kann und nicht, weil man etwas gegen den Treibhauseffekt tun möchte. Auch Lebensstil-Motive spielen eine Rolle: Man duscht statt zu baden, weil dies schneller, praktischer und moderner ist. Verhält man sich nicht umweltgerecht, dann liegt es zum einen an objektiven Gegebenheiten, z.B. daran, daß es an bequemen Regelungsmechanismen für die Heizung fehlt, oder am persönlichen Wohlbefinden, das man mit einem Vollbad und mit einer gut beleuchteten Wohnung verbindet.

Bezüglich der Perspektive *Differenzierung* legen die Ergebnisse unserer Studie zwei Schlüsse nahe: Erstens gibt es für das Umweltverhalten mehr und vor allem andere Motive als positive Einstellungen zum Umweltschutz und Kosten-Nutzen-Erwägungen. Zweitens ist es wahrscheinlich sinnvoll, anstatt nach Bereichen wie dem *Energieverhalten* oder dem *Verkehrsverhalten* zu differenzieren, nach Konfigurationen von einzelnen Verhaltensweisen zu suchen. Dies ließe sich gut mit den Erkenntnissen der Lebensstilforschung begründen. Zu einzelnen sozialen Milieus gehören wahrscheinlich ganz charakteristische Kombinationen von Verhaltensweisen: Die exotische Fernreise, der Einkauf im Bioladen, der Gang zum Altglascontainer und der Wochenendausflug mit dem Surfbrett auf dem Dach des Geländewagens sind vielleicht gar kein Zeichen von Verhaltensinkonsistenzen, sondern Äußerungen eines bestimmten Lebensstils. Vor dem Hintergrund der Lebensstilforschung spricht jedenfalls wenig dafür, daß es Verhaltenskonsistenzen in den jeweiligen Bereichen des Umweltverhaltens gibt.

Anthropologische Einsichten

Man wird zwischen verschiedenen Lebensstilen differenzieren müssen und darf sich selbst bei einer Kopplung dieses Analysepfades mit Kosten-Nutzen-Konzepten und Konstrukten aus der Wohlbefindensforschung nicht sicher sein, zu einer weitgehend befriedigenden Erklärung der Umwelteinstellungen und des Umweltverhaltens zu gelangen. Kosten-Nutzen-Abwägungen, Lebensstile, Wohlbefindensaspekte aber drohen, wenn sie sich in starkem Maße als disparat erweisen, zu einem Grad an Ausdifferenzierung unter den Befragten zu führen, daß man selbst in einer größeren Stichprobe fast auf der Ebene der Einzelfälle verbleibt. Unser Vorschlag, disparat erscheinende Umweltverhaltensbereiche miteinander zu verkoppeln, kann ein Stück Reaggregation leisten.

Das Stiften von Zusammenhängen zwischen Verhaltensmotiven und Umwelthandeln nach dem Muster von Bamberg/Schmidt dergestalt noch weiter aufzubessern, daß man zunächst nach dem Umweltverhalten in einem spezifischen Bereich (etwa: Fahren mit dem Rad) fragt und dann nach den Einstellungen zum Verkehrsverhalten, um schließlich festzustellen, es gebe eine hohe Korrelation zwischen dem Radfahren und den Einstellungen zum Radfahren, kann die Lösung auch nicht sein. Schließlich dürfte jeder, der ein Storchennest aufs Dach setzt, positiv gegenüber dem Schutz von Störchen eingestellt sein – und er wird wahrscheinlich gleichzeitig auch noch für den Schutz von Fröschen eintreten. Gleiches mit Gleichem oder Ähnlichem zu erklären ist immer eine Verlegenheitslösung.

Wie könnte eine zusätzliche Ebene aussehen, die beides vermeidet: Die Erklärung des bekundeten Verhaltens mit sich selbst und eine alles auflösende Disaggregation? Neben unserem Vorschlag zur Verhaltensmotivationsforschung plus Bündelung von Umweltverhaltensbereichen nach differenten Lebensstiltypen könnte eine Antwort auch in der Anthropologie zu finden sein. Sich auf dieses Feld zu begeben, ist riskant und weckt leicht Vorbehalte. Die Frage danach, ob menschliches Verhalten aus anthropologischen Annahmen heraus verstanden werden kann, läßt vermuten, man wolle den Entscheidungsmöglichkeiten der Individuen nun etwas entziehen; man wolle biologisch, womöglich aus der genetischen Struktur und der Evolutionsgeschichte des Menschen, aus seinem physiologischen Unvermögen heraus erklären, was aus dem kulturellen Kontext zu verstehen Schwierigkeiten bereitet. Man mag etwa für nachweisbar halten, daß das menschliche Gehirn nicht in der Lage ist, hochkomplex vernetzt zu denken, man mag es in den Genen angelegt sehen, daß wir gleichsam ‚auf Wachstum programmiert' sind, auch wenn es noch als „schwer zu beweisen" gilt, daß „die positive Wertung von Wachstumsprozessen (sich) auch im Genom niedergeschlagen hat" (Verbeek 1990: 110).

Läßt sich das mangelnde umweltgerechte Verhalten aus der Struktur des menschlichen Gehirns, aus den Begierden oder aus dem Transfer verhaltensbiologischer Einsichten über Perlhühner auf den Menschen speisen? Funktionieren wir nach einem Muster, das durch lange Evolutionsketten hindurch zu einem in Hinblick auf die ökologische Krisenwahrnehmung und -verarbeitung kaum tauglichen Programm generierte? An Erklärungen mit umfänglichen Plausibilisierungsstrategien fehlt es nicht. Sondierungen des Spektrums menschlichen (Un-)Vermögens aufgrund seiner biologischen Ausstattung müssen in ihrer Legitimität gar nicht bezweifelt werden. Sie helfen uns allerdings nicht viel weiter, wenn man nach pragmatischen Perspektiven der Sondierung des Umweltverhaltens sucht. Denn die Umweltkrise aus dem menschlichen Genom heraus zu erklären heißt immer auch, den Streit zu entfachen, ob mit den gemachten Aussagen die menschliche Natur „an sich" oder „in Wahrheit" getroffen wurde.

Dagegen ist uns – mit R. Rorty gesprochen – daran gelegen, die Diskutanten bei der Erörterung der Erklärungen für das Umweltverhalten „von der Frage abzuhalten", was denn die „wahre" Natur des Menschen ausmache, welche Beschreibung seiner Ausstattung, seinem „Wesen" angemessen sei. Diese traditionelle anthropologische Frage ersetzen wir „durch die *praktische* Frage, ob unsere Beschreibungsverfahren der Dinge qualitativ höchstrangig sind, das heißt: Verfügen wir schon über die bestmöglichen Verfahren, die Dinge derart zu anderen Dingen in Beziehung zu setzen, daß wir durch angemessenere Erfüllung unserer Bedürfnisse besser mit ihnen zu Rande kommen? Oder können wir mehr erreichen? Können wir eine Zukunft schaffen, die besser ist als unsere Gegenwart?" (Rorty 1994: 68).

Wir denken mithin, es ist lohnender, sich mit der Frage zu beschäftigen, welche Beschreibung der Motivlagen menschlicher Umwelteinstellungen und -verhaltensweisen die Sache so erklären, daß sie angemessen ist für eine Verbesserung der menschlichen Zukunft, als danach zu fragen, welche Beschreibungen angemessen sind in Hinblick auf die „wahre" Natur des Menschen. Denn wie immer der Spielraum von Evolutionstheoretikern, Verhaltensbiologen u.a. gesetzt werden mag (vgl. den Überblick bei Brügge 1990; Köster 1993: 315ff.), er zeigt immer nur an, daß es in jedem Fall kultureller Anstrengungen bedarf, die als solche überhaupt erst zu identifizierende ökologische Krise zu bewältigen. Aber behauptet nicht die anthropologische Forschung für eben diesen Spielraum enge Grenzen?

Wer vom menschlichen Genom aus die Frage nach den Veränderungsmöglichkeiten im menschlichen Handeln fokussiert, wird ebenso enge Variabilitäten im Verhaltensrepertoire entdecken (vgl. den Überblick bei Brügge 1990) wie diejenigen, denen verhaltensbiologische Dimensionen eine vordringliche Orientierungsgröße sind (vgl. dazu die einschlägigen Passagen bei Verbeek 1990). In pragmatischer Hinsicht, aus der Perspektive der Verbesserung der menschlichen Zukunft heraus, fällt die Antwort anders aus als aus der Perspektive wahrheitssuchender Evolutionsbiologie: Sie ist historisch. Die Kulturgeschichte der Menschheit zeigt nämlich das große Spektrum dessen auf, was Menschen bisher – auf der Basis ihrer biologischen Ausstattung – möglich ist. Da man nicht annehmen kann, daß sich stammesgeschichtlich seit dem Auftreten des Homo sapiens an seiner Ausstattung wesentliches verändert hat, haben wir in der Geschichte der Spezies einen enormen Beweis für die Elastiziät der Verhaltensmöglichkeiten von Individuen und die Entfaltung von Kulturen – von denen zahlreiche z.B. nicht „auf Wachstum programmiert" waren und sind. Das ist freilich auch den Anthropologen nicht entgangen. Für eine organische Evolution kann – nach heutiger Einsicht – grundsätzlich nur eine Veränderung der DNS-Moleküle in Frage kommen. Es gibt von der Soma keinen Weg in die Keimbahn. Daher können Erfahrungen nicht auf die Nachkommen vererbt werden, sie können nur kulturell-kommunikativ tradiert werden. Dieser Weg aber macht „erworbene Eigenschaften gewissermaßen vererblich" (Sieferle 1989: 46). Sieferle nennt das die „kulturelle Evolution" – und konstatiert, diese kulturelle Evolution verlaufe aufgrund der allgemeinen Innovationsgeschwindigkeiten im kulturellen Bereich dermaßen beschleunigt, daß die Ökosysteme, weil sie nicht an der kulturellen Evolution teilhaben und sich nur biologisch, damit aber auch nur sehr langsam wandeln können, überlastet würden (vgl. ebd.: 48f.; vgl. zur Kritik an Sieferle den Artikel von Kluge/Schramm 1989). Zwar ist es richtig, daß „die Reichweite unseres möglichen Verhaltens durch unsere Biologie begrenzt ist", gleichzeitig aber ist auch richtig, daß „alles was wir tun, in unserem biologischen Potential" liegt (Gould, zit. n. Brügge 1990: 120; 118). Dazu gehört auch die Ausformung eben dieses Satzes, der selbst historisch ist, wie das schon gezeigte Verhalten im Verlauf der Kulturgeschichte. Mit anderen Worten: Es spricht vieles dafür, Anthropologie als historische zu konzipieren (vgl. Gebauer u.a 1989), also die Frage danach, *was* die Natur des Menschen sei, zu ersetzen durch die Frage, *wie* menschliche Natur historisch konstruiert und konstituiert wird.

Koppeln wir die Maxime einer adäquaten Situationsbeschreibung, die es uns erlaubt, eine bessere Welt als die gegenwärtige zu denken, an eine *historische* Anthropologie, so läßt sich von dem aktuellen Umweltverhalten auch in dem Sinne sprechen, daß es aus fundamentalen Orientierungen resultiert. Das ist weniger als Habitualisierung im Bourdieuschen Sinne zu denken (vgl. Bourdieu 1984: 277ff.); vielmehr zielt der Blick auf recht tief sitzende Denk- und Handlungsmuster. Denn Habitualisierungen, verstanden als Verhaltens- und Ausdrucksmuster, die es Sozietäten und darin eingeschlossen den Personen erlauben, sich voneinander zu unterscheiden, lassen sich fraglos hinreichend durch soziologische Studien erklären. Fundamentale Orientierungen, wie wir sie verstehen, sind basaler, allgemeiner als Habitualisierungen. Sie dienen nicht der Distinktion zwischen Sozietäten, etwa zwischen Lebensstilen – und sind damit auch nicht primär soziologisch zu bearbeiten und zu sondieren. Fundamentale Orientierungen in unserem Verständnis tangieren nicht die auf soziale Gruppen abbildbaren „Denkstile". Unter „Denkstil" verstehen wir mit L. Fleck die denkmäßigen Voraussetzungen, auf denen Gruppen von Personen, ja ganze Kulturen ihr Wissen aufbauen. Denkstile sind historisch different. Sie bilden sich in Kulturen durch Ergänzungen, Erweiterungen und Umwandlungen immer wieder verändert heraus und bilden den Komplex der Vorannahmen über einen Gegenstand oder eine Thematik. Denkstile sind zudem – und das macht sie für unser Anliegen, zwischen Einstellungen, Wissen und Verhalten vermitteln zu wollen, so attraktiv – nicht auf rein kognitive Orientierungen beschränkt. „Der Denkstil besteht (...) aus einer bestimmten Stimmung und der sie realisierenden Ausführung. Eine Stimmung hat zwei eng zusammenhängende Seiten: sie ist Bereitschaft für selektives Empfinden und für entsprechend gerichtetes Handeln. (...) Wir können also *Denkstil als gerichtetes Wahrnehmen, mit entsprechendem gedanklichen und sachlichen Verarbeiten des Wahrgenommenen definieren.* Ihn charakterisieren gemeinsame Merkmale der Probleme, die ein Denkkollektiv interessieren; der Urteile, die es als evident betrachtet; der Methoden, die es als Erkenntnismittel anwendet" (Fleck 1980: 130). Denkstile sind langlebig. Sie werden zumeist unreflektiert gepflegt, strukturieren das Denken und Verhalten und sind von pragmatischem Charakter.

Abb. 8-1   **Grundlegende Naturvorstellungen**

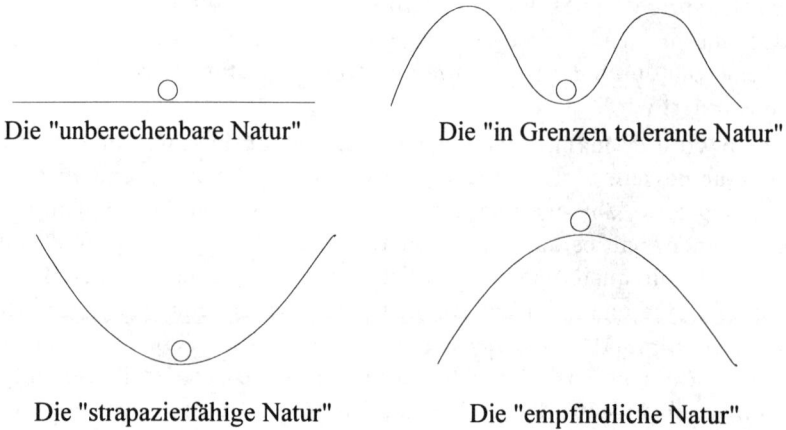

Die "unberechenbare Natur"   Die "in Grenzen tolerante Natur"

Die "strapazierfähige Natur"   Die "empfindliche Natur"

Quelle: Thompson/Ellis/Wildavsky 1990: 27

Ein Set von Denkstilen, in denen wir uns gewohnheitsgemäß bewegen und das gleichzeitig für die Interpretation von Umwelteinstellungen und Umweltverhalten sowie für die Differenz zwischen diesen beiden zentralen Kategorien des Umweltbewußtseins einen hohen Erklärungswert haben könnte, möchten wir etwas näher betrachten: Thompson/Ellis/Wildavsky haben in ihrer „Cultural Theory" ein Konzept vorgestellt, das helfen soll, die Frage zu beantworten, aus welchen Denkstilen heraus Menschen die Natur interpretieren (1990: 25ff.). Sie konstatieren zunächst auf anderer Ebene ein ähnliches Phänomen, wie wir es bezüglich des mitgeteilten Umweltverhaltens auch verzeichnen: Auf gleiche Problemlagen reagieren Behörden – und das heißt letztlich immer: Menschen – sehr unterschiedlich, ja gegensätzlich. Die einen reagieren auf den starken Insektenbefall großer Waldflächen mit dem Versprühen von Insektiziden, andere sehen darin nur eine Verschlimmerung des Zustandes und unterbinden eine solche Reaktion rigoros. Thompson/Ellis/Wildavsky nehmen nun an, die unterschiedlichen – aber nicht wahllosen – Reaktionen auf ein wahrgenommenes Umweltproblem resultieren aus einer (begrenzten) Zahl „mythischer" Vorstellungen über Natur (ebd.: 26). Diese „Mythen" sind sehr einfache Vorstellungen über die Stabilität von Ökosystemen. Sie strukturieren das Verhalten von Institutionen, und sie bilden – das ist für unseren Kontext bedeutsam – das unbefragte Fundament des Handelns und der Orientierungen in der Natur. Sie sind „beides, wahr und falsch; das ist das Geheimnis ihrer Langlebigkeit. Jeder Mythos bietet eine partielle Repräsentation der Wirklichkeit" (ebd.; übers. dH/K). Die Langlebigkeit dieser „Mythen", ihre Eigenschaft, ein unbefragtes Fundament von Orientierung und Handeln zu sein, ihre Eigenschaft, die Wahrheitsfrage nicht beantworten zu können, sondern pragmatisch verwandt zu werden, läßt uns von diesen Mythen als Denkstilen sprechen.

Die Autoren machen fünf mögliche Denkstile in Hinblick auf die Natur aus: Die „strapazierfähige Natur", die „empfindliche Natur", die „in Grenzen tolerante Natur", die „unberechenbare Natur" und die „unverwüstliche/wiederkehrende Natur". Letztere hat in dem Modell einen Sonderstatus gegenüber den ersten vier genannten. Sie wird hier nicht weiter verfolgt. Thompson/Ellis/Wildavsky stellen ihre vier Modelle schematisch wie folgt dar (siehe Abb. 8-1).

- Wer *Natur als strapazierfähige* Basis menschlichen Handelns betrachtet, geht davon aus, Natur würde Eingriffe in sie immer wieder ohne gefährliche Konsequenzen für den Menschen auffangen. In der Abbildung 8-2 ist dies durch die Darstellung des Balls in einer U-förmigen Schüssel wiedergegeben, der, wie immer er angestoßen wird, schließlich in seine Ausgangslage zurückkehrt. Wird Natur so gedacht, dann kann man im Verfahren von Versuch und Irrtum alles ausprobieren. Eine „versteckte Hand" wird alles wieder ins Lot bringen.

- Von einer *empfindlichen Natur* zu sprechen heißt, von der Natur anzunehmen, daß sie nichts vergibt. Kleinste Eingriffe in sie können alles ins Chaos stürzen. Dies symbolisiert der Ball auf dem umgekehrten U: Ein leichtes Anstoßen genügt und er verliert unwiederbringlich seine Balance. Wer so denkt, kann nicht nach dem Verfahren von Versuch und Irrtum vorgehen, sondern muß jegliche Veränderung, jeden Eingriff sorgsam abwägen. Handeln, Eingriffe in den Naturhaushalt über das notwendige Maß hinaus gelten hier als zu riskant.

- Von der *in Grenzen toleranten Natur* auszugehen, meint, daß man sie bis zu einem gewissen Punkt für belastungsfähig hält. Erst wenn dieser Punkt durch einen drastischen Eingriff überschritten wird, gerät alles in Unordnung. Alles kommt darauf an, die Belastungsfähigkeit der Ökosysteme nicht zu überschreiten. Die Bestimmung der Grenzen der Belastbarkeit wird nach diesem Modell zur wichtigsten Aufgabe.

- Die *Natur als unberechenbare* zu denken, bedeutet zu unterstellen, man könne nicht wissen, wie die Natur auf einen Eingriff in sie reagiert. Symbolisiert wird dies durch den Ball auf der ebenen Fläche. Man weiß nicht, in welche Richtung er sich bewegen wird, wenn er von irgendwoher angestoßen wird.

Die drei erstgenannten Denkstile erlauben es, Unterschiedliches in unterschiedlicher Art und Weise zu lernen – und damit ein unterschiedliches Wissen herauszubilden. Nur die Gewohnheit, sich die *Natur als unberechenbare* vorzustellen, hat zur Konsequenz, nichts über Belastbarkeitsgrenzen, Strapazierfähigkeit, angemessenen und unangemessenen Umgang mit der Natur lernen zu können. Thompson/Ellis/Wildavsky versuchen weiter, plausibel zu machen, daß es eine Beziehung zwischen den vier genannten Denkgewohnheiten und anderen mentalen Orientierungen gibt (ebd.: 28ff.). Wer gewohnt ist, von einer *strapazierfähigen Natur* auszugehen, der gibt sich als Anwalt eines freien Marktes der Möglichkeiten. Natur versorgt aus dieser Perspektive den Menschen nach einem berechenbaren Muster. Wer die *Empfindlichkeit von Natur* vor Augen hat, wird von allen in gleichem Maße das Einhalten von Grenzen fordern und mithin eher egalitäre Vorstellungen vertreten. Wer als Denkstil die in *Grenzen tolerante Natur* sich vorzustellen angewöhnt hat, denkt, daß die Natur innerhalb ihrer Grenzen den einen mehr, den anderen weniger bietet. Er denkt in Hierarchien, während jene, die der *unberechenbaren Natur* den Vorzug in ihrer Interpretation der Welt geben, eher Fatalisten sind und sich die Natur als ein Füllhorn vorstellen, aus dem nach dem Muster von Lotteriespielen Ausschüttungen erfolgen.

Die Erwartung, die wir in der Sondierung der vorgestellten vier Denkstile haben, ist, daß es damit gelingen könnte, die zerstreuten Motivlagen, Verhaltensformen, Selbststilisierungen etc. wieder zu *reaggregieren*. Denkbar ist etwa eine enge Beziehung zwischen einem spezifischen Lebensstil und einer *spezifischen der vier Denkgewohnheiten* oder auch eine hohe Korrelation zwischen rationaler Nutzenkalkulation und z.B. der Vorstellung von einer in Grenzen toleranten Natur. Denkbar ist ebenso, daß ein eher negativ strukturiertes habituelles Wohlbefinden einhergeht mit einem von Empfindlichkeitsvorstellungen geprägten Naturbild.

„Sustainable Development" – ein neues Leitbild

Ohne Leitbild?

Wie kommt es eigentlich dazu, daß Verhaltensweisen als umweltgerecht gelten oder nicht? Was ist es eigentlich für eine Sammlung von Items und Verhaltensweisen, die üblicherweise in der Umweltbewußtseinsforschung verwendet wird? Wir haben in Kapitel 2 eine Auswahl von solchen häufig erfragten Verhaltensweisen zusammengestellt. Wie kommt es eigentlich dazu, daß Forscher ausgerechnet diese Fragen in ihren Untersuchungen verwenden? Sind diese Indikatoren eigentlich validiert? Nun, es hat bislang keine Untersuchung darüber gegeben, welche Verhaltensweisen die Bevölkerung für umweltgerecht hält und welche Reihung von Relevanzkriterien in bezug auf die Bewältigung der Umweltkrise kursiert. So können Forscher, die mit diesem Set von abzufragenden Verhaltensweisen arbeiten, also kein gesichertes Wissen darüber haben, ob ihre Indikatoren eigentlich auch von den Probanden oder gar von der Mehrheit der Bevölkerung als umweltgerechte Verhaltensweisen verstanden werden. Erst recht verfügen sie nicht über Daten, die belegen könnten, daß es sich bei den erfragten Verhaltensweisen objektiv um umweltgerechtes Verhalten handelt. Ohnehin muß für eine Reihe von Umweltproblemen von einer prinzipiellen Nicht-Verfügbarkeit von solch sicherem Wissen ausgegangen werden (vgl. Luhmann 1992: 149ff.), und für solche Items, die öffentliches Umweltverhalten erfragen (beispielsweise „zu einer Versammlung gehen", „Publikationen aus dem Umweltbereich lesen" etc.), ist leicht einzusehen, daß die objektive Auswirkung auf die Umwelt höchst unklar ist.

Keine Frage: Hinter der Vielzahl einzelner Verhaltensweisen verbirgt sich kein einheitliches Leitbild von Umweltverhalten. Wenn es so wäre und derjenige die Leitfigur abgäbe, der sich bei allen Items umweltgerecht verhält, dann käme dort wahrscheinlich eine Person zum Vorschein, die man keineswegs als Leitfigur des modernen, ökologiebewußten Menschen eingestuft hätte: die *in einer kleinen Wohnung lebende Rentnerin*! Sie bezieht nur eine kleine Rente oder erhält Sozialhilfe, sie verläßt das Heim nur selten, sie ist nicht mobil, besitzt nicht einmal einen Führerschein, geschweige denn ein Auto. Sie ist finanziell nicht in der Lage, Fernreisen per Flugzeug zu unternehmen, auch der Sonntagsausflug gehört bei ihr nicht zum Standard. Sie hat ein manifestes Interesse zu sparen und achtet deshalb peinlich darauf, daß immer nur dort das Licht brennt, wo sie es wirklich benötigt. Exotische Lebensmittel sind ihr fremd und außerdem zu teuer.

So könnte sie aussehen, die Person, die bei allen Itembatterien zum Umweltverhalten am besten abschneidet. Als publikumswirksames Vorbild läßt sie sich allerdings schlecht verwenden. *Offenkundig hat die Umweltbewußtseinsforschung nie über das ihren Kriterien von umweltgerechtem Verhalten entsprechende Leitbild nachgedacht.* Gleichzeitig läßt sich aber feststellen, daß es zur sozialen Norm geworden ist, positive Einstellungen zum Umweltschutz zu verbalisieren, demonstrativ Umweltbewußtsein zu zeigen. Aber es ist immer nur das Umweltbewußtsein in Form von einzelnen, disparaten Verhaltensweisen, das man vor Augen hat. Sähe man die Gesamtheit der propagierten umweltfreundlichen Verhaltensweisen vor sich, müßte man unweigerlich an das triste Leben der armen Rentnerin denken.

„Sustainable Development" im Kontext von Umweltbewußtsein

Seit dem Umweltgipfel in Rio 1992 bzw. seit dem im Zuge der Vorbereitung dieser Konferenz entstandenen Bericht der Brundtland-Kommission „Unsere gemeinsame Zukunft" (Hauff 1987) stellt das Leitbild der nachhaltigen oder zukunftsfähigen Entwicklung „Sustainable Development" den Orientierungsrahmen für die internationale und nationale Umweltpolitik dar. Das Leitbild liegt auch dem Gutachten des Sachverständigenrates (vgl. Umweltgutachten 1994), dem Schlußbericht der Enquete-Kommission „Schutz der Erdatmosphäre" des Deutschen Bundestages mit dem Titel „Mehr Zukunft für die Erde" (vgl. Enquete-Kommission 1995), dem Jahresgutachten 1995 des Wissenschaftlichen Beirates der Bundesregierung Globale Umweltveränderungen und der Studie „Zukunftsfähiges Deutschland" des Wuppertaler Instituts für Klima, Umwelt, Energie (vgl. BUND/Misereor 1996) zugrunde.

Das Grobkonzept ist schnell erläutert:

Schon seit den ersten Studien zu den Grenzen des Wachstums ist allgemein bekannt, daß das Konsum- und Wirtschaftsmodell der westlichen hochindustrialisierten Welt kein globales Modell sein kann. In kurzer Frist käme man an die Grenzen der verfügbaren Ressourcen und würde man die Belastbarkeit von Boden, Luft, Wasser, der Biosphäre überschreiten. Gesucht wird seither nach einem Konzept, das es einerseits erlaubt, die Lebensqualität in den unterprivilegierten Ländern dieser Erde anzuheben und an das Niveau hochindustrialisierter Länder anzugleichen, ohne daß andererseits damit die Belastbarkeitsgrenzen der Erde überschritten würden. Das impliziert allerdings erheblich veränderte Produktions-, Wirtschafts- und Konsumformen. Nur mit Hilfe neuer Technologien, veränderter Distributionsformen und anderer mentaler Einstellungen, kurz: mit veränderten Wohlstandsmodellen für die Industrie- wie Dritte-Welt-Länder werden die Ziele erreichbar sein. Das Konzept des *Sustainable Development* verspricht hier eine Lösung: Entwicklung in der Dritten Welt, Wachstum auch in der Ersten und Zweiten Welt, aber unter den global geteilten Prämissen der Nachhaltigkeit und Zukunftsfähigkeit.

- Nachhaltig lebt und wirtschaftet man dann, wenn man nicht mehr Rohstoffe verbraucht, als nachwachsen, die Umweltressourcen nicht stärker nutzt, als sie im Prozeß selbsttätiger Regeneration vertragen.

- Zukunftsfähigkeit heißt, den künftigen Generationen so viele Ressourcen zu überlassen, wie den heute lebenden Menschen zur Verfügung stehen.

- Entwicklung meint, daß mit der Nachhaltigkeit kein wirtschaftlicher Stillstand, kein Nullwachstum assoziiert wird, sondern ein Wachstum unter naturschonenden und Verteilungsgerechtigkeit realisierenden Rahmenbedingungen.

Der fundamentale Parameter, aus dem heraus das Konzept eines Sustainable Developments formuliert wird, lautet: Gerechtigkeit. Sustainable Development ist als globale Vision gerade aus dieser Maxime heraus attraktiv: Allen Menschen sollen prinzipiell gleich viele Ressourcen zur Verfügung stehen. Der Verbrauch und die Ressourcennutzung der hochentwickelten Industriestaaten darf dann nicht mehr über dem Maß liegen, was aus der Perspektive der Nachhaltigkeit heraus von allen, auch den ärmsten Nationen der Erde, verbraucht und genutzt werden dürfte.

Die wesentlichen Bestandteile des Leitbildes sind im folgenden Kasten zusammengestellt (vgl. dazu BUND/Misereor 1996; Harborth 1993; Schmidt-Bleek 1994; van Dieren 1995; von Weizsäcker/Lovins/Lovins 1995).

Eine zukunftsfähige Entwicklung

folgt zur Seite der Menschen wie zur Seite der Natur hin jeweils drei Maximen.

Zur Seite der Menschen hin:

- Gleiche Lebensansprüche für alle Menschen (internationale Gerechtigkeit)
- Gleiche Lebensansprüche auch für künftige Generationen
- Gestaltung des einer Nation zur unter diesen Prämissen zur Verfügung stehenden Umweltraums auf der Basis von Partizipation der Bürger

Zur Seite der Natur hin:

- Die Nutzung einer Ressource darf nicht größer sein als die Regenerationsrate. Das heißt etwa: Die Nutz- und Einschlagmenge an Holz in Europa sollte nicht über der dort jährlich nachwachsenden Menge liegen.
- Die Freisetzung von Stoffen darf nicht größer sein als die Aufnahmefähigkeit (critical loads) der Umwelt. Dies ist besonders wichtig, da die Knappheit der Tragfähigkeit (carrying capacity) der Ökosysteme größer zu sein scheint als die Knappheit der Ressourcen.
- Nicht erneuerbare Ressourcen sollen nur in dem Maße genutzt werden, wie auf der Ebene der erneuerbaren Ressourcen solche nachwachsen, die anstelle der nicht erneuerbaren in Zukunft genutzt werden können. Das ist die sogenannte „Hartwick-Regel": Teile der Erlöse aus der Nutzung nicht erneuerbarer Ressourcen sollten in die Forschung für erneuerbare Substitute investiert werden.

Entschließt man sich, dem Konzept – und es gibt derzeit keine diskussionswürdige ökologische Alternative – zu folgen, dann hat dies einschneidende, umwälzende Konsequenzen für das Leben und Wirtschaften, für das Politik- und Bildungssystem: So muß nach der im Wuppertaler Institut für Klima, Umwelt und Energie verfaßten Studie zum „zukunftsfähigen Deutschland" (vgl. Wuppertaler Institut 1994; BUND/Misereor 1996) in der Bundesrepublik die Ressourcennutzung in den meisten Bereichen auf rund 25% bis 20% der heutigen Werte reduziert werden, wenn man nicht mehr verbrauchen will, als einem unter der Maxime der Gerechtigkeit zusteht.

Das scheint – wenigstens im Zeitraum der nächsten Jahrzehnte – ein kaum erreichbares Ziel zu sein. Allerdings zeigen Machbarkeitserwägungen auf der gesamtwirtschaftlichen Ebene (vgl. ebd: 287ff.) und auf der Ebene einzelner technischer Artefakte, des Wohnens und des Verkehrs (vgl. von Weizsäcker/Lovins/Lovins 1995), daß es durchaus realistische Möglichkeiten im Feld technischer Innovation und des wirtschaftspolitischen Umbaus gibt, um dem Ziel drastisch reduzierten Ressourcenverschleißes und geringerer Umweltbelastung nahe zu kommen.

Die entscheidende Einsicht der letzten Jahre lautet allerdings: Selbst wenn das technische Wissen und die Strategien für ein verändertes Produzieren und Wirtschaften im Sinne der Nachhaltigkeit vollständig entfaltet sind, ist damit dieses Konzept noch in keiner Form auch durchsetzungsfähig. Man muß eine nachhaltige Entwicklung *wollen*, sie muß mehrheitsfähig sein. Und das heißt: Diese Idee muß für den Menschen attraktiver erscheinen als das Weitermachen in der bisherigen Spur des Wachstums, des Wirtschaftens und Konsumierens. Das ist freilich ohne veränderte mentale Strukturen, ohne einen Willen, die eingefahrenen Bahnen des Wirtschaftens und Konsums zu verlassen, nicht möglich. Insofern bekommen die Umwelteinstellungen und das Umweltverhalten eine ganz neue Bedeutung. Waren Einstellungen und Verhalten bisher am Leitbild der Schadensbegrenzung und Bescheidung orientiert (ohne freilich in beiderlei Hinsicht größeren Effekt zu machen), so ist nun für die Umwelteinstellungen wie das -verhalten eine vorwärtstreibende Zielsetzung, sind ganz fundamental andere Orientierungen gefragt, die die Lebensstile tiefgreifend berühren.

In der Studie des Wuppertaler Instituts für Klima, Umwelt und Energie zum „zukunftsfähigen Deutschland" (vgl. BUND/Misereor 1996) wird der Versuch unternommen, das Leitbild Sustainable Development weiter kleinzuarbeiten. Auch darin ist von „Leitbildern" die Rede, nun, um die große Idee von der zukunftsfähigen Entwicklung zu präzisieren. Zur Seite des Individuums hin wird in der Studie etwa vorgeschlagen, in Hinblick auf das Mobilitätsverhalten, die Warenverkehrsströme zu einer „Entschleunigung" zu gelangen: Langsamere Geschwindigkeiten im Verkehr, stärkerer Regionalbezug in der Produktion und im Konsum gelten hier als Neuerungskonzept, denn die aktuell erreichten Beschleunigungs- und Geschwindigkeitswerte, so wird argumentiert, hätten kein humanes Maß mehr (vgl. BUND/Misereor 1996: 153ff.). Ferner wird dafür plädiert, sich im Zuge eines Wertewandels eher darauf zu konzentrieren, gut zu leben, statt viel zu haben, also einen „Zeitwohlstand statt Güterreichtum" (ebd.: 221) zu favorisieren. Ob diese und andere Leitbilder anschlußfähig sind an herrschende Lebensstile, ob sie in unserer Kultur für alle attraktiv sein können, ist eine der zentralen künftigen Forschungsfragen – und man darf sogleich skeptisch sein, wenn man an den Hang zum Hedonismus, zum Kauf schnellerer Automobile denkt. Schon daran wird ersichtlich: Das Leitbild Sustainable Development ist auf der Ebene des „Kleinarbeitens" durchaus nicht zwingend konsensfähig.

Man wird das Konzept einer nachhaltigen Entwicklung eher als Plattform begreifen müssen, auf der die Auseinandersetzungen über eine zukunftsfähige Kultur stattfinden werden. Gleichzeitig wird man gut daran tun, nicht zu leichtfertig und vorschnell eine Inkompatibilität zwischen dem Sustainability-Leitbild und den herrschenden Lebensstilen als Argument gegen die Idee von einer gerechten Welt zu wenden. Denn das Konzept ist durchaus vergleichbar zum Leitbild des Sozialstaates, das am Ende des 19. Jahrhundertes als ebenso inkompatibel mit der gesellschaftlichen Verfaßtheit galt wie heute das Leitbild der Verwirklichung internationaler Gerechtigkeit im Zuge nachhaltiger Entwicklung. Auch die Idee des Sozialstaats setzte sich schließlich auf breiter Front durch, machte den bisherigen Obrigkeitsstaat obsolet. Alle politischen Gruppierungen mußten sich damit auseinandersetzen, und schließlich wagte es niemand mehr, für einen „unsozialen Staat" einzutreten, auch wenn die eigene Interessenslage das vielleicht nahegelegt hätte. Daraus kann man lernen: Leitbilder wie jenes des Sustainable Developments sind keine normativen Konzepte, so daß man über deren richtige oder falsche Deutungen diskutieren könnte, sondern Plattformen der Auseinandersetzungen. Sie bilden so etwas wie Optionen für eine Blickrichtung – in diesem Fall für künftige Umwelteinstellungen und künftiges Umweltverhalten. Genau darin liegt der erste Vorteil, den die Entfaltung des Konzeptes der nachhaltigen Entwicklung perspektivisch für die Umweltbewußtseinsforschung bietet: Man kann präziser formulieren, wonach sich in Hinblick auf die Umwelteinstellungen zu fragen lohnt. So könnte eines der typischen Einstellungsitems, das darauf zielt zu sondieren, wie traurig man ist, wenn man daran denkt, was die Menschen der Natur angetan haben, als wenig valide eingestuft werden, wenn es darum geht, nach vorne zu schauen und Einstellungshemmnisse für das Tätigwerden im Sinne der Nachhaltigkeit zu eruieren. Dann ist es bedeutsamer zu wissen, ob sich etwa die Konsummuster im technokratischen Milieu mit der Architektur und Ausstattung eines den Kriterien der Nachhaltigkeit genügenden Holzhauses verbinden lassen.

Der Vorteil, den die Orientierung an Analysen zur nachhaltigen Entwicklung bietet, liegt ferner darin, daß sichtbar wird, wo die gravierendsten Übernutzungen von Ressourcen und die problematischsten Schadstoffproduktionen sowie -emissionen stattfinden. Die Umweltverhaltensforschung bekommt damit ganz allmählich etwas an die Hand, das immer schon fehlte: eine Hierarchisierung der Relevanzen von Umweltverhaltensfeldern. Bisher war ja die Selektion der Frage-Items zum umweltgerechten Verhalten recht unsystematisch verlaufen: Niemand hat sich darum gekümmert zu fragen, ob es denn im Sinne der Umweltverträglichkeit überhaupt von größerer Relevanz ist, den Bioabfall gesondert zu sammeln, Altpapier zu recyclen oder Einkaufsnetze zu nutzen.

Nach der Studie zum „Zukunftsfähigen Deutschland" (vgl. Wuppertaler Institut 1994; BUND/Misereor 1996) lassen sich zum Beispiel einige entscheidende individuelle Handlungsfelder mit starker Rückwirkung auf die Umweltnutzung benennen, die zu Schwerpunkten bei der Generierung von Frage-Items in der Umweltverhaltensforschung werden sollten, soweit dies bisher nicht der Fall ist:

- der Energieverbrauch – insbesondere für Heizsysteme,

- das Mobilitätsverhalten – insbesondere der Individualverkehr im Freizeitbereich,

- der Konsum industriell bearbeiteter Lebensmittel und der Fleischkonsum,

- die Expansion der Nutzung von Haushaltsgeräten,

- der Wohnungsbau – insbesondere Wohnformen, Baustoffe, Dämmstoffe und Renovierungsmaterial.

Aufs ganze gesehen kündigt sich mit der intensivierten Debatte um ein Sustainable Development ein tiefgreifender Wandel in den Umwelteinstellungen und im Umweltverhalten an, und es eröffnet sich die Perspektive auf neue, präzisierte Forschungsfragen. Dennoch wird man nicht im Optimismus verharren können. Das neue Leitbild hat schließlich gravierende Folgen für die Vorstellung von der Gestaltbarkeit von Zukunft und für den Sinn, den die Gestaltung der Zukunft hat. In zwei Richtungen gehen wir dem nach: Auf der einen Seite möchten wir die Konsequenzen zeigen, die aus dem Versuch resultieren, das Handeln und Wirtschaften für die Zukunft vorauszuplanen und zu berechnen. Dies unternehmen wir an der schon in den 1950er Jahren von Arnold Gehlen formulierten These, wir bewegten uns auf die „Posthistoire", quasi auf eine zukunftslose Zukunft zu. Zweitens fragen wir, wie tragfähig das Fundament des Sustainable Developments ist, wenn es seinen Sinn aus der Vorstellung gewinnt, wir müßten anders leben, damit künftigen Generationen eine solide Plattform für ihre Existenz bliebe.

Blinde Flecken im neuen Leitbild

Mit der zukunftsfähigen Entwicklung in die Posthistoire?

Arnold Gehlen schrieb 1952: Der Mensch als modernes Massenwesen „bemüht nicht mehr das alte Zauberwort der Freiheit, er denkt in Plänen. Vielleicht ist damit ein höherer Grad an Mißtrauen erreicht, nämlich der Wunsch, die Welt nunmehr zukunftslos zu machen und um diesen Preis die Sicherheit zu erkaufen. Sind wir schon aus der Geschichte heraus und im post-histoire?" (Gehlen 1963a: 246). Heute bekommt Gehlens These vom Leben in der zukunftslosen Welt neue Nahrung: Wenn wir uns nicht schon in der Posthistoire befinden, so liefert ausgerechnet das Konzept der dauerhaft-umweltgerechten oder auch „zukunfts-fähigen" Entwicklung dafür die präskriptiven Grundlagen.

Die Basis der Frage Gehlens, ob wir in der Posthistoire leben, war die Erschöp-fung des utopischen Potentials in diesem Jahrhundert. Gehlen sah mit der Ausformung des sozialistischen und kapitalistischen Weges der Wirtschafts- und Sozialordnung, mit dem Bestand an religiösen Visionen und utopischen Heils-lehren seiner Zeit das Potential an überhaupt entfaltbaren Ideen für Erneuerungen als erschöpft an. Das innovative Potential der Umwälzungen der letzten Jahrhun-derte war für ihn in einer wissenschaftlich-technischen Megamaschine erstarrt.

Die Grundkonzeption der Neuzeit hatte dagegen gelautet: Der Mensch macht die Geschichte. In Auseinandersetzung mit der Natur, durch wissenschaftlich-technischen Fortschritt, durch die Hervorbringung einer sich immer wieder erneuernden Kultur schaffen sich die Subjekte eine neue Welt. Dieser Prozeß der Innovation setzt damit auf eine nicht gänzlich kalkulierbare Zukunft, denn nur, wenn letztere nicht vorhersagbar und verplant ist, kann es etwas Neues und vor allem: kann es Freiheit geben. Nun aber hat, so Gehlen, die Entwicklung nicht zu immer mehr Freiheit des schöpferischen Individuums geführt, vielmehr mündeten Kapitalismus wie Sozialismus in eine Weltzivilisation, in der alles, Lebensformen, Kultur, Wirtschaft etc., einem gigantischen, interdependenten wissenschaftsgesteuerten Apparat unterworfen ist.

Interessant für den Versuch, mit der Idee von einer zukunftsfähigen, nachhal-tigen Entwicklung ein neues Leitbild zu propagieren, ist nun eine Prognose, die Gehlen Anfang der 1960er Jahre seiner zeitkritischen Diagnose aus den 1950ern hinzufügte: „... ich sage, daß ideengeschichtlich nichts mehr zu erwarten ist, sondern daß die Menschheit sich in dem jetzt vorhandenen Umkreis der großen Leitvorstellungen einzurichten hat ... . Ich exponiere mich also mit der Voraus-sage, daß die Ideengeschichte abgeschlossen ist, und daß wir im Posthistoire angekommen sind, so daß der Rat, den Gottfried Benn dem einzelnen gab, nämlich „Rechne mit deinen Beständen", nunmehr der Menschheit als ganzer zu erteilen ist. Die Erde wird demnach in der gleichen Epoche, in der sie optisch und informatorisch übersehbar ist, in der kein unbeachtetes Ereignis von größerer Wichtigkeit mehr vorkommen kann, auch in der genannten Hinsicht überraschungslos. Die Alternativen sind bekannt ... und sind in allen Fällen endgültig" (Gehlen 1963b: 323f.). Beobachtet man von dieser Warte aus die Diskussion um das Sustainable Development, so zeigen sich überraschende Parallelen.

„In Plänen denken", „Sicherheit wollen", „mit den Beständen rechnen", die zentralen Identifikationsmomente für die Posthistoire nebst dem Ratschlag für die Zukunft sind der Haltung, die eine nachhaltige Entwicklung den Individuen abverlangt, nicht fremd, ja sie sind für ein Sustainability-Ethos geradezu konstitutiv. So heißt es im Umweltgutachten des Rates von Sachverständigen für Umweltfragen 1994 in Hinblick auf eine anwendungsorientierte Ethik der Nachhaltigkeit, daß diese der „Übelminimierungsregel" und der „Übelabwägungsregel" folgen müsse (Umweltgutachten 1994: 59). Dient die Minimierungsregel als Maxime bezüglich der Reduktion von Nebenwirkungen menschlichen Handelns bei der Produktion, der Entwicklung und Anwendung technischer Verfahren der Naturbearbeitung, so dient die Abwägungsregel der Sicherung von Handlungsfähigkeit dort, wo sich die Übel – bezogen auf den aktuellen Stand von Wissen und Verfahren – nicht weiter reduzieren lassen, das Nicht-Handeln wahrscheinlich aber größere Übel nach sich zieht als die Inkaufnahme eines Minimalübels (vgl. ebd.: 59ff.).

Woher aber, so wird man fragen müssen, läßt sich von den Nebenwirkungen des Handelns wissen, wie läßt sich feststellen, welche Folgen das Nichthandeln hat? Nur, indem man – mit Arnold Gehlen gesprochen – „in Plänen denkt", also die Nebenfolgen aktuellen Handelns für die künftige Umweltsituation kalkuliert, Berechnungen anstellt über die Effekte heutiger Aktivität für die künftige lokale und globale Umweltsituation. Dergestalt in Plänen zu denken und im Rahmen eines Ressourcenmanagements Berechnungen anzustellen, daß dem einzelnen ein für seine Lebensfristung in Quadratdezimetern bezifferter „Umweltraum" (vgl. Sustainable Netherlands 1994; Zukunftsfähiges Deutschland 1994) zugewiesen werden kann, der reichen muß für die kulturelle Ausformung der Societät und darin wiederum auch für die ganz persönliche individuelle Entfaltung, so weit hat Arnold Gehlen *seine* Prognose nicht vorangetrieben.

Man wird nun freilich mit Recht einwenden wollen, daß angesichts des Ressourcenverschleißes und der globalen Umweltproblemlagen gar nichts anderes einen Sinn mache, als mit den Beständen zu rechnen – wie Gottfried Benn anmahnte. Das Rechnen mit den Beständen macht aber nur Sinn, wenn man sich auf die Prognosen für die Zukunft stützt und keinesfalls bereit ist, aus der Geschichte zu lernen. Denn aus ihr kann man hinsichtlich eines Sustainable Developments heute einzig kontraproduktive Schlüsse ziehen. Versucht man, die Kriterien für Nachhaltigkeit nämlich aus geschichtlichen Einsichten zu gewinnen, so stößt man auf irritierende Ergebnisse (vgl. zu den folgenden Beispielen: Worster 1994).

In den Wirtschaftswissenschaften spricht man von Nachhaltigkeit dann, wenn eine Sozietät oder Gesellschaft in der Lage ist, langfristig in ihrem Wirtschaften Kontinuität zu erwirken. Das ist nun hinsichtlich des Wachstums in den USA seit etwa 1850 der Fall. Nimmt man die Dauerhaftigkeit eines Wirtschaftssystems zum Standard für eine erfolgreiche Nachhaltigkeit, so müßte man das beständige Wachstum, die Profit einbringende Marktwirtschaft der USA mit ihrer fast 150jährigen Erfahrung durchaus zum Vorbild nehmen können.

Nicht anders sieht das Ergebnis aus, orientiert man sich in der Frage danach, was ein erfolgreiches nachhaltiges System sei, am Gesundheitssystem. Auch hier kommt man mit einem Blick in die Vergangenheit zu einem eher überraschenden Resultat: Nachhaltigkeit wird in den Gesundheitswissenschaften als Zustand physiologischer Tüchtigkeit des Individuums definiert. Daher richtet sich das Augenmerk auf die Verfügbarkeit von Nahrung und die Qualität von Luft, Wasser und Nahrungsmitteln sowie der medizinischen Versorgung. Nun wird man auch hier bei Berücksichtigung aller Gefährdungen, Hungerkatastrophen, Seuchen, medizinischer Unterversorgung anerkennen müssen, daß die Gesundheit der Weltbevölkerung – nicht nur in den Industriestaaten dieser Welt – zugenommen hat. Die Bedingungen für die menschliche Existenz sind heute viel nachhaltiger als noch vor 50 Jahren. Indikatoren sind die wachsende durchschnittliche Lebensdauer des Menschen ebenso wie die Bevölkerungsexplosion. Anders gesagt: Die vielgescholtene Medizin und die kritisierte Ernährungsform unserer Zeit sind bei aller Kritik an der Schadstoffbelastung von Luft, Wasser und Nahrungsmitteln historisch gesehen das richtige Konzept für Nachhaltigkeit in Fragen der Gesundheit.

Eine dritte Möglichkeit der Bestimmung von Nachhaltigkeit sei noch angeführt: Die Bestimmung von nachhaltigen Institutionen und Sozietäten. Als nachhaltig gelten Institutionen, die – durch die Unterstützung der Gemeinschaft, in der sie etabliert wurden – sich selbst erhalten und regenerieren können. Es ist für die Nachhaltigkeit gleichgültig, ob sie – von außen betrachtet – gerecht, nützlich, sozial etc. sind. Und aus dieser Perspektive sind die demokratisch verfaßten, kapitalistischen, auf oligarchische Konsummöglichkeiten abstellenden Kulturen mit ihren Institutionen nachhaltige Sozietäten. Dies im Gegensatz zu den sozialistischen Gesellschaften, die nicht einmal 100 Jahre überdauert haben.

Nun wird man aus der Perspektive einer dauerhaften, umweltgerechten Entwicklung und aus der Perspektive eines entsprechenden Ethos wohl schwerlich sagen können: Weitermachen! Mehr desselben! Die Pointe der Überlegungen zur Sustainability besteht gerade darin, das, was dauerhaft erfolgreich war, nun *nicht* fortsetzen zu können. Die Vergangenheit hat uns in Hinblick auf Sustainable Development nichts mehr zu sagen. Die Pointe der aktuell in Deutschland kursierenden Konzepte nachhaltiger Entwicklung liegt daher nicht im Rekurs auf Geschichte, im Aufrechnen der schon verbrauchten Ressourcen, der Kritik am gegenwärtigen Wohlstand in den Industrieländern, sondern in dem Umschlag von der Diagnose der Posthistoire bei Arnold Gehlen zum normativen Zukunftskonzept: *Wo Geschichte war, soll nun Posthistoire werden.* Und das heißt: Defuturisierung der Zukunft. Man möchte, ja muß heute schon wissen, wie die Welt morgen aussieht. Doch nicht nur diese Antizipation von Zukunft durch Szenarien, Prognosen und Spekulationen defuturisiert die Zukunft in dem Sinne, daß nichts im strengen Sinne Neues – und das heißt schlicht: Unbekanntes – mehr auftauchen soll. Vielmehr impliziert das Denken in Plänen auch die Defuturisierung der Zukunft durch die Orientierung an der Idee der Wiederholbarkeit. Das Umweltgutachten von 1994 sieht nämlich eine zentrale Konkretisierung der dauerhaft-umweltgerechten Entwicklung im Konzept der „zirkulären Ökonomie" vorliegen. Das bedeutet, daß die Natur in ihrer Fähigkeit, sowohl Rohstoffe zur Verfügung zu stellen, als auch freigesetzte Stoffe aufzunehmen, in die ökonomische Rechnung Eingang findet, und zwar so, daß beide genannten Fähigkeiten dauerhaft Bestand haben. ... Vorrangig geht es also darum, die Umweltfunktionen zu erhalten. Das Naturraumpotential muß soweit geschont werden, wie es für die dauerhafte Aufrechterhaltung dieser Umweltfunktionen notwendig ist" (Umweltgutachten 1994: 47).

Die Wiederholbarkeit der heutigen Handlungen in der Zukunft ist das tragende Prinzip. David Pearce, auf den sich das Umweltgutachten bei seinen Einlassungen zur zirkulären Ökonomie stützt, hat gemeinsam mit Jeremy Warford in einer neueren Publikation schon durch den Titel signalisiert, welches Zeitmodell diesem Wirtschaftskonzept inhärent sein soll: „World without End" (Pearce/Warford 1993). Da wird mit Blick auf den prophezeiten Untergang gegen lineare Zeitmodelle, mithin auch gegen die Geschichtszeit opponiert. Vor dem Abgrund, so ließe sich das Bild ergänzen, scheint es sinnvoll, nicht mehr linear voranzuschreiten; es ist besser, sich im Kreis zu bewegen und die nächsten Schritte immer vorausschauend zu planen. Der dafür zu zahlende Preis: Verlust einer offenen Zukunft und Verlust der individuellen Freiheitsgrade, wie sie heute in den westlichen Zivilisationen gelebt werden. Doch dieser Preis ist nicht zu hoch, wenn der Untergang droht.

Rücksichtnahme auf künftige Generationen

„Weder die antike noch die christliche Ethik hat je erwogen, ob man das Glück der Gegenwärtigen preisgeben darf oder soll für das Glück der Künftigen" (Blumenberg 1987: 213). Dennoch ist die Aufforderung, in der Gegenwart etwas für das Glück künftiger Generationen zu tun, so neu nicht. Schon das Fortschrittsideal der Geschichte hat dies für selbstverständlich gehalten. Die aktuell Lebenden sind im Kontext der neuzeitlichen Fortschrittsidee bloße Wegbereiter für das Glück noch ungeborener Generationen. Die Idee von Fortschritt fand ihr Fundament darin, mit immer weiter entwickelten Naturgesetzen, technischen Innovationen und optimierter Ressourcenerschließung die Produktivkräfte auf ein so hohes Niveau zu bringen, daß alle Bedürfnisse aller erfüllt würden. Nun aber scheinen sich die Mittel für die Vollendung des Fortschritts schneller zu verschleißen, als sich dieser einstellen will. Was sich einstellt, ist eine Inversion, ja Implosion der Fortschrittshoffnung.

Noch bevor sich der Fortschritt nun vollendet, wird mit dem Konzept des nachhaltigen Wirtschaftens schon den heute Lebenden abverlangt, nicht mehr zu sollen, was sie in Hinblick auf die aktuell noch angewandten Mittel können. In der Studie „Sustainable Netherlands" wird zum Beispiel zunächst aufgerechnet, wie viele Freizeitfahrten derzeit in den Niederlanden mit dem Auto gemacht werden. Das wird man sich in den nachhaltig wirtschaftenden Niederlanden im Jahre 2010 nicht mehr leisten können. Für den Besuch von Verwandten und Bekannten gilt dann: „Im Jahr 2010 wird man sich für solche Besuche anderer Transportmittel bedienen: zu Fuß gehen, Radfahren, öffentliche Verkehrsmittel" (Sustainable Netherlands 1994: 180f.). Umstellung und Einschränkung werden auch beim Gebrauch elektrischer Geräte gefordert: Einsparungsmöglichkeiten, die sich aufgrund technischer Innovation bezüglich des Stromverbrauchs ergeben, werden nicht hinreichen, um die Energieeinsparungsziele für das Jahr 2010 zu erreichen. Konsequenz: Das aktuelle Konsumwachstum, gerade bezüglich elektrischer Freizeitgeräte, muß reduziert werden (vgl. ebd.: 181). Man soll nicht mehr haben dürfen, was man haben könnte.

Zivilisationsgeschichtlich gesehen markiert das Konzept der nachhaltigen Entwicklung einen gänzlich neuen Schritt der Selbstregulation der Individuen, geht es doch um einen neuen Modus von Langsicht und Berechenbarkeit. Deutlich wird das, wenn man sich den Klassiker Norbert Elias noch einmal anschaut. Er schrieb resümierend im Rückblick auf den Weg von der höfischen Gesellschaft in die Moderne zum „Prozeß der Zivilisation": „Die ganze Richtung der Verhaltensänderung, der ‚Trend' der Zivilisationsbewegung ist überall der gleiche. Immer drängt die Veränderung zu einer mehr oder weniger automatischen Selbstüberwachung, zur Unterordnung kurzfristiger Regungen unter das Gebot einer gewohnheitsmäßigen Langsicht zur Ausbildung einer differenzierten und festen „Über-Ich"-Apparatur" (Elias 1976: 338). Die Länge und Dichte der Handlungsketten, die Elias hier vor Augen hatte, waren primär noch auf die Verflechtung des eigenen Tuns mit dem anderer und der von Menschen bedienten Maschinerie bezogen, umfaßten also nicht mehr als das alltägliche Geschehen. Und, was wesentlich ist: Elias macht als weiteste Antizipation die Einteilung der eigenen Lebenszeit aus. Die „Einteilung der Lebenszeit ... gewöhnt an eine Unterordnung der augenblicklichen Neigungen unter die Notwendigkeit der weiterreichenden Interdependenz; sie trainiert zu einer Ausschaltung aller Schwankungen im Verhalten und zu einem beständigen Selbstzwang" (ebd.). Den Zweck dieser Langsicht sah Elias in der Stabilisierung und Entfaltung der abendländischen arbeitsteiligen Gesellschaften wie in der Chance für das Individuum, auf kurzfristige affektgesteuerte Bedürfnisbefriedigungen zugunsten längerfristiger erfolgreicher Erfüllung eines guten Lebens zu verzichten.

Der Schritt, der mit dem Konzept der nachhaltigen Entwicklung getan wird, reicht allerdings über die eigene Lebenszeit weit hinaus. In der nun abgeforderten Langsicht geht es nicht mehr ums Überblicken der eigenen Lebensspanne. Langsicht ist jetzt kontraproduktiv, soweit sie auf die Erfüllung eines guten *eigenen* Lebens ausgerichtet ist. Wer sich am guten eigenen Leben orientiert und das – wie die überwältigende Mehrheit hierzulande – auch am Besitz materieller Güter, Mobilität, an weitausgreifendem Kulturkonsum etc. festmacht, dem wird eine „Nach-mir-die-Sintflut-Mentalität" vorgeworfen: „wir verbrauchen von der Erde zu viel und zu schnell, und wir produzieren zu viele Abfälle" (Sustainable Netherlands 1994: 19). Die Größenordnungen des „zu viel" sind durchaus beachtlich. Für die Bundesrepublik wie für die Niederlande wird geschätzt, daß wir unseren Rohstoff- und Energieverbrauch sowie die Produktion von Abfällen in den nächsten 20 bis 25 Jahren um mindestens drei Viertel bis vier Fünftel reduzieren müssen (vgl. von Weizsäcker/Lovin/Lovin 1995). Dagegen ist der Energieverbrauch in den letzten 25 Jahren um mehr als 25% gestiegen, und die Produktion von Abfällen ist in den letzten 15 Jahren konstant hoch – und dies trotz der nun schon ebenso lange dauernden Versuche, die Abfallmengen zu reduzieren. Entsprechend heißt der Ratschlag auch: „Den Gürtel enger schnallen, weniger produzieren und verbrauchen" (Sustainable Netherlands 1994: 20).

Das sagt sich leicht daher. Wer aber wird auf diesen Ratschlag hören?

Bildung – was sonst?

Wenn die Perspektive lautet: Ein Sustainable Development erfordert statt der bisher identifizierbaren *und* bisher propagierten Umwelteinstellungen und -verhaltensformen andere, neue Einstellungen und Verhaltensweisen, so wirft dies sogleich die Frage auf, wie dieses und wer denn dieses neue Umweltbewußtsein auf den Weg bringen soll. „Alle politisch-strukturellen Maßnahmen bleiben auf die Dauer wirkungslos, wenn sie nicht auch auf die subjektive Bereitschaft der Menschen zur Umsetzung und Mitgestaltung der darin gesetzten Ziele treffen", heißt es im Gutachten des Sachverständigenrates für Umweltfragen (Umweltgutachten 1994: 156). Einmal mehr ist diese Einsicht gekoppelt an die Aufforderung, über das Bildungssystem in dieser Hinsicht Veränderungen zu bewirken. Ganz ähnlich wird auch von Meadows/Meadows/Randers argumentiert: „Alle Visionen und Kommunikation sind nutzlos, wenn sie nicht zu Handlungen führen. Und die Schaffung eines nachhaltigen Zustands erfordert nun einmal Handlungsbereitschaft. Neue landwirtschaftliche Anbaumethoden müssen entwickelt, neue Formen des Geschäftslebens gefunden und die alten modifiziert werden. ... Kinder müssen geschult werden – viele Erwachsene auch. " (Meadows/Meadows/Randers 1992: 274).

Allerdings zeigt sich auch: Man macht es sich zu einfach, wenn man auf die Vermittlung von Schlüsselkompetenzen und ein Sustainability-Ethos setzt, ohne zu fragen, wie sich beides mit den Lebens- und Denkstilen, dem Bedürfnis nach Wohlbefinden und utilitären Entscheidungsmustern der Individuen verbinden kann. Zu wenig wird bisher berücksichtigt, daß

- *erstens* die Defuturisierung der Zukunft, das Denken in Plänen, Prognosen und Szenarien als Orientierungsrahmen für gegenwärtiges Handeln nicht ohne weiteres von allen Individuen akzeptiert werden dürfte;
- *zweitens* der Verlust der Möglichkeit, aus den Erfahrungen, also aus der Geschichte etwas lernen zu können, eine Umstellung in den alltäglichen Handlungsmustern erforderlich macht, die in ihrer Radikalität und Tragweite noch gar nicht erfaßt ist;
- *drittens* die Orientierung des gegenwärtigen individuellen Handelns an dem Leben künftiger, noch gar nicht gezeugter Menschen, die dann irgendwo auf der Erde leben werden, keine unmittelbare Evidenz besitzt. Wer den jetzt Lebenden Beschränkungen in der gegenwärtigen Gestaltung ihres Lebensglücks einsichtig machen will, wird mehr vorbringen müssen als das Glück der Menschen des nächsten Jahrtausends.

Nun mag man in der Aufforderung, den Krisenphänomenen mit verstärkten Bildungsanstrengungen begegnen zu wollen, den Versuch sehen, im Wirtschafts- und Politiksektor erzeugte Probleme einmal mehr über das Bildungssystem lösen zu wollen (vgl. de Haan 1993a). Traditionell hält man aus pädagogischer Perspektive sogleich dagegen und argumentiert, ein solches Ansinnen liefe auf Manipulation der Individuen hinaus, verließe die Ebene der rationalen

Auseinandersetzung und forciere eine unreflektierte Erziehung zu einer von außen oktroyierten Umweltmoral. Im Kontext der Sustainable-Development-Diskussion scheint uns dieser Vorwurf nicht mehr stichhaltig zu sein. Denn:

Erstens zeigt die Debatte um eine nachhaltige Entwicklung deutlicher noch als die Diskussion um die Umweltkrise, daß es die kulturellen Kontexte und die in ihnen kursierenden Imaginationen, Lebens- und Denkstile sowie Vor-Urteile sind, die das Umweltbewußtsein und -verhalten bestimmen. Und dieses ist allemal erlernt.

Zweitens tangiert eine politische und/oder wirtschaftliche Orientierung am Sustainable Development das Individuum noch in ganz anderer Form, als dies der Fall wäre, wenn im Zuge einer Ökologisierung von Wirtschaft, Verkehr, Verwaltung und Konsumsektor lediglich andere Konsumgüter, Verkehrssysteme etc. Einzug hielten. Eine dauerhaft umweltgerechte Entwicklung fordert – wenigstens in den Industrieländern und wenigstens nach den vorliegenden Studien – dem einzelnen im Namen künftiger Generationen und im Namen globaler Gerechtigkeit ab, sich – über eine innovative Entwicklung im Wirtschafts- und anderen Sektoren hinaus – zu beschränken, da sein aktueller Lebensstil zu der von ihm selbst als krisenhaft bewerteten Umweltsituation beiträgt. Ob man der Aufforderung zur Selbstbeschränkung folgen mag oder nicht, setzt Entscheidungskriterien voraus, über die man erst einmal verfügen muß. Und wie sonst sollen diese zugänglich werden, wenn nicht durch Unterrichtung und Diskurs?

Drittens aber – und das ist zentral – zeigt sich: Die Konsequenzen, die aus der Vision einer dauerhaft-umweltgerechten Entwicklung gezogen werden, stellen *nicht* auf Verhaltensmanipulation ab, sondern auf Reflexion und Pluralität. Bildungsprozesse ermöglichen es, die Umweltkrise zu reflektieren und Schlüsselkompetenzen zu ihrer Bewältigung zu erwerben. Die Sustainability-Konzeption für tragfähig zu halten, geht nicht mit der naiven Annahme eines zentral steuerbaren gesellschaftlichen Prozesses einher. Der Zivilisationsprozeß, so Elias, ist weder in seinem Ablauf vorausbestimmt noch in seinem Gesamtzusammenhang durch Gruppen oder Personen steuerbar. Bildung kann allerdings die kritische Reflexion vorhandener und die Entwicklung neuer Leitbilder befördern. Nur eine Auseinandersetzung mit den kulturellen Beständen, Denkstilen und kursierenden Handlungsvorschlägen für eine bessere, nachhaltige Zukunft wird einen Wandel in den Lebensstilen und eine nachhaltige Politik möglich machen. Umweltbewußtsein ist die Denkvoraussetzung einer epochalen Veränderung.

Der Weg führt durch die Bildung.

Literaturverzeichnis

Altner, G. u.a. (Hrsg.)(1991): Jahrbuch Ökologie 1992, München.

Arcury, T.A./Johnson, T.P. (1987): Public Environmental Knowledge: A Statewide Survey. In: The Journal of Environmental Education, Vol. 18, pp. 31-37.

Aurand, K./Hazard, B.P./Tretter, F. (Hrsg.)(1993): Umweltbelastungen und Ängste. Erkennen, Bewerten, Vermeiden, Opladen.

Balderjahn, I. (1984): Das Umwelt- und Konsumbewußtsein von Studenten: Multivariate statistische Analysen, ein Projekt im Statistik Hauptstudium an der Technischen Universität, Berlin.

Bamberg, S./Schmidt, P. (1993): Verkehrsmittelwahl – eine Anwendung der Theorie geplanten Verhaltens. In: Zeitschrift für Sozialpsychologie, H. 1, S. 25-37.

Bamberg, S./Schmidt, P. (1994): Auto oder Fahrrad? Empirischer Test einer Handlungstheorie zur Erklärung der Verkehrsmittelwahl. In: Kölner Zeitschrift für Soziologie und Sozialpsychologie, Jg. 46, H. 1, S. 80-102.

Bamberg, S./Schmidt, P. (o.J.): Was passiert vor dem Tritt aufs Gaspedal? Spezifikation, Test und Modellmodifikation eines Modells der Verkehrsmittelwahl, Manuskipt, o.O.

Banning, T.E. (1987): Lebensstilorientierte Marketing-Theorie: Analyse und Weiterentwicklung modelltheoretischer und methodischer Ansätze der Lebensstilforschung im Marketing, Heidelberg.

Bastiaans, J. (1987): Sociopsychosomatic Aspects of Individual, Familial and National Suffering and Pain. In: Brihaye, J./Loew, F./Pia, H.W. (Hrsg.): Pain. A Medical and Anthropological Challenge, Wien/New York, S. 105-110.

Baum, A./Fleming, R./Singer, J.E. (1983): Coping with Victimization by Technological Desasters. In: Journal of Social Issues, Vol. 39, pp. 117-138.

Becker, P. (1991): Theoretische Grundlagen. In: Abele, A./Becker, P. (Hrsg.): Wohlbefinden. Theorie – Empirie – Test, Weinheim/München.

Bellah, R. u.a. (1987): Die Gewohnheiten des Herzens, Köln.

Bergener, M./Herzmann, C.E. (Hrsg.)(1987): Das Schmerzsyndrom – eine interdisziplinäre Aufgabe, Weinheim.

Berger, M./Jung, M./Roth, D. (1992): Einstellungen zu Fragen des Umweltschutzes 1992. Ergebnisse jeweils einer repräsentativen Bevölkerungsumfrage in den alten und neuen Bundesländern, Mannheim.

Berger, P.A./Hradil, S. (Hrsg.)(1990): Lebensläufe, Lebenslagen, Lebensstile. Soziale Welt, Sonderband 7, Göttingen.

Bergmann, H./Eigler, H./Zabel, J. (1990): Parzellierte Idyllen in der Stadt. Eine Untersuchung zur sozialen Struktur, Nutzungspräferenzen und Umweltbewußtsein Darmstädter Kleingärtner. In: Seuffert, O. (Hrsg.): Darmstädter Kleingartenanlagen. Entwicklung, Nutzung und Belastung aus soziologischer und geoökologischer Sicht, Bensheim.

Bick, H./Birg, H./Schug, W. (Hrsg.)(1991): Funkkolleg Humanökologie. Weltbevölkerung – Ernährung – Umwelt, Studienbriefe 1-4, Weinheim/Basel.

Bickman, L. (1972): Environmental Attitudes and Actions. In: Journal of Social Psychology, Vol. 87, pp. 323-324.

Billig, A. (1990): Möglichkeiten der Bewußtseins- und Verhaltensänderung durch Umwelterziehung. In: DGU, IPN, CEDE (Hrsg.): Schulische und außerschulische Lernorte in der Umwelterziehung, Kiel, S. 201-213.

Billig, A. (1994): Ermittlung des ökologischen Problembewußtseins der Bevölkerung, Berlin.

Billig, A. (1995): Umweltbewußtsein und Wertorientierung. In: Haan, G. de (Hrsg.): Umweltbewußtsein und Massenmedien, Berlin.

Billig, A./Briefs, D./Pahl, A. (1987): Das ökologische Problembewußtsein umweltrelevanter Zielgruppen. Wertwandel und Verhaltensäußerung, Umweltbundesamt, Berlin.

Billig, A./Briefs, D./Pahl, A. (1989): Das ökologische Problembewußtsein umweltrelevanter Zielgruppen, Wertwandel und Verhaltensänderung. In: Bolscho, D./Eulefeld, G. (Hrsg.): Materialien zur empirischen Forschung in der Umwelterziehung, Kiel.

Blum, A. (1987): Student's Knowledge and Beliefs Concerning Environmental Issues in Four Countries. In: The Journal of Environmental Education, Vol. 18, pp. 7-13.

Blumenberg, H. (1987): Die Sorge geht über den Fluß, Frankfurt (Main).

Bodenstedt, A./Brombach, C. (1993): Essen und Wissen – Risiko und Gefahr in der postmodernen Gesellschaft. In: curare, Jg. 16, S. 243-255.

Boehnke, U./Macpherson, M./Meador, M./Petri, H. (1988): Leben unter atomarer Bedrohung. Zur Bedeutung existentieller Ängste im Jugendalter. In: Gruppendynamik, Jg. 19, S. 429-452.

Bogun, R./Osterland, M./Warsewa, G. (1990): Was ist überhaupt noch sicher auf der Welt? Arbeit und Risikobewußtsein von Industriearbeitern, Berlin.

Bogun, R./Osterland, M./Warsewa, G. (1992): Arbeit und Umwelt im Risikobewußtsein von Industriearbeitern. In: Soziale Welt, Jg. 43, H. 2, S. 237-245.

Bolscho, D. (1986): Umwelterziehung in der Schule, IPN, Kiel.

Bolscho, D./Eulefeld, G./Seybold, H. (1994): Bildung und Ausbildung im Umweltschutz, Bonn.

Bolz, N. (1986): Leiderfahrung als Wahrheitsbedingung. In: Oelmüller, W. (Hrsg.): Leiden, Paderborn/München/Wien/Zürich, S. 9-19.

Bonica, J.J./Albe-Fessard, D.G. (Hrsg.)(1976): Advances in Pain Research and Therapy. Proceedings of the First World Congress on Pain, New York.

Bormann, W./Funcke, R. (1985): Ermittlung von Möglichkeiten zur Reduzierung von Hausmüllmengen mittels Beeinflussung des Verbraucherverhaltens, Umweltbundesamt, Berlin.

Bortz, J. (1993): Statistik. Für Sozialwissenschaftler, Berlin/Heidelberg/New York.

Botkin, D.B. (1990): Discordant Harmonies. A New Ecology for the Twenty-first Century, New York/Oxford.

Bourdieu, P. (1982): Die feinen Unterschiede, Frankfurt (Main).

Braun, A. (1983): Umwelterziehung zwischen Anspruch und Wirklichkeit, Frankfurt (Main).

Braun, A. (1993): Umweltbewußtsein: Silberstreifen am Horizont... . Fakultät für Theologie, Geographie, Kunst und Musik an der Universität Bielefeld, Bielefeld.

Brenner, U. (1989): Hätten Sie's gewußt? In: Natur, H. 4, S. 78-82.

Brown, L. u.a. (1993): Zur Lage der Welt 1991/92. Daten für das Überleben unseres Planeten, Worldwatch Institute Report, Frankfurt (Main).

Brown, L.R./Flavin, C./Kane,H. (1992): Vital Signs. The Trends that are Shaping Our Future, Worldwatch Institute, New York/London.

Brügge, P. (1990): Zum Überleben zu tüchtig? In: Der Spiegel, H. 37, S. 117-156.

Brüggemeier, F.-J./Rommelspacher, T. (1994): Blauer Himmel über der Ruhr: Geschichte der Umwelt im Ruhrgebiet 1840-1990, Essen.

Bullinger, M. u.a. (1974): Das Verursacherprinzip und seine Instrumente, Berlin.

BUND/Misereor (Hrsg.)(1996): Zukunftsfähiges Deutschland. Ein Beitrag zu einer global nachhaltigen Entwicklung, Basel/Boston/Berlin.

Bundesminister des Innern (Hrsg.)(1971): Materialien zum Umweltprogramm der Bundesregierung 1971. Umweltplanung. Anhang: Umweltprogramm der Bundesregierung, Bonn, S. 1-25.

Bundesminister des Innern (Hrsg.)(1986): Umweltpolitik der Bundesregierung, Bonn.

Bundesminister für Bildung und Wissenschaft (Hrsg.)(1987): Arbeitsprogramm Umweltbildung, Bonn.

Bundesminister für Bildung und Wissenschaft (Hrsg.)(1987): Zukunftsaufgabe Umweltbildung, Schriftenreihe Grundlagen und Perspektiven für Bildung und Wissenschaft, Bd. 16, Bonn.

Bundesminister für Bildung und Wissenschaft (Hrsg.)(1988): Umweltbildung in der EG, Schriftenreihe zu Bildung und Wissenschaft, Bd. 79, Bonn.

Bundesminister für Bildung und Wissenschaft (Hrsg.)(1988): Zukunftsaufgabe Umweltbildung, Reihe Bildung – Wissenschaft – Aktuell, 1/88, Bonn.

Calließ, J./Lob, R.E. (Hrsg.)(1987): Praxis der Umwelt- und Friedenserziehung, Bd. 2, Düsseldorf.

Carson, R. (1962): The Silent Spring, Cambridge (MA).

Combs, B./Slovic, P. (1979): Newspaper Coverage of Causes of Death. In: Journalism Quarterly, Vol. 56, pp. 837-843.

Craig, K.D. (1980): Ontogenetic and Cultural Influences on the Expression of Pain in Man. In: Kosterlitz, H.W./Terenius, L.Y.: Pain and Society, Weinheim, pp. 37-52.

Dake, K./Wildavsky, A. (1990): Theories of Risk Perception: Who Fears What and Why? In: Daedalus, Bd. 119, No. 4, pp. 41-60.

Dangschat, J./Blasius, J. (Hrsg.)(1994): Lebensstile in den Städten, Opladen.

Dann, H.-D. (1991): Subjektive Theorien zum Wohlbefinden. In: Abele, A./Becker, P. (Hrsg.): Wohlbefinden. Theorie – Empirie – Test, Weinheim/München.

Delwaide, J. (1993): Postmaterialism and Politics: The „Schmidt-SPD" and the Greening of Germany. In: German Politics, Vol. 2, No. 2, pp. 243-269.

Demuth, R. (1992): Elemente des „Umweltwissens" bei Schülern der Abgangsklassen der Sekundarstufe I. In: Naturwissenschaft im Unterricht, Chemie, Jg. 3, H. 12, S. 79-81.

Dialoge 3 (1990): Die Stern-Bibliothek: Dialoge 3: Berichtsband. Orientierungen in Gesellschaft, Konsum, Werbung und Lifestyle, Hamburg.

Die globale Revolution. Club of Rome-Bericht (1991), hrsg. von „Der Spiegel-Verlag", Hamburg.

Diekmann, A. (1995): Empirische Sozialforschung. Grundlagen, Methoden, Anwendungen, Reinbek bei Hamburg.

Diekmann, A./Preisendörfer, P. (1991): Umweltbewußtsein, ökonomische Anreize und Umweltverhalten. In: Schweizer Zeitschrift für Soziologie, Jg. 17, S. 207-231.

Diekmann, A./Preisendörfer, P. (1992): Persönliches Umweltverhalten. Diskrepanzen zwischen Anspruch und Wirklichkeit. In: Kölner Zeitschrift für Soziologie und Sozialpsychologie, Jg. 44, S. 226-251.

Diekmann, A./Preisendörfer, P. (1993): Zur Anwendung der Theorie rationalen Handelns in der Umweltforschung. Eine Antwort auf die Kritik von Chr. Lüdemann. In: Kölner Zeitschrift für Soziologie und Sozialpsychologie, Jg. 45, S. 125-134.

Dieren, W. van (Hrsg.)(1995): Mit der Natur rechnen: Der neue Club of Rome-Bericht: vom Bruttosozialprodukt zum Ökosozialprodukt, Basel/Boston/Berlin.

Dierkes, M./Fietkau, H.-J. (1988): Umweltbewußtsein – Umweltverhalten. Materialien zur Umweltforschung, hrsg. vom Rat der Sachverständigen für Umweltfragen, Bd. 15, Stuttgart.

Dierkes, M./Hoffmann, U./Marz, L. (1992): Leitbild und Technik. Zur Entstehung und Steuerung technischer Innovationen, Berlin.

Diewald, M. (1990): Von Klassen und Schichten zu Lebensstilen – Ein neues Paradigma für die empirische Sozialforschung, Paper P90-105 des Wissenschaftszentrums Berlin, Berlin.

Douglas, M./Wildavsky, A. (1982): Risk and Culture. An Essay on Selection of Technological and Environmental Dangers, Berkeley.

Dunlap, R.E./Gallup, G.H. jr./Gallup, A.M. (1993): Health of the Planet. A George H. Gallup Memorial Survey. Results of a 1992 International Environmental Opinion Survey of Citizens in 24 Nations, Princeton (NJ).

Eckensberger, L.H./Sieloff, U./Kasper, E. u.a. (1984): Der Konflikt zwischen Ökonomie und Ökologie am Beispiel eines saarländischen Kohlekraftwerkes (Bexbach): Moralisches Urteil, Faktenwissen, Bewältigung und Abwehr von Betroffenheit. Forschungsberichte der Fachrichtung Psychologie, Nr.1, Universität Saarland, Saarbrücken.

Eckensberger, L.H./Sieloff, U./Kasper, E. u.a. (1992): Psychologische Analyse eines Öko-
nomie-Ökologie-Konflikts in einer saarländischen Region: Kohlekraftwerk Bexbach. In:
Pawlik, K./Stapf, K. (Hrsg.): Umwelt und Verhalten, Bern, S. 145-168.
Eder, K. (Hrsg.)(1989): Klassenlage, Lebensstil und kulturelle Praxis, Frankfurt (Main).
Ehrlich, P.R./Ehrlich, A.R. (1970): Population, Ressources, Environment. Issues in Human
Ecology, San Francisco/London. Deutsch: Bevölkerungswachstum und Umweltkrise.
Frankfurt (Main).
Eibl-Eibesfeldt, I./Schiefenhövel, W./Heeschen, V. (1985): Kommunikation bei den Eipos.
Eine humanethnologische Bestandsaufnahme im zentralen Bergland von Irian Jaya
(West-Neuguinea), Indonesien. In: Mensch, Kultur und Umwelt, Jg. 19, S. 20-21 und S.
48-52.
Eisbach, J./Bohnenkamp, U./Bontrup, H.-J. (1988): Innovationen und Umweltschutz im
Bewußtsein von Betriebsräten. In: Zeitschrift für Personalforschung, Jg. 2, H. 3, S.
215-232.
Elger, U./Hönigsberger, H./Schluchter, W. (1992): Evaluierung von Maßnahmen der Um-
welterziehung. Bd. 4: Wirkungen der Umwelterziehung, Berlin.
Elias, N. (1976): Über den Prozeß der Zivilisation. Soziogenetische und psychogenetische
Untersuchungen, 2 Bde., Frankfurt (Main).
Empirische Sozialforschung (1995). Zentralarchiv für Empirische Sozialforschung an der
Universität zu Köln in Zusammenarbeit mit dem Informationszentrum Sozialwissenschaf-
ten, Frankfurt (Main)/New York.
Engel, J. (1990): Kulturelle Einflüsse auf das Schmerzerleben. In: Wörz, R. (Hrsg.):
Chronischer Schmerz und Psyche. Schmerzstudien, Bd. 8, Stuttgart/New York, S. 65-87.
Enquete-Kommission „Schutz der Erdatmosphäre" des Deutschen Bundestages (Hrsg.)
(1995): Mehr Zukunft für die Erde: Nachhaltige Energiepolitik für dauerhaften Klima-
schutz. Schlußbericht der Enquete-Kommission „Schutz der Erdatmosphäre" des 12.
Deutschen Bundestages, Bonn.
Erlhoff, M. (1995): Nutzen statt Besitzen, Göttingen.
Eser, A./Lutterotti, M.v./Sporken, P. (1989): Leiden. In: Eser, A./Lutterotti, M.v./Sporken,
P. (Hrsg.): Lexikon Medizin – Ethik – Recht, Freiburg i. Br./Basel/Wien, S. 704-710.
Eser, A./Lutterotti, M.v./Sporken, P. (1989): Schmerz. In: Eser, A./Lutterotti, M.v./Spor-
ken, P. (Hrsg.): Lexikon Medizin – Ethik – Recht, Freiburg i. Br./Basel/Wien, S. 950-963.
Esser, H. (1991a): Die Rationalität des Alltagshandelns. Alfred Schütz und „Rational
Choice". In: Esser, H./Troitzsch, K.G. (Hrsg.): Modellierung sozialer Prozesse, Bonn, S.
235-282.
Esser, H. (1991b): Alltagshandeln und Verstehen. Zum Verhältnis von erklärender und
verstehender Soziologie am Beispiel von Alfred Schütz und „Rational Choice", Tübingen.
Eulefeld, G./Bolscho, D./Rode, H./Rost, J./Seybold, H. (1993): Entwicklung der Praxis
schulischer Umwelterziehung in Deutschland, Ergebnisse empirischer Studien, IPN Bd.
138, Kiel.
Eulefeld, G./Bolscho, D./Rost, J./Seybold, H. (1988): Praxis der Umwelterziehung in der
Bundesrepublik Deutschland, IPN Bd. 115, Kiel.
Eulefeld, G./Bolscho, D./Seybold, H. (Hrsg.)(1991): Umweltbewußtsein und Umwelterzie-
hung, Kiel.
Faulbaum, F. (1991): Von der Variablensoziologie zur empirischen Evaluation von Hand-
lungsparadigmen. In: Esser, H./Troitzsch, K. (Hrsg.): Modellierung sozialer Prozesse,
Bonn, S. 111-138.
Fejer, S./Stroschein, F.-R. (1991): Die Ableitung einer Guttman-Skala für sozial- und
umweltbewußtes Verhalten - Anregungen zur Steigerung der Effizienz gezielter Maßnah-
men im Social-Marketing. In: Planung und Analyse, H. 2, S. 5-12.
Femers, F./Jungermann, H. (1992): Risikoindikatoren (II): Eine Systematisierung und
Diskussion von Risikovergleichen. In: Zeitschrift für Umweltpolitik und Umweltrecht,
Jg. 15, H. 2, S. 207-236.
Fietkau, H.-J. (1984): Bedingungen ökologischen Handelns, Weinheim.

Fietkau, H.-J./Glaeser, B. (1981): Wie umweltbewußt sind Landwirte? Überlegungen und empirische Befunde. In: Zeitschrift für Umweltpolitik, Jg. 4, H. 4, S. 521-544.

Figge, H.H. (1989): Schmerz – Urerfahrung oder kulturspezifisches Konstrukt? In: Greifeld, K./Kohnen, N./Schröder, E. (Hrsg.): Schmerz – interdisziplinäre Perspektiven, Braunschweig, S. 23-32.

Fischer, K. (1992): Die Risiken des wissenschaftlichen und technischen Fortschritts. In: Aus Politik und Zeitgeschichte, B15/92, S. 26-38.

Fischer, M. (1991): Umwelt und Wohlbefinden. In: Abele, A./Becker, P. (Hrsg.): Wohlbefinden. Theorie – Empirie – Test, Weinheim/München.

Fischer, M. (1995): Umwelt- und Gesundheitspsychologie. Ein humanwissenschaftlicher Beitrag zur Bewältigung der ökologischen Krise. In: Keul, A.G. (Hrsg.): Wohlbefinden in der Stadt. Umwelt- und gesundheitspsychologische Perspektiven, Weinheim, S. 22-42.

Fishoff, B. u.a. (1981): Acceptable Risk, Cambridge.

Fleck, L. (1980): Entstehung und Entwicklung einer wissenschaftlichen Tatsache. Einführung in die Lehre vom Denkstil und Denkkollektiv, Frankfurt (Main).

Frey, B.S. (1985): Umweltökonomie, Göttingen.

Friedrich Ebert Stiftung, Akademie für politische Bildung (1993): Lernen für Demokratie: Politische Weiterbildung für eine Gesellschaft im Wandel, 4 Bde., Bonn.

Funke, U./Müller, G. (1988): Getrennte Wertstofferfassung und Biokompostierung. Einführung und Erprobung eines neuen Sammel- und Kompostierungssystems in der Stadt Mainz, Berlin.

Gadamer, H.-G. (1990): Gesammelte Werke, Bd.1: Wahrheit und Methode, 6. Aufl., Tübingen.

Gadamer, H.-G. (1993): Über die Verborgenheit der Gesundheit, Frankfurt (Main).

Gärtner, E. (1984): Waldsterben und Umweltpolitik. Informationsbericht Nr. 39 des Instituts für Marxistische Studien und Forschungen, Frankfurt (Main).

Gauer, K. (1981): Vom Verursacher- zum Gemeinlastprinzip. Über die Sozialisierung der Umweltkosten. In: Das Argument, H. 111, S. 809-818.

Gebauer, G./Kamper, D./Lenzen, D. u.a. (1989): Historische Anthropologie. Zum Problem der Humanwissenschaften heute oder Versuche einer Neubegründung, Reinbek bei Hamburg.

Gebauer, M. (1994): Kind und Umwelt, Frankfurt (Main)/Berlin/Bern u.a.

Gehlen, A. (1963): Über die Geburt der Freiheit aus der Entfremdung (1952). In: Gehlen, A.: Studien zur Anthroplogie und Soziologie, Neuwied/Berlin (1963a).

Gehlen, A. (1963): Über kulturelle Kristallisation (1992). In: Gehlen, A.: Studien zur Anthropologie und Soziologie, Neuwied/Berlin (1963b).

Gensicke, T. (1994): Wertewandel und Erziehungsleitbilder. Hinweise aus Sicht der empirischen Soziologie. In: Pädagogik, H. 7-8, S. 23-27.

Gerling, R./Obermeier, O.-P. (Hrsg.)(1994): Risiko – Störfall – Kommunikation, München.

Gerling, R./Obermeier, O.-P. (Hrsg.)(1995): Risiko – Störfall – Kommunikation 2, München.

Giddens, A. (1992): The Consequences of Modernity, Stanford.

Glance, N.S./Huberman, B.A. (1994): Das Schmarotzer-Dilemma. In: Spektrum der Wissenschaft, Mai, S. 36-41.

Glatzer, W./Zapf, W. (1984): Lebensqualität in der Bundesrepublik. Objektive Lebensbedingungen und subjektives Wohlbefinden, Frankfurt (Main).

Global 2000. Der Bericht an den Präsidenten, hrsg. vom Council on Environmental Quality und dem US-Außenministerium (1980), Frankfurt (Main).

Göddecke-Stellmann, J. (Hrsg.)(1991): Zum Umgang mit Abfallstoffen. Eine empirische Studie zur Entsorgungspraxis in Bielefelder Privathaushalten, Fakultät für Soziologie an der Universität Bielefeld, Bielefeld.

Gore, A. (1992): Wege zum Gleichgewicht, Frankfurt (Main).

Graeßner, G./Obladen, H.-P. (1989): Wissenschaftliche Begleituntersuchung „Umweltberatung für Verbraucher" der Verbraucherzentrale Nordrhein-Westfalen, Bielefeld.

Grawe, K./Donati, R./Bernauer, F. (1994): Psychotherapie im Wandel. Von der Konfession zur Profession, Göttingen.

Greifeld, K. (1989): Einleitung. In: Greifeld, K./Kohnen, N./Schröder, E. (Hrsg.): Schmerz – interdisziplinäre Perspektiven, Braunschweig, S. 10-16.

Greifeld, K./Kohnen, N./Schröder, E. (Hrsg.)(1989): Schmerz – interdisziplinäre Perspektiven, Braunschweig.

Grimlitza, G./Kulla, E./Thomas, M. (1992): Paradigmenwechsel im Mensch-Natur-Verhältnis – dargestellt anhand von Studien und praktischen Untersuchungen zu ausgewählten Problemen bei der Umsetzung des AGORA-Projektes, Manuskript, Berlin.

Grob, A. (1991): Meinung, Verhalten, Umwelt: ein psychologisches Ursachennetz-Modell umweltgerechten Verhaltens, Bern/Berlin/Frankfurt (Main) u.a.

Grob, A. (1993): Attitudes towards Environment and Domain Appropriate Behaviour. A Psychological Multi-causal Model of Environmental Behaviour, Bern.

Haan, G. de (1993a): Reflexion und Kommunikation im ökologischen Kontext. In: Apel, H. (Hrsg.): Orientierungen zur Umweltbildung, Bad Heilbrunn, S. 119-172.

Haan, G. de (1993b): Läßt sich die berufliche Umweltbildung pädagogisch legitimieren? In: Fischer, A./Hartmann, G. (Hrsg.): Umweltlernen in der beruflichen Bildung – Grundlagen, Perspektiven und Modelle für den kaufmännischen Bereich, Hattingen, S. 9-26.

Haan, G. de (1994a): Umweltbewußtsein im kulturellen Kontext. Paper 94-101 der Forschungsgruppe Umweltbildung, Berlin.

Haan, G. de (1994b): Umweltbewußtsein – ein kulturelles Konstrukt. Paper 94-104 der Forschungsgruppe Umweltbildung, Berlin.

Haan, G. de (1995a): Umweltbewußtsein und Massenmedien. Der Stand der Debatte. In: Ders. (Hrsg.): Umweltbewußtsein und Massenmedien. Perspektiven ökologischer Kommunikation, Berlin, S. 17-34.

Haan, G. de (1995b): Perspektiven der Umwelterziehung / -bildung. In: DGU Nachrichten, H.12/Oktober, S.19-30.

Haan, G. de (Hrsg.) (1995): Umweltbewußtsein und Massenmedien. Perspektiven ökologischer Kommunikation, Berlin.

Haan, G. de (Hrsg.) (1996): Ökologie – Gesundheit – Risiko. Perspektiven ökologischer Kommunikation II, Berlin.

Haan, G. de/Kuckartz, U. (1994): Determinanten des persönlichen Umweltverhaltens. Entwicklung und Besprechung eines neuen Fragebogens. Paper 94-107 der Forschungsgruppe Umweltbildung, Berlin.

Haan, G. de/Kuckartz, U. (1995a): Fragebogen zum Umweltverhalten, Paper 95-119 der Forschungsgruppe Umweltbildung, Berlin.

Haan, G. de/Kuckartz, U. (1995b): Phänomene des Umweltbewußtseins. In: Greenpeace (Hrsg.): Neue Wege in der Umweltbildung. Beiträge zu einem handlungsorientierten und sozialen Lernen, Hamburg, S.12-31.

Haas, H.-D./Lempa, S. (1990): Müll in München. Untersuchung zum Entsorgungsverhalten der Bevölkerung. In: Geographische Rundschau, Jg. 42, H. 6, S. 321-326.

Haase, H. (1995): Zur Glaubwürdigkeit ökologischer Argumente: Das Beispiel Waschmittel. In: Haan, G. de (Hrsg.): Umweltbewußtsein und Massenmedien, Berlin.

Halbing, F./Kasek, L./Schauer, H. u.a. (1991): Umweltbefragung: Schüler, Lehrer, Eltern, Leipzig.

Haltmaier, H. (1992): Zwischen Gedeih und Verderb. In: Geo Wissen – Risiko, Chancen und Katastrophen, H. 1, S. 67-73.

Hammerl, B.M. (1994): Umweltbewußtsein in Unternehmen. Eine empirische Analyse im Rahmen der Unternehmenskultur, Frankfurt (Main)/Berlin/Bern u.a.

Hansen, J. (1994): Chemie-Akzeptanz: Ebenen, Forschungsmodelle und Befunde. In: Stifterverband für die deutsche Wissenschaft (Hrsg.): Selbstbilder und Fremdbilder der Chemie, Essen, S. 16-32.

Hansen, J. (1995): Wie man die Umwelt selbst erlebt und wie in den Medien. In: Haan, G. de (Hrsg.): Umweltbewußtsein und Massenmedien. Perspektiven ökologischer Kommunikation, Berlin, S. 103-113.

Harborth, H.-J. (1993): Dauerhafte Entwicklung statt globaler Selbstzerstörung: eine Einführung in das Konzept des „Sustainable Development", Berlin.

Hartkopf, G./Bohne, E. (1983): Umweltpolitik, Bd. 1: Grundlagen, Analysen und Perspektiven, Opladen.

Hauff, V. (Hrsg.)(1987): Brundtland-Bericht: Weltkommission für Umwelt und Entwicklung. Unsere gemeinsame Zukunft, Greven.

Hauff, V. (Hrsg.)(1988): Stadt und Lebensstil, Weinheim/Basel.

Hazard, B.P. (1992): Radonmeßprogramm mit Schülern als Instrument der Informationsvermittlung. In: Bundesamt für Strahlenschutz, 2. Biophysikalische Arbeitstagung Schlema, 11. bis 13. September 1991, Berlin, S. 129-153.

Hazard, B.P. (1993): Information und Beteiligung bei Gesundheitsrisiken am Beispiel eines Radonmeßprogramms, Stuttgart/New York.

Heine, H. (1992): Das Verhältnis der Naturwissenschaftler und Ingenieure in der Großchemie zur ökologischen Industriekritik. In: SOFI-Mitteilungen, Nr. 19, S. 91-100.

Heine, H./Mautz, R. (1988): Haben Industriefacharbeiter besondere Probleme mit dem Umweltthema? Vorläufige Ergebnisse einer empirischen Untersuchung. In: Soziale Welt, Jg. 39, H. 2, S. 123-143.

Heine, H./Mautz, R. (1989): Industriearbeiter contra Umweltschutz? Frankfurt (Main).

Heine, H./Mautz, R. (1993): Dialog oder Monolog. Die Herausbildung beruflichen Umweltbewußtseins im Management der Großchemie angesichts öffentlicher Kritik. In: SOFI-Mitteilungen, Nr. 20, S. 37-52.

Heinisch, E. (1992): Umweltbelastung in Ostdeutschland. Fallbeispiele: Chlorierte Kohlenwasserstoffe, Darmstadt.

Hellberg-Rode, G. (1993): Umwelterziehung im Sach- und Biologieunterricht, Münster/New York.

Herbermann, H./Sturm, H./Zöller, J. (1990): Umwelt-handeln im Alltag. Bericht über das Forschungs- und Modellprojekt „Verhaltensänderung durch Weiterbildung am Beispiel des Medienverbundprogramms Umwelt-handeln im Alltag", Katholische Bundesarbeitsgemeinschaft für Erwachsenenbildung, Bonn.

Herbert, W./Häberle, T. (1993): Umweltbewußtsein bei Experten und Bevölkerung, Universität, Mannheim.

Herr, D. (1988): Bedingungsmodell umweltbewußten Handelns. Eine empirische Studie am Beispiel der umweltschonenden Wiederverwertung von organischem Abfall, Universität Erlangen-Nürnberg, Fachbereich Wirtschafts- und Sozialwissenschaften, Erlangen/Nürnberg.

Hey, C. (1994): Umweltpolitik in Europa: Fehler, Risiken, Chancen, München.

Hey, C./Brendle, U. (1994): Umweltverbände und EG, Opladen.

Hines, J.M./Hungerford, H.R./Tomera, A.N. (1987): Analysis and Synthesis of Research on Responsible Environmental Behavior: A Meta-Analysis. In: The Journal of Environmental Education, Vol. 18, No. 2, pp. 1-9.

Hinman, G.W./Rosa, E.A./Kleinhesselink, R.R./Lowinger, T.C. (1993): Perceptions of Nuclear and Other Risks in Japan and the United States. In: Risk Analysis, Vol. 13, No. 4, pp. 449-455.

Hitzler, R./Honer, A. (1984): Lebenswelt – Milieu – Situation. In: Kölner Zeitschrift für Soziologie und Sozialpsychologie, Jg. 36, S. 56-74.

Hofer, D. (1987): Naturschutz als Wertobjekt. Eine exemplarische Studie über Einstellungen zu Schutzgebieten, München.

Hoff, E.-H./Lecher, T. (1994): Ökologisches Verantwortungsbewußtsein. In: Jänicke, M. (Hrsg.): Umwelt global: Veränderungen, Probleme, Lösungsansätze, Berlin/Heidelberg/New York u.a.

Holland, H./Pfirrmann, A./Jakobs, P. (1989): Verpackungsvermeidung und -wiederverwertung. Wo steht der Endverbraucher? Eine empirische Untersuchung, Institut für Wirtschaftswissenschaften an der Fachhochschule Rheinland-Pfalz, Mainz.

Holm-Müller, K./Hansen, H./Klockmann, M. u.a. (1991): Die Nachfrage nach Umweltqualität in der Bundesrepublik Deutschland, Berlin.

Holtappels, H.G./Hugo, H.-R./Malinowski, P. (1990): Wie umweltbewußt sind Schüler? Ergebnisse einer Befragung von Schülern der Sekundarstufe 1 über ihr Verhalten, ihre Einstellungen und ihr Problembewußtsein zum Umweltschutz. In: Deutsche Schule, Jg. 82, H. 2, S. 224-235.

Horbach, J. (1993): Umweltbewußtsein in Deutschland: ein Ost-West-Vergleich. In: Zeitschrift für angewandte Umweltforschung, Jg. 6, H. 1, S. 44-53.

Hormuth, S./Katzenstein, H. (1991): Das Verhalten hinter der Haustür. Zur Psychologie der Abfallsortierung, Wissenschaftszentrum Nordrhein-Westfalen, Düsseldorf.

Horx, M. (1987): Die wilden Achtziger, München.

Hoth, A./Haan, G. de (1993): Umweltbewußtsein bei Schülerinnen und Schülern in Mecklenburg-Vorpommern als Voraussetzungsvariable Politischer Bildung: Ergebnisse einer Pilotstudie. In: Claußen, B./Wellie, B. (Hrsg.): Bewältigungen. Politik und Politische Bildung im vereinigten Deutschland, Hamburg.

Hradil, S. (1987): Sozialstrukturanalyse in einer fortgeschrittenen Gesellschaft. Von Klassen und Schichten zu Lagen und Milieus, Opladen.

Huber, J. (1989): Technikbilder und Umwelt. Einige Ergebnisse einer empirischen Untersuchung zum weltanschaulichen Kontext der Technik- und Umweltpolitik, Wissenschaftszentrum Berlin, Berlin.

Hucke, J. (1990): Umweltpolitik: Die Entwicklung eines neuen Politikfeldes. In: Beyme, K.v./Schmidt, M.G. (Hrsg.): Politik in der Bundesregierung, Opladen, S. 382-398.

imug-EMNID (1993): imug-EMNID-Studie Unternehmen und Verantwortung. Kommentar zur repräsentativen Bervölkerungsumfrage in den alten und neuen Bundesländern, Hannover.

Inglehart, R. (1977): The Silent Revolution. Change and Political Styles in Western Publics, Princeton.

Inglehart, R. (1982): Changing Values and the Rise of Environmentalism in Western Societies, Berlin.

Institut für empirische Psychologie (1995): Wir sind o.k.!: Stimmungen, Einstellungen, Orientierungen der Jugend in den 90er Jahren, IBM-Jugendstudie, Köln.

IPOS (1994): Einstellungen zu Fragen des Umweltschutzes. Ergebnisse einer repräsentativen Bevölkerungsumfrage in den alten und neuen Bundesländern.

Ipsen, D./Baumgart, F./Glasauer, H./Krökel, K./Mlasowsky, B. (1987): Umwelt im Spannungsfeld von Bewertung und Verhalten, Uni-GH, Arbeitsgruppe Empirische Planungsforschung, Kassel.

Ittelson, W.H./Franck, K./O´Hanlon, T.J. (1976): The Nature of Environmental Experience. In: Wappner, S./Cohen, S.B./Kaplan, B. (ed.): Experiencing the Environment, New York, pp.187-206.

Joas, H. (1988): Das Risiko der Gegenwartsdiagnose. In: Soziologische Revue, Jg. 11, H. 1, S. 1-6.

Jugend ´92 (1992): Lebenslagen, Orientierungen und Entwicklungsperspektiven im vereinigten Deutschland, Bd. 4, Methodenberichte, Tabellen, Fragebogen, Opladen.

Jungermann, H./Schütz, H./Theißen, A. u.a. (1991): Determinanten, Korrelate und Konsequenzen von Risiken für die eigene Gesundheit. In: Zeitschrift für Arbeits- und Organisationspsychologie, H. 2, S. 59-67.

Kahlert, J. (1991): Alltagstheorien der Lehrer über den Zustand der Natur. In: Eulefeld, G./Bolscho, D./Seybold, H. (Hrsg.): Umweltbewußtsein und Umwelterziehung. Ansätze und Ergebnisse empirischer Forschung, IPN, Kiel, S. 65-94.

Karger, C./Schütz, H./Wiedemann, P.M. (1993): Zwischen Engagement und Ablehnung: Bewertung von Klimaschutzmaßnahmen in der deutschen Bevölkerung. In: Zeitschrift für Umweltpolitik & Umweltrecht, Jg. 16, H. 2, S. 201-217.

Kasek, L. (1992): Soziale Ängste und Umweltbewußtsein. In: Kultursoziologie, Jg. 1, H. 4, S. 54-63.

Kasek, L./Lehwald, G. (1994): Umwelterziehung in den neuen Bundesländern. Ergebnisse einer soziologischen Untersuchung. In: Deutsche Gesellschaft für Umwelterziehung e.V.

(DGU)/Institut für die Pädagogik der Naturwissenschaften an der Universität Kiel (IPN) (Hrsg.): Modelle zur Umwelterziehung in der Bundesrepublik Deutschland, Kiel.

Kastenholz, H.G. (1993): Bedingungen umweltverantwortlichen Handelns in einer Schweizer Bergregion: eine empirische Studie unter der besonderen Berücksichtigung anthropogen verursachter Klimaveränderungen, Bern.

Kepplinger, H.M. (1991): Künstliche Horizonte – Folgen, Darstellung und Akzeptanz von Technik in der Bundesrepublik Deutschland, Frankfurt (Main)/New York.

Kepplinger, H.M./Gotto, K./Brosius, B./Haak, D. (1989): Der Einfluß der Fernsehnachrichten auf die politische Meinungsbildung, Freiburg i.Br./München.

Kern, E. (1987): Cultural-Historical Aspects of Pain. In: Brihaye, J./Loew, F./Pia, H.W. (Hrsg.): Pain. A Medical and Anthropological Challenge, Wien/New York, S. 165-181.

Kessel, H. (1983): Umweltprobleme: Wahrgenommene Zukunftschancen. Wissenschaftszentrum Berlin, Berlin.

Keul, A.G. (Hrsg.)(1995): Wohlbefinden in der Stadt. Umwelt- und gesundheitspsychologische Perspektiven, Weinheim.

Kirchgässner, G. (1991): Homo Oeconomicus. Das ökonomische Modell individuellen Verhaltens und seine Anwendung in den Wirtschafts- und Sozialwissenschaften, Tübingen.

Kirsch, F. (1991): Umweltbewußtsein und Umweltverhalten. Eine theoretische Skizze eines empirischen Problems. In: Zeitschrift für Umweltpolitik & Umweltrecht, Jg. 3, S. 249-261.

Klee, R./Berck, K. H. (1993): Anregungsfaktoren für Handeln im Natur- und Umweltschutz. In: Eulefeld, G. (Hrsg.): Studien zur Umwelterziehung. Ansätze und Ergebnisse empirischer Forschung, IPN, Kiel, S. 73-82.

Kley, J./Fietkau. H.-J. (1979): Verhaltenswirksame Variablen des Umweltbewußtseins. In: Psychologie und Praxis, H. 1, S. 13-22.

Klingholz, R. (1994): Wahnsinn Wachstum. Wieviel Mensch erträgt die Erde? Hamburg.

Kluge, T./Schramm, E. (1989): Geschichte als Naturschauspiel. In: Freibeuter. Vierteljahresschrift für Kultur und Politik, Bd. 40, S. 56-66.

Klüver, R. (Hrsg.)(1993): Zeitbombe Mensch. Überbevölkerung und Überlebenschance, München.

Kohaut, S. (1990): Die Leistungsfähigkeit des GSK-Ansatzes bei der Überprüfung des Erklärungswertes sozioökonomischer Variablen für das Umweltbewußtsein von Konsumenten. Institut für Sozial- und Wirtschaftswissenschaften an der Universität Bamberg, Bamberg.

Kollmann, K. (1987): Gibt es ein „umwelt"beeinflußtes Konsumentenverhalten? In: SWS-Rundschau, Jg. 27, H. 1, S. 51-59.

Koné, D./Mullet, E. (1994): Societal Risk Perception and Media Coverage. In: Risk Analysis, Vol. 14, No. 1, pp. 21-24.

Kosterlitz, H.W./Terenius, L.Y. (1980): Pain and Society, Weinheim.

Kösters, W. (1993): Ökologische Zivilisierung. Verhalten in der Umweltkrise, Darmstadt.

Krämer, A. (1986): Ökologie und politische Öffentlichkeit. Zum Verhältnis von Massenmedien und Umweltproblematik, München.

Kraus, W. (1986): Leiden als Flucht und Selbstbestrafung. In: Oelmüller, W. (Hrsg.): Kolloquium Religion und Philosophie (Bd. 3): Leiden, Paderborn/München/Wien/Zürich, S. 58-65.

Kriz, J./Lisch, R. (1988): Methoden-Lexikon für Mediziner, Psychologen, Soziologen, München/Weinheim.

Krol, G.-J. (1991): Ökologie als Bildungsfrage? Zum sozialen Vakuum der Umweltbildung. In: Zeitschrift für Pädagogik, Jg. 39, H. 4, S. 651-672.

Krol, G.-J. (1992): Ökonomische Verhaltenstheorie. In: May, H. (Hrsg.): Handbuch zur ökonomischen Bildung, München/Wien, S. 17-31.

Krol, G.-J. (1994): Änderung gesellschaftlicher Anreize statt individueller Bedürfnisse. Kritik der Umweltpädagogik aus ökonomischer Sicht. In: DGU Nachrichten, H. 9, S. 3-12.

Krol, G.-J. (1995): Das Verhältnis von Ökologie und Ökonomie in der Umweltbildung. In: Kaiser, F.-J. u.a. (Hrsg.): Grundlagen der beruflichen Umweltbildung in Schule und Betrieb, Bad Heilbrunn, S. 73-88.

Krol, G.-J./Zoerner, A. (1993): Zum Verhältnis von Ökologie und Ökonomie in der Umweltbildung. Ergebnisse einer Studierendenbefragung. In: Eulefeld, G. (Hrsg.): Studien zur Umwelterziehung. Ansätze und Ergebnisse empirischer Forschung, IPN, Kiel, S. 301-326.

Kuckartz, U. (1994a): Umweltbildung und Umweltbewußtsein. Paper 94-102 der Forschungsgruppe Umweltbildung, Berlin.

Kuckartz, U. (1994b): L'environnement et l'opinion publique en Allemagne Fédérale. Paper 94-111 der Forschungsgruppe Umweltbildung, Berlin.

Kuckartz, U. (1994c): Connaissance de l'environnement, sensibilité écologique et comportement envers. Paper 94-112 der Forschungsgruppe Umweltbildung, Berlin.

Kuckartz, U. (1994d): La sensibilité écologique. Recherches expérimentales dans la domaine sociale sur la conscience de l'environnement. Paper 94-113 der Forschungsgruppe Umweltbildung, Berlin.

Kuckartz, U. (1994e): Umweltbildung und Umweltbewußtsein. Konsequenzen empirischer Studien zum Verhältnis von Umweltwissen, Umweltbewußtsein und Umweltverhalten. Paper 94-102 der Forschungsgruppe Umweltbildung, Berlin.

Kuckartz, U. (1995): Umweltwissen, Umweltbewußtsein, Umweltverhalten. Der Stand der Umweltbewußtseinsforschung. In: Haan, G. de (Hrsg.): Umweltbewußtsein und Massenmedien. Perspektiven ökologischer Kommunikation, Berlin, S. 71-86.

Landsberg-Becher, J.-W. (1994): Ergebnisse der Umfrage an Berliner Schulen zu den Fragen der Umwelt- und Gesundheitserziehung, Berlin.

Landua, D. (1989): Umwelt. In: Statistisches Bundesamt (Hrsg.): Datenreport 1989. Zahlen und Fakten über die Bundesrepublik Deutschland, Bonn, S. 495-504.

Lange, H. (1994): Gas geben? Bremsen? Umsteuern? Die Zukunft von Auto und Verkehr aus der Sicht der Automobilarbeiter. Ergebnisse einer Repräsentativerhebung, unveröff. Manuskript, Bremen.

Lange, H. (1995): Automobilarbeiter über die Zukunft von Auto und Verkehr. Anmerkungen zum Verhältnis von „Umweltbewußtsein" und „Umwelthandeln". In: Kölner Zeitschrift für Soziologie und Sozialpsychologie, Jg. 47, H. 1, S. 141-156.

Lange, H./Hanfstein, W./Lörx, S. (1995): Gas geben? Umsteuern? Bremsen?: Die Zukunft von Auto und Verkehr aus der Sicht der Automobilarbeiter. Ergebnisse einer Repräsentativerhebung in der Autoindustrie und einer Parallelbefragung in einem Stahlwerk, Frankfurt (Main)/Berlin/Bern u.a.

Langeheine, R./Lehmann, J. (1986): Die Bedeutung der Erziehung für das Umweltbewußtsein, IPN, Kiel.

Langeheine, R./Lehmann, J. (1986): Ein neuer Blick auf die soziale Basis des Umweltbewußtseins. In: Zeitschrift für Soziologie, Jg. 15, S. 378-384.

Lantermann, E.-D./Döring-Seipel, E./Schima, P. (1992): Ravenhorst. Gefühle, Werte und Unbestimmtheit im Umgang mit einem ökologischen Szenario, Bielefeld.

Lecher, T./Hoff, E.-H. (1993): Ökologisches Bewußtsein. Theoretische Grundlagen für ein Teilkonzept im Projekt „Industriearbeit und ökologisches Verantwortungsbewußtsein". In: Hildebrand-Nilshon, M./Hoff, E.-H./Hohner, H.-U. (Hrsg.): Berichte aus dem Bereich „Arbeit und Entwicklung" am Psychologischen Institut der FU Berlin, Berlin.

Lehmann, J. (1995): Massenmedien und ökologisches Handeln. In: Haan, G. de (Hrsg.): Umweltbewußtsein und Massenmedien, Berlin, S. 115-123.

Lehmann, J./Gerds, I. (1991): Merkmale von Umweltproblemen als Auslöser ökologischen Handelns. In: Eulefeld, G./Bolscho, D./Seybold, H. (Hrsg.): Umweltbewußtsein und Umwelterziehung, IPN, Kiel.

Lehwald, G. (1993): Umweltkontrolle: Wodurch ist sie blockiert und wie kann sie verbessert werden? In: Eulefeld, G. (Hrsg.): Studien zur Umwelterziehung, IPN, Kiel.

Leipert, W. (1993): Ökologische Zivilisierung. Verhalten in der Umweltkrise, Darmstadt.

Lepenies, W. (1992): Aufstieg und Fall der Intellektuellen in Europa, Frankfurt (Main).

Liere, K.D. van/Dunlap, R.E. (1980): The Social Bases of Environmental Concern: A Review of Hypotheses, Explanations and Empirical Evidence. In: Public Opinion Quaterly, Vol. 44, No. 2, pp. 181-197.

Lindenberg, S. (1990): Rationalität und Kultur. Die verhaltenstheoretische Basis des Einflusses von Kultur auf Transaktionen. In: Haferkamp, H. (Hrsg.): Sozialstruktur und Kultur, Frankfurt (Main), S. 249-287.

Löwe, B./Gscheidle, U. (1988): Verlieren Schüler durch herkömmlichen Unterricht das Interesse an Umweltfragen? Ergebnisse empirischer Untersuchungen an Schülern der Kurpfalz. In: Schallies, M. (Hrsg.): Umweltschutz – Umwelterziehung. Eine Einführung in die Umweltschutzthematik mit exemplarischen Beispielen, Weinheim.

Lüdemann, C. (1993): Diskrepanzen zwischen theoretischem Anspruch und forschungspraktischer Wirklichkeit. Eine Kritik der Untersuchung über „Persönliches Umweltverhalten: Diskrepanzen zwischen Anspruch und Wirklichkeit" von Diekmann, A./Preisendörfer, P. In: Kölner Zeitschrift für Soziologie und Sozialpsychologie, Jg. 45, S. 116-124.

Lüdtke, H. (1989): Expressive Ungleichheit: Zur Soziologie der Lebensstile, Opladen.

Lüdtke, H. (1991): Kulturelle und soziale Dimensionen des modernen Lebensstils. In: Vetter, H.-R. (Hrsg.): Muster moderner Lebensführung, Weinheim/München, S. 131-151.

Lüdtke, H. (1992): Lebensstile: Formen der Wechselwirkung zwischen Konsum und Sozialstruktur. In: Eisendle, R./Miklautz, E. (Hrsg.): Produktkulturen: Dynamik und Bedeutungswandel des Konsums, Frankfurt (Main)/New York.

Lüdtke, H. (1995): Zeitverwendung und Lebensstile. Empirische Analysen zu Freizeitverhalten, expressiver Ungleichheit und Lebensqualität in Westdeutschland, Marburg.

Lüdtke, H./Matthäi, I./Ulbrich-Herrmann, M. (1994): Technik im Alltagsstil. Eine empirische Studie im Zusammenhang von technischem Verhalten, Lebensstilen und Lebensqualität privater Haushalte, Marburg.

Luhmann, N. (1986): Ökologische Kommunikation. Kann die moderne Gesellschaft sich auf ökologische Gefährdungen einstellen? Opladen.

Luhmann, N. (1990): Soziologische Aufklärung 5. Konstruktivistische Perspektiven, Opladen.

Luhmann, N. (1991): Soziologie des Risikos, Berlin/New York.

Luhmann, N. (1992): Beobachtungen der Moderne, Opladen.

Maaßen, B. (1994): Naturerleben. Der andere Zugang zur Natur, Baltmannsweiler.

Maloney, M.P. u.a. (1975): A Revised Scale for the Measurement of Ecological Attitudes and Knowledge. In: American Psychologist, Vol. 30, July, pp. 787-790.

Maloney, M.P./Ward, M. (1973): Ecology: Let's Hear from the People. In: American Psychologist, Vol. 28, July, pp. 583-586.

Malunat, B. (1994): Die Umweltpolitik der Bundesrepublik Deutschland. In: Aus Politik und Zeitgeschichte, B49/94, S. 3-12.

Marien, S. (1994): „Wir würden ja gerne, aber...". Umweltbildung in der Berufsschule – eine Studie über die Ausbildung von Industriekaufleuten, Fachbereich Wirtschaftswissenschaften an der FU Berlin, Berlin.

Mayring, P. (1991): Die Erfassung des subjektiven Wohlbefindens. In: Abele, A./Becker, P. (Hrsg.): Wohlbefinden. Theorie – Empirie – Test, Weinheim/München.

Meadows, D. u.a. (1972): Die Grenzen des Wachstums. Bericht des Club of Rome zur Lage der Menschheit, Stuttgart.

Meadows, D./Randers, F. (1992): Die neuen Grenzen des Wachstums, Stuttgart.

Meffert, H./Bruhn, M. (1978): Die Beurteilung von Konsum- und Umweltproblemen durch Konsumenten. Ergebnisse einer empirischen Untersuchung über das soziale Bewußtsein in der Bundesrepublik Deutschland. In: Betriebswirtschaft, Jg. 38, H. 3, S. 371-382.

Merskey, H./Spear, F.G. (1967): Pain. Psychological and Psychiatric Aspects, London.

Merten, K. (1991): Artefakte der Medienwirkungsforschung: Kritik klassischer Annahmen. In: Publizistik, Jg. 36, H. 1, S. 36-55.

Mertineit, K.-D. (1991): Umweltbewußtsein bei Auszubildenden. In: Eulefeld, G./Bolscho, D./Seybold, H. (Hrsg.): Umweltbewußtsein und Umwelterziehung. Ansätze und Ergebnisse empirischer Forschung, IPN, Kiel, S. 241-261.

Meyer, M. (Hrsg.)(1988): Wo wir stehen: 30 Beiträge zur Kultur der Moderne, München.

Meyer-Abich, K.M. (1989): Umweltbewußtsein. Voraussetzungen einer besseren Umwelt-politik, Paper FS II 89-410 des Wissenschaftszentrums Berlin, Berlin.

Meyer-Abich, K.M. (1989): Von der Wohlstandsgesellschaft zur Risikogesellschaft. In: Aus Politik und Zeitgeschichte. Beilage zur Wochenzeitung: Das Parlament, Bonn, Bd. 36, S. 31-42.

Mielke, R. (1985): Eine Untersuchung zum Umweltschutzverhalten (Wegwerfverhalten): Einstellung, Einstellungs-Verfügbarkeit und soziale Normen als Verhaltensprädikatoren. In: Zeitschrift für Sozialpsychologie, Jg. 16, S. 196-205.

Mielke, R. (1990): Eine Untersuchung zu umwelt- und gesundheitsschonenden Einstellun-gen und Verhaltensweisen. Fachbereich Sozialpsychologie an der Universität Bielefeld, Bielefeld.

Mitchell, A. (1984): The Nine American Life-styles, New York.

Morris, D. B. (1994): Geschichte des Schmerzes, Frankfurt (Main)/Leipzig.

Mosler, H.-J. (1990): Selbstorganisation von umweltgerechtem Handeln: Der Einfluss von Vertrauensbildung auf die Ressourcennutzung in einem Umweltspiel. Philosophische Fakultät der Universität Zürich, Zürich.

Müller, E. (1986): Innenwelt der Umweltpolitik: sozial-liberale Umweltpolitik – (Ohn)-macht durch Organisation? Opladen.

Müller, H.-P. (1986): Kultur, Geschmack und Distinktion. In: Kölner Zeitschrift für Sozio-logie und Sozialpsychologie, Sonderband 27, S. 162-190.

Müller, H.-P. (1989): Lebensstile. Ein neues Paradigma der Differenzierungs- und Un-gleichheitsforschung. In: Kölner Zeitschrift für Soziologie und Sozialpsycholgie, Jg. 41, S. 53-71.

Mummendey, H.D. (1988): Verhalten und Einstellung. Untersuchung der Einstellungs- und Selbstkonzeptänderung nach Änderung des alltäglichen Verhaltens, Berlin/Heidelberg/ New York u.a.

Nauser, M. (1990): Zur Förderung umweltverantwortlichen Handels. Mit einer empirischen Untersuchung der Gemeinde Fällanden ZH, ETH Geographisches Institut, Zürich.

Nieder, A./Sieloff, U./Kasper, E./Eckensberger, L. H. (1987): Entwicklung eines Erhe-bungsinstrumentes für die moralische Bewertung eines Umweltkonfliktes. Fachbereich Psychologie an der Universtät Saarland, Saarbrücken.

Noelle-Neumann, E./Hansen, J. (1988): Medienwirkung und Technikakzeptanz. In: Scha-rioth, J./Uhl, H. (Hrsg.): Medien und Technikakzeptanz, München, S. 33-76.

Noelle-Neumann, E./Hansen, J. (1991): Technikakzeptanz in drei Jahrzehnten – in der Bevölkerung und in den Medien – Ein Beitrag zur Medienwirkungsforschung. In: Krüger, J./Ruß-Mohl, S. (Hrsg.): Risikokommunikation, Technikakzeptanz, Medien und Kommu-nikationsrisiken, Berlin, S. 91-108.

Nohl, W./Neumann, K.-D. (1987): Ästhetische Wahrnehmung der Landschaft und Freizeit-motivation, oder wie beurteilen Wintersportler ihr Skigebiet im sommerlichen Zustand? In: Landschaft + Stadt, Jg. 19, H. 4, S. 156-164.

North, D.C. (1986): The New Institutional Economics, in: Journal of Institutional and Theoretical Economics, Vol. 142, pp. 230-237.

Nuhn, H.-E. (1989): Umweltbewußtsein, Uni-GH, Fachbereich Erziehungswissenschaft/ Humanwissenschaft, Kassel.

Oelmüller, W. (Hrsg.)(1986): Kolloquium Religion und Philosophie (Bd. 3): Leiden, Pa-derborn/München/Wien/Zürich.

Opp, K.-D. u.a. (1990): Nutzentheorie und Theorie mentaler Kongruenzen: Die ausgewähl-ten Individualtheorien. In: Opp, K.-D./Wippler, R. (Hrsg.): Empirischer Theorienver-gleich. Erklärungen sozialen Verhaltens in Problemsituationen, Opladen, S. 17-36.

Pain (1975ff.): The Journal of the International Association for the Study of Pain.

Parsons, R. (1991): The Potential Influence of Envirnonmental Perception on Human Health. In: Journal of Environmental Psychology, Vol. 11, pp. 1-26.

Pearce, D./Warford, J.J. (1993): World without End. Economics, Environment, and Su-stainable Development, Oxford.

Peccei, A. (1979) (Hrsg.): Zukunftschance Lernen. Club of Rome – Bericht für die achtziger Jahre, Wien/Zürich/Innsbruck.

Pehle, H. (1988): Das Bundesumweltministerium: Neue Chancen für den Umweltschutz? Zur Neuorganisation der Umweltpolitik des Bundes. In: Verwaltungsarchiv, Bd. 79, S. 184-209.

Perrow, Ch. (1989): Normale Katastrophen. Die unvermeidbaren Risiken der Großtechnik, Frankfurt (Main).

Peters, H.P. (1984): Die Wahrnehmung der Energieproblematik durch Jugendliche – eine Inhaltsanalyse von Schüleraufsätzen, Kernforschungsanlage Jülich, Jülich.

Peters, H.P. (1991): Durch Risikokommunikation zur Technikakzeptanz? Die Konstruktion von Risiko„wirklichkeiten" durch Experten, Gegenexperten und Öffentlichkeit. In: Krüger, J./Ruß-Mohl, S. (Hrsg.): Risikokommunkation. Technikakzeptanz, Medien und Kommunikationsrisiken, Berlin.

Peters, H.P. u.a. (1987): Die Reaktionen der Bevölkerung auf die Ereignisse in Tschernobyl. Ergebnisse einer Befragung. In: Kölner Zeitschrift für Soziologie und Sozialpsychologie, Jg. 39, H. 4, S. 764-782.

Peters, H.P./Schütz, H./Wiedemann, P.M. (1993): Kommunikations- und Meinungsbildungsprozesse in einer lokalen Risikokontroverse um Müllverbrennung. In: Entsorgungspraxis, H. 11, S. 837-844.

Peters, M. (Hrsg.)(1986): Energiesparen unter der Lupe. Praxisbezogene Sozialwissenschaft Bd. 4, Zürich.

Petri, H. (1992): Umweltzerstörung und die seelische Entwicklung unserer Kinder, 2. Aufl., Stuttgart.

Petri, H./Boehnke, K./MacPherson, M./Meador, M. (1987): Zukunftshoffnungen und Ängste bei Kindern und Jugendlichen unter der nuklearen Bedrohung. Analyse einer bundesweiten Pilotstudie. In: Psychologie und Gesellschaftskritik, Jg. 42/43, S. 81-105.

Pfligersdorffer, G. (1991): Die biologisch-ökologische Bildungssituation von Schulabgängern, Salzburg.

Piel, E. (1992): Sag mir, wo die Ängste sind. In. Geo Wissen – Risiko, Chancen und Katastrophen, H. 1, S. 87-91.

Poguntke, T. (1992): Between Ideology and Empirical Research: The Literature on the German Green Party. In: European Journal of Political Research, Vol. 21, No. 4, pp. 337-356.

Pongratz, H. (1992): Die Bauern und der ökologische Diskurs, Befunde und Thesen zum Umweltbewußtsein in der bundesdeutschen Landwirtschaft, München/Wien.

Pöppel, E. (1982): Lust und Schmerz. Grundlagen menschlichen Erlebens und Verhaltens, Berlin.

Prose, F./Wortmann, K. (1991): Energiesparen: Verbraucheranalyse und Marktsegmentierung der Kieler Haushalte. Endbericht, 3 Bde., Institut für Psychologie an der Universität Kiel, Kiel.

Prose, F./Wortmann, K. (1991a): Konsumentenanalyse und Marktsegmentierung der Kunden der Stadtwerke Kiel, Institut für Psychologie an der Universität Kiel, Kiel.

Rat der Sachverständigen für Umweltfragen (Hrsg.)(1978): Umweltgutachten 1978. Deutscher Bundestag, Drucksache 8/1978, Bonn.

Rat der Sachverständigen für Umweltfragen (Hrsg.)(1994): Umweltgutachten 1994. Deutscher Bundestag, Drucksache 12/6995, Bonn.

Rau, T. (1990): Umwelteinstellungen und Umweltverhalten von Landwirten. Eine Betrachtung ausgewählter Aspekte. In: Berichte über Landwirtschaft, Jg. 68, H. 1, S. 125-138.

Rau, T. (1990): Umweltschutz im Meinungsbild der Landwirte. In: Zeitschrift für angewandte Umweltforschung, Jg. 3, H. 2, S. 174-181.

Ressources and Man (1969), San Francisco.

Reusswig, F. (1994): Lebensstile und Ökologie, Frankfurt (Main).

Richmond, G.M. (1978): Some Outcomes of an Environmental Knowledge and Attitude Survey in England. In: Science and Education, Vol. 8, pp. 119-125.

Richmond, G.M./Baumgart, N. (1981): A Hierarchical Analysis of Environmental Attitudes. In: The Journal of Environmental Education, Vol. 13, pp. 31-37.

Richter, H.-E. (1979): Der Gotteskomplex: Die Geburt und Krise des Glaubens an die Allmacht des Menschen, Reinbek bei Hamburg.

Richter, R. (1990): Umweltbewußtsein als Lebensstil. Technokraten, Materialisten und Alternative. In: Umwelterziehung, H. 4, S. 12-14.

Ridgeway, J. (1971): The Politics of Ecology, New York.

Rohrmann, B. (1995): Risk Perception. Review and Documentation. In: Arbeiten zur Risiko-Kommunikation. Kernforschungsanlage Jülich, H. 48, Jülich.

Ronneberger, F. (1983): Das Syndrom der Unregierbarkeit und die Macht der Medien. In: Publizistik, Jg. 28, S. 487-511.

Rorty, R. (1994): Hoffnung statt Erkenntnis: eine Einführung in die pragmatische Philosophie, Wien.

Rosenberger, G. (1992): Zukunftserwartungen in der Wohlstandsgesellschaft. In: Rosenberger, G. (Hrsg.): Konsum 2000 – Veränderungen im Verbraucheralltag, Frankfurt (Main)/New York.

Ruff, F. M. (1990): „Dann kommt halt immer mehr Dreck in den Körper". Reaktionen auf die wachsende Umweltbelastung und die steigenden gesundheitlichen Risiken. In: Psychologie Heute, Jg. 17, H. 9, S. 32 und 34-38.

Ruhrmann, G. (1992): Risikokommunikation. In: Publizistik, H. 1, S. 5-25.

Ruppert, W. (1984): Einsicht in die Gefährdung des Wirtschaftswachstums. In: ökopäd. Unabhängige Zeitschrift für Ökologie und Pädagogik, H. 3, S. 37-41.

Rusch, R. (Hrsg.)(1989): „So soll die Welt nicht werden". Kinder schreiben über ihre Zukunft, Kevelaer.

Sachs, W. (Hrsg.)(1994): Der Planet als Patient. Über die Widersprüche globaler Umweltpolitik, Berlin/Basel/Boston.

Scarry, E. (1992): Der Körper im Schmerz. Die Chiffren der Verletzlichkeit und die Erfindung der Kultur, Frankfurt (Main).

Schaefer, H. (1987): Gibt es Schmerz außerhalb der menschlichen Existenz? In: Bergener, M./Herzmann, C.E. (Hrsg.): Das Schmerzsyndrom – eine interdisziplinäre Aufgabe, Weinheim.

Schahn, J. (1991): Die Auswirkung der Änderung eines Verhaltensangebots auf das Umweltbewußtsein am Beispiel der getrennten Müllsammlung, Psychologisches Institut der Universität Heidelberg, Heidelberg.

Schahn, J./Bohner, G. (1993): Aggregation oder Desaggregation. Einige Bemerkungen zur Debatte um die Ergebnisse von Diekmann und Preisendörfer. In: Kölner Zeitschrift für Soziologie und Sozialpsychologie, Jg. 45, S. 772-777.

Schahn, J./Giesinger, T. (Hrsg.)(1994): Psychologie für den Umweltschutz, Weinheim.

Schahn, J./Holzer, E. (1989): Untersuchungen zum individuellen Umweltbewußtsein, Diskussionspapier Nr. 62, Psychologisches Institut der Universität Heidelberg, Heidelberg.

Schahn, J./Holzer, E. (1990): Konstruktion, Validierung und Anwendung von Skalen zur Erfassung des individuellen Umweltbewußtseins. In: Zeitschrift für Differentielle und Diagnostische Psychologie, H. 11, S. 185-204.

Schauer, H. (1992): Umweltbewußtsein bei Studenten in Ostdeutschland – Erbe und Gegenwärtiges. In: Kultursoziologie, Jg. 1, H. 3, S. 58-68.

Scherer, H. (1990): Massenmedien, Meinungsklima und Einstellungen: Eine Untersuchung zur Theorie der Schweigespirale, Opladen.

Scherf, G. (1986): Zur Bedeutung pflanzlicher Formenkenntnisse für eine schützende Einstellung gegenüber Pflanzen und zur Methodik des formenkundlichen Unterrichts. Eine empirische Untersuchung in 4 Jahrgangsstufen am Beispiel wildwachsender krautiger Dikotylen auf städtischen Flächennutzungen, Institut für die Didaktik der Biologie an der Universität München, München.

Schiefenhövel, W. (1980): Verarbeitung von Schmerz und Krankheit bei den Eipo, Hochland von West-Neuguinea. Ethnomedizinische und humanethnologische Aspekte. In: Medizinische Psychologie, Jg. 6, H. 1/2, S. 219-234.

Schiefenhövel, W. (1989): Ausdruck, Wahrnehmung und soziale Funktion des Schmerzes. Eine humanethnologische Synopse. In: Greifeld, K./Kohnen, N./Schröder, E. (Hrsg.): Schmerz – interdisziplinäre Perspektiven, Braunschweig, S. 129-137.

Schipperges, H. (1992): Schmerzen schlafen nicht. In: Universitas, Jg. 47, S. 381-388.

Schluchter, W. (1992): Die Umweltsituation in der DDR im Urteil von Besuchern der Leipziger Herbstmesse im September 1990, Umweltbundesamt, Berlin.

Schluchter, W./Braunbehrens, B. von/Elger, U. u.a. (1986): Untersuchung sozialer und psychischer Auswirkungen von Umweltbelastungen und -maßnahmen auf die Bevölkerung. Möglichkeiten ihrer Erfassung und Beurteilung, Umweltbundesamt, Berlin.

Schluchter, W./Elger, U./Hoenigsberg, H. u.a. (1991): Die psychosozialen Kosten der Umweltverschmutzung, Gesellschaft für angewandte Sozialwissenschaft und Statistik, Heidelberg.

Schmidt-Bleek, F. (1993): Wieviel Umwelt braucht der Mensch?: mips – das Maß für ökologisches Wirtschaften, Berlin/Basel/Boston.

Schneider, L./Beer, S. (1991): Umweltbewußtsein und Umweltverhalten in Paderborner Haushalten. Ergebnisse einer Repräsentativbefragung, Uni-GH, Paderborn.

Schnell, R./Hill, P.B./Esser, E. (1992): Methoden der empirischen Sozialforschung, München/Wien.

Schöppner, K.-P. (1989): Umweltschutz 1988/89. Einstellungen und Verhalten von Bürgern und Unternehmern. ENVI TEC 89. Technik für Umweltschutz. 6. Internationale Messe und Kongress Düsseldorf vom 10.-14.4.1989, Emnid-Institut GmbH & Co., Bielefeld.

Schrenk, M. (1993): Schulorganisatorische Rahmenbedingungen und Umweltbewußtsein der Schüler: Ihre Bedeutung bei der Realisierung von Umwelterziehung aus der Sicht der Lehrkräfte. In: Eulefeld, G. (Hrsg.): Studien zur Umwelterziehung: Ansätze und Ergebnisse empirischer Forschung, IPN, Kiel.

Schülein, J. A./Brunner, K.-M./Reiger, H. (1993): Manager und Ökologie. Eine qualitative Studie zum Umweltbewußtsein von Industriemanagern. Institut für Allgemeine Soziologie und Wirtschaftssoziologie an der Wirtschaftsuniversität Wien, Wien.

Schulz, C./Chutsch, M./Kirschner, R. u.a. (1990): Umwelt-Survey. Band II: Umweltinteresse, -wissen und -verhalten, Umweltbundesamt, Berlin.

Schulze, G. (1992): Die Erlebnisgesellschaft. Zur Soziologie der Lebensstile, Frankfurt (Main)/New York.

Schumacher, E.F. (1973): Die Rückkehr zum menschlichen Maß. Alternativen für Wirtschaft und Technik. Mit einem Beitrag „Small is Possible – Mittlere Technologie in der Praxis" von G. McRobie, Reinbek bei Hamburg.

Schur, G. (1990): Umweltverhalten von Landwirten, Frankfurt (Main)/New York.

Schütz, H./Peters, H.P./Wiedemann, P.M. (1993): Risiko-Nutzen-Beurteilung und Akzeptanz von Technologie am Beispiel einer Müllverbrennungsanlage. In: Wasser und Boden, H. 11, S. 851-855.

Schwarz, N. (1987): Stimmung als Information: Untersuchungen zum Einfluß von Stimmungen auf die Bewertung des eigenen Lebens, Heidelberg.

Seidel, E./Menn, H. (1988): Ökologisch orientierte Betriebswirtschaft, Stuttgart.

Seybold, H. (1992): Umweltwahrnehmung und Umwelterziehung in Städten. In: Rundgespräche der Kommission für Ökologie: Bd. 4, Stadtökologie, München, S. 59-67.

Simon, H.A. (1964): Models on Man. Mathematical Essays on Rational Human Behaviour in a Social Setting, New York/London.

Simon, H.D. (1993): Homo Rationalis. Die Vernunft im menschlichen Leben, Frankfurt (Main) u.a.

SINUS (1992): Lebensweltforschung und Soziale Milieus in West- und Ostdeutschland. Eine Information des SINUS-Instituts für seine Kunden, Heidelberg.

SINUS (Hrsg.)(o.J.): SINUS-Lebensweltforschung. Ein kreatives Konzept, Heidelberg.

Six, B. (1992): Neuere Entwicklungen und Trends in der Einstellungs-Verhaltens-Forschung. In: Witte, E.H. (Hrsg.): Einstellung und Verhalten, Beiträge des 7. Hamburger Symposiums zur Methodologie der Sozialpsychologie, Braunschweig.

Six, B./Eckes, T. (1992): Besser als Wicker (1969), aber noch nicht gut genug: Meta-ana-
lytische Betrachtungen zu Trends in der Einstellungs-Verhaltens-Forschung. Überblicks-
referat auf dem 38. Kongress der Deutschen Gesellschaft für Psychologie, Trier.

Sloterdijk, P. (1993): Minima Cosmetica, Versuch über die Selbsterhöhung. Vortrag,
gehalten auf dem Internationalen Kongreß „Perspektiven der ökologischen Kommunikation", Dresden, 14.-17. Oktober 1993.

Slovic, P. (1986): Informing and Educating the Public About Risc. In: Risk Analysis, Vol.
6, No. 4, pp. 403-415.

Slovic, P. (1993): Perceived Risk, Trust, and Democracy. In: Risk Analysis, Vol. 13, No.
6, pp. 675-683.

Slovic, P. (1996): Wissenschaft, Werte, Vertrauen und Risiko. In: Haan, G. de (Hrsg.):
Ökologie – Gesundheit – Risiko, Berlin.

Spada, H./Opwis, K. (1985): Ökologisches Handeln im Konflikt: Die Allmende-Klemme.
In: Day, P./Fuhrer, U./Laucken, U. (Hrsg.): Umwelt und Handeln, Tübingen, S. 63-106.

Spada, H./Bayen, U./Donnen, J. u.a. (1988): Wissensaufbau und Handlungsbewertung bei
ökologischen Problemen: Abschlußbericht des Psychologischen Instituts an der Universität Freiburg, Freiburg.

Spada, H./Ernst, A.M. (1992): Wissen, Ziele und Verhalten in einem ökologisch-sozialen
Dilemma. In: Pawlik, K./Stapf, K.-H. (Hrsg.): Umwelt und Verhalten, Bern, S. 83-106.

Spellerberg, A. (1994): Lebensstile in West- und Ostdeutschland. Verteilung und Differenzierung nach sozialstrukturellen Merkmalen, Paper P94-105 des Wissenschaftszentrums
Berlin, Berlin.

Spiegel-Spezial: Die Erde 2000. Wohin sich die Menschheit entwickelt. 4/1993.

Statistisches Bundesamt (Hrsg.)(1989): Datenreport 1989. Zahlen und Fakten über die BRD,
Bonn, S. 495-504.

Staubmann, H. (1991): Gästebefragung der Schi-Region Söll, Institut für Soziologie an der
Universität Innsbruck, Innsbruck.

Staudinger, H. (1986): Das Leiden in der Natur. In: Oelmüller, W. (Hrsg.): Kolloquium
Religion und Philosophie (Bd. 3): Leiden, Paderborn/München/Wien/Zürich, S. 111-118.

Sternbach, R.A. (1976): Psychological Factors in Pain. In: Advances in Pain Research and
Therapy, Vol. 1, pp. 293-299.

Sternbach, R.A./Murphy, R.W./Timmermans, G./Greenhoot, J.H./Akeson, W.H. (1974):
Measuring the Severity of Clinical Pain. In: Advances in Neurology, Vol. 4, pp. 281-288.

Stucki, B./Weiss, J. (1995): Landwirtschaft für wen? Bauern und Bäuerinnen zwischen
Produktion und Ökolohn. Analyse eines Konfliktes, Zürich.

Sustainable Netherlands (1994): Aktionsplan für eine nachhaltige Entwicklung der Niederlande, hrsg. v. Institut für sozial-ökologische Forschung, Frankfurt (Main), niederländi-
sche Originalausgabe 1992.

Szagun, G./Mesenholl, E. (1991): Emotionale, ethische und kognitive Aspekte des Umweltbewußtseins bei Kindern und Jugendlichen: eine Pilotuntersuchung. In: Eulefeld, G./Bol-
scho, D./Seybold, H. (Hrsg.): Umweltbewußtsein und Umwelterziehung. Ansätze und
Ergebnisse empirischer Forschung, IPN, Kiel.

Szagun, G./Mesenholl, E./Jelen, M. (1994): Umweltbewußtsein bei Jugendlichen, Frankfurt
(Main).

Szagun, G./Pavlov, V.L. (1993): Umweltbewußtsein bei deutschen und russischen Jugendlichen: Ein interkultureller Vergleich. In: Eulefeld, G. (Hrsg.): Studien zur Umwelterziehung, IPN, Kiel, S. 51-72.

Tacke, W. (1991): Umweltbewußtsein und -verhalten in Ost und West, Manuskript, Bielefeld.

Tacke, W. (1993): Erst muß das Umweltbewußtsein da sein, dann kommt auch das Verhalten, Manuskript, Bielefeld.

Tatarkiewicz, W. (1984): Über das Glück, Stuttgart.

Thomas, M. (1992): Analyse zum Stand eines Umweltbewußtseins bei Schülerinnen und
Schülern sowie Lehrerinnen und Lehrern in allgemeinbildenden Schulen – verallgemei-

nernde Aussagen zu Ansätzen umweltorientierter Bildung für Kinder und Jugendliche –, Institut für Umweltökonomie und -politik an der Humboldt-Universität Berlin, Berlin.

Thompson, M. (1990): The Management of Hazardous Wastes and the Hazards of Wasteful Management. In: Bradby, H. (ed.): Dirty Words. Writings on the History and Culture of Pollution, London, pp. 115-138.

Thompson, M./Ellis, R./Wildavsky, A. (1990): Cultural Theory, Colorado/Oxford.

Tiebler, P. (1992): Umwelttrends im Konsumentenverhalten. In: Steger, U. (Hrsg.): Handbuch des Umweltmanagements, München, S. 183-206.

Towler, J./Swan, J. E. (1972): What Do People Really Know about Pollution? In: The Journal of Environmental Education, Vol. 4, pp. 54-57.

Tretter, F. (1993): Ängste um Umwelt und Gesundheit. In: Aurand, K./Hazard, B.P./Tretter, F. (Hrsg.): Umweltbelastungen und Ängste. Erkennen, Bewerten, Vermeiden, Opladen, S. 272-297.

Trommer, G. (1990): Natur im Kopf. Die Geschichte ökologisch bedeutsamer Naturvorstellungen in deutschen Bildungskonzepten, Weinheim.

Tsuru, S. (1989): History of Pollution Control Policy. In: Tsuru, S./Weidner, H. (Hrsg.) (1989): Environmental Policy in Japan, Berlin, S. 15-43.

Tsuru, S./Weidner, H. (Hrsg.)(1989): Environmental Policy in Japan, Berlin.

Tuchman, G. (1978): Making News. A Study in the Construction of Reality, New York/London.

Umwelt und Unterricht. Beschluß der Kultusministerkonferenz vom 17.10.1980. In: Sammlung der Beschlüsse der Ständigen Konferenz der Kultusminister der Länder in der Bundesrepublik Deutschland, Bd. 4, Neuwied.

Umweltbundesamt (Hrsg.)(1993): Umweltdaten – kurzgefaßt, Berlin.

Umweltbundesamt (Hrsg.)(1995): Umweltdaten Deutschland 1995, Berlin.

Umweltgutachten 1994 des Rates der Sachverständigen für Umweltfragen. Für eine dauerhaft-umweltgerechte Entwicklung. Deutscher Bundestag, 12. Wahlperiode, Drucksache 12/6995, Bonn.

Umweltreport DDR (1992). Bilanz der Zerstörung. Kosten der Sanierung. Strategien für den ökologischen Umbau. Eine Studie des Instituts für Ökologische Wirtschaftsforschung, von Petschow, U./Meyerhoff, J./Thomasberger, C., Frankfurt (Main).

Unterbruner, U. (1991): Umweltangst – Umwelterziehung. Vorschläge zur Bewältigung der Ängste Jugendlicher vor Umweltzerstörung, Linz.

Urban, D. (1986): Was ist Umweltbewußtsein? Exploration eines mehrdimensionalen Einstellungskonstruktes. In: Zeitschrift für Soziologie, Jg. 15, S. 363-377.

Urban, D. (1990): Die kognitive Struktur von Umweltbewußtsein. Ein kausalanalytischer Modelltest. Duisburger Beiträge zur Soziologischen Forschung Nr. 5/1990, Uni-GH, Fachbereich Soziologie, Duisburg.

Urban, D. (1991): Die kognitive Struktur von Umweltbewußtsein. Ein kausalanalytischer Modelltest. In: Zeitschrift für Sozialpsychologie, Jg. 22, S. 166-180.

VanSlyke T.J. (1986): Public Relations' Influence on the News. In: Newspaper Research Journal, Vol. 7, pp. 15-27.

Veenhoven, R. (1989): Is Happiness Relative? Paper P89-107 des Wissenschaftszentrums Berlin, Arbeitsgruppe Sozialberichterstattung, Berlin.

Verbeek, M. (1990): Die Anthropologie der Umweltzerstörung. Die Evolution und der Schatten der Zukunft, Darmstadt.

Violon, A. (1987): Psychological Therapy of Pain. In: Brihaye, J./Loew, F./Pia, H.W. (Hrsg.): Pain. A Medical and Anthropological Challenge, Wien/New York.

Vogel, S. (1992): Ein Modell zur Umwelteinstellung in der Landwirtschaft – empirische Überprüfung anhand der Pfadanalyse. In: Land, Agrarwirtschaft und Gesellschaft, Zeitschrift für Land- und Agrarsoziologie, Jg. 9, H. 1, S. 9-36.

Vogel, S. (1994): Farmers' Decision Making – Descriptive Approach. In: Proceedings from the 38th EAAE Seminar of the European Association of Agricultural Economists, Copenhagen, S. 169-190.

Volprich, E./ Pfuhl, B. (1990): Ingenieurstudenten im Wandel. – Aspekte ihrer Sozialisation –, Sektion Gesellschaftswissenschaften an der Technischen Universität Dresden, Dresden.

Voss, G. (1990): Die veröffentlichte Umweltpolitik. Ein sozio-ökologisches Lehrstück, Köln.

Voss, G. (1995): Umweltschutz in den Printmedien. In: Haan, G. de (Hrsg.): Umweltbewußtsein und Massenmedien, Berlin, S. 123-133.

Waldmann, K. (Hrsg.)(1992): Umweltbewußtsein und ökologische Bildung, Leverkusen.

Was tun Eltern-Leser für die Umwelt? In: Eltern, H. 7 (1991), S. 44-50.

Wasmer, M. (1990): Umweltprobleme aus der Sicht der Bevölkerung. Die subjektive Wahrnehmung allgemeiner und persönlicher Umweltbelastungen 1984 und 1988. In: Müller, W./Mohler, P./Erbslöh, B. u.a. (Hrsg.): Blickpunkt Gesellschaft, Opladen, S. 118-143.

Weede, E. (1989): Der ökonomische Erklärungsansatz in der Soziologie. In: Analyse und Kritik, Jg. 11, S. 23-51.

Wehser, A. (1993): Einige Ergebnisse einer Erhebung zur Umwelterziehung in Mecklenburg-Vorpommern. In: Eulefeld, G. (Hrsg.): Studien zur Umwelterziehung, S. 181-200.

Weidner, H. (1987): Bausteine einer präventiven Umweltpolitik. Anregungen aus Japan. In: Simonis, U.E. (Hrsg.): Präventive Umweltpolitik, Frankfurt (Main)/New York.

Weidner, H. (1989): Die Umweltpolitik der konservativ-liberalen Regierung. Eine vorläufige Bilanz. In: Aus Politik und Zeitgeschichte, B47-48/49, S. 16-28.

Weidner, H. (1995): 25 Years of Modern Environmental Policy in Germany. Treading a Well-Worn Path to the Top of the International Field, Paper FS II95-302 des Wissenschaftszentrums Berlin, Berlin.

Weidner, H./Knoepfel, P./Zieschank, R. (1992): Umwelt-Information: Berichterstattung und Informationssysteme in zwölf Ländern, hrsg. vom Wissenschaftszentrum Berlin, Berlin.

Weidner, H./Tsuru, S. (Hrsg.)(1989): Environmental Policy in Japan, Berlin.

Weiger, H./Holzbauer, M./Zeller, K. (1985): Informationsstand und Einstellung der Bevölkerung zur Arbeit der Naturschutzverbände, Kenntnis der Symptome des Waldsterbens und Stellung zu möglichen Gegenmaßnahmen. Kurzfassung der Ergebnisse einer Befragung. In: Natur und Landschaft, Jg. 60, H. 1, S. 22-23.

Weizsäcker, E.U. von (1990): Erdpolitik. Ökologische Realpolitik an der Schwelle zum Jahrhundert der Umwelt, 2. Aufl., Darmstadt.

Weizsäcker, E.U. von/Lovins, A.B./Lovins, L.H. (1995): Faktor Vier. Doppelter Wohlstand – halbierter Naturverbrauch. Der neue Bericht des Club of Rome, München.

Wentingmann, U. (1988): Umweltkenntnisse und -bewußtsein bei Junglandwirten. Empirische Untersuchung zur Umsetzung von Lernzielen zum Umwelt- und Naturschutz in der landwirtschaftlichen Berufsausbildung, Münster.

Wessel, J./Gesing, H./Lob, R.E. (1993): Zur Situation der Umwelterziehung in den neuen Bundesländern. In: Zentralstelle für Umwelterziehung (Hrsg.): Informationen 40, H. 2, S. 1-12.

Wiedemann, P.M./Schütz, H./Peters, H.P. (1991): Information Needs Concerning a Planned Waste Incineration Facility. In: Risk Analysis, Vol. 11, No. 2, pp. 229-237.

Wiendieck, G./Franke, I. (1994): Chefsache Umweltschutz. In: Gesellschaft der Freunde der Fernuniversität, Jahrbuch 1994, S. 131-145.

Wieviel Stille braucht der Mensch? Natur, H. 3/1992, S. 28-36.

Wildavsky, A. (1993): Vergleichende Untersuchung zur Risikowahrnehmung: Ein Anfang. In: Bayerische Rück (Hrsg.): Risiko ist ein Konstrukt, München, S. 191-211.

Wissenschaftlicher Beirat der Bundesregierung Globale Umweltveränderungen (1995): Welt im Wandel: Wege zur Lösung globaler Umweltprobleme. Jahresgutachten 1995, Berlin

Wittenberg, R./ Billinger, M./ Gock, U. u.a. (1988): Umweltbewußtsein und umweltbewußtes Verhalten. Ausgewählte Ergebnisse einer empirischen Untersuchung über die Problemmüllsammlung in Nürnberg, Fachbereich Soziologie der Universität Erlangen-Nürnberg, Erlangen.

World Population Conference (1966):World Population Conference 1965, Vol. I – III, New York.

Worldwatch Institute Report (1993): Zur Lage der Welt, Frankfurt (Main).

Worster, D. (1994): Auf schwankendem Boden. Zum Begriffswirrwarr um „nachhaltige Entwicklung". In: Sachs, W. (Hrsg.): Der Planet als Patient. Über die Widersprüche globaler Umweltpolitik, Berlin/Basel/Boston, S. 93-112.

Wuppertal-Institut für Klima, Umwelt und Energie GmbH im Wissenschaftszentrum Nordrhein-Westfalen (1992): Unser trügerischer Wohlstand, Wuppertal.

Wuppertal-Institut für Klima, Umwelt und Energie GmbH im Wissenschaftszentrum Nordrhein-Westfalen (1994): Zukunftsfähiges Deutschland, Zwischenbericht, Wuppertal.

Zapf, W. (1987): Individualisierung und Sicherheit. Untersuchungen zur Lebensqualität in der Bundesrepublik Deutschland. Schriftenreihe des Bundeskanzleramtes, H. 4, München.

Zborowski, M. (1959): People in Pain, San Francisco.

Zentrum für Türkeistudien (Hrsg.)(1993): Umweltbewußtsein der türkischen Wohnbevölkerung in Nordrhein-Westfalen, Bonn.

Zintl, R. (1989): Der Homo Oeconomicus: Ausnahmeerscheinung in jeder Situation oder Jedermann in Ausnahmesituationen? In: Analyse und Kritik, Jg. 11, S. 52-69.

Umwelt und Sozialwissenschaften

Niklas Luhmann

Ökologische Kommunikation

Kann die moderne Gesellschaft sich auf ökologische Gefährdungen einstellen?

3. Aufl. 1990. 275 S. Kart.
ISBN 3-531-11775-0

„(...) man kann die Lektüre dieses Buches nur jedem, der an ökologischen Problemen, an einem Verständnis der modernen Gesellschaft und an soziologischer Theorie Interesse hat, ans Herz legen. Selten kann man auf so relativ wenigen Seiten so viel über die Gesellschaft lernen, über Codes und Programme der großen Funktionssysteme, über die Chancen der sozialen Bewegungen, über die Schwierigkeiten einer Umweltethik oder über einen vielleicht doch noch möglichen Rationalitätsbegriff. Und fast nebenbei wird man in die neuesten Entwicklungen des Analyseinstrumentariums der Systemtheorie eingeführt und erfährt von den faszinierenden Ideen der Kybernetik, der Theorie der Autopoiesis und der Erkenntnistheorie. Das Buch über die ‚Ökologische Kommunikation' kann als eine hervorragende Einführung in die Luhmannsche Soziologie dienen. (...)"

Hessischer Rundfunk

Ulrich Hampicke

Ökologische Ökonomie

Individuum und Natur in der Neoklassik. Natur in der ökonomischen Theorie: Teil 4

1992. 487 S. Kart.
ISBN 3-531-12196-0

Muß eine Gesellschaft, die den Regeln der neoklassisch-marktwirtschaftlichen Ökonomie folgt, die Natur zwangsläufig zerstören? Der Autor erklärt die ökonomischen Voraussetzungen, unter denen ein Substanzerhalt der Natur möglich ist. Ausführlich erörtert werden die Probleme intertemporaler Diskontierung und intergenerationeller Gerechtigkeit sowie die Normenfolgsamkeit der Individuen im Zusammenhang mit öffentlichen Gütern.

Dagmar Reichert /
Wolfgang Zierhofer

Umwelt zur Sprache bringen

Über umweltverantwortliches Handeln, die Wahrnehmung der Waldsterbensdiskussion und den Umgang mit Unsicherheit

1993. XII, 377 S. Kart.
ISBN 3-531-12459-5

In „Umwelt zur Sprache bringen" werden umweltverantwortliches Handeln und Ansatzmöglichkeiten zu gesellschaftlichen und politischen Veränderungen angesichts der Umweltzerstörung diskutiert und das Konzept einer „verständigungsorientierten Umweltpolitik", welche die unterschiedlichen Lebensalltage von Menschen und ihre Intentionen berücksichtigt und auf kommunikativen Einigungsverfahren beruht, vorgestellt. An konkreten Fallbeispielen werden Idealvorstellungen von umweltverantwortlichem Handeln, aber auch die damit verbundenen Schwierigkeiten dargestellt. Umweltpolitische Optionen wie Umwelterziehungsprojekte, umweltökonomische Regelungen und das neue Feld institutioneller Innovationen werden anhand praktischer Beispiele diskutiert.

WESTDEUTSCHER
VERLAG
OPLADEN · WIESBADEN